凝煉知識品味閱讀

精華理論與最佳案例

服務業行銷與管理

• 戴國良 博士 著 •

五南圖書出版公司 印行

作者序言

服務業益趨重要

凡是先進的國家，例如美國、日本、法國、英國、德國、義大利、香港等國家，他們的服務業產值均占該國經濟總產值至少七成到八成的高比例。臺灣也漸漸步入這種狀況，2013 年度臺灣服務業產值 GDP 亦已達到 73% 的最高比例。此顯示出，臺灣經濟的發展及支撐已從「製造的臺灣」（Made in Taiwan），轉變到「服務的臺灣」（Service in Taiwan）。除高科技業仍留在臺灣外，傳統製造業已大部分外移到中國大陸及東南亞國家。取而代之的是，服務業已成為臺灣經濟成長與升級的重要關鍵所在。

臺灣服務業不僅是內需型行業，未來做好的話，仍然可以走向國際化及全球化布局，這是一條國內服務業仍要長期努力的方向。為什麼星巴克、麥當勞、7-ELEVEN、佐丹奴、高島屋百貨、肯德基、迪士尼、HBO、Discovery、屈臣氏、家樂福、JASONS 超市、名牌精品、花旗銀行、UNIQLO、ZARA ……服務業可以在臺灣擴大發展，而臺灣的服務業卻不能在全球各國發展呢？這有賴全國企業家們的共同努力與打拚。

今天，我們幾乎活在一個服務業的環境，包括去量販店、便利商店、超市、百貨公司購物；使用信用卡、聯名卡、貴賓卡；上西式、日式、中式餐廳吃飯；上咖啡連鎖店、乘坐高鐵、臺北捷運、航空公司運輸工具；到國內或出國旅遊的服務提供；到書店購書；赴醫院、診所看病拿藥；去資訊 3C 賣場買東西；唸大學或 EMBA 進修；到主題遊樂區、休閒大飯店或精品旅館；或電視、網路、型錄購物等，幾乎都與各種服務業相接觸及消費購物。而大學或研究所畢業生，也大多在都會區的服務業公司上班工作，因此服務業的重要性太大了。

本書四大特色

筆者過去曾看了幾本翻譯自美國的相關教科書，總覺得有些隔閡、有些遙遠，能夠被活用與應用的價值不太高。而且美國的環境、企業名稱及案例，我們也不是很熟悉。因此，這啟發了作者撰寫本書的動機。希望能有一本本土化與實用價值化的《服務業行銷與管理》教科書，以迎合當下企業界、上班族、老師們、大學生們使用。

綜合來說，本書計有四大特色：

第一：本書內容尚稱豐富、架構完整、邏輯有序、全方位涵蓋。

第二：本書大量加入本土臺灣服務業一百多個案例輔助說明，以收理論與實務兩相結合之效益。希望從熟悉與貼近生活的本土實務案例中，學習到更多優良服務業者們的經營知識、行銷操作與 Know-how，是一本實務重要性遠大於理論的書籍。

第三：本書內容資料年限，力求與當下時代同步前進，並要求每隔二至三年，即更新資料內容，以達到「與時俱進」之目標要求。

第四：本書強調如何應用，重視應用的價值性，相信是一本不錯的應用工具書。尤其當前我們所見的，大部分都是服務業的行銷與管理。因此，市場上確實需要一本本土化應用教科書。

感謝與祝福

本書能夠順利出版，衷心感謝我的家人，我的諸位長官、同事、同學們、五南圖書出版公司，以及所有期待與採用本書的大學老師們及同學們。由於您們的督促、鼓勵、期盼與需求，才使作者有撰寫與整理出書的基本動機與體力。

最後，祝福每一位都有一個成長、學習、幸福、滿足、健康、快樂、順利與美麗的人生旅程。

再一次感謝大家，祝福所有讀者，在人生的每一分鐘旅途裡。

衷心感恩大家。

作者：戴國良　敬上

e-mail: hope88@xuite.net

目錄

第一篇

服務業概論篇

第1章 服務經濟時代來臨暨服務業類別及主要代表性公司

第1節　服務經濟時代來臨

第2節　服務的定義、分類及特性

第3節　服務業的定義及範圍

第4節　國內600大服務業概況及各業別概況

第5節　國內金融服務業概況

第6節　天下雜誌調查：金牌服務大賞20大產業前5名公司

第7節　遠見雜誌服務業調查：各行業前5名公司

第 1 節 服務經濟時代來臨

一、臺灣服務業產值占 GDP 達 73%，成為主導產業

(一) OECD 經濟組織揭示「服務經濟時代」來臨

隨著知識經濟的發展與產業結構的改變，經濟合作暨發展組織（OECD）近期揭櫫，全球「服務經濟時代」（Era of Service Economy）已經來臨！在服務經濟時代，製造業與服務業的關係愈來愈密不可分，服務業的發展世界各國也相當重視。服務業在臺灣經濟體系中也已開始發酵，對於國內的經濟成長、產值與就業率的貢獻度日益重要，並逐漸成為臺灣的主導性產業。

(二) 2013 年，臺灣服務業占 GDP 達 73%，占就業人口數達 60%

在英國組織管理大師韓第（Charles Handy）眼中，全球的經濟型態早已由製造業轉為服務業。從臺灣的就業人口與產值來看，確實已正式邁入「服務經濟時代」。根據經建會出版的《服務業發展綱領及行動方案》，2013 年服務業產值占整體國內生產毛額（GDP）的比重，就高達 73%，服務業就業人口占整體就業人口的比重，也提高至 60%。

行政院經建會認為，2013 年服務業的整體產值已達 9 兆元，占全國 GDP 可達三分之二！未來政府將積極發展服務業為經濟重要主軸，服務業平均每年以 6.1% 成長為目標，估計至 2015 年，我國服務業實質生產毛額，將可達到 12 兆元，占 GDP 比重也將提高 75%。服務業的就業人數，也將由 2010 年的 554 萬人，提高為 2015 年的 630 萬人，占總就業人數比重，也將由 57.9% 提高為 65%。

(三) 近十二年來，國內服務業產值及就業結構變化趨勢

在服務業日趨多元化下，臺灣服務業產值日增，服務業產值占 GDP 比重在 2008 年首度升逾七成，達 70.4%，而製造業產值比重仍達 24%，臺灣經濟非但沒有產業空洞的問題，而且正朝向成熟服務業經濟結構的方向調整。

表 1-1 2013 年臺灣各產業占 GDP 比例表

農業		工業		服務業	
占 GDP 比例	就業人口比例	占GDP比例	就業人口比例	占GDP比例	就業人口比例
1.8%	7.0%	25.2%	33%	73%	60%

二、服務業產值概況

2013 年整體服務業名目 GDP 9 兆元，占我國 GDP 總值 12.6 兆元的比重達 73.2%。

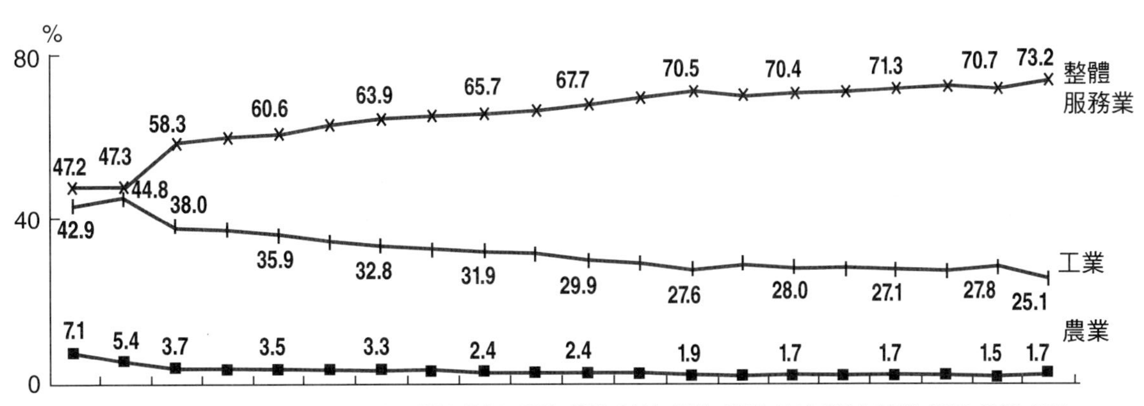

資料來源：行政院主計總處 2013 年 12 月國民所得統計。

圖 1-1 臺灣服務業產值及占 GDP 比例狀況（1981-2013 年）

三、服務業就業概況

2013 年整體服務業就業人數為 604 萬人，占總就業人數 1,040 萬人的 58.0%。

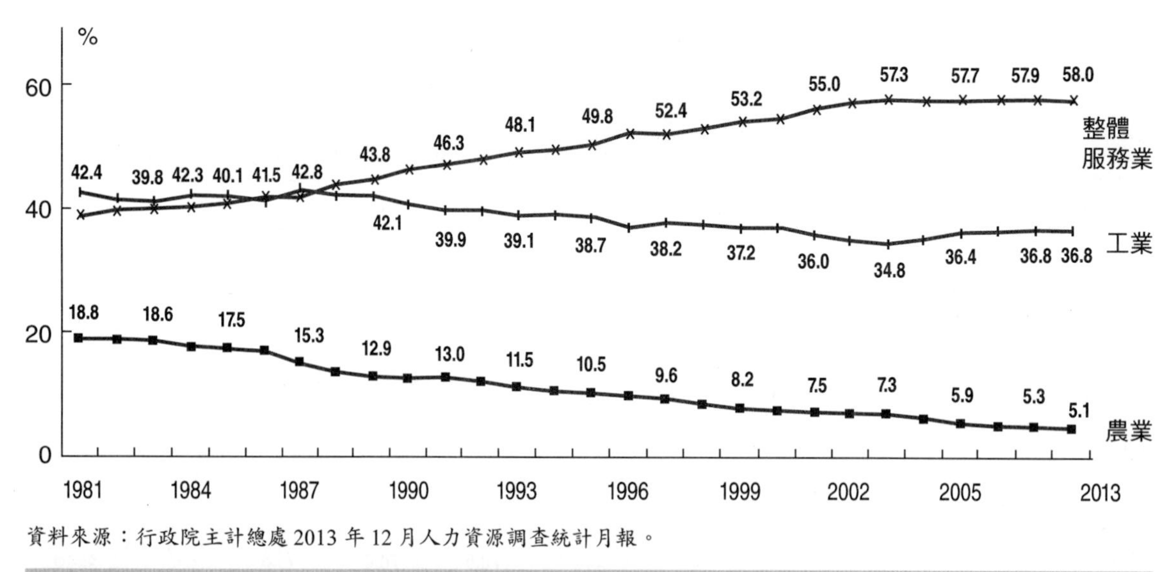

資料來源：行政院主計總處 2013 年 12 月人力資源調查統計月報。

圖 1-2　臺灣服務業就業占總就業人數狀況

四、我國服務業各業別產值及就業比較

(一) 就服務業產值而言，若不考慮政府部門，以批發零售業、金融保險業、不動產租賃業為主，為我國服務業的主體；產值最低之產業為文化運動休閒業。

(二) 以服務業就業結構而言，批發零售業最高為 17%（177 萬人），其次為住宿及餐飲業 6.6%（68.7 萬人），最低為不動產業為 0.7%（7.4 萬人）。

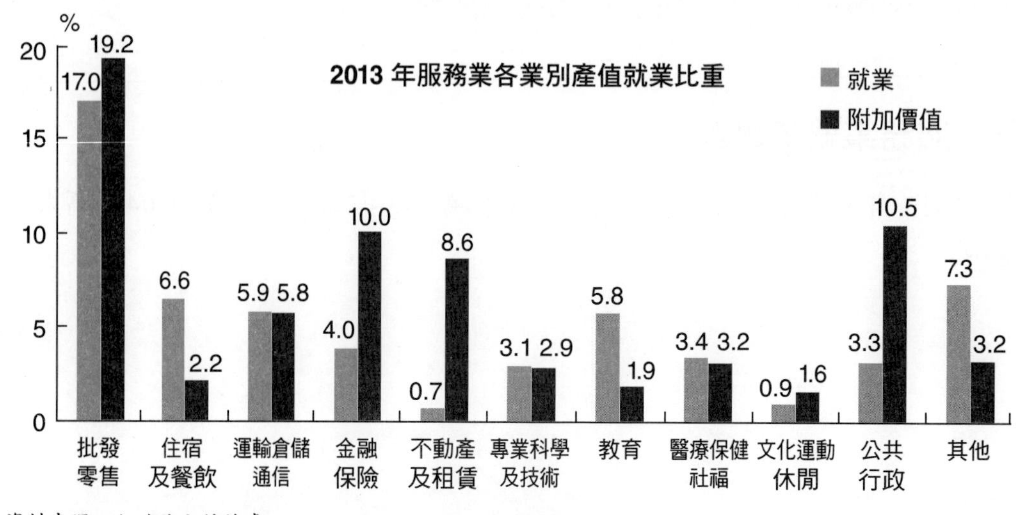

資料來源：行政院主計總處。

圖 1-3　臺灣各類服務業各業別產值及就業結構狀況

五、服務業發展藍圖（2010 年度起）

(一) 配合行政院核定 2010 年之 6 大新興產業政策，將觀光、文創、醫療照護服務業，及精緻農業中樂活農業納入本方案第一階段推動重點，並納入物流、電信及技術服務業（以 IC 設計、資訊、節能、工程技術服務業為代表業別）（圖 1-4）。

(二) 服務業涵蓋範圍廣泛，本方案僅列舉部分業別，未納入者如金融、教育、環保、研發等各服務業亦皆有其重要性，仍由相關主管機關持續推動。

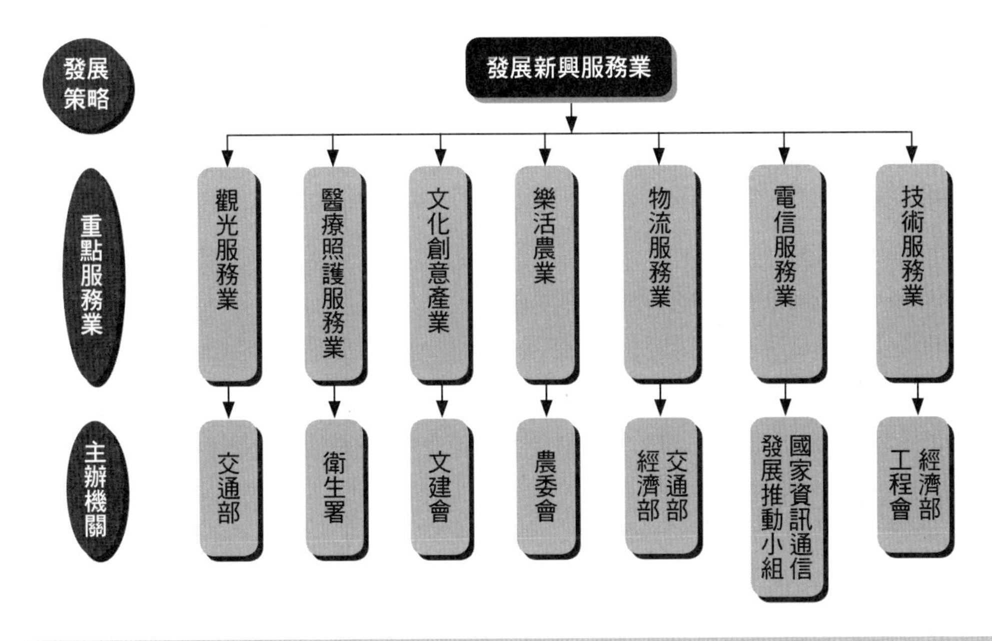

圖 1-4　臺灣服務業 6 大新興產業概況

六、臺灣製造業外移，服務業補位，塑造轉型契機

(一) 早期臺灣經濟：出口導向，OEM 代工製造

早期臺灣的經濟發展，奠基於勞動密集產業，尤其為了配合出口導向，使得臺灣逐漸走向以製造業為發展重心的經濟型態。從 1990 年代起，臺灣的服務業產值與就業人口，就開始超過了製造業，而在兩岸同時加入 WTO，以及後 ECFA 時代，產業紛紛積極進行全球布局，以往以製造業及出口為重心的發展模式，更是受到擠壓。土地與勞力成本的上升，迫使製造業的發展面臨瓶頸，逐漸將工廠外移。未來要如何發展知識密集性的服務業，將是締造臺灣經濟下一波成長的動力。

(二) 2013 年國家發展重點計畫：「服務業」為主力

事實上，從「挑戰 2011 國家發展重點計畫」與「黃金十年新十大建設」中也可發現，臺灣未來的發展規劃，已經由過去偏重製造產業面發展，延伸至生活圈與生態圈的發展與重視。未來服務業的主要發展方向，也更重視產業高度關聯的生產性服務業，以及與生活品質有關的服務業。

七、全國服務業發展會議

(一) 推動服務業 5 大意涵

早在 2004 年 3 月通過的「服務業發展綱領及行動方案」中明白指出，臺灣推動服務業發展的 5 大意涵，包括(1) 服務內容（Service）；(2) 市場潛力（Market）；(3) 創新價值（Inno-value）；(4) 生活品質（Life）及(5) 就業機會（Employment），未來並將以「讓臺灣笑得更燦爛！（Brighten Taiwan's Smile!）」，作為服務業發展政策之標誌。

2004 年 9 月 20 日在臺北國際會議中心舉辦「全國服務業發展會議」，會中舉辦多場服務業的綜合研討會，希望藉此彙集產學研各界意見，凝聚共識，同時宣示政府推動服務業發展的決心，並能夠協助服務業早日升級轉型，舒緩失業，以提升國際競爭力。

(二) 選出十二項服務業為「新興策略性服務業」

這次全國服務業發展會議，涵蓋(1) 金融服務業；(2) 流通運輸服務業；(3) 通訊媒體與數位匯流服務業；(4) 醫療保健及照顧服務業；(5) 觀光及運動休閒服務業；(6) 文化創意與數位內容服務業；(7) 設計服務業，(8) 資訊服務業；(9) 研發服務業；(10) 人才培訓與人力派遣及物業管理服務業；(11) 環保服務業；以及(12) 工程顧問服務業等十二項服務業，作為未來重點發展的新興策略性服務業（圖 1-5）。

(三) 三種發展的可能性

策略性服務業當中，包含三種發展的可能性：(1) 首先，現在的服務業可以進一步升級；(2) 其次，新興服務業（例如數位內容、數位匯流與文化創意）逐漸興起；(3) 再來，製造業可進行的加值服務。未來國內服務業在進行轉型的過程中，傳統的服務業必須強調知識或技術的密集性，從知識或技術中去尋找源源

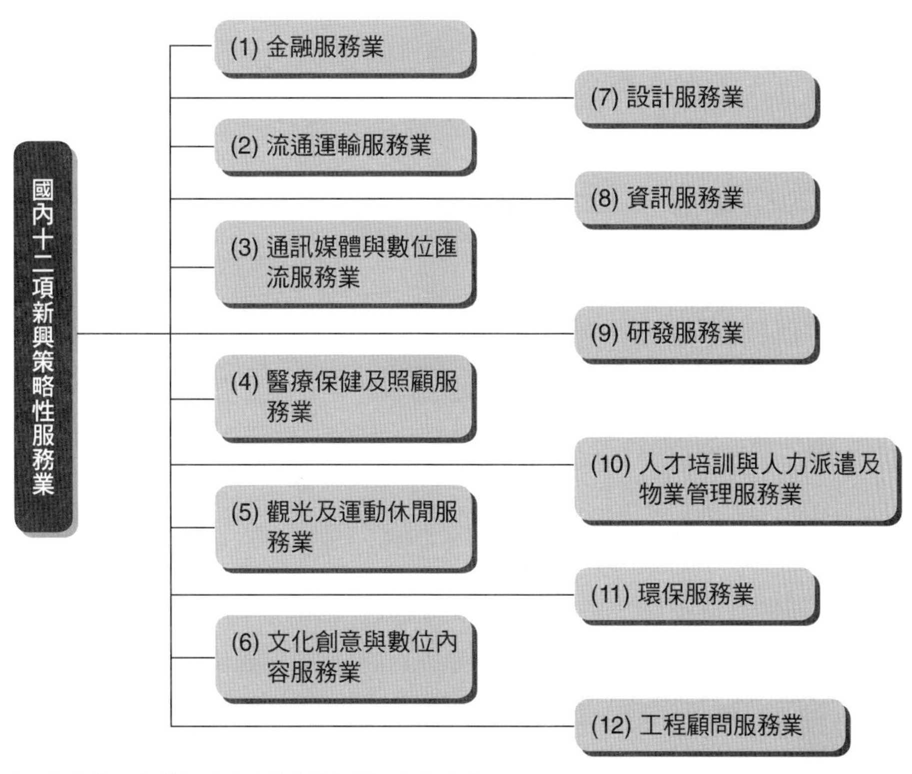

資料來源：本書整理自「全國服務業發展綱領及行動方案」。

圖 1-5　國內十二項新興策略性服務業

不絕的服務創意。

(四) 從「臺灣製造」到「臺灣服務」

「服務業是下一階段臺灣經濟成長的新動能！」臺灣服務業目前就業人口比重僅有 60%，相對於新加坡 74.3% 或日本 65.4% 仍顯得較低，顯示臺灣服務業發展空間極大！因此全國各界應致力於建設臺灣成為服務業產業的發展平臺，讓「臺灣服務（Served by Taiwan）」成為臺灣經濟發展的重要動能。

八、推動服務業的四種力量與競爭的演變

(一) 四種力量刺激服務

國外服務業專家 Anders Gustafson（2005）在其著作《*Competing in a Service Economy*》中，認為過去以來有四種驅動服務成長的力量，簡述如下：

什麼環境與競爭力量，促使我們使產品一路推向服務？服務業的成長反映出

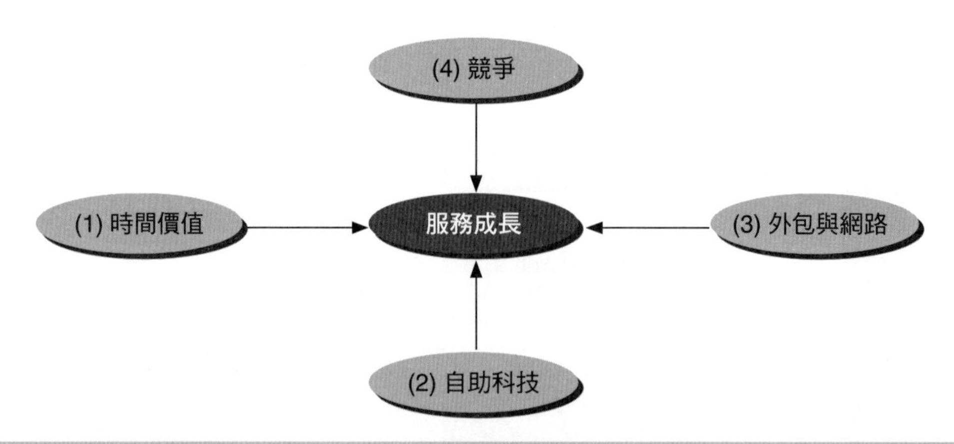

圖 1-6　驅動服務成長的力量

文化與經濟起了根本的改變，圖 1-6 顯示四種力量。

1. 隨著職業婦女與單親家庭繼續增多，個人能上街購物與自己動手做事的時間就愈少，結果會有更多的外食、更多到府服務、更少時間親赴採購實體產品，人們更願意以時間價值換取金錢，直接購買服務與經驗。
2. 科技讓顧客得以在時間與地點容許的情況下自我服務，付帳單、投資及在家上網購物，這些情形已經是應付日漸複雜生活的常見方式。
3. 商業環境，在此環境中組織設法專注於核心能力，因此把不符成本效益的服務外包出去。
4. 競爭刺激整體服務業的創新力量。

第 2 節 服務的定義、分類及特性

一、「服務」的定義（各學者的定義）

(一) Kotler（1991）的服務定義

「服務係指一個組織提供給另一個群體的任何活動或利益，其基本上是無形的，且無法產生事物的所有權，服務的生產可能與某一項實體產品有關，也可能無關」；而 Zeithaml 與 Berry（1996）則將服務簡單的定義為：「服務就是一系列的行為（Deed）、程序（Processes）與表現（Performates）」。由以上定義可知，服務是一個與銷售有關的一系列流程與行為的組合，這一系列的組合並不會提供給消費者所有權，且提供服務的廠商不一定是純粹的服務提供者，服務的提供者也包括實體產品製造商所提供的產品服務在內。

(二) Juran（1974）的服務定義

為他人而完成的工作（work performed for someone else）。

(三) 現代行銷學者 Buell（1984）給予「服務」一個比較周延的定義

是「被用為銷售，或因配合貨品銷售而連帶提供之各種活動（Activities）、利益（Benefits）或滿意（Satisfactions）。」

(四) 石川馨（1975）的服務定義

服務為不生產硬體物品的有效工作。

(五) 淺井慶三郎的服務定義

是指由人類勞動所生產，依存於人類行為而非物質的實體。

(六) 日本規格協會之事務營業服務品質管理研究委員會的服務定義

認為「服務是直接或間接以某種型態，有代價地供給適合需要者所要求的有價值之物。服務以滿足顧客的需要為前提，是達成企業目的並確保必要利潤所採取的活動」（杉本辰夫，1991）。

學者對服務之定義甚多，但綜合其意見，可將服務定義為「有代價地為他人提供對方所需求的服務行為」。

二、Service 文字的定義

(一) 康乃爾大學的定義

我們先從康乃爾大學對服務的定義來探討，他們認為服務（Service）的定義就是：

1. 「S」表示要以微笑待客（S：smile for everyone）。
2. 「E」就是要精通職務上的工作（E：excellence in everything you do）。
3. 「R」就是對顧客的態度要親切友善（R：reaching out to every customer with hospitality）。

4. 「V」是要將每一位顧客都視為特殊及重要的大人物（V：viewing every customer as special）。
5. 「I」要邀請每一位顧客下次再度光臨（I：inviting your customer to return）。
6. 「C」是要為顧客營造一個溫馨的服務環境（C：creating a warm atmosphere）。
7. 「E」則是要以眼神來表示對顧客的關心（E：eye contact that shows we care）。

(二) Alan Dutka 學者的定義

另外，有位國外學者 Alan Dutka 認為，從顧客滿意的觀點探討，服務應該是真誠（Sincerity）、同理心（Empathy）、值得信任（Reliability）、具有價值（Value）、彼此互動（Interaction）、完美演出（Completeness）、充分授權（Empowerment）。這是從顧客的角度來觀察的結果，當然顧客要的不只這七項，還有安全保障、迅速與效率等（表 1-2）。

表 1-2 Alan Dutka 對於服務的定義

S	Sincerity（Employees with polite and courteous manner.）
E	Empathy（Employees with the will of becoming the role of customers.）
R	Reliability（Employees with professional knowledge and honest attitude.）
V	Value（Employees provide a service which beyond customer's expectation.）
I	Interaction（Employees with responsive manner and good communication skills.）
C	Completeness（Employees do their best in providing services to the customers.）
E	Empowerment（Employees could handle the various customer's requests in time.）

資料來源：Dutka, Alan (1994), *AMA Handbook for Customer Satisfaction*, Chicago: NTC Publishing Group in Association with American Marketing Association.

三、服務的特性

一般來說，服務的特性主要可歸納為四項特性（圖 1-7），茲簡述如下：

(一) 無形性

服務所銷售的是無形的產品，服務通常是一種行為，要設定一致性的品質規格是相當困難的。顧客在購買一項服務之前，看不見、嚐不到、摸不著、聽不見、也嗅不出服務的內容與價值，亦即消費者在「購買」這項「產品」前，不易評估此「產品」之內容與價值。

(二) 同時性

即不可分割性（Inseparability），服務常與其提供的來源密不可分。服務於進行時，通常服務者與被服務者必須同時在場；易言之，服務常是一種活動過程，在此過程中，服務的提供與消費是同時發生的。而製造業的產品，則可以事先加以生產，其消費與生產之間通常具有時間差。

(三) 變異性

同一項服務，常由於服務供應者與服務時間、地點的不同，而有許多不同的變化，即使由同一人服務，服務品質也可能因服務者當時的精神及情緒而有所不同，亦即均勻的服務水準較不易維持。又消費者亦常隨時空的轉變，而改變其所要求的服務屬性。

(四) 易消滅性

服務無法儲存，沒有「存貨」。

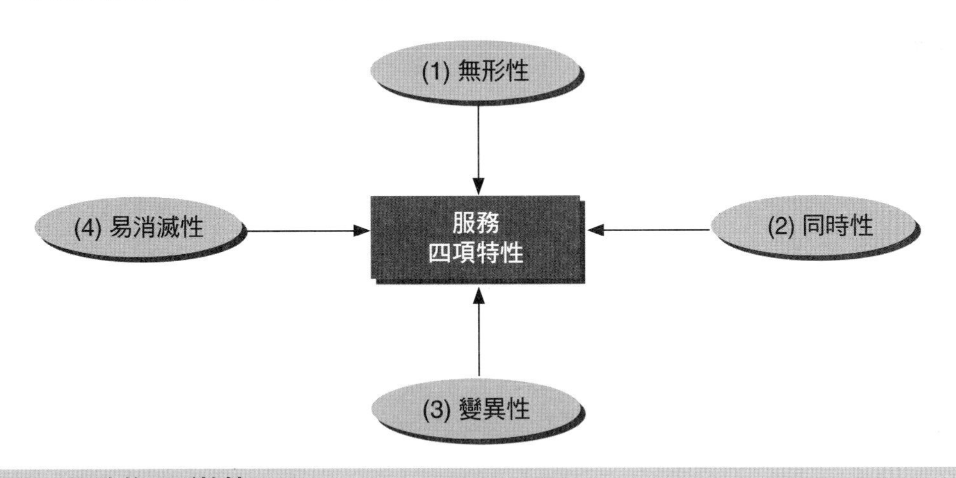

圖 1-7　服務的四項特性

另外，針對上述服務業四項特性，數十位國外學者在各學術期刊中，均曾發表專論，針對這些特性加以深入詮釋及研究。

四、服務十項特色的詮釋

雖然服務顯然不同於實際的產品，但它仍然是一個產品。服務即任何一件為他人而做的事，其多多少少不同於一般產品，通常具有以下這些特色：

(一) 服務是在提供的當下產生的，無法事先生產或預作準備。

(二) 服務是無法生產、檢查、儲備或庫藏的。通常都是在顧客所在的地方，由一些未受管理階層直接影響的人所提供。

(三) 這項「產品」不能被展示，也沒有樣品可以在服務前提供給顧客參考。舉例來說，髮型設計師可以展示各種樣式，但顧客自己的髮型還未出現，也不可能事先看到。

(四) 接受服務的人得到的都不是具體的東西，服務的價值在於其個人的經驗。

(五) 這樣的經驗無法賣給，或傳給第三者。

(六) 如果表現不佳，服務是不能「重來」的，因此補償或道歉是挽回顧客滿意的唯一方法。

(七) 品質保證必須發生在生產之前或者當時，而不是像製造業一般是發生在事後。

(八) 提供服務通常都需要某種程度的人際互動，買賣雙方必須有相當程度的接觸，才能創造服務。

(九) 服務接收者的期待，是整合到其個人對結果的滿意之中的，服務品質是非常主觀的事。

(十) 顧客在服務接收過程中必須遇到的人和程序愈多，他對經驗感到滿意的機會就愈低。

請注意，我們並不是說，每一項服務都必然具備這些全部的特性，或者一項服務能擁有的就只有這些特性。同樣地，這些特性描繪出買賣雙方間特別的交易行為，我們稱之為服務。你的公司愈瞭解這類行為，在顧客意見卡上能贏得的分數就愈高。

五、服務的本質與現象

國內行銷專家林隆儀先生在研究服務的本質及現象時，提出下列十點他個人的觀察如下。審視服務的本質，可發現企業提供服務的過程中許多有趣的現象：

(一) 顧客並沒有獲得服務的所有權，只有在當時享受服務過程及成果。

(二) 服務屬於短暫性的產品，無法儲存或轉讓，只能當場接受與享受。

(三) 價值的創造來自無形的元素，因此只能主觀的去感受。

(四) 顧客可能涉入生產過程，也就是說服務提供者與接受者同時在場。

(五) 其他人可能成為產品的一部分，因此口碑扮演非常重要角色。

(六) 服務的投入與產出之間存在很大的變異性，服務人員的態度、行為、手藝、方法各不相同，結果也各異其趣。

(七) 服務績效不易評估，主觀的感受勝過客觀的衡量。

(八) 時間因素成為重要的衡量指標，顧客不希望在等待及接受服務時浪費時間，所以很在意服務的品質、速度、效率。

(九) 服務成果一次揭曉，沒有重來的機會。

(十) 服務傳送系統有許多不同的方式與過程。

六、產品與服務的差異比較

製造業的產品提供與服務業的服務提供，畢竟還是有很大差別的。國外知名的行銷學者 Zeithaml 與 Bitner（1996）將產品與服務的差異列示如表 1-3。

除上述學者的差異分析外，筆者個人也試著加以區別二者的差異，如表 1-4 所示。

第 3 節 服務業的定義及範圍

一、依我國目前的經濟發展階段，服務業可分為三類

第一類　隨著平均所得增加而發展的行業

例如：醫療保健照顧業、觀光運動休閒業、物業管理服務、環保業等。

第二類　可以支持生產活動，而使其他產業順利經營和發展的服務業

例如：金融、研發、設計、資訊、通訊、流通業等。

第三類　在國際市場上具有競爭力或可吸引外國人來購買的服務業

例如：人才培訓、文化創意、工程顧問業等。

表 1-3 產品與服務差異表

產品（Goods）	服務（Services）	結果的應用（Resulting implications）
1. 有形	1. 無形	(1) 服務無法儲存 (2) 服務沒有專利 (3) 服務不能被陳列 (4) 定價困難
2. 標準化	2. 異質的	(1) 服務的傳送和顧客滿意，視員工的表現而定 (2) 服務的品質依靠相當多不可控制的因素 (3) 適合服務傳送的計畫和促銷知識並未確定
3. 製造與消費分離	3. 製造與消費同時發生	(1) 顧客參與並影響傳輸 (2) 員工影響服務的產出 (3) 分權是必要的 (4) 大量生產有困難
4. 非易逝的	4. 易逝的	(1) 要使服務的供給和需求同時發生不容易 (2) 服務不能被退回或再銷售

資料來源：Zeithaml, Valarie A. & Mary Jo Bitner (1996), *Service Marketing*, McGraw-Hill, p. 28.

表 1-4 產品與服務之差異

產品	服務
1. 到「終端」的一種方法 2. 較同質的 3. 較有形的 4. 生產與消費通常分開 5. 可儲存 6. 內含科技	1. 本身就是「終端」（解決顧客問題或經驗的方法） 2. 較不同質的 3. 較無形的 4. 與顧客共同產生（生產與消費不可分開） 5. 易消失（不能儲存） 6. 使用科技提供顧客更多控制

資料來源：同前表。

有鑑於服務業涵蓋的範圍相當廣泛，為妥適規劃各項服務業的發展，行政院經建會自 2003 年起邀集產官學研召開十二場次服務業發展研討會，以及後續二十餘場次跨部會協商會議，共同選定金融服務業、流通服務業、通訊媒體服務業、醫療保健及照顧服務業、人才培訓人力派遣及物業管理服務業、觀光及運動休閒服務業、文化創意服務業、設計服務業、資訊服務業、研發服務業、環保服務業、工程顧問服務業等十二項服務業，作為現階段的發展重點。

(一) 金融服務業

1. 金融及保險服務業，係指凡從事銀行及其他金融機構之經營、證券及期貨買賣業務、保險業務、保險輔助業務之行業均屬之。

2. 產業範圍包括銀行業、信用合作社業、農（漁）業信用部、信託業、郵政儲金匯兌業、其他金融及輔助業、證券業、期貨業，以及人身保險業、財產保險業、社會保險業、再保險業等。

(二) 流通服務業

1. 連結商品與服務自生產者移轉至最終使用者的商流與物流活動，而與資訊流與金流活動有相關之產業，則為流通相關產業。
2. 產業範圍包括批發業、零售業、物流業（除客運外之運輸倉儲業）。

(三) 通訊媒體服務業

1. 利用各種網路，傳送或接收文字、影像、聲音、數據，以及其他訊號所提供之服務。
2. 產業範圍包括電信服務（固定通信、行動通信、衛星通信及網際網路接收）服務，與廣電服務（廣播、有線電視、無線電視及衛星電視）等服務。

(四) 觀光及運動休閒服務業

1. 觀光服務業：提供觀光旅客旅遊、食宿服務與便利，以及提供舉辦各類型國際會議、展覽相關之旅遊服務。
2. 運動休閒服務業包括運動用品批發零售業、體育表演業、運動比賽業、競技及休閒體育場館業、運動訓練業、登山嚮導業、高爾夫球場業、運動傳播媒體業、運動管理顧問業等。

(五) 文化創意服務業

1. 文化創意產業指源自創意或文化積累，透過智慧財產的形成與運用，具有創造財富與就業機會潛力，並促進整體生活環境提升的行業。
2. 產業範圍包括視覺藝術產業、音樂與表演藝術產業、文化展演設施產業、工藝產業、電影產業、廣播電視產業、出版產業、廣告產業、設計產業、設計品牌時尚產業、建築設計產業、創意生活產業、數位休閒娛樂產業等。

(六) 醫療保健及照顧服務業

(七) 人才培訓、人力派遣及物業管理服務業

(八) 設計服務業

(九) 資訊服務業
(十) 研發服務業
(十一) 環保服務業
(十二) 工程顧問服務業

二、服務業的分類

在我國國民會計法規定下，服務業包括：(1) 消費性服務業；(2) 生產性服務業；(3) 分配性服務業；及 (4) 非營利與政府服務（圖 1-8）。

(一) 消費性服務

是服務最終消費者的服務業，如與一般的消費大眾關係最為密切者，包括旅遊、美容、銀行、餐飲、補習、娛樂等。

(二) 生產性服務

是服務生產者（廠商）的服務業，如會計、保險、法律、銀行、工程與管理顧問、廣告等。

(三) 分配性服務

介於買方和賣方之間，為促進消費者與生產者達成買賣交易的服務，如零售、批發、通信、運輸、倉儲、物流等。

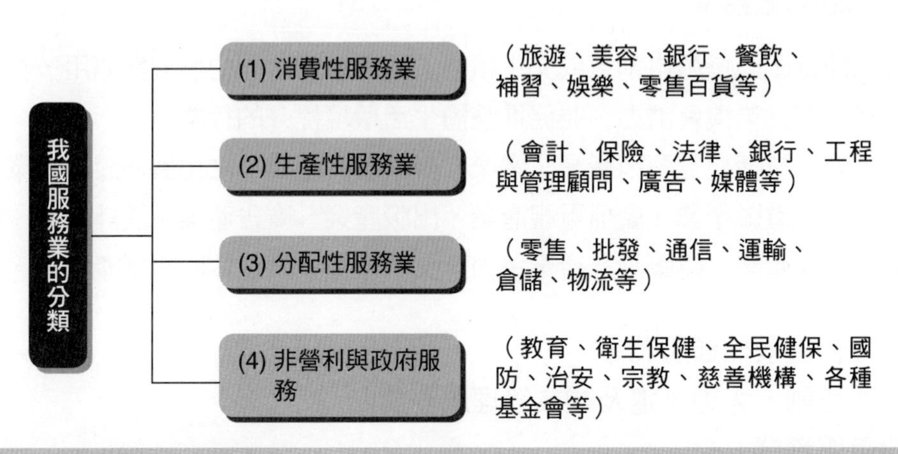

圖 1-8 我國服務業的分類

(四) 非營利與政府服務

如教育、衛生保健、全民健保、國防、治安、宗教、慈善機構、各種基金會等；非營利機構提供許多服務與人的心靈有密切關係，政府機關所提供的服務則和國家的基礎建設關係較密切。

三、服務業的定義及其與製造業之差異

(一) 洪順慶教授的定義

服務業所涵蓋的範圍相當廣泛，政大企管系教授洪順慶（2001）為服務業所下定義是：「服務業包括所有產出不是實體產品或建築物的活動，通常在生產時同時消費」。服務業的特性，相較於有形產品而言，具有四個特性：無形性（Intangible）、異質性（Heterogeneity）、不可分離性（Simultaneous production and consumption）、不可儲存性（Perishable）（Parasuraman, Zeithaml & Berry, 1985）。有形財貨與無形服務在行銷的意涵不同，表 1-5 列出其中的差異。

(二) Fuchs 教授

Fuchs 對於服務業的說法是：「這個產業絕大部分是由白領階級主導，屬於勞力密集以及直接與消費者交易的型態，而它所生產的幾乎全是無形的產品。」

(三) Kotler 教授（柯特勒）

Kotler（1997）提出服務業的定義為：「一方可提供給另一方的任何行動或績效，其是無形的，也無法產生所有權。其產出可能是，也可能不是一實體產品」。服務的四項特徵為無形性（Intangibility）、不可分割性（Inseparability）、變動性（Variability）及易逝性（Perishability）。

(四) 小結：服務的過程，就是產品

服務的生產、銷售流程及品質管理，也與製造業截然不同。製造業的產品，可以透過品質檢驗分辨產品良莠，合乎品質再予銷售，不合乎品質的不良品就淘汰，甚至，生產過剩或銷售不出去時，可以把生產變成庫存。

但是，在服務業，服務的過程就是產品，提供服務的人力沒有辦法被切割、儲存，而且是不連續的。當服務人員停下來，閒置成本就會很高，造成經營績效變差。

表 1-5 有形財貨與無形服務的差異

(一) 財貨	(二) 服務	(三) 意涵
有形性	無形性	1. 服務無法儲存。 2. 服務無法經由專利保護。 3. 服務無法立即展示或對消費者溝通。 4. 定價困難。
標準化	異質性	1. 服務傳送和顧客滿意決定於員工的行動。 2. 服務品質決定於很多不可控制的因素。 3. 很難確定服務傳送吻合原定計畫。
生產和消費分離	生產和消費不可分離	1. 顧客參與且影響交易。 2. 顧客彼此互相影響。 3. 員工影響服務結果。 4. 大量生產困難。
可以儲存	不可儲存	1. 很難協調服務的供給和需求。 2. 服務無法再售或退貨。

資料來源：洪順慶，《行銷管理》，2001。

四、美國服務業的分類（或類型）

(一) 美國商務部對服務業的分類

對美國商務部而言，該定義所含括的組織，員工占全美受雇人數的70.4%，並分別屬於經濟中的四項分類：

1. 交通運輸、通訊和公用事業。
2. 批發和零售貿易。
3. 金融、保險和房地產。
4. 服務業——這是服務產業成長最快的部分，包括會計、電子商務、工程、法務等商業服務，管家、理髮廳、娛樂服務等個人服務，以及經濟體中多數非營利的部分。

(二) Shostac（休斯達克教授）的分類

事實上，絕大多數的製造業與服務業所提供的產品，都是由有形性與無形性兩個部分所組成，因此 Shostac（1977）提出圖 1-9 之產品的有形性及無形性程度圖，如教學是一項由服務所支配的團體，其有形產品很少，而鹽則為產品支配的個體，幾乎沒有服務成分。

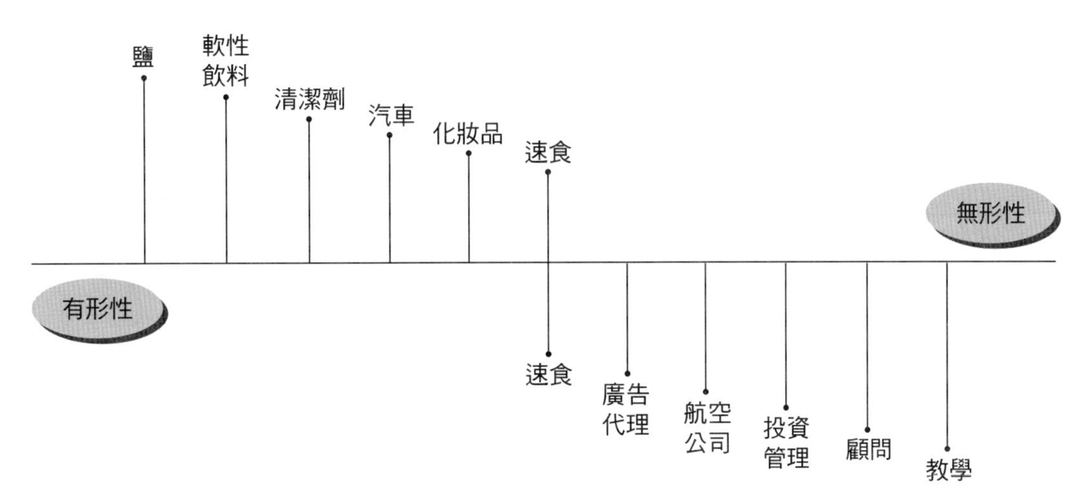

資料來源：Shostack, Lynn（1977）, "Breaking Free from Product Marketing," *Journal of Marketing*, Vol. 41, April, pp. 73-80.

圖 1-9 產品的有形性及無形性程度

第 4 節
國內 600 大服務業概況及各業別概況

一、行業規模產值排行榜

資訊、通訊及百貨批發零售排在最前面。

行業別	營業收入額（億元）	行業別	營業收入額（億元）
(1) 資訊設備銷售與服務	17,978.27	(14) 機械及設備租賃	1,214.66
(2) 資訊、通訊、IC 通路	13,355.35	(15) 觀光餐飲	1,062.18
(3) 百貨批發零售	12,035.98	(16) 投資控股	869.04
(4) 水電燃氣	7,900.48	(17) 陸上客運	832.05
(5) 汽車銷售、修理	5,378.82	(18) 軟體	578.82
(6) 海運及船務代理	4,624.18	(19) 其他服務業	472.52
(7) 電信	4,415.76	(20) 媒體娛樂	380.98
(8) 工程承攬	3,648.23	(21) 出版、印刷、書店	376.63
(9) 建設	3,256.76	(22) 保全	236.14
(10) 貿易	3,072.49	(23) 環境衛生服務	133.44
(11) 空運	2,957.65	(24) 房屋仲介	87.50
(12) 倉儲運輸	2,119.23	(25) 法律、會計及工商服務	58.33
(13) 醫療及社會服務	1,661.92	(26) 廣告、公關及設計	28.72

二、平均獲利率及平均員工產值

服務業平均獲利很低，屬微利事業。

	2013 年	2012 年	2011 年
平均獲利率	2.7%	3.1%	4.3%
平均每位員工產值	1,160 萬元	1,240 萬元	1,400 萬元

三、600 大服務業各行業主力公司營運狀況

(一) 百貨、批發、零售

	公司名稱	營業收入（億元）	稅後純益（億元）	獲利率（%）
1	統一超商	2,082.64	67.89	3.26
2	三商行	1,512.03	12.12	0.80
3	遠東百貨	1,260.63	16.93	1.34
4	新光三越百貨	727.41	46.50	6.39
5	全聯實業	670.00	N.A.	-
6	家福	620.00	N.A.	-
7	全家便利商店	544.62	8.55	1.57
8	太平洋崇光百貨	400.49	13.00	3.25
9	燦坤實業	287.98	7.23	2.51
10	大洋百貨集團控股	287.67	9.73	3.38
11	大潤發流通	267.58	N.A.	-
12	遠百企業	207.27	0.91	0.44
13	萊爾富國際	201.79	N.A.	-
14	富邦媒體科技	189.23	5.58	2.95
15	特力屋	156.43	5.60	3.58
16	全國電子	149.80	5.38	3.59
17	網路家庭國際資訊	149.61	3.92	2.62
18	來來超商（OK便利商店）	117.30	N.A.	-
19	微風廣場實業	110.00	3.48	3.16
20	誠品生活	105.97	2.82	2.66

	公司名稱	營業收入（億元）	稅後純益（億元）	獲利率（%）
21	安麗日用品	99.73	N.A.	-
22	潤泰全球	92.38	34.23	37.05
23	麗嬰房	84.91	1.63	1.92
24	統一生活事業	84.52	N.A.	-
25	漢神名店百貨	81.22	3.69	4.54
26	森森百貨	75.06	3.85	5.13
27	中友百貨	75.01	2.97	3.96
28	崇神開發實業	73.88	2.76	3.74
29	寶雅國際	67.00	4.33	6.46
30	美商亞洲美樂家	64.00	N.A.	-
31	大買家	63.10	1.79	2.84
32	順發電腦	62.10	1.33	2.14
33	東森得易購	60.39	-2.89	-4.79
34	華資妝業（資生堂）	55.41	2.57	4.64
35	京站實業	53.43	0.50	0.94
36	豐洋興業	50.64	0.92	1.82
37	博客來數位科技	49.85	N.A.	-
38	美商賀寶芙	46.16	10.38	22.49
39	主富服裝	45.38	0.86	1.90
40	儀大	45.25	-0.44	-0.97
41	臺灣楓康超市	40.57	0.43	1.06
42	諾貝兒寶貝	39.88	N.A	-
43	松青商業	39.69	-1.30	-3.27
44	環球購物中心	39.31	1.70	4.33
45	葡眾企業	36.87	N.A.	-
46	新台茂環球	36.07	N.A.	-
47	阿瘦實業	35.87	2.04	5.69
48	新東陽	35.66	0.12	0.34
49	杏一醫療用品	31.99	0.37	1.16
50	大江國際	30.98	2.61	8.43

	公司名稱	營業收入（億元）	稅後純益（億元）	獲利率（%）
51	臺灣無印良品	24.40	N.A.	-
52	寶島光學科技	21.58	3.08	14.27
53	京華城	20.33	-4.80	-23.61
54	豐屏興業	20.09	-0.01	-0.05
55	雅光	19.69	N.A.	-
56	統領百貨	19.15	1.25	6.53
57	名佳美	19.00	N.A.	-
58	南仁湖育樂	18.96	-1.31	-6.91
59	丞燕國際	18.05	N.A.	-
60	臺北農產運銷	17.83	N.A.	-
61	一起行銷	16.75	N.A.	-
62	統一速邁自販	16.03	0.53	3.31
63	豐東興業	16.03	-0.47	-2.93
64	全家福	14.62	0.12	0.82
65	育冠企業	10.35	0.37	3.58
66	橡木桶洋酒	9.99	N.A.	-
67	萬達通實業	8.37	2.48	29.63
	總計	12035.98	285.33	
	平均	179.64	5.94	3.70

(二) 資訊設備銷售與服務

	公司名稱	營業收入（億元）	稅後純益（億元）	獲利率（%）
1	華碩電腦	4,486.85	224.22	5.00
2	臺灣東芝國際採購	4,353.18	N.A.	-
3	宏碁	4,295.11	-29.10	-0.68
4	臺灣三星電子	1,298.11	N.A.	-
5	臺灣東芝數位資訊	621.12	1.27	0.20
6	松下產業科技	568.92	N.A.	-
7	友訊科技	324.67	7.79	2.40

	公司名稱	營業收入（億元）	稅後純益（億元）	獲利率（%）
8	臺灣東芝電子	306.26	N.A.	-
9	晶實科技	242.81	1.77	0.73
10	臺松電器販賣	174.94	N.A.	-
11	夏普光電	135.49	2.56	1.89
12	群環科技	104.93	1.87	1.78
13	琉璃奧圖碼科技	94.74	-084	-0.89
14	臺灣愛普生科技	85.17	1.13	1.33
15	驊宏資通	76.04	0.30	0.40
16	臺灣樂金電器	73.38	1.35	1.84
17	聚碩科技	67.86	2.05	3.02
18	臺灣飛利浦	66.05	N.A.	-
19	凌群電腦	53.16	0.81	1.52
20	臺灣富士全錄	51.69	N.A.	-
21	華電聯網	44.28	2.45	5.53
22	敦陽科技	41.67	2.60	6.24
23	零壹科技	39.57	0.78	1.97
24	先鋒	36.81	N.A.	-
25	亞昕國際開發	34.37	8.85	25.75
26	佳能半導體設備	29.71	N.A.	-
27	大同世界科技	28.39	0.75	2.64
28	麟瑞科技	21.95	0.05	0.23
29	三商電腦	21.59	0.04	0.18
30	晉泰科技	18.23	0.64	3.51
31	國眾電腦	17.98	0.98	5.45
32	關貿網路	16.94	2.15	12.69
33	訊達電腦	16.30	0.01	0.06
34	華經資訊	16.29	0.07	0.43
35	神通電腦	16.10	6.52	40.50
36	衛展資訊	16.08	0.68	4.23
37	大綜電腦系統	16.04	0.31	1.93

	公司名稱	營業收入（億元）	稅後純益（億元）	獲利率（%）
38	中菲電腦	14.84	1.07	7.21
39	三聯科技	14.78	0.79	5.34
40	新鼎系統	13.84	1.19	8.60
41	豪勉科技	11.57	0.68	5.88
42	鼎盛資科	10.46	0.01	0.10
	總計	17,978.27	245.80	
	平均	428.05	7.45	4.76

(三) 資訊、通訊、IC 通路

	公司名稱	營業收入（億元）	稅後純益（億元）	獲利率（%）
1	大聯大投資控股	3,606.14	44.66	1.24
2	聯強國際	3,125.85	58.16	1.86
3	文曄科技	803.51	10.77	1.34
4	神腦國際企業	349.95	14.92	4.26
5	至上電子	340.98	1.15	0.34
6	華立企業	315.45	9.81	3.11
7	威健實業	293.08	4.34	1.48
8	增你強	286.25	3.21	1.12
9	擎亞國際科技	281.29	2.18	0.78
10	益登科技	267.13	1.57	0.59
11	豐藝電子	197.68	4.60	2.33
12	新曄科技	196.12	2.25	1.15
13	全虹企業	195.44	2.64	1.35
14	全科科技	169.07	1.00	0.59
15	長華電材	163.26	6.14	3.76
16	崇越科技	162.86	8.04	4.94
17	精技電腦	154.64	2.07	1.34
18	臺灣阿爾卑斯電子	141.00	1.70	1.21
19	臺灣太陽誘電	138.30	5.15	3.72

	公司名稱	營業收入（億元）	稅後純益（億元）	獲利率（%）
20	敦吉科技	133.34	4.14	3.10
21	弘憶國際	127.77	0.39	0.30
22	震旦行	126.45	10.70	8.46
23	帆宣系統科技	116.44	2.59	2.22
24	聚興科技	111.57	1.26	1.13
25	堃昶	103.84	-0.12	-0.12
26	宣昶	98.44	0.53	0.54
27	展碁國際	97.22	0.69	0.71
28	建達國際	89.98	0.32	0.36
29	尚立	87.21	0.11	0.13
30	佶優科技	86.86	0.80	0.92
31	志遠電子	77.72	2.34	3.01
32	捷元	76.59	0.13	0.17
33	統振	59.89	-0.31	-0.52
34	所羅門	54.45	0.18	0.33
35	佳營電子	49.72	-0.16	-0.32
36	光菱電子	49.56	1.16	2.34
37	蜜望實企業	48.23	1.23	2.55
38	震旦電信	34.21	0.14	0.41
39	蔚華科技	33.13	0.64	1.93
40	堡達實業	32.09	1.03	3.21
41	全網行銷	30.62	0.10	0.33
42	巨虹電子	29.42	-0.09	-0.31
43	倍微科技	27.26	-3.63	-13.32
44	安馳科技	26.23	1.43	5.45
45	茂綸	25.25	0.55	2.18
46	嵩森科技	24.94	0.04	0.16
47	斐成企業	23.96	-0.22	-0.92
48	彥陽科技	23.88	0.08	0.34
49	三顧	23.49	-0.44	-1.87

	公司名稱	營業收入（億元）	稅後純益（億元）	獲利率（%）
50	日電貿	23.13	1.82	7.87
51	亞矽科技	20.42	0.17	0.83
52	威騏國際	20.37	0.08	0.39
53	昱捷	19.81	0.01	0.05
54	互盛	18.88	4.51	23.89

(四) 汽車銷售、代理

	公司名稱	營業收入（億元）	稅後純益（億元）	獲利率（%）
1	和泰汽車	1,352.44	75.16	5.56
2	汎德永業集團	625.34	N.A.	-
3	匯豐汽車	356.37	8.23	2.31
4	裕隆日產汽車	291.35	49.30	16.92
5	國都汽車	243.39	1.83	0.75
6	臺灣賓士	243.10	N.A.	-
7	中部汽車	213.72	3.27	1.53
8	桃苗汽車	208.75	2.04	0.98
9	裕益汽車	174.80	4.79	2.74
10	北都汽車	171.54	1.89	1.10
11	中華賓士汽車	167.18	N.A	-
12	高都汽車	141.81	0.32	0.23
13	長源汽車	130.68	3.75	2.87
14	南都汽車	130.24	3.23	2.48
15	南陽實業	104.20	N.A.	-
16	捷運企業	99.58	N.A.	-
17	臺灣奧迪汽車	88.00	N.A.	-
18	順益汽車	84.88	N.A.	-
19	福斯汽車	60.06	N.A.	-
20	永業進出口	57.90	N.A.	-
21	九和汽車	56.22	2.38	4.23

	公司名稱	營業收入（億元）	稅後純益（億元）	獲利率（%）
22	裕信汽車	44.80	-0.85	-1.90
23	豐德	36.77	N.A.	-
24	高德汽車	36.76	N.A.	-
25	車美仕	36.50	3.30	9.04
26	元隆汽車	34.63	0.07	0.20
27	依德	34.53	N.A.	-
28	匯聯汽車	30.51	0.08	0.26
29	裕民汽車	28.20	0.36	1.28
30	七和實業	27.14	-0.04	-0.15
31	上正汽車	20.44	0.04	0.20
32	三和汽車	18.20	0.37	2.03
33	聯德汽車	17.48	N.A.	-
34	華菱汽車	11.31	-0.09	-0.80
	總計	5,378.82	159.43	
	平均	158.20	7.59	2.47

(五) 建設建築業

	公司名稱	營業收入（億元）	稅後純益（億元）	獲利率（%）
1	龍邦國際興業	900.20	6.38	0.71
2	興富發建設	234.13	54.99	23.49
3	遠雄建設事業	183.38	48.09	26.22
4	太子建設開發	146.58	17.86	12.18
5	冠德建設	139.47	10.27	7.36
6	潤泰創新國際	133.14	33.79	25.38
7	鼎固控股	105.30	14.69	13.95
8	皇翔建設	103.55	48.39	46.73
9	長虹建設	89.92	52.65	58.55
10	國泰建設	80.36	16.87	20.99
11	力麒建設	76.84	18.97	24.69

	公司名稱	營業收入（億元）	稅後純益（億元）	獲利率（%）
12	太平洋建設	74.07	2.66	3.59
13	遠揚建設	74.02	12.79	17.28
14	日勝生活科技	71.04	10.45	14.71
15	國揚實業	57.03	12.74	22.34
16	華固建設	55.36	16.86	30.45
17	龍巖	48.37	20.47	42.32
18	宏普建設	43.99	10.90	24.78
19	永信建設開發	41.48	21.77	52.48
20	豐邑建設	40.33	1.39	3.45
21	三圓建設	38.98	12.69	32.55
22	京城建設	38.32	14.27	37.24
23	皇鼎建設開發	37.72	7.81	20.70
24	厚生	34.23	13.47	39.35
25	大陸建設	34.18	11.68	34.17
26	富台工程	28.10	N.A.	-
27	三發地產	27.92	6.66	23.85
28	達麗建設事業	27.83	7.62	27.38
29	順天建設	27.23	3.97	14.58
30	麗寶建設	25.82	8.19	31.72
31	富邦建設	25.37	1.35	5.32
32	鄉林建設事業	24.96	5.62	22.52
33	基泰建設	23.46	8.15	34.74
34	總太地產開發	21.43	4.87	22.73
35	志嘉建設	17.49	8.04	45.97
36	大城建設	16.48	N.A	-
37	宏璟建設	16.37	2.50	15.27
38	全坤建設開發	14.21	2.30	16.19
39	達欣開發	13.21	0.65	4.92
40	璞真建設	13.00	1.50	11.54
41	名軒開發	12.81	3.17	24.75
42	聯上實業	12.38	2.94	23.75

	公司名稱	營業收入（億元）	稅後純益（億元）	獲利率（%）
43	聯上開發	9.31	1.99	21.38
44	三豐建設	8.73	3.83	43.87
45	世正開發	8.66	2.88	33.26
	總計	3,256.76	569.13	
	平均	72.37	13.24	24.64

(六) 電信業

	公司名稱	營業收入（億元）	稅後純益（億元）	獲利率（%）
1	中華電信	2,201.31	399.04	18.13
2	台灣大哥大	981.41	146.92	14.97
3	遠傳電信	867.45	106.00	12.22
4	亞太電信	257.12	33.00	12.83
5	威寶電信	70.28	-41.59	-59.18
6	台亞衛星通訊	17.43	1.10	6.31
7	宏遠電訊	11.38	0.24	2.11
8	中華國際通訊網路	9.38	0.31	3.31
	總計	4,415.76	645.02	
	平均	551.97	80.63	1.34

(七) 空運業

	公司名稱	營業收入（億元）	稅後純益（億元）	獲利率（%）
1	中華航空	1,434.50	0.59	0.04
2	長榮航空	1,201.21	5.04	0.42
3	復興航空運輸	100.34	1.01	1.01
4	立榮航空	96.15	-2.75	-2.86
5	華信航空	72.66	0.48	0.66
6	桃園航勤	23.97	0.91	3.80
7	泰商泰國航空國際臺北分公司	19.40	N.A.	-

	公司名稱	營業收入（億元）	稅後純益（億元）	獲利率（%）
8	臺灣航勤	9.40	0.85	9.04
	總計	2,957.65	6.13	
	平均	369.71	0.88	1.73

(八) 觀光飯店、餐飲連鎖

	公司名稱	營業收入（億元）	稅後純益（億元）	獲利率（%）
1	開曼美食達人	134.79	9.77	7.25
2	雄獅旅行社	133.48	1.36	1.02
3	王品餐飲	123.06	10.50	8.53
4	統一星巴克	59.52	4.66	7.83
5	義大世界	55.00	N.A.	-
6	晶華國際酒店	54.71	10.86	19.85
7	安心食品服務（摩斯漢堡）	42.93	1.02	2.38
8	寒舍餐旅管理顧問	39.62	2.82	7.12
9	國賓大飯店	30.59	2.83	9.25
10	鳳凰國際旅行社	30.00	2.29	7.63
11	六福開發	27.65	-1.05	-3.80
12	劍湖山世界	26.95	-6.18	-22.93
13	燦星國際旅行社	26.90	0.17	0.63
14	豐隆大飯店（臺北君悅）	20.61	1.32	6.41
15	福華大飯店	20.35	2.58	12.68
16	華膳空廚	19.69	2.77	14.07
17	長榮空廚	19.26	3.53	18.33
18	瓦城泰統	19.09	1.85	9.69
19	時代國際飯店	19.09	1.39	7.28
20	高雄空廚	18.24	1.56	8.55
21	東南旅行社	17.94	N.A.	-
22	臺北遠東國際大飯店	16.96	N.A.	-
23	欣葉國際餐飲	14.84	N.A.	-

	公司名稱	營業收入（億元）	稅後純益（億元）	獲利率（%）
24	新天地國際實業	14.05	0.96	6.83
25	維格餅家	13.08	0.92	7.03
26	易飛網科技	12.91	0.21	1.63
27	海景世界企業	12.33	0.79	6.41
28	六角國際事業	10.08	1.08	10.71
29	亞都麗緻大飯店	9.93	0.70	7.05
30	悅華國際酒店	9.32	-1.57	-16.84
31	西華大飯店	9.21	2.08	22.58
	總計	1,062.18	59.22	
	平均	34.26	2.19	6.19

(九) 媒體娛樂

	公司名稱	營業收入（億元）	稅後純益（億元）	獲利率（%）
1	錢櫃企業	60.02	3.50	5.83
2	好樂迪	34.30	5.89	17.17
3	群健有線電視	25.32	5.03	19.87
4	緯來電視網	24.92	2.96	11.88
5	公共電視文化事業基金會	21.91	-3.80	-17.34
6	南桃園有線電視	19.45	0.95	4.88
7	臺灣電視事業	15.86	1.47	9.27
8	中國電視事業	14.77	-1.00	-6.77
9	中華電視	13.83	-1.74	-12.58
10	慶聯有線電視	13.02	1.87	14.36
11	鳳信有線電視	11.74	2.21	18.82
12	得利影視	11.62	-0.26	-2.24
13	新永安有線電視	11.33	0.95	8.38
14	永佳樂有線電視	11.14	2.23	20.02
15	新視波有線電視	10.53	1.70	16.14
16	北視有線電視公司	9.88	0.67	6.78

	公司名稱	營業收入（億元）	稅後純益（億元）	獲利率（%）
17	北桃園有線電視	9.31	1.45	15.57
18	港都有線電視	9.19	1.50	16.32
19	臺灣數位寬頻有線電視	9.19	3.60	39.17
20	陽明山有線電視	9.00	1.28	14.22
21	新竹振道有線電視	8.76	1.74	19.86
22	北健有線電視	8.74	1.38	15.79
23	豐盟有線電視	8.64	1.63	18.87
24	新頻道有線電視	8.51	1.18	13.87
	總計	380.98	36.39	13.87
	平均	15.87	1.52	11.17

(十) 出版、印刷、書店

	公司名稱	營業收入（億元）	稅後純益（億元）	獲利率（%）
1	誠品	119.10	2.72	2.28
2	大智通文化行銷	118.70	0.46	0.39
3	中央印製廠	44.97	9.60	21.35
4	城邦文化事業	39.65	3.34	8.42
5	秋雨創新	16.22	-069	-4.25
6	白紗科技印刷	15.68	0.64	4.08
7	金石堂圖書	13.28	N.A.	-
8	中華彩色印刷	9.03	0.24	2.66
	總計	376.63	16.31	
	平均	47.08	2.33	4.99

(十一) 廣告、公關及設計

	公司名稱	營業收入（億元）	稅後純益（億元）	獲利率（%）
1	彥星傳播事業	18.86	N.A.	-
2	博上廣告	9.86	N.A.	-

	公司名稱	營業收入（億元）	稅後純益（億元）	獲利率（%）
	總計	28.72	-	-
	平均	14.36	-	-

(十二) 房屋仲介

	公司名稱	營業收入（億元）	稅後純益（億元）	獲利率（%）
1	信義房屋仲介	87.50	13.51	15.44
	總計	87.50	13.51	
	平均	87.50	13.51	15.44

(十三) 保全

	公司名稱	營業收入（億元）	稅後純益（億元）	獲利率（%）
1	中興保全	120.59	18.79	15.58
2	台灣新光保全	68.51	9.68	14.13
3	東京都保全	19.86	0.48	2.42
4	誼光保全	16.91	1.27	7.51
5	台灣保全	10.27	1.01	9.83
	總計	236.14	31.23	
	平均	47.23	6.25	9.89

(十四) 醫療、醫院業

	公司名稱	營業收入（億元）	稅後純益（億元）	獲利率（%）
1	長庚醫療財團法人	476.87	94.83	19.89
2	國立臺灣大學醫學院附設醫院	265.09	N.A.	-
3	臺北榮民總醫院	179.50	0.73	0.41
4	馬偕紀念醫院（全院）	161.67	4.83	2.99
5	臺北市立聯合醫院	136.68	5.28	3.86
6	高雄醫學大學附設中和紀念醫院	88.18	N.A.	-

	公司名稱	營業收入（億元）	稅後純益（億元）	獲利率（%）
7	國泰醫療財團法人國泰綜合醫院	81.94	N.A.	-
8	亞東紀念醫院	64.81	0.89	1.37
9	新光醫療財團法人	59.99	2.56	4.27
10	義大醫療財團法人	57.67	N.A.	-
11	財團法人天主教耕莘醫院（新店總院）	44.04	1.86	4.22
12	醫療財團法人臺灣血液基金會	28.51	N.A.	-
13	財團法人為恭紀念醫院	16.97	N.A.	-
	總計	1,661.92	110.98	
	平均	127.84	15.85	5.29

(十五) 軟體業

	公司名稱	營業收入（億元）	稅後純益（億元）	獲利率（%）
1	精誠資訊	145.35	2.98	2.05
2	智冠科技	107.73	2.78	2.58
3	遊戲橘子數位科技	71.20	-3.56	-5.00
4	上奇科技	36.85	1.12	3.04
5	訊連科技	34.53	6.51	18.85
6	台塑網科技	21.55	N.A.	-
7	緯創軟體	21.40	0.52	2.43
8	智凡迪科技	20.54	N.A.	-
9	奇偶科技	20.14	5.07	25.17
10	神坊資訊	18.50	0.50	2.70
11	中冠資訊	14.53	1.80	12.39
12	系微	11.20	1.25	11.16
13	傳奇網路遊戲	10.13	3.24	31.98
14	中華網龍	9.42	0.48	5.10
15	宇峻奧汀科技	9.19	1.06	11.53
16	遊戲新幹線	9.19	N.A.	-
17	富爾特科技	8.82	2.56	29.02

	公司名稱	營業收入（億元）	稅後純益（億元）	獲利率（%）
18	育駿科技	8.55	0.95	11.11
	總計	578.82	27.26	
	平均	32.16	1.82	10.94

(十六) 倉儲運輸、物流

	公司名稱	營業收入（億元）	稅後純益（億元）	獲利率（%）
1	捷盟行銷	620.47	2.03	0.33
2	全台物流	270.06	1.02	0.38
3	統昶行銷	255.10	2.99	1.17
4	中菲行國際物流	150.94	1.40	0.93
5	新竹物流	99.70	8.55	8.58
6	台驊國際投資控股	86.43	0.68	0.79
7	來來物流	80.51	N.A.	-
8	嘉里大榮物流	74.48	8.03	10.78
9	統一速達	69.33	2.53	3.65
10	長榮國際儲運	61.04	5.11	8.37
11	志信國際	38.23	8.83	23.10
12	台塑汽車貨運	33.64	0.97	2.88
13	亞太國際物流	28.79	2.17	7.54
14	捷盛運輸	28.15	0.50	1.78
15	台灣宅配通	25.51	2.43	9.53
16	中國貨櫃運輸	24.69	0.47	1.90
17	臺灣航空貨運承攬	23.22	-0.21	-0.90
18	臺灣通運倉儲	22.98	1.43	6.22
19	陸海	20.11	-0.26	-1.29

(十七) 海運及船務代理

	公司名稱	營業收入（億元）	稅後純益（億元）	獲利率（%）
1	長榮海運	1,410.28	1.29	0.09
2	陽明海運	1,317.24	0.51	0.04
3	萬海航運	626.15	18.28	2.92
4	益航	295.06	4.86	1.65
5	中鋼運通	159.41	31.79	19.94
6	臺灣港務	142.98	40.97	28.65
7	正利航業	122.00	4.00	3.28
8	慧洋海運	83.97	21.00	25.01
9	裕民航運	79.63	18.04	22.66
10	新興航運	60.42	16.25	26.89
11	達和航運	49.55	1.32	2.66
12	四維航業	40.46	6.57	16.24
13	中國航運	36.62	5.73	15.65
14	萬泰國際物流	33.43	0.15	0.45
15	台灣航業	31.67	6.30	19.89
16	沛華實業	28.93	N.A.	-
17	沛榮國際	25.12	N.A.	-
18	光明海運	24.82	-4.18	-16.84
19	世邦國際集運	19.81	0.06	0.30
20	和平工業區專用港實業	18.63	8.98	48.20
21	鉅盛國際物流	18.00	N.A.	-
	總計	4,624.18	181.92	
	平均	220.20	10.11	12.09

(十八) 陸上客運

	公司名稱	營業收入（億元）	稅後純益（億元）	獲利率（%）
1	台灣高速鐵路	339.84	35.77	10.53
2	交通部臺灣鐵路管理局	216.03	-97.72	-45.23

	公司名稱	營業收入（億元）	稅後純益（億元）	獲利率（%）
3	臺北大眾捷運	149.39	7.06	7.73
4	國光汽車客運	33.25	0.79	2.38
5	統聯汽車客運	32.58	0.74	2.27
6	大都會汽車客運	25.65	0.25	0.97
7	桃園汽車客運	13.72	2.17	15.82
8	和欣汽車客運	12.88	0.03	0.23
9	台灣大車隊	8.71	1.43	16.42
	總計	832.05	-49.48	
	平均	92.45	-5.50	0.90

(十九) 貿易業

	公司名稱	營業收入（億元）	稅後純益（億元）	獲利率（%）
1	特力	352.47	6.90	1.96
2	臺灣豐田通商	231.57	4.27	1.84
3	東森國際	127.40	-38.86	-30.50
4	元禎企業	107.64	-1.69	-1.57
5	臺灣拜耳	96.39	4.10	4.25
6	佳美貿易	76.40	0.62	0.81
7	統昂企業	75.88	N.A.	-
8	大成國際鋼鐵	75.30	1.21	1.61
9	高林實業	70.81	0.96	1.36
10	中華全球食物	66.54	0.32	0.48
11	六和化工	65.42	2.75	4.20
12	崇越電通	64.68	3.40	5.26
13	佳醫健康事業	59.99	2.76	4.60
14	長江化學	48.87	0.95	1.94
15	臺灣阿斯特捷利康	44.83	2.57	5.73
16	順益貿易	44.36	N.A.	-
17	羅昇企業	41.66	-0.15	-0.36

	公司名稱	營業收入（億元）	稅後純益（億元）	獲利率（%）
18	國泰洋酒	40.98	N.A.	-
19	模里西斯商史伯太科	38.99	N.A.	-
20	翔新科技	38.86	0.11	0.28
21	元良實業	36.68	0.30	0.82
22	昭安國際	36.50	0.53	1.45
23	統祥	35.64	0.47	1.32
24	中貿國際	34.88	4.15	11.91
25	關中	34.34	-5.43	-15.81
26	嘩華企業	32.68	N.A.	-
27	維勝鋼鐵	30.51	-0.13	-0.43
28	昱友企業	29.82	0.23	0.77
29	富貿企業	29.60	N.A.	-
30	豐暉鋼鐵	29.19	0.13	0.45
31	偕森	28.17	N.A.	-
32	永聖貿易	27.49	0.64	2.33
33	立肯企業	26.72	N.A.	-
34	仲博科技	26.58	0.00	0.00
35	邦妮企業	25.31	0.01	0.04
36	法徠麗國際	24.81	0.05	0.20
37	杏昌生技	23.81	1.88	7.90
38	翰可國際	23.60	N.A.	-
39	穗嘩實業	22.92	0.57	2.49
40	臺灣農林	22.82	9.45	41.41
41	耕坊行	22.57	N.A.	-
42	肯友	22.35	N.A.	-
43	傲勝國際	22.22	N.A.	-
44	聯美林業	22.13	-0.45	-2.03
45	弘帆	21.55	0.99	4.59
46	城偉實業	20.89	0.07	0.34
47	新永和	20.62	N.A.	-

	公司名稱	營業收入（億元）	稅後純益（億元）	獲利率（%）
48	中華機械	20.17	N.A.	-
49	隆安工業	20.00	N.A.	-
50	強全企業	20.00	N.A.	-

第 5 節 國內金融服務業概況

一、平均獲利率及平均員工產值

	2013 年	2012 年	2011 年
平均獲利率	6.4%	5.6%	5.1%
平均每位員工產值	1,380 萬元	1,190 萬元	1,260 萬元

二、金融業排行榜

(一) 銀行

	公司名稱	營業收入（億元）	稅後純益（億元）	獲利率（%）
1	臺灣銀行	795.24	72.32	9.09
2	中國信託商業銀行	706.90	184.00	26.03
3	合作金庫商業銀行	549.72	75.33	13.70
4	兆豐國際商業銀行	541.51	193.33	35.70
5	國泰世華商業銀行	485.50	130.68	26.92
6	臺灣土地銀行	449.69	86.29	19.19
7	第一商業銀行	446.72	103.75	23.23
8	台北富邦商業銀行	425.77	129.94	30.52
9	華南商業銀行	420.10	86.61	20.62
10	台新國際商業銀行	345.05	86.46	25.06
11	玉山商業銀行	337.57	71.79	21.27
12	彰化商業銀行	331.23	84.71	25.57
13	花旗（臺灣）銀行	322.33	135.26	41.96

	公司名稱	營業收入（億元）	稅後純益（億元）	獲利率（%）
14	上海商業儲蓄銀行	321.99	121.95	37.87
15	永豐商業銀行	316.91	82.20	25.94
16	臺灣中小企業銀行	266.73	34.04	12.76
17	渣打國際商業銀行	213.15	30.03	14.09
18	臺灣新光商業銀行	173.44	42.63	24.58
19	匯豐（臺灣）商業銀行	160.61	51.79	32.25
20	遠東國際商業銀行	141.44	25.63	18.12
21	大眾商業銀行	129.19	17.31	13.40
22	安泰商業銀行	120.35	40.76	33.87
23	台中商業銀行	116.95	27.78	23.75
24	聯邦商業銀行	104.94	26.14	24.91
25	中華開發工業銀行	82.18	43.31	52.70
26	元大商業銀行	79.16	20.87	26.36
27	澳商澳盛銀行集團	77.51	21.92	28.28
28	星展（臺灣）商業銀行	71.53	6.03	8.43
29	萬泰商業銀行	69.47	28.93	41.64
30	陽信商業銀行	67.10	12.30	18.33
31	台灣工業銀行	67.00	0.59	0.88
32	日盛國際商業銀行	49.80	14.16	28.43
33	京城商業銀行	49.28	34.44	69.89
34	高雄銀行	45.72	3.86	8.44
35	板信商業銀行	40.39	1.28	3.17
36	美商摩根大通銀行臺北分行	39.48	13.88	35.16
37	三信商業銀行	34.09	2.07	6.07
38	華泰商業銀行	31.99	3.09	9.66
39	日商三菱東京日聯銀行臺北分行	27.63	13.46	48.72
	總計	9,055.36	2,160.92	-
	平均	232.19	55.41	24.78

(二) 人壽保險

	公司名稱	營業收入（億元）	稅後純益（億元）	獲利率（%）
1	國泰人壽保險	6,884.47	32.80	0.48
2	富邦人壽保險	4,874.75	129.73	2.66
3	勞工保險局	4,700.46	N.A.	-
4	南山人壽保險	4,631.76	93.66	2.02
5	中華郵政	3,129.61	93.23	2.98
6	新光人壽保險	2,876.59	55.33	1.92
7	中國人壽保險	1,522.97	47.84	3.14
8	三商美邦人壽保險	1,272.49	15.38	1.21
9	台灣人壽保險	898.69	20.26	2.25
10	臺銀人壽保險	686.42	2.12	0.31
11	遠雄人壽保險事業	484.72	51.19	10.56
12	國華人壽保險	476.64	-31.24	-6.55
13	中國信託人壽保險	475.63	1.76	0.37
14	法商法國巴黎人壽保險	391.37	0.79	0.20
15	全球人壽保險	374.69	13.44	3.59
16	保誠人壽保險	337.37	18.66	5.53
17	宏泰人壽保險	277.04	-23.82	-8.60
18	安聯人壽保險	233.08	0.86	0.37
19	保德信國際人壽保險	160.20	0.92	0.57
20	國際紐約人壽保險	130.25	5.65	4.34
21	國際康健人壽保險	114.53	1.58	1.38
22	幸福人壽保險	105.28	-13.77	-13.08
23	朝陽人壽保險	92.98	-8.07	-8.68
24	英屬百慕達商宏利人壽保險	92.53	1.15	1.24
25	國寶人壽保險	89.07	-31.59	-35.47
26	中國信託保險經紀人	79.67	19.23	24.14
27	第一金人壽保險	76.13	-1.15	-1.51
28	英屬百慕達商友邦人壽保險	63.36	-4.61	-7.28
29	英屬百慕達商中泰人壽保險	40.21	-2.03	-5.05

	公司名稱	營業收入（億元）	稅後純益（億元）	獲利率（%）
	總計	35,572.96	489.30	
	平均	1,226.65	17.48	-0.61

(三) 產物保險

	公司名稱	營業收入（億元）	稅後純益（億元）	獲利率（%）
1	富邦產物保險	227.82	29.97	13.15
2	國泰世紀產物保險	128.17	6.91	5.39
3	新光產物保險	92.74	7.53	8.12
4	明台產物保險	79.08	5.79	7.32
5	新安東京海上產物保險	74.64	8.35	11.19
6	泰安產物保險	52.01	5.87	11.29
7	華南產物保險	49.02	5.13	10.46
8	第一產物保險	47.32	6.32	13.36
9	旺旺友聯產物保險	46.26	2.58	5.58
10	兆豐產物保險	41.16	2.06	5.00
11	臺灣產物保險	38.49	7.39	19.20
12	蘇黎世產物保險	31.83	1.75	5.50
13	美亞產物保險	27.09	5.26	19.42
	總計	935.63	94.91	
	平均	71.97	7.30	10.38

(四) 票券金融

	公司名稱	營業收入（億元）	稅後純益（億元）	獲利率（%）
1	兆豐票券金融	42.72	28.81	67.44
	總計	42.72	28.81	
	平均	42.72	28.81	67.44

(五) 農漁會信用部

	公司名稱	營業收入（億元）	稅後純益（億元）	獲利率（%）
1	全國農業金庫	121.55	5.53	4.55
	總計	121.55	5.53	
	平均	121.55	5.53	4.55

(六) 證券

	公司名稱	營業收入（億元）	稅後純益（億元）	獲利率（%）
1	元大寶來證券	228.19	36.90	16.17
2	元富證券	130.85	8.00	6.11
3	凱基證券	117.92	15.68	13.30
4	永豐金證券	65.70	12.10	18.42
5	群益金鼎證券	65.31	10.54	16.14
6	富邦綜合證券	64.68	9.80	15.15
7	大華證券	55.00	9.72	17.67
8	日盛證券	42.32	7.04	16.64
9	統一綜合證券	42.18	11.14	26.41
10	兆豐證券	28.63	0.77	2.69
11	康和綜合證券	26.12	0.08	0.31
	總計	866.90	121.77	
	平均	78.81	11.07	13.55

(七) 期貨

	公司名稱	營業收入（億元）	稅後純益（億元）	獲利率（%）
1	元大寶來期貨	35.68	5.83	16.34
	總計	35.68	5.83	
	平均	35.68	5.83	16.34

(八) 其他金融業

	公司名稱	營業收入（億元）	稅後純益（億元）	獲利率（%）
1	中租控股	220.85	41.41	18.75
2	中央再保險	143.51	6.79	4.73
3	臺灣證券交易所	65.77	15.27	23.22
4	臺灣期貨交易所	34.49	18.89	54.77
5	臺灣集中保管結算所	29.93	12.06	40.29
	總計	494.55	94.42	
	平均	98.91	18.88	28.35

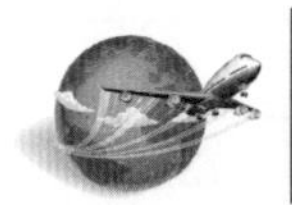

第 6 節 天下雜誌調查：金牌服務大賞 20 大產業前 5 名公司

一、金融銀行

業內排名	企業名稱	得分
1	玉山商業銀行	75.49
2	中國信託商業銀行	74.91
3	花旗（臺灣）商業銀行	66.93
4	國泰世華商業銀行	65.98
5	台北富邦銀行	64.37

二、人壽保險

業內排名	企業名稱	得分
1	富邦人壽保險	71.22
2	南山人壽保險	67.45
3	國泰人壽保險	66.59
4	中國人壽保險	63.36
5	台灣人壽保險	61.35

三、國際觀光旅館

業內排名	企業名稱	得分
1	涵碧樓大飯店	79.21
2	礁溪老爺大飯店	77.75
3	臺北寒舍喜來登大飯店	71.22
4	晶華酒店	69.93
5	遠雄悅來大飯店	69.43

四、旅行社

業內排名	企業名稱	得分
1	雄獅	71.09
2	易遊網 ezTravel	69.49
3	鳳凰旅遊	66.63
4	可樂旅遊	65.83
5	東南	64.69

五、航空公司

業內排名	企業名稱	得分
1	新加坡航空	77.56
2	長榮航空公司	74.66
3	中華航空公司	71.43
4	日本航空公司	69.57
5	國泰航空公司	65.31

六、博物館

業內排名	企業名稱	得分
1	國立故宮博物院	76.06
2	國立海洋生物博物館——屏東海生館	73.95

業內排名	企業名稱	得分
3	財團法人朱銘文教基金會 ——朱銘美術館	71.88
4	國立自然科學博物館 ——臺中科博館	70.88
5	奇美博物館	68.44

七、國家公園／風景區

業內排名	企業名稱	得分
1	太魯閣國家公園	70.28
2	墾丁國家公園	68.03
3	陽明山國家公園	66.64
4	雪霸國家公園	63.06
5	日月潭國家風景區	62.70

八、生活百貨

業內排名	企業名稱	得分
1	Ikea 宜家家居	82.36
2	Hola 和樂家居館	71.60
3	無印良品	69.36
4	特力屋	66.66
5	Daiso 大創百貨	65.50

九、便利超商

業內排名	企業名稱	得分
1	統一超商 7-ELEVEN	93.09
2	全家 Family Mart	79.80
3	萊爾富 Hi-Life	56.47

業內排名	企業名稱	得分
4	富群超商 OK	51.45

十、百貨／購物中心

業內排名	企業名稱	得分
1	新光三越	69.23
2	誠品商場	68.85
3	太平洋 SOGO	64.92
4	Taipei 101 Mall	64.51
5	統一夢時代購物中心	61.68

十一、超市／量販店

業內排名	企業名稱	得分
1	好市多 Costco	77.98
2	JASONS	73.22
3	家樂福	66.56
4	全聯福利中心	65.95
5	大潤發 RT-MART	63.82

十二、網路購物中心

業內排名	企業名稱	得分
1	PChome 線上購物	76.10
2	博客來	75.68
3	7 Net 統一超商購物網站	67.69
4	Yahoo! 奇摩購物中心	66.99
5	momo 富邦購物網	61.95

十三、3C 賣場

業內排名	企業名稱	得分
1	法雅客	77.86
2	燦坤 3C	69.50
3	日本 Best 電器（倍適得）	65.77
4	全國電子	64.86
5	順發 3C	60.69

十四、連鎖咖啡店

業內排名	企業名稱	得分
1	統一星巴克	88.20
2	伯朗咖啡	63.89
3	金鑛咖啡 Crown Fancy	63.37
4	西雅圖極品	62.50
5	85 度 C	62.04

十五、電信公司

業內排名	企業名稱	得分
1	中華電信	79.04
2	台灣大哥大	72.60
3	遠傳	64.77
4	威寶電信	58.43
5	亞太電信	57.86

十六、房屋仲介

業內排名	企業名稱	得分
1	信義房屋	77.72
2	永慶房屋	72.14

業內排名	企業名稱	得分
3	台灣房屋	59.92
4	住商不動產	57.80
5	東森房屋	57.20

十七、國內宅配／快遞

業內排名	企業名稱	得分
1	黑貓宅急便	86.26
2	郵局國內快捷/掛號/包裹	68.18
3	台灣宅配通（大嘴鳥宅配通）	67.82
4	新竹貨運	62.46
5	大榮貨運	55.25

十八、外語學習機構

業內排名	企業名稱	得分
1	科見美語	68.71
2	何嘉仁美語	68.30
3	空中美語文教機構	66.99
4	地球村	64.10
5	佳音	62.48

第 7 節
遠見雜誌服務業調查：各行業前 5 名公司

一、購物網站

名次	企業名稱
1	PayEasy 線上購物
2	momo 富邦購物網

名次	企業名稱
3	Happy Go 快樂購物網
4	7 Net 統一超商購物網站
5	PChome 線上購物

二、汽車販修

名次	企業名稱
1	Nissan
2	Ford
3	Toyota

三、百貨／購物中心

名次	企業名稱
1	環球購物中心
2	新光三越百貨
3	廣三 SOGO 百貨
4	義大世界購物中心
5	中友百貨

四、人力銀行網站

名次	企業名稱
1	104 人力銀行
2	518 人力銀行
3	Yes123

五、房屋仲介

名次	企業名稱
1	信義房屋
2	永慶房屋
3	住商不動產
4	台灣房屋
5	東森房屋

六、旅行社

名次	企業名稱
1	鳳凰旅行社
2	康福旅行社
3	東南旅行社

七、國際航空

次名	企業名稱
1	復興航空
2	全日空航空
3	日本航空
4	中華航空
5	國泰航空

八、金融銀行

名次	企業名稱
1	台新銀行
2	永豐銀行
3	華南銀行
4	國泰世華銀行
5	日盛銀行

九、便利商店

名次	企業名稱
1	統一超商 7-ELEVEN
2	全家 Family Mart
3	萊爾富

十、商務飯店

名次	企業名稱
1	老爺大酒店
2	寒舍艾美酒店
3	新竹喜來登大飯店
4	晶華酒店
5	香格里拉遠東國際大飯店

十一、直銷公司

名次	企業名稱
1	安麗（Amway）
2	美樂家（Melaleuca）
3	如新（NU SKIN）
4	科士威（eCosway）
5	葡眾

十二、教學醫院

名次	企業名稱
1	榮民總醫院
2	慈濟醫院
3	成功大學附設醫院
4	中國醫藥大學附設醫院

名次	企業名稱
5	亞東醫院

十三、頂級休閒旅館

名次	企業名稱
1	日勝生加賀屋
2	礁溪老爺大酒店
3	32 行館
4	漢來花季渡假飯店
5	春秋烏來渡假酒店

十四、電信公司

名次	企業名稱
1	中華電信
2	遠傳電信
3	台灣大哥大

十五、連鎖餐飲

名次	企業名稱
1	王品牛排
2	原燒
3	品田牧場
4	聚火鍋
5	陶板屋

資料來源：王一芸，《遠見雜誌》，2012 年 10 月號。

本章習題

1. 試問臺灣服務業占整體 GDP 產值比例大約多少？
2. 試問臺灣服務業各業別產值中，哪一類產值及就業人口最多？
3. 請列示行政院核定之六項新興服務產業的類別為何？
4. 請圖示推動服務業的四種成長力量為何？
5. 請列示服務業的定義為何？
6. 請列示服務的四項特性為何？
7. 請列示至少十種以上之服務業種？

第2章

行銷的意涵、顧客導向、傳統行銷 4P 及服務業行銷 8P/1S/1C

第 1 節 行銷的定義、重要性目標及顧客導向

一、何謂「行銷」

我們回到原先的「行銷」（Marketing）定義上。行銷的英文是 Marketing，是市場（Market）加上一個進行式（ing），故形成 Marketing。

此意是指：「廠商或企業在某些市場上，展開一些促進他們把產品銷售給市場上消費者，以完成雙方交易的任何活動，這些活動都可稱之為行銷活動。而最後消費者在購買產品或服務之後，即得到了充分的滿足其需求。」

因此，廠商行銷的最終目標，主要有兩個：第一個是滿足消費者的需求；第二個是要為消費者創造出更大的價值。

二、行銷的重要性

行銷與業務是公司很重要的部門，他們共同負有將公司產品銷售出去的重責大任，也是創造公司營收及獲利的重要來源。有些公司雖然研發很強或製造很強，但是因為行銷及業務體系相對較弱，因此公司經營績效未見良好。由此得知，公司即使有好的製造設備能製造出好的產品，也要有好的行銷能力相輔相成的配合。而今天的行銷，也不再僅僅是銷售的意義，而是隱含了更高階的顧客導向、市場研究、產品定位、廣告宣傳、售後服務等，一套有系統的知識寶藏。

三、何謂「行銷目標」

企業在實務上，有以下幾點重要的「行銷目標」（Marketing Objectives）需要達成：

(一) 營收目標

也稱為年度營收預算目標，營收額代表著有現金流量（Cash Flow）收入，即手上有現金可以使用，這當然重要。此外，營收額也代表著市占率的高低及排名。例如：某品牌在市場上營收額最高，當然也代表其市占率第一。故行銷的首要目標，自然是要達成好的業績與成長的營收。

(二) 獲利目標

獲利目標與營收目標兩者的重要性是一致的。有營收但虧損，則企業也無法長期久撐，勢必關門。因此有獲利，公司才能形成良性循環，可以不斷研發、開發好產品、吸引好人才，才能獲得銀行貸款、採購最新設備，也可以享有最多的行銷費用，用來投入品牌的打造或活動的促銷。因此，行銷人員第二個要注意的即是產品獲利目標是否達成。

(三) 市占率目標

市占率（Market Share）代表公司產品或品牌，在市場上的領導地位或非領導地位。因此，也是一項跟著營收目標而來的指標。市占率高的好處，包括可以做好廣告宣傳、鼓勵員工戰鬥力、使生產達成經濟規模、跟通路商保持良好關係、跟獲利有關聯等各種好處，因此，企業都朝市占率第一品牌為行銷目標。

(四) 創造品牌目標

品牌（Brand）是一種長期性、較無形性的重要無形價值資產，故有人稱之為「品牌資產」（Brand Asset）。消費者之中，有一群人是品牌的忠實保有者及支持者，此比例依估計至少有三成以上。因此，廠商打廣告、做活動、找代言人、做媒體公關報導等，其最終目的，除了要獲利賺錢外，也想要打造及創造出一個長久享譽的知名品牌的目標。如此，對廠商產品的長遠經營，當然會帶來正面的有利影響。

(五) 顧客滿足與顧客忠誠目標

行銷的目標，最後還是要回到消費者主軸面來看。廠商所有的行銷活動，包括從產品研發到最後的售後服務等，都必須以創新、用心、貼心、精緻、高品質、物超所值、尊榮、高服務等各種作為，讓顧客們對企業及其產品與服務，感到高度的滿意及滿足。如此，顧客會對企業產生信賴感，養成消費習慣，進而創造顧客忠誠度。

四、服務業顧客導向的意涵與觀念

什麼是「顧客導向的意涵」（Customer Orientation）？請好好思考深度意義，並設身處地站在顧客的立場上設想。

前統一超商徐重仁總經理的基本行銷哲學：「只要有顧客不滿足、不滿意的地方，就有新商機的存在。……所以，要不斷的發掘及探索出顧客對統一7-ELEVEN不滿足與不滿意的地方在哪裡。」

同時他也強調顧客導向的信念：「企業如果在市場上被淘汰出局，並不是被你的對手淘汰的。一定是被你的顧客所拋棄，因此，心中一定要有顧客導向的信念。」

(一) 顧客導向的觀念

行銷觀念在現代的企業已經被廣泛與普遍的應用，這些觀念包括：

1. 發掘消費者需求並滿足他們。
2. 製造你能銷售的東西，而非銷售你能製造的東西。
3. 關愛顧客而非產品。
4. 盡全力讓顧客感覺他所花的錢，是有代價的、正確的，以及滿足的。
5. 顧客是我們活力的來源與生存的全部理由。
6. 要贏得顧客對我們的尊敬、信賴與喜歡。

(二) 顧客導向的案例

說到顧客導向成功的案例，我們會聯想到統一超商、麥當勞及摩斯漢堡，其特色說明如下：

1. 統一超商（7-ELEVEN）

ibon繳款、City Café 平價咖啡、ATM方便提款，主要對象為附近住家、上班族、學生。

2. 麥當勞（McDonald's)

(1) 24 小時電話宅配服務。

(2) 餐盤紙背後跟盛載食物的容器上，都有標示營養價值，滿足現代人追求健康的需要。

(3) 人多時會有服務人員以 PDA 點餐，節省等待時間。

(4) 有兒童遊樂區，提供小孩玩樂的地方，方便家長帶小孩。

(三) 摩斯漢堡

1. 透明開放的廚房，讓顧客對整個商品的製作過程一目了然，吃得更安心。
2. 產品現點現做，堅持熱騰騰第一時間呈現給顧客。
3. 電話取餐服務，更節省等餐時間。
4. 所使用的米、蔬菜甚至牛肉，都有生產履歷，讓消費者吃得放心。
5. 不用在櫃檯前等餐，服務人員會幫忙送到餐桌。
6. 用餐空間高雅、明亮，並且伴隨著輕音樂，讓用餐更愉快。

五、何謂顧客？顧客要什麼？

(一) 何謂顧客——美國比恩郵購公司的精神標語

表 2-1 比恩郵購公司（L. L. Bear）精神標語

何謂顧客
1. 顧客是這個辦公室裡最重要的人物：不論是親臨或郵購。 2. 顧客不需要依賴我們，但我們非常依賴顧客。 3. 顧客不會造成我們工作上的困難，因為顧客正是我們工作的目的。 4. 我們的服務不是施捨顧客，而是顧客賞賜機會讓我們服務他們。 5. 不允許任何人與顧客發生爭執，因為顧客不是爭論的對象。 6. 我們滿足顧客，自己才能獲利。

(二) 顧客要什麼

國內服務業管理學者衛南陽認為顧客要什麼，提出他個人認為的二十六項事情，如下：

1. 物美價廉的感覺。
2. 優雅的禮貌。
3. 清潔的環境。
4. 令人感到愉快的環境。
5. 溫馨的感受。
6. 可以幫助顧客成長的事物。
7. 讓顧客得到滿足。
8. 方便。
9. 提供售前服務與售後服務。
10. 認識以及熟悉顧客。
11. 商品具有吸引力。
12. 興趣。
13. 提供完整的選擇。
14. 站在顧客的立場。
15. 沒有刁難顧客的隱藏制度。
16. 傾聽。
17. 全心處理個別客人的問題。
18. 效率和安全的兼顧。

19. 放心。
20. 顯示自我尊榮。
21. 能被認同與接受。
22. 受到重視。
23. 有合理且迅速處理的抱怨管道。
24. 不想等待太久。
25. 專精的人員。
26. 前後一致的待客態度。

(三) 本公司是否真的有顧客導向

1. 有沒有經常性或定期性的評估顧客服務表現呢？
2. 是否瞭解自己的競爭者呢？有沒有方法蒐集他們的作為呢？
3. 知道顧客對我們的產品或服務的評價嗎？
4. 顧客的優先順位排名永遠比老闆、股東更前面嗎？
5. 是否持續追求更符合顧客意願的產品或服務呢？
6. 有沒有比競爭者更接近顧客呢？
7. 產品或服務的研發，有沒有採納市場或顧客的意見呢？

六、探索消費者需求——以「顧客聲音」為革新事業的起點

7-ELEVEN 統一超商前總經理徐重仁在各種演講場合或是接受專訪時，總是強調：「顧客需求不滿足的地方，就是商機所在。」他認為統一超商還有很多商機，因為顧客需求還有很多未被滿足之處。

另外，全球 7-ELEVEN 店數最多的日本 7-ELEVEN 公司董事長鈴木敏文，長期以來也提出他的經營智慧與看法，他說：

1. 「昨天顧客的需求，不代表是明日顧客的需要。」
2. 「昨天的顧客與明天的顧客不同 。」
3. 「我們從不到其他的便利商店去觀摩，因為我們的競爭對手不是其他同業，而是顧客求新求變的需求。」
4. 「對便利商店而言，顧客的情報就是生命，情報是活的，因此新鮮度很重要。」
5. 「經營者要拋棄過去的成功經驗，並去創新。」
6. 「先破壞，再創新，這就是日本 7-ELEVEN 的創業精神。」

(一) 如何傾聽、蒐集、運用、發揮「顧客聲音」

從以上描述來看，「顧客聲音」真的是革新事業的根本起點。如何有效且迅

速的傾聽、蒐集、運用以及發揮顧客聲音，就成為行銷部門以及公司高階經營者每天思考的最重大事情。

下面我們舉幾個成功案例，簡述如下：

案例 1　日本 Nissen 郵購公司：「顧客心聲委員會」

日本第二大型錄郵購公司——Nissen，在幾年前，成立由高、中、低階主管及相關部門，組合而成的「顧客心聲委員會」。這個委員會每年蒐集三十萬件以上顧客的聲音，包括不滿意的、抱怨的、產品建言的、活動讚美等訊息情報。然後，從其中篩選出可行及具創意的大約五百件，作為 Nissen 公司在型錄商品開發、型錄編輯設計、促銷活動以及售後服務等事宜的有力參考與創意來源。

案例 2　日本 7-ELEVEN 公司：POS 數據分析與 FC 大會

日本第一大便利商店——日本 7-ELEVEN 公司，創業三十年來，最大的特色是每週二在東京總公司舉行的 FC 大會（全日本加盟店大會）。參加人員包括全國各地的 1,200 名區顧問、開店人員 100 人、全國十四個大區域經理，以及其下再細分的 129 位各地經理，總公司各部門主管也要出席。這個大會每週聚會一次，每次可以聆聽到來自各地 1,500 多人的第一手消費者與市場訊息，也包括革新的建言。另外，在各店的 POS 資訊系統，使每天總部都能即時得到各類、各店、各地區的銷售訊息，以利相關決策。這個 POS 系統的呈現背後，就是每天日本 7-ELEVEN 1,000 萬人次的消費行為，包括經濟面與心理面的消費趨勢方向，這就是鈴木敏文董事長所稱的「統計心理學」。

案例 3　日本華歌爾公司：顧客共同參與開發新產品

日本第一大內衣公司——華歌爾品牌內衣公司，在組織內部成立「顧客共同參與研發委員會」，邀請最忠誠與最有想法、最有興趣與時間的顧客，參與公司新商品研發工作，並給予若干固定薪資，以一年為一期。過去，在華歌爾公司內部組織體系，從企劃、設計、製造到銷售，大概每一個新產品或改良產品要花八個月時間，現在卻只要二個半月即可完成，新產品開發效率提高很多，每年推出的新產品數量也就跟著多了。對內衣行銷而言，不斷推出新材質、新款式、新造型、新功能與新品牌的行銷作業，是維持競爭優勢與市占率的重要指標。

第 2 節 行銷 4P 組合的基本概念

一、行銷 4P 組合戰略

就具體的行銷戰術執行而言，最重要的就是行銷 4P 組合（Marketing 4P Mix）的操作，但什麼是行銷 4P 組合？要如何運用？

(一) 什麼是「行銷 4P 組合」

此即廠商必須同時同步做好，包括：1. 產品力（Product）；2. 通路力（Place）；3. 定價力（Price），以及 4. 推廣力（Promotion）等 4P 的行動組合。而推廣力又包括促銷活動、廣告活動、公關活動、媒體報導活動、事件行銷活動、店頭行銷活動等廣泛的推廣活動。

(二) 行銷 4P 組合的戰略

站在高度來看，「行銷 4P 組合戰略」是行銷策略的核心重點所在。

行銷 4P 組合戰略是一個同時並重的戰略，但在不同時間及不同階段中，行銷 4P 組合戰略有其不同的優先順序，包括：

1. 產品戰略優先

係指以「產品」主導型為主的行銷活動及戰略。

2. 通路戰略優先

係指以「通路」主導型為主的行銷活動及戰略。

3. 推廣戰略優先

係指以「推廣」主導型為主的行銷活動及策略。

4. 價格戰略優先

係指以「價格」主導型為主的行銷活動及策略。

然後，透過 4P 戰略的操作，以達成行銷目標的追求。

(三) 為何要說「組合」

那麼為何要說「組合」（Mix）呢？主要是當企業推出一項產品或服務，要成功的話，必須是「同時、同步」要把 4P 都做好，任何一個 P 都不能疏漏，或是有缺失。例如：某項產品品質與設計根本不怎麼樣，如果只是一味大做廣告，那麼產品仍不太可能會有很好的銷售結果。同樣的，一個不錯的產品，如果沒有投資廣告，那麼也不太可能成為知名度很高的品牌。

二、行銷 4P VS. 4C

行銷 4P 組合固然重要，但 4P 也不是能夠獨立存在的，必須有另外 4C 的理念及行動來支撐、互動及結合，才能發揮更大的行銷效果。4P 對 4C 的意義是什麼呢？

4P 與 4C 的對應意義，即在明白告訴企業老闆及行銷人員，公司在規劃及落實執行 4P 計畫上，是否能夠「真正」的搭配好 4C 的架構，做好 4C 的行動，包括思考是否做到下列各點：

(一) 產品及服務是否能滿足顧客需求

我們的產品或服務設計、開發、改善或創新，是否真的堅守顧客需求（Customer need）滿足導向的立場及思考點，以及當顧客在消費此種產品或服務時，是否真為其創造了前所未有的附加價值？包括心理及物質層面的價值在內。

(二) 產品是否價廉物美及成本下降

我們的產品定價是否真的做到了價廉物美？我們的設計、R&D 研發、採購、製造、物流及銷售等作業，是否真的力求做到不斷精進改善，使產品成本得以降低，因此能夠將此成本效率及效能回饋給消費者。換言之，產品定價能夠適時反映產品成本而做合宜的下降。例如：3G 手機、數位照相機、液晶電視機、電漿電視機、MP3 數位隨身聽、NB 筆記型電腦等產品均較初期上市時，隨時間演進而不斷向下調降售價，以提升整個市場買氣及市場規模擴大。

(三) 行銷通路是否普及

我們的行銷通路是否真的做到了普及化、便利性以及隨時隨處均可買到的地步？這包括實價據點（如大賣場、便利商店、百貨公司、超市、購物中心、各專賣店、各連鎖店、各門市店）、虛擬通路（如電視購物、網路 B2C 購物、型錄購物、預購）以及直銷人員通路（如雅芳、如新等）。在現代工作忙碌下，「便利」其實就是一種「價值」，也是一種通路行銷競爭力的所在。

(四) 產品整合傳播行動及計畫是否能引起共鳴

我們的廣告、公關、促銷活動、代言人、事件活動、主題行銷、人員銷售等各種推廣整合傳播行動及計畫，是否真的能夠做好、做夠、做響與目標顧客群的傳播溝通工作，然後產生共鳴，感動他們、吸引他們，在他們心目中建立良好的企業形象、品牌形象及認同度、知名度與喜愛度。最後，顧客才會對我們有長期性的忠誠度與再購習慣性意願。

從上述分析來看，企業要達成經營卓越與行銷成功，的確必須同時將 4P 與 4C 做好、做強、做優，如此才會有整體行銷競爭力，也才能在高度激烈競爭、低成長及微利時代中，持續領導品牌的領先優勢，然後維持成功於不墜。

三、服務業行銷 8P/1S/IC 擴大組合意義

將 8P/1S/1C 擴大適用在服務業的行銷上，你能想像會產生怎樣一個組合意義呢（圖 2-1）？

(一) 組合要素之 8P

筆者把行銷 4P，擴張為服務業行銷 8P，主要是從 Promotion 中，再細分出更細的幾個 P。

第 5P：Public Relation，簡稱 PR，即公共事務作業，主要是如何做好與電視、報紙、雜誌、廣播、網站等五種媒體的公共關係。

第 6P：Personal Selling，即個別的銷售業務或銷售團隊。因為很多服務業，還是仰賴人員銷售為主，例如：壽險業務、產險、汽車、名牌精品、旅遊、百貨公司、財富管理、基金、健康食品、補習班、戶外活動等均是。

第 7P：Physical Environment，即實體環境與情境的影響。服務業很重視現場環境的布置、刺激、感官感覺、視覺吸引等。因此，不管在大賣場、在貴賓室、在門市店、在專櫃、在咖啡館、在超市、在百貨公司、在 PUB 等，均必須強化現場環境帶動行銷力量。

第 8P：Process，即服務客戶的作業流程，盡可能一致性與標準化

（SOP）。避免因不同服務人員，而有不同服務程序及不同服務結果。

(二) 組合要素之 1S

1S：Service，產品在銷售出去後，當然還要有完美的售後服務，包括客服中心服務、維修中心服務及售後服務等，均是行銷完整服務的最後一環，必須做好。

(三) 組合要素之 1C

1C：CRM，意指顧客關係管理（Customer Relationship Management）。例如：SOGO 百貨公司的 Happy Go 卡即屬於忠誠卡計畫，利用在遠東集團九個關係企業及跨異業三千多個據點消費，均可累積紅利，然後折抵現金或換贈品；目前已發卡一千二百多萬張，活卡率達 70%，算是很成功的 CRM 操作手法之一。此外，像屈臣氏的寵 i 卡、全聯福利中心的福利卡、誠品書店的誠品卡……，亦均屬於一種會員的忠誠卡。

1. 產品（Product）
2.定價（Pricing）
3.通路（Place）
4.廣告與促銷（Promotion）
5.人員銷售（Personal Selling）
6. 公共事務（PR）
7. 現場環境（Physical Environment）
8. 服務流程（Process）
9. 售後服務（Service）
10. 顧客關係管理（CRM）

圖 2-1　服務業行銷 8P/1S/1C 組合

・產品：漢堡、薯條、可樂、咖啡等。
・定價：$39、$69、$99。
・通路：全國 320 家店。
・廣宣、促銷：王力宏、蔡依林等。
・實體環境：整潔、乾淨、明亮等。 
・服務流程：內場廚房製作流程暢快；外場服務作業井然有序。
・人員銷售：整潔制服、態度親切、開朗有朝氣等。
・服務：超值早午餐、天天超值選、24 小時歡樂送、得來速 VIP 等。

圖 2-2　麥當勞案例

第3章 服務業市場調查與消費者洞察

第1節　市調的重要性類別內容及方法
第2節　服務業消費者洞察
第3節　「顧客意見表」實務參考

第 1 節 市調的重要性類別內容及方法

一、「市場調查」的重要性

行銷決策的重要參考「市場調查」（簡稱市調或民調），對企業是非常重要的。市場調查是比較偏重在行銷管理領域的。但在實務上除了行銷市場調查外，另外還有「產業調查」，產業調查自然是針對整個產業或是某特定行業所進行的調查研究工作。本章所介紹的市場調查，將比較偏重及運用在行銷管理與策略管理領域。那麼究竟市調的重要性在哪裡呢？最簡單來說：市調就是提供公司高階經理人作為「行銷決策」參考之用。那什麼又叫「行銷決策」呢？舉凡與行銷或業務行為相關的任何重要決策，包括售價決策、通路決策、OEM 大客戶決策、產品上市決策、包裝改變決策、品牌決策、售後服務決策、公益活動決策、保證決策、配送物流決策及消費者購買行為等均在此範圍內。

由市場調查所得到科學化的數據，就是「行銷決策」的重要依據。

二、市場調查的類別內容

從行銷領域看，實務上市調的內容，大致包括以下九項領域：

(一) 市場研究

包括市場規模、市場可行性調查、市場潛力、市場利益等。

1. 國內兒童美語市場有多大規模？
2. 國內寬頻上網市場有多大訂戶規模？
3. 國內電視購物（TV-shopping）有多大市場潛力？
4. 國內民營的油品市場規模有多大？
5. 智慧型手機行動市場潛力為何？
6. 國內 iPad 平板電腦市場需求有多大？
7. 國內 B2C 網路購物及電視購物市場有多大？

(二) 產品調查與服務調查

包括產品的品質、功能、效用、價格、通路、包裝、規格、色彩、大小尺寸、外觀設計、品名、新產品推出上市，以及對服務項目的調查。

1. 麥當勞推出板烤米漢堡新產品之市調。
2. 統一 7-ELEVEN 推出「冷凍食品」及「自有品牌」之市調。
3. 中華電信 ADSL 降價對有線電視 Cable Modem 上網定價之影響市調。
4. 對新光三越百貨週年慶期間服務的市調。
5. 對統一阪急百貨公司各種專櫃特色感受的市調。
6. 對資生堂專櫃服務滿意度的評價。
7. 對統一超商 City Café 的口味及定價市調。
8. 可口可樂推出非可口可樂的「美粒果」、「爽健美茶」飲料的市調。

(三) 競爭市場調查

包括國內、國外、競爭者現在及未來動態的調查研究與分析。

1. 台塑石油上市對中油市場占有率及價格之影響市調。
2. 臺北阪急百貨開幕營運對信義商圈百貨公司營運之影響市調。
3. 大陸速食麵進口到臺灣對既有國內統一、味丹、維力、金車之影響市調。
4. 三大固網電信公司對中華電信市占率之影響市調。
5. 大陸青島啤酒及燕京啤酒進口臺灣，對臺灣啤酒品牌市占率之影響市調。
6. TOYOTA 推出 LEXUS 新車，對雙 B 高級轎車市場銷售之影響市調。
7.有線電視頻道對無線電視經營影響。

(四) 消費者購買行為研究調查

包括購買的地點、時間、方式、影響因素等之市調。

1. 消費者對超市及大賣場選擇之市調。
2. 賣場 POP 對購買者意願刺激之影響市調。
3. 購買 TOYOTA LEXUS 群體行為之市調。
4. 學生族群對歌手偏愛之市調。
5. 消費者對品牌忠誠度與採購行為之相關市調。
6. 消費者受電視廣告及促銷活動影響購物行為之市調。

(五) 廣告及促銷市調

包括廣告演員選擇、廣告 Slogan、促銷方案、促銷吸引度、廣告後效益測試、廣告表現方式等之市調。

1. 采研洗髮精訴求重點之市調。
2. 百貨公司買 2,000 送 200 之吸引市調。
3. 潘婷洗髮精選用 Jolin 之接受度市調。
4. 多芬洗髮精廣告 CF 採用一般消費者證言式呈現之廣告效益市調。
5. 台灣啤酒廣告阿妹代言人 Slogan 吸引力市調。

(六) 顧客滿意度調查

顧客滿意度調查（Customer Satisfaction）也是經常看到的，包括顧客對本公司的產品、品牌、售價、通路方便性、促銷、送貨速度、售後服務、客服中心服務態度、退錢速度、網路內容、包裝方式、尺寸大小、功效品質、口味、廣告宣傳、維修服務速度及公司形象等滿意程度如何，包括很滿意、還算滿意、不太滿意、很不滿意及無意見等五種。

1. 中國信託信用卡每年度均定期做卡友滿意度調查。
2. 麥當勞每季均定期做顧客滿意度調查。
3. momo 電視購物每年均定期做顧客滿意度調查。
4. 長榮航空、凱悅飯店在現場均可填寫顧客意見調查表。
5. 和泰汽車和裕隆汽車對新購車者，也會寄使用後滿意度調查問卷，請車主填寫。
6. 王品、西堤、陶阪屋等，在桌上都會有顧客滿意調查表之填寫。

(七) 銷售研究調查

包括淡旺季、銷售產品別、銷售客戶別、銷售時段（時間）別、銷售地區別、放長假時間及假日與非假日銷售等各項市調。

(八) 通路研究調查

包括通路的型態、通路的強弱、通路的配合、通路結構變化、通路與消費者結合的程度、通路的獎勵等市調。例如：量販店大賣場開始進入大都會區內設據點的影響、無店鋪電視、網路、型錄對實際據點的影響，以及虛實通路彼此間的競爭狀況調查。

(九) 行銷環境變化研究調查

包括對影響消費者與消費環境生態之各項因素，例如文化、人口結構、流行風、所得水準、教育程度、家庭結構、開放觀念、媒體影響、學校教育、同儕影響、娛樂場所、崇拜偶像、雙週休、生活型態與消費者觀念。

1. 年輕族群喜歡哪些形式、功能與色彩的手機之市調。
2. 老年化社會對銀髮族市場之商機市調。
3. 年輕族群對各種媒體的接觸與需求之市調。
4. 哈日、哈韓流行風對流行商品商機之市調。
5. 家庭結構改變對產品包裝大小之影響市調。
6. 雙週休對娛樂行業之商機市調。
7. 崇拜偶像對出唱片歌手選擇之市調。
8. 教育提升對資訊情報需求之市調。
9. 家庭主婦對兒童、小孩教育投入之市調。
10. ECFA 之後，對大陸價廉商品大舉進入國內市場之影響市調。
11. 分眾化有線電視頻道對廣告安排之影響市調。

三、服務業市調的原則及調查方式

(一) 市場調查應掌握的原則

市場調查為求其數據資料的有效性及可用性，必須掌握下列四項原則：

1. 真實性（正確性）

市調從研究設計、問卷設計、執行及統計分析等均應審慎從事，全程追蹤。另外，針對結果，也不能作假，或者是報喜不報憂，蒙蔽討好上級長官。

2. 比較性（與自己及與競爭者做比較）

市調必須做到比較性，才能瞭解本身的進退狀況。因此，市調內容必須有自己與競爭者的比較，以及自己現在與過去的比較。

3. 連續性

市調應具有長期連續性，定期做、持續做，才能隨時做比較分析及發現問題，不斷解決問題，甚至成為創新點子的來源。

4. 一致性

如果是相同的市調主題，其問卷內容，每一次應儘量相同一致，才能與歷次做比較對照與分析。

(二) 市調進行模式：企業本身／委外

實務上來看，一般公司對市調進行有三種模式：(1) 完全由公司自己來做；(2) 委託外部的市調公司來做；(3) 混合二種均有。一般來說，小規模的市調，會由公司自己來做，大規模市調則必須委託外界專業市調公司來進行。有時候委外市調，亦是尋求具有客觀性市調數據之支持證明。

(三) 問卷調查方式

屬於定量調查的問卷調查方法，依不同的需求與進行方式，可區分為六種方法，如表 3-1 所示。

表 3-1 定量（量化）調查方式

方式	說明
1. 直接面談調查法	內容：調查員以個別面談的方式問問題。 優點：可確認回答者是不是本人，及其回答內容的精確度。 缺點：成本花費高。
2. 留置問卷填寫法	內容：調查員將問卷交給對方，過幾天訪問時再收回。 優點：調查對象多的時候有效。 缺點：不知道回答者是不是受訪者。
3. 郵寄調查法	內容：基本上以郵件發送，以回郵方式回答。 優點：調查對象為分散的狀況有效。 缺點：回收率不佳（5%左右）缺乏代表性。
4. 電話訪問調查法	內容：調查員以打電話的方式問問題。 優點：很快就知道答案，費用便宜，可適用於全國性。 缺點：局限於問題的數量與深入內涵。
5. 集體問卷填寫法	內容：將調查對象集合在一起，進行問卷調查。 優點：可確認回答者是不是本人，及其回答內容的精確度。 缺點：成本花費高。
6. 電腦網路調查法	內容：對電腦通信，網際網路上不特定的人選，以公開討論等方式實施進行。 優點：成本便宜，速度快。 缺點：關於電腦狂熱分子之類的傾向者，其答案不可當作一般常態性，易造成特殊的回答。

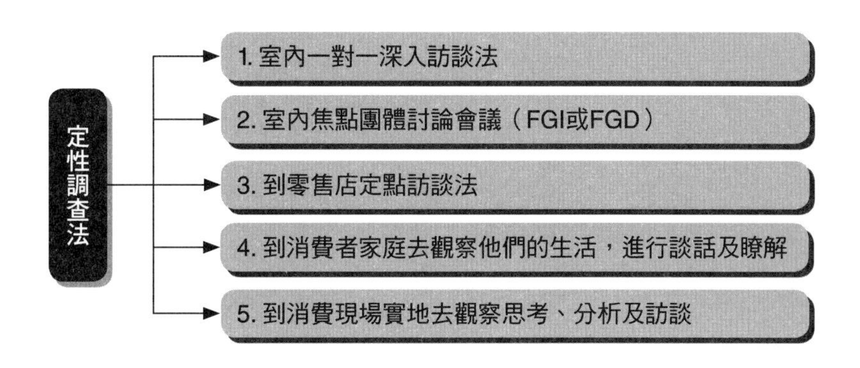

圖 3-1　定性（質化）調查方式

四、找出服務缺失五種常見方法

(一) 抱怨資料蒐集

基於服務維持的焦點是要去除不滿意和顧客流失的根源，抱怨資料（Complaint Data）是找出缺失較自然與合適的來源，然而這是假定你具備有效的顧客關係管理（CRM）系統，或是有蒐集這類資料的其他系統。就概念上來說，抱怨管理系統是讓仍想忠於公司的顧客，有機會保持忠誠，而非悄悄地投向競爭者，但光是有個流程仍不足以獲得具代表性顧客對公司出錯的看法。據估計，不滿意但不抱怨的顧客高達 95%。

不滿意顧客選擇不抱怨的主要理由之一，是他們認為不值得勞心費力；另一理由是不清楚或不瞭解應於何時、何處及如何抱怨。克服這些障礙需要一個流程，顧客可以很簡單就瞭解及運用，鼓勵他們在第一個接觸點就抱怨；顧客也必須相信，抱怨資料會被用於矯正問題或提供補償。

(二) 顧客意見卡蒐集

顧客意見卡（Customer Comment Cards）是顧客回饋很普遍的方法，經常用以評估顧客對特定活動與交易的經驗，例如到汽車經銷商展示間去看車或是在餐廳用餐。意見卡是用來快速掌握脈動，問題發生時立刻找出；它們只著重在顧客最近的服務活動或交易——他們最近到訪的。顧客回答的分級通常非常簡單，以便鼓勵他們填卡——例如「服務：(1) 超過預期；(2) 符合預期；或(3) 未達預期？」

當發生異常，尤其顧客經驗特別糟時，顧客傾向會填意見卡。從定義上來看，這導致某種程度顧客抽樣偏差，只有非常不滿意者才會回應，這也是抱怨管理系統的共通問題，限制了決定如何配置資源的資訊價值；但在另一方面，意見卡是服務經理人與第一線人員適時掌握與解決問題的一種方法。

(三) 焦點團體與個人訪談資料蒐集

1. 當抱怨資料和意見卡不能提供缺失的全貌時，你應轉向更前瞻的研究；數個定性分析研究能夠提供服務缺失較完整的樣貌和其影響，其中兩個較常用的是焦點團體與個人訪談。例如，德國航空公司（Lufthansa Airlines）每年會選一天邀請 100 位抱怨最多的顧客到公司拜訪，在公司內部稱這一天為「恐怖日」，目的是要面對面和顧客討論德航服務問題的本質；在恐怖日，德航使用某一種類型的焦點團體以認清問題，並與顧客討論其重要性。
2. 焦點團體（Focus Groups）是一小群類似的人，有計畫性地針對問題討論。運用類似的人組成團體，原因在於大家有類似遭遇，會較開誠布公和自由地討論一個議題。焦點團體是用來獲取關於顧客「對產品、服務或機會的認知、感受和思考方式」等定性分析資料，往往由一名主持人引導討論，讓參與者在集體的環境回答開放式的問題。焦點團體基本上是半組織式的團體訪問，一旦展開討論，所提的問題從一般性（例如「告訴我們有關過去十二個月你的旅行經驗，你碰到了什麼？」）到特定性（告訴我們有關你去過底特律新機場的一些事，你注意到有什麼特別地方需要改進？），這種系統性把問題從一般性話題逐漸縮小到特定性話題，旨在確保不會錯失相關議題，以及討論不會叉開要點。
3. 焦點團體的大小不一，但通常有 8 到 12 人，當團體太大，就會爆發次級討論，主持人會失去控制。每一次的討論都會記錄，對事後謄寫和教育同仁很有幫助。

(四) 服務流程圖

討論的關鍵事件突顯詳細瞭解服務提供體系的重要性，有些圖比工具更可以達到此目的，不過它們的複雜度與焦點不同。服務流程圖（Service Process Mapping）協助服務供應商運用服務體系，作為績效年表（Performance Chronology），圖 3-2 是顧客留宿美國麗嘉酒店的一般服務流程圖。

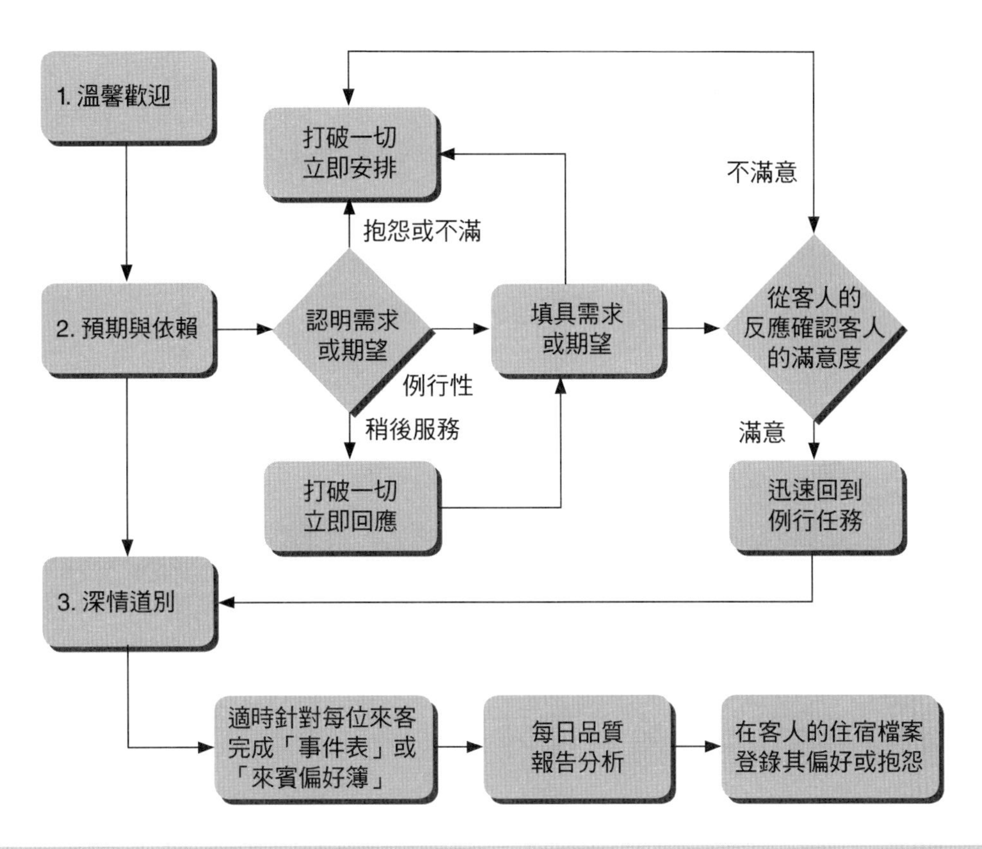

圖 3-2　美國麗嘉酒店三步驟服務流程圖

(五) 服務稽查或稽核

服務稽查（Service Audit）是與服務流程圖一起運作，一旦你的服務流程訂好，服務稽查便監督整個過程，服務稽查員（員工、經理人或顧客）手中握有整個過程會發生的每件事項清單，可以按部就班地評估服務細節之有無，服務稽查協助公司探究顧客所見之服務過程。西北航空公司在其機場作業中，運用服務稽查監督六十七項細節，這些細節分成六大類：(1) 機場搬運工報到；(2) 大廳／票務櫃檯；(3) 檢查點安全；(4) 登機門／候機室；(5) 行李提取；及 (6) 隱藏不見之處。在每一類中，各項細節又分為和人有關（看得到客服人員嗎？能請他們幫忙嗎？是否微笑和主動幫忙顧客？）和地有關（方向指引標誌有張貼嗎？精確嗎？容易瞭解嗎？）或和流程有關（排隊區有秩序嗎？）。

第 2 節 服務業消費者洞察

「消費者洞察」（Consumer Insight）是近幾年來崛起的行銷名詞，要做到真正有效的顧客導向，只須針對目標消費者各種現況及潛在需求等，加以深入挖掘、洞察、分析思考後，才能獲得消費者的真相。

一、什麼是消費者洞察？

(一) 將需求轉化成行動

行銷策略不只是要研究消費者行為，而是要找出底下所隱藏的動機。而消費者洞察就是連結動機與商品之間的化學鍵，是將「需求」轉換成「行動」的關鍵點。

(二) 注重消費者的內心

深入探索消費者的內心世界，再拼湊出消費者的想法與需求，也是消費者洞察的要項。

(三) 需求的內在意涵

指消費者的心理需求，是為了滿足內心缺少的一部分。

(四) 洞察在於挑起欲望

消費者洞察是與消費者溝通的鉤子，目的是在勾起消費者的欲望，勾住消費者的心。

(五) 產品力是最後的勝負關鍵

廣告再迷人，最後勝負關鍵，仍在產品力。好的產品，解決使用者問題，創造便利；而問題的核心，正是人人千方百計尋找的消費者洞察。所以，產品力就是消費者洞察。產品力愈強愈貼心，愈容易被消費者接受。

二、如何成為洞察高手？

(一) 切入共同渴望

想引起市場的最大共鳴，最好的方法仍是抓住人類基本天性（Human Basic Nature），切入人性共同的渴望。例如：Evian 礦泉水拿在手上，就多了幾分時尚感；LV 背在身上，就多了幾分名牌尊榮感；Levi's 牛仔褲穿在身上，就多了幾分叛逆感；Benz 開在手上，就多了幾分優越感：約翰走路（Keep Walking）使男人喝酒受感動。

(二) 擅用調查工具

為了找出捉摸不定的消費者洞察，行銷企劃人員需要一套邏輯性的思考方式，一個合理的調查工具來幫助判斷。擅用調查工具，可以提升決策的精準度，包括：

1. 一般使用焦點團體訪談（FGI 或 FGD）。
2. 家庭居家式陪同生活與觀察分析。
3. 在賣場後面跟隨消費者的購買行動而觀察分析。
4. 大樣本電話訪問的統計結果與數據的思考及分析。
5. 累積及建立一套幾千人、幾萬人以上的「消費者動機」模式工具，調查範圍包括各種媒體工具、各種品類、各種品牌、各種消費者型態等。
6. E-ICP（東方線上資料庫）所累積的消費者資料庫。
7. 徵詢第一線的業務員、專櫃小姐、店員意見，瞭解顧客的需求是什麼。
8. 量化及質化調查，必須以市調資料及深度訪談，印證假設，找到解決方案。

三、什麼是消費者洞察——三位廣告人的實務看法

(一) 異言堂

執行創意總監李永喆指出，行銷策略不光只是研究消費行為，而是要去找出底下所隱藏的動機，而消費者洞察就是連結動機與商品之間的化學鏈，是將需求轉換成行動的關鍵點。

(二) 靈獅廣告

執行創意總監王瑞表示，所謂消費者洞察，指的是深入深索消費者的內心世界，再拼湊出消費者的想法與需求。例如 Levi's 牛仔褲已經不單只是賣褲子了，而是在販賣它的叛逆形象。

(三) 博達華商

執行創意總監常一飛則認為，消費者洞察來自消費者的心理需求，是為了滿足消費者內心缺少的那一部分。

例如，有錢人雖然銀行裡的存款多到一輩子花不完，但是卻沒有人知道。為了讓身邊的人知道他的富有，他便會穿亞曼尼西裝，開 BMW 轎車來表現他的成就。常一飛說：「消費者洞察就是藉著品牌來彰顯個人意念。」

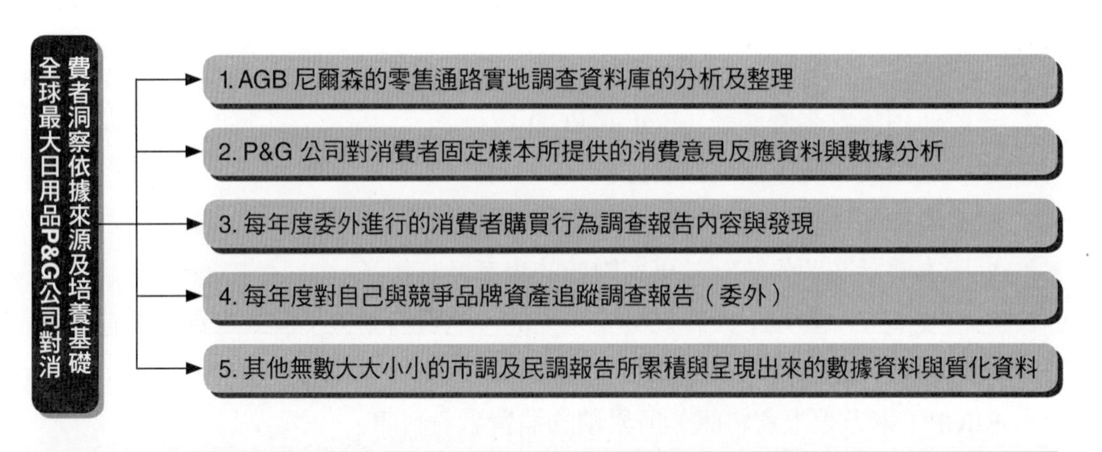

圖 3-3　P&G 的消費者洞察來源五種做法

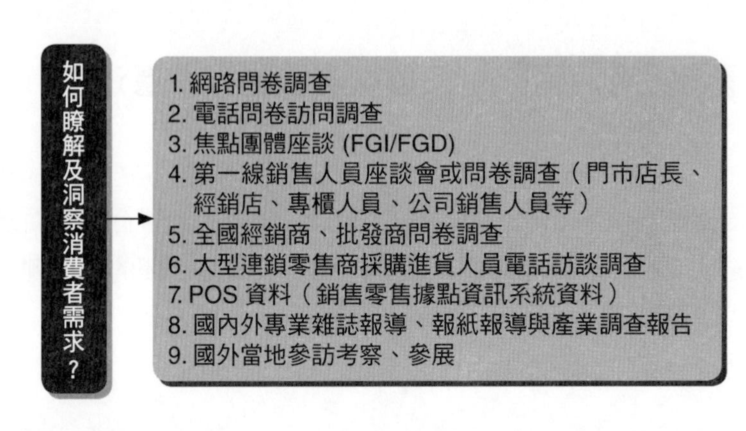

圖 3-4　如何瞭解消費者需求

四、案例

《案例 1》台新銀行信用卡卓越的行銷研究功力

(一) 國內排名第三大發卡銀行

雖是才 12 歲、倒數第二進入市場的年輕銀行，台新銀行行銷團隊卻不斷推出話題商品，順勢成為臺灣第三大發卡銀行。在今年，台新「無限卡」也得到 Asia banker 的消費金融產品服務獎。

(二) 精確研讀市場資料

1. 這群行銷達人是如何看準消費者需要，放餌「釣」顧客？精確研讀市場資料，是台新行銷人員的基本功。
2. 行銷團隊會從每日財經新聞、臺灣人民消費習慣市調等內部調查中，取得概略方向。另外，再交叉分析外部媒體公司提供的趨勢，以及國外資訊，作為開發新產品的「科學化」考量。
3. 台新銀行個金一部資深襄理洪佩菁還補充，分析資料是要看過去三年、五年，和未來三年、五年，更可以精確推估消費者習慣。比如說無限卡的推出，就與推估過去數字有關。行銷團隊預測十年前玫瑰卡、太陽卡的辦卡人如今多成中高階主管，再加上現在有許多商務人士常常須出國。因此，限量一萬張，強調「無限機艙升等」的「無限卡」就有固定市場，這時適合推出。
4. 尤其是信用卡經過資料分析後，還得有冗長的財務計算確定收支。以 imake 卡來說，還牽涉到七個繁複系統。而這種特殊卡面得不斷測試：照片清不清楚？狗會不會看起來變成貓？這群行銷人員形容自己在做製造業裡，需要數據、需要科學專業的「研發」工作。

(三) 共議制的討論

活潑、感性的特質，讓他們更敏銳，幫助瞭解顧客需要。而重視每個人意見的「共議制」，訴求團隊整體意見，讓決議結果更嚴謹。

洪佩菁說，創意不可能一個人想想即出來，絕對要到處看看。像之前行銷小組還有「逛街報告」，分享觀察心得。

《案例 2》消費趨勢洞察——百貨公司女性消費產品趨勢

(一) 女性消費能力上升

微利時代物價上漲，但女性消費力道依舊強勁！據百貨業者統計，女人最愛的化妝品，今年約有一成漲幅；時尚女不可或缺的名牌精品，成長幅度高達二成以上；流行味濃厚的女性雜貨，今年又以女性牛仔褲最搶手，曾出現三成亮眼成長；女性在百貨公司消費能力，也從平均客單價約 4,700 多元，躍升到 5,000 元左右。

(二) SOGO 百貨前 5 大產品暢銷項目

太平洋 SOGO 則舉龍頭店忠孝 SOGO 為例，今年一到七月業績排行前 5 大分別為服飾、精品、化妝品、女鞋及黃金珠寶，其中第一名的服飾去年業績 15 億元，今年為 17 億元，成長 14%。這 5 大品項的主要貢獻者，仍是愛買不手軟的女性消費層。

(三) 新光三越百貨 3 大熱門成長產品

據新光三越全省客層消費研究發現，未來都會消費流行中，精品、美食與時尚流行商品，是女性最愛的熱門成長業種，以原本平民化的牛仔褲為例，在時尚話題炒熱下，今年單是牛仔褲販售，業績即成長將近三成，其中有家新進入臺灣市場的美國牛仔褲品牌 Blue Cult，在新光三越天母店以僅八坪大面積，一個月可賣出 120 萬元成績；時尚女性熱賣的牛仔褲價格，也從以往 1,000 元至 2,500 元的平民價格，逐漸提高到流行加持約 3,280 元至 8,000 元不等的中高價二線品牌商品，身價表現直追化妝品專櫃。

《案例 3》行銷研究策略——美國 P&G 公司如何洞察消費者

(一) 當雷富禮於五年前接下寶僑執行長一職時，這家全球第一大消費者產品公司正閉門造車在象牙塔中。注重女性需求，點出雷富禮希望將寶僑帶領到不要自以為是，而應向外尋求解決問題之道的新方向。

寶僑一直以女性為主要銷售對象，但該公司過去都是關在自己的實驗室裡開發產品，再以產品的特性作為賣點。不過，雷富禮上任五年，已顛覆了這家百年老店對女性消費大眾的看法。

現在，寶僑的人員會花許多時間與婦女相處，看她們洗衣服、拖地、上妝、為兒女換尿片，希望能找出新產品可加以解決的問題。

雷富禮說：「我們發現女性消費者並不在意我們的技術，她們最在乎的是哪些產品適用於哪些機器。」「她們希望我們能瞭解她們的需求。」

(二) 在美國，購買寶僑產品的消費者中，女性約占八成之多。那正是為什麼雷富禮經常在商店裡攔住婦女，詢問她們對所買商品的意見；那也是為什麼去年他說服寶僑的董事們，跟著一群法國婦女去買美容用品。

雷富禮每年都會安排十到十五次的行程，實地到世界各地婦女的家中，瞭解她們的生活作息，以期寶僑能開發出符合實際所需的產品。

(三) 自從雷富禮掌權後，寶僑的股價已漲一倍以上，可見其策略已獲得投資人肯定。該公司盈餘也在這五年間，以平均一年達 17% 的速度成長。

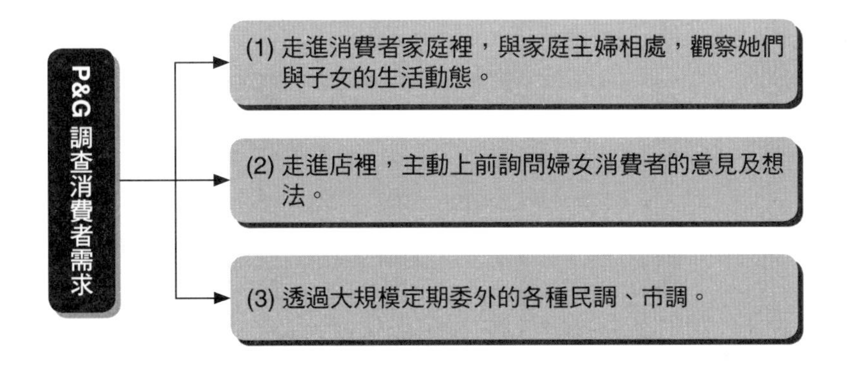

圖 3-5 全球第一大日用品公司 **P&G** 對消費者需求的三種調查方式

第 3 節 「顧客意見表」實務參考

一、陶阪屋餐廳顧客滿意度填表內容

陶板屋 和風創作料理

您好：
您的建議，我們在意，
陶板屋會努力做得更好，
謝謝您的支持！

請在選項內 畫記 ☒ 桌號_____ ___月___日

1.請問您這是第一次到陶板屋用餐嗎？
□ 是（請跳到第3題） □ 否

2.請問您最近半年總共到陶板屋用餐幾次？（含本次）
□ 1次 □ 2次 □ 3次 □ 4次 □ 5次以上

3.請問您是如何知道本店？（可複選）
□ 以前來過 □ 媒體報導 □ 網路資訊
□ 親友介紹 □ 廣告文宣 □ 路過
□ 簡訊 □ 其他_________

4.請問您今天到陶板屋用餐的目的是？（單選）
□ 家庭聚餐 □ 朋友聚餐 □ 商務聚餐
□ 結婚紀念 □ 約會 □ 慶生
□ 其他_____________

5.請問您個人今天點的主餐是？（單選）
□ 香蒜瓦片牛肉 □ 陶板香煎牛肉 □ 青蔬鮮烤牛肉
□ 陶板羊肉 □ 嫩煎豚排 □ 陶板魴魚
□ 陶板雞 □ 陶板海陸 □

6.您今天用餐後的感覺是…（單選）

	非常滿意	滿意	普通	差	很差
主餐	□	□	□	□	□
前菜	□	□	□	□	□
沙拉	□	□	□	□	□
湯類	□	□	□	□	□
飯糰	□	□	□	□	□
甜點	□	□	□	□	□
飲料	□	□	□	□	□
服務	□	□	□	□	□
整潔	□	□	□	□	□

7.您認為本店最吸引人的兩項特色是？（複選）
□ 菜色多樣化 □ 服務好 □ 價格合理 □ 好吃
□ 氣氛好 □ 其他_____________

8.請問您會不會介紹朋友來本店用餐？
□ 會 □ 不會

9.請問您對本店或服務人員的建議是…

____

姓　名:_____________ □ 男 □ 女

年　齡: □ 19歲以下 □ 20-24歲 □ 25-29歲
□ 30-34歲 □ 35-39歲 □ 40-44歲
□ 45-49歲 □ 50歲以上

生　日:___月___日 結婚紀念日:___月___日

電　話:(手機)_____________ (H)_____________

（資料來源：王品餐飲公司）

二、新光三越百貨公司

顧　客　意　見　表

您好，謝謝光臨新光三越百貨公司，為提供您更加舒適的購物環境與提升本公司的服務品質，如果您有任何寶貴的意見，敬請告訴我們。

一、您的意見是屬於：

1. □硬體設備　　2. □商品

3. □服務品質　　4. □其他

二、發生時間、地點：

1. 時間：＿＿＿＿月＿＿＿＿日＿＿＿＿時＿＿＿＿分

2. 地點：＿＿＿＿＿＿＿＿（樓）＿＿＿＿＿＿＿＿＿＿（專櫃/地點）

3. 服務人員姓名或特徵：＿＿＿＿＿＿＿＿＿＿＿＿＿＿＿＿

三、整件經過或建議：

＿＿＿＿＿＿＿＿＿＿＿＿＿＿＿＿＿＿＿＿＿＿＿＿＿＿＿＿＿＿

＿＿＿＿＿＿＿＿＿＿＿＿＿＿＿＿＿＿＿＿＿＿＿＿＿＿＿＿＿＿

＿＿＿＿＿＿＿＿＿＿＿＿＿＿＿＿＿＿＿＿＿＿＿＿＿＿＿＿＿＿

＿＿＿＿＿＿＿＿＿＿＿＿＿＿＿＿＿＿＿＿＿＿＿＿＿＿＿＿＿＿

＿＿＿＿＿＿＿＿＿＿＿＿＿＿＿＿＿＿＿＿＿＿＿＿＿＿＿＿＿＿

＿＿＿＿＿＿＿＿＿＿＿＿＿＿＿＿＿＿＿＿＿＿＿＿＿＿＿＿＿＿

＿＿＿＿＿＿＿＿＿＿＿＿＿＿＿＿＿＿＿＿＿＿＿＿＿＿＿＿＿＿

＿＿＿＿＿＿＿＿＿＿＿＿＿＿＿＿＿＿＿＿＿＿＿＿＿＿＿＿＿＿

＿＿＿＿＿＿＿＿＿＿＿＿＿＿＿＿＿＿＿＿＿＿＿＿＿＿＿＿＿＿

＿＿＿＿＿＿＿＿＿＿＿＿＿＿＿＿＿＿＿＿＿＿＿＿＿＿＿＿＿＿

＿＿＿＿＿＿＿＿＿＿＿＿＿＿＿＿＿＿＿＿＿＿＿＿＿＿＿＿＿＿

＿＿＿＿＿＿＿＿＿＿＿＿＿＿＿＿＿＿＿＿＿＿＿＿＿＿＿＿＿＿

＿＿＿＿＿＿＿＿＿＿＿＿＿＿＿＿＿＿＿＿＿＿＿＿＿＿＿＿＿＿

＿＿＿＿＿＿＿＿＿＿＿＿＿＿＿＿＿＿＿＿＿＿＿＿＿＿＿＿＿＿

謝謝您提供寶貴的意見，我們將立即處理及改進，為能儘速向您回覆，敬請留下您的資料：

顧客姓名		電　話	(O) (H)
地址			

再次感謝您的寶貴意見，若您需要其他服務，請電免付費服務專線：0800-008801，我們竭誠為您服務。

NO：　　　受理日期：　　　月　　　日　　　受理者：

（資料來源：新光三越百貨公司）

三、玉山銀行

親愛的顧客　您好：

當您拿起這一張卡片時，我們已經感受到您對玉山的關心，非常謝謝您！因為有您的意見，玉山才會不斷的進步。

請表達您對本行服務的滿意程度：	甚佳	佳	普通	差	甚差
• 您覺得我們的服務態度	□	□	□	□	□
• 您覺得我們的作業效率	□	□	□	□	□
• 您使用本行自動化服務的感覺	□	□	□	□	□
• 您覺得我們的電話禮貌及應對	□	□	□	□	□
• 您對本行整體服務的滿意度	□	□	□	□	□

如果方便的話，請填寫以下資料，好讓我們把改進情形告訴您！再一次謝謝您！

姓名：＿＿＿＿＿＿＿＿　主要往來分行/分公司：＿＿＿＿＿

電話：＿＿＿＿＿＿＿＿　e-mail：＿＿＿＿＿＿＿＿

顧客申訴專線：(02)2175-1313#8900　傳真專線：(02)2545-5513

歡迎您提供更多其他的意見

＿＿＿＿＿＿＿＿

＿＿＿＿＿＿＿＿

＿＿＿＿＿＿＿＿

＿＿＿＿＿＿＿＿

＿＿＿＿＿＿＿＿

＿＿＿＿＿＿＿＿

＿＿＿＿＿＿＿＿

＿＿＿＿＿＿＿＿

（資料來源：玉山銀行）

四、復興航空

旅　客　資　料

姓名＿＿＿＿＿＿＿　電話＿＿＿＿＿＿＿　傳真＿＿＿＿＿＿＿

地址＿＿＿＿＿＿＿＿＿＿＿＿＿　E-mail＿＿＿＿＿＿＿＿＿＿＿＿＿

日期＿＿＿＿＿　搭乘班次＿＿＿＿＿　座位編號＿＿＿＿＿　艙等＿＿＿＿＿

請您就以下服務項目，勾選您的滿意程度：

✈訂位服務
□滿意　□普通　□不滿意

✈機長廣播服務
□滿意　□普通　□不滿意

✈票務服務
□滿意　□普通　□不滿意

✈空服廣播服務
□滿意　□普通　□不滿意

✈機場櫃檯服務
□滿意　□普通　□不滿意

✈客艙設備
□滿意　□普通　□不滿意

✈空中服務
□滿意　□普通　□不滿意

✈客艙清潔
□滿意　□普通　□不滿意

✈空中視聽服務
□滿意　□普通　□不滿意

✈發行技術
□滿意　□普通　□不滿意

✈餐飲服務
□滿意　□普通　□不滿意

✈準點率
□滿意　□普通　□不滿意

可改善服務之提議或其他意見

＿＿＿＿＿＿＿＿＿＿＿＿＿＿＿＿＿＿＿＿＿＿＿＿

（資料來源：復興航空公司）

第4章 服務業行銷環境情報蒐集、分析以及新商機

第 1 節 服務業行銷環境情報蒐集、分析以及新商機

社會愈先進，變化愈多端，各種文化、社會、技術革新等此起彼落的競爭條件，深深影響消費者的購買選擇。因此行銷環境的任何變化，對廠商來說，都會帶來非常重大的改變，以及有利或不利的影響。於是各大廠商都有專人研究及分析行銷環境，問題是要如何進行才能確切瞭解市場？正確的環境情報蒐集，則是首要關鍵。

一、廠商為什麼要蒐集行銷環境情報

廠商為何要如此重視及蒐集行銷環境情報，主要有三項原因（圖 4-1）：

(一) 瞭解及滿足顧客的需求，進而提供合適的產品及服務。
(二) 確定競爭致勝的行銷戰略是什麼。
(三) 發掘新商機，並避免潛在威脅。

二、檢視內外部環境的變化

如前所述，企業要不斷檢視並監控內外部環境的變化及趨勢。基本上，企業對外部環境的檢視有以下五種：

(一) 市場分析（Marketing Analysis）。
(二) 消費者分析（Consumer Analysis）。
(三) 競爭者分析（Competitor Analysis）。
(四) 自身公司分析（Company Analysis)。
(五) 國外先進國家、產業、市場與第一品牌公司的發展分析。

其中 (二) ~ (四) 項均有 C 字在前頭，故習慣稱為必要的「3C 分析」，比較容易熟記。

三、3C 環境的分析

企業對 3C 環境的分析，除對主要品牌及主要競爭對手的優劣勢進行分析外，也要對主要目標客層或全體消費者在近年來與未來的可能改變有所洞察。當

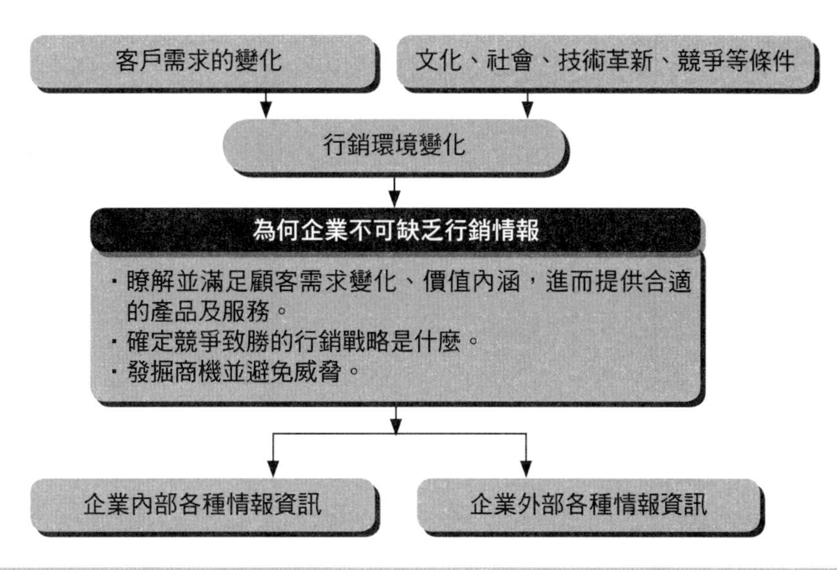

圖 4-1　廠商蒐集行銷環境情報的原因

然公司自身的優劣勢在改變中，對內部自身環境也必須及時掌握並瞭解。

(一) 競爭者分析

分析競爭者優勢、劣勢何在：1. 經營戰略為何？2. 行銷戰略為何？3. 市占率為何？4. 經營資源（人力、物力、財力）為何？5. 技術研發力為何？6. 廣告力為何？7. 品牌力為何？8. 銷售力為何？以及 9. 其他等。

(二) 顧客分析

對目標顧客族群需徹底瞭解及洞察：1. 購買人口及規模；2. 購買層、購買對象；3. 購買地點及購買時機；4. 購買動機；5. 購買滿意度；6. 購買決策因素；7. 購買力；8. 購買需求，以及 9. 購買量。

(三) 自身公司分析

即對企業內部環境分析本身的優劣勢何在：1. 經營戰略為何？2. 行銷戰略為何？3. 市占率為何？4. 經營資源（人力、物力、財力）為何？5. 技術研發力為何？6. 廣告力為何？7. 品牌力為何？8. 銷售力為何？以及 9. 其他等。

四、行銷新商機

各種行銷環境的改變，其中隱含的正是一股商機。誰能洞察先機並掌握，誰就贏在起跑點上。最近行銷環境的變化及其所帶來的新商機，可說是熱鬧繽紛，相當具有市場性。茲整理歸納如下，以供行銷人員改革創新之用。

(一) 科技環境的改變

近幾年來，在資訊科技、網際網路、無線數位、能源、面板、電機等科技領域的急速突破下，為廠商帶來了不少新商機，包括從 iPod、數位照相機、到小筆電（8 寸～10 寸筆記型電腦）、iPhone 3G 及宏達電 HTC 智慧型手機、液晶電視機、電動汽車、電動自行車、電子書、YouTube、Twitter（推特）、Facebook（臉書）、Google（谷歌）、網路購物及 iPad 平板電腦等均屬之。

(二) 經濟景氣低迷時

迎接景氣低迷，平價、低價產品當道。低價為王的時代，低價或平價產品確實大受歡迎，包括統一超商的低價 City Café、85 度 C 咖啡低價蛋糕、日本第一大 UNIQLO 低價服飾連鎖店、全聯福利中心的低價超市、家樂福低價自有品牌產品、低價吃到飽餐廳、低價山寨手機、低價網路購物、廉價航空等。

(三) 人口環境的變化

少子化，使父母親更願意為子女付出高代價，例如：才藝班、資優班、童裝、私立小學、出國親子旅遊等。人口老年化，也使銀髮族商機升高，包括健康食品、保養品、健康運動器材等，都比以前賣得更好。

(四) 健康環境的變化

由於中年人以上的上班族重視吃得健康，因此低糖、低鹽、低油、低脂肪的飲料及食品也在市面上出現，包括茶飲料、鮮奶飲料、咖啡飲料、啤酒飲料、奶粉等。另外，桂格燕麥以降低膽固醇、降血脂等為訴求，亦受到重視。另外有機產品的經營，亦漸有起色。而白蘭氏雞精、旭沛蜆精等，也成為醫院探病的贈送禮品。

(五) 宅經濟環境的變化

面對上百萬的年輕宅男、宅女族的出現，一些宅商品，例如：線上遊戲、網路購物、社群網站、宅配運送業者及宅配到家商品，亦相應崛起。

(六) 單身熟女環境的變化

目前 30-35 歲未結婚女性比例高達兩成多，36-40 歲未結婚女性比例亦有一成，這些熟齡未婚單身的女性日漸增多，且其經濟能力獨立，是一群很大的消費主力，包括購買精緻套房、出國旅遊、買精品、吃好穿好等，都是明顯的行銷對象。

(七) 外食環境的變化

由於年輕或結婚女性工作忙碌，加上做飯經驗不夠豐富，因此，每日三餐外食的機會增多，因此，中餐、西餐、速食、簡餐及便當等餐飲生意的商機，就會增加不少。

(八) 旅遊環境的變化

國內外旅遊始終是男性或女性一生喜愛的活動，因此，網路旅遊服務業及旅行服務業的生意始終不錯。加上，開放大陸旅客來臺觀光每年湧進幾百萬人，為國內大飯店、旅館、夜市、運輸業、地方特色產業等，帶來很大的成長商機。

(九) 節能減碳環境的變化

在全球節能減碳風潮下，汽車業、日光燈業、自行車業等，也都紛紛推出更具減碳、節約能源的新型產品，此又帶動市場的新需求。

(十) 便利環境的變化

便利需求一直是消費者所需要的。因此，未來在創造購物便利的連鎖加盟業、連鎖直營業及大型購物中心、便利超市、超商等業別，仍將會持續成長。

(十一) 促銷環境的變化

因應景氣低迷、保守消費下，廠商唯有透過每月的主題式促銷活動，才會把顧客吸引到店裡來。因此，各式各樣的促銷活動，將是行銷上必要且日常的工作之一。

(十二) 美麗環境的變化

追求外貌美麗仍是絕大多數女性的終身追求及希望。因此，凡是可以促進美白、抗老的化妝保養品及整形醫療，以及外在女裝服飾、女仕鞋、女性配件等，也是不會衰退的行業。

五、成功洞察行銷環境的 7-ELEVEN

7-ELEVEN 是國內最大的便利商店連鎖店，他的目標就是要成為大家生活中不可或缺的方便好鄰居。前總經理徐重仁曾說過：「經營事業要走超競爭，不要太過於在意別人做些什麼、大環境怎麼不好。不斷學習，吸收創新的養分，眼前永遠有機會。」正是因其如此善於洞察環境變化所帶來的新商機，7-ELEVEN 能在不景氣環境中，仍能保持領先地位，其成熟又創新的行銷手法，值得業界借鏡參考。

(一) 推出 City Café

以平價、24 小時供應、便利帶走為產品訴求，並以桂綸鎂為產品代言人，目前供應店數已普及近四千八百家店，每年銷售杯數超過九千萬杯，平均以 40 元計算，創造年營收額達 36 億元，足以媲美實體據點的咖啡連鎖店業績。

(二) 推出「7-Select」自有品牌

在經濟景氣低迷與低價當道的時代環境中，統一超商也大力推出飲料、零售、泡麵等近二百八十項的自有品牌商品，以低於其他產品價格 10%-20% 為主力訴求，受到消費者的歡迎。

(三) 推出優惠早中晚餐組合餐

為搶食近 2,000 億元的「外食市場」，統一超商也以促銷價 39 元或 49 元推出早餐優惠組合價，使三明治業績成長一倍。另外，也不斷更新鮮食便當口味，目前每年銷售近九千多萬個便當，創造 60 多億元營收額。

(四) 推出 open 小將周邊產品

統一超商強力塑造 open 小將虛擬玩偶及公仔人物，並開發出周邊產品，例如：玩具、配件服務、吃的零售、文具等生活日用品，每年帶來 10 億元的營收業績。

(五) 推出 ibon 平臺

在 ibon 平臺上，可以下載職棒門票、藝文表演及演唱會門票、下載音樂、列印東西、繳費、購買電影票、高鐵車票等，應用範圍很廣。目前每天約有 30 萬人次在使用 ibon，已比過去成長一倍以上，預計未來使用族群將更多。

(六) 推出 icash 卡

統一超商自 2004 年 12 月發行第一張 icash 卡之後，至今發行量已超過七百萬張，加上實用的紅利集點，已逐漸讓消費者養成使用 icash 卡的購物習慣，以及擁有忠實顧客。

六、檢視內外部環境變化及商機洞察

在企業實務上，到底有哪些具體、可行或經常採取的方法，來蒐集內外部環境變化及發展趨勢，進而發掘市場商機之型態，並洞察其機會點以因應呢？

檢視內外部環境變化及趨勢，大致有以下七項做法；而洞察市場的機會點，也同時有五項方向。

(一) 檢視內外部環境變化及趨勢的七項做法

這七項做法，每一項都非常重要，很多大企業或優良企業在這些方面都做得很好，所以才會有今天卓越良好的經營成績。當一個公司、一個部門或一個人，無法掌握內外部環境時，就無法提出具有及時性的行銷策略，以因應時下市場的需求。

1. 專責編制

須有專責的單位、人力及費用編制，專心做好此事，並定期提出分析及對策報告。

2. 定期蒐集國內外已發布的次級資料情報

如 (1) 報紙；(2) 雜誌；(3) 期刊；(4) 專刊／特刊；(5) 研究報告；(6) 年報；(7) 書籍；(8) 官網，以及 (9) DM 等。

3. 赴國外參訪

到第一品牌公司、優良代表性公司參訪，或市場考察。

4. 赴國外參展

如到國際性的大型展覽會場參展。

5. 市場調查

委外或自行做市調及民調：(1) 電話訪問；(2) 焦點座談（FGI、FGD）；(3) 家庭訪問、填問卷；(4) 街訪、路訪；(5) 店頭訪問、經銷商訪問；(6) 一對一專家訪問；(7) 網路調查；(8) 網路專屬會員調查；(9) 家庭生活貼身觀察，以及 (10) 大賣場貼身跟隨觀察等。

6. 內外部營運數據分析

須對內外部各種營運數據，做資料統計及 POS 資料分析。

7. 委託專家研究

委託學者、專家做專案式或主題式的研究報告。

(二) 洞察市場機會點的五項方向

市場機會點如何洞察，大致有以下五項方向：

1. 赴國外參訪

到國外先進國家、消費市場、標竿廠商等之參訪學習（包括現場的錄影、拍照、座談、蒐集 DM、資料、購買樣品等）成功案例，可移植臺灣。

2. 網路搜尋

上網查詢國外先進國家及廠商的具體做法及思考，是否可移植臺灣國內。

3. 購買國外專業書報雜誌

購買國外先進國家各種專業產業市場的深度研究報告、調查報告或專業雜誌，從中發現商機趨勢。

4. 委託國內專業機構調查

在國內委託專業市調公司、研究公司、學術單位，針對可能的潛在商機，做完整的市調報告及消費者需求報告。

5. 企業內部長期專業之研究

高階經營者或公司內部商品部門、企劃部門、業務部門等，長期以來的分析、研究及評估。

七、服務業 SWOT 分析與因應戰略

在經過前述各種 3C 分析之後，接下來就是大家所熟悉的 SWOT 分析了。

SWOT 分析意指：

S：Strength；優勢，本公司的強項在哪裡？

W：Weakness；劣勢，本公司的弱項在哪裡？

O：Opportunity；機會，本公司的商機在哪裡？

T：Threat；威脅，本公司的潛在威脅在哪裡？

然後，在 SWOT 交叉分析下，公司可以採取四種可能的對策，包括 (1) 積極攻勢，或 (2) 差別化，或 (3) 階段性對策，或 (4) 防守、撤退對策等四種行銷策略及大方向。

企業在經過 SWOT 分析之後，大致會出現四種情況及其可能採取的策略如下所述：

(一) 攻勢策略

當外在機會多於威脅，以及企業內部資源條件優勢多於劣勢時，企業可以大膽採取攻勢策略（Offensive Strategy）展開行動。

例如：統一超商在 SWOT 分析之後，認為公司連鎖經營管理經驗豐富，而咖啡連鎖商機及藥妝連鎖商機愈來愈顯著，是進入時機到了。因此，就轉投資成立統一星巴克公司及康是美公司，目前已經營運有成。

(二) 退守策略

當外在機會少而威脅大，以及企業內部資源條件優勢漸失，而呈現劣勢時，企業就可能必須採取退守策略（Retreat Strategy）。

例如：臺灣桌上型電腦營運條件優勢已漸失，因此必須轉向筆記型電腦的高階產品，而放棄生產桌上型電腦。

(三) 穩定策略

當外在機會少而威脅增大，但企業仍有內在資源優勢，則企業可採取穩定策略（Stable Strategy），力求守住現有成果，並等待時機做新發展。

例如：中華電信公司面對三家民營固網公司強力競爭之威脅，但中華電信既有資源優勢仍相當充裕，遠優於三大固網公司之有限資源。

(四) 防禦策略

當外在機會大於威脅，而公司內部資源優勢卻少於劣勢，則企業應採取防禦策略（Defensive Strategy）。

第 2 節 案例（計 6 個案例）

《案例 1》行銷環境策略——陸客自由行，土洋大飯店積極擴點卡位，搶商機

陸客自由行上路，國內飯店業面臨國際觀光客由日客轉為陸客的「洗牌潮」，引發國內外國際飯店加速卡位，包括日系大倉飯店、港系文華東方酒店、美系 Holiday Inn（假日飯店），以及寒舍國際酒店，甚至晶華酒店地下免稅店收回改為麗晶精品，今年起陸續進駐或是擴點，積極搶攻每年 50-60 億元新增陸客商機。

國際飯店看好臺灣觀光業市場，形成土洋飯店卡位榮景。近一年來，信義區新增 W 飯店和寒舍艾美酒店後，寒舍集團更計畫在同一區設立比寒舍艾美價位低的寒舍國際酒店，預計 2014 年完工。未來信義計畫區是君悅大飯店、寒舍集團和太子建設百分之百投資的 W 飯店鼎立。

除了東區信義區外，被飯店業稱為「西區幫」飯店，以晶華酒店為首，未來兩年，包括日系大倉飯店計畫在南京東路和中山北路交叉口興建，另有開幕一年君品酒店，及老字號老爺、國賓和喜來登大飯店。

飯店業者表示，在臺北深坑和臺中都有據點的 Holiday Inn，也計畫明年在臺北市擴點。而臺北市五星級飯店還有港系生力軍文華東方酒店，已在中泰賓館

原址興建，預計今年開幕。（資料來源：經濟日報）

《案例2》國賓飯店推出新品牌飯店，命名amba，搶攻年輕客層

國賓飯店集團旗下全新飯店品牌已確定名為「amba」，立足市場近五十年的國賓飯店集團藉此全新品牌爭取新世代客層青睞，進而以多元品牌策略來滿足不同市場需求。

首家「amba Hotel」位在臺北西門町武昌街，為國賓飯店集團向誠品集團承租，斥資3億元打造，共有一百六十二間客房與二個特色主題餐廳。客房定價自6,600元到9,200元不等，惟實際年均售價約在3,200元至3,500元間，正式營運後的首年目標住房率在75%至80%。法人初估，新飯店每年可望為國賓新增2億元營收。

「amba」取自國賓飯店英文名「AMBASSADOR」的前四個字母，為了塑造年輕活力的品牌形象，故採小寫英文字母。新飯店定位為「兼具文創氣質與舒適自在的新世代潮牌飯店」。為了跳脫傳統觀光飯店給人的刻板印象，國賓飯店集團除請到年輕設計團隊規劃新空間與設施，更首度從集團外部延攬專業行銷團隊建立企業識別系統與品牌文化。（資料來源：工商時報）

《案例3》超商車拼，搶攻2,000億元外食商機

看好外食市場2,000億元的龐大商機，7-ELEVEN又下新戰帖，首度推出「組合餐」，從59元起跳，且首創設有專門菜單提供點餐服務，加上門市設有座位區，統一超商內部預估將可帶動正餐業績大幅成長三成。

對此，全家已全面應戰，以上百種餐點品項搭配超值飲品半價優惠，國內兩大便利商店，全臺地區總計約八千家的連鎖店，隨即捲入新一波超殺的組合餐大戰中。

統一超商表示，三年前7-ELEVEN提出「Food store」概念，開發多元食品，且曾推出買主食加購飲料只要10元的行銷策略，把鮮食的營收占比不斷往上推升，如今已達到總營收的16%，例如一至七月不含咖啡的鮮食營收已突破上百億元；此次，首度以餐飲連鎖店概念，推出組合套餐，午、晚餐的時段，主食搭配飲料，只要59、69元，挾著八成五的門市都設有座位的市場優勢，消費者可以坐在位子上點餐，可望帶來不錯的業績成長。

表 4-1 2 大超商搶攻 2,000 億元外食商機

公司	店數	鮮食占比 (%)		正餐促銷策略
		去年	今年目標	
7-ELEVEN	約 4,850 店	16.5	18-20%	首推主食與飲料的組合餐，在桌面設有菜單，方便消費者點餐。
全家	約 2,800 店	逾 12.0	15%	包括麵、飯、沙拉全品項入列，上百種餐點搭配飲料的組合餐，最低七折起的優惠價格。

面對如此強大的勁敵，全家也馬上推出歷年最大規模的行銷優惠應戰，全臺二千八百多家的連鎖店，提供包括一百一十四種餐點及十五種飲料多元混合搭配，全家表示，今年七月起，就有主餐超值配，指定主餐搭配指定飲品只要半價，此優惠活動帶動店裡頗多的業績，據統計，店內購買鮮食餐點的消費者，有超過四成會選擇超值組合。因此，全家也從即日起，全面擴大商品組合，飲品折扣最低七折起，期能力拼統一超商。（資料來源：經濟日報）

《案例 4》全家便利商店搶「一人份」商機，小巧出擊

全家便利商店觀察，曾影響日本經濟生態的「一人樣」獨處消費模式也在臺灣成形，未來商品規劃及門市服務也朝這方向發展。

全家便利商店表示，「一人樣」名詞最早出現於日本，由於少子化、高齡化及單身化，再加上現代人生活忙碌，就算是已婚或有男女朋友的人，一天中多數時間還是處於個人狀態，這些人對於便利超商有較深的倚賴，根據市場調查，全臺約有 400 萬「一人樣」。

全家便利商店為貼近「一人樣」，未來會擴大個人化服務內容，例如增加一人份調理食品、多種代辦、代收服務等。

最早透過自有品牌推出個人化商品的 7-ELEVEN，與一線大廠合作，針對個別需求，除商品價格優惠外，也推出一系列小包裝零嘴、常溫調理包及冷凍食品。萊爾富則以小包裝零售及小瓶裝飲品，吸引單身族群。（資料來源：工商時報）

《案例 5》商機策略：大中華精品市場，十年內衝一哥，規模破 3 兆元，LV、GUCCI、寶格麗、HERMES 擴大市占率

根據里昂證券的調查報告，兩岸三地大中華地區將在短短十年內，成為全世界最大的精品市場，大中華區在全球精品市場的占比將從現在的 15%，躍升為 44%，精品市場規模高達 740 億歐元（約 3 兆 3 千億元臺幣）。

兩年前，大中華區在全球精品市場的占比只有 10%，市場規模只有 250 億美元（約 740 億臺幣），隨著中國大陸開放市場，精品名牌紛紛進駐二、三線城市，今年大中華精品市場在全球的占比更衝高至 15%。如今大中華區已是全球數一數二的精品市場，僅次於日本，而且每年以平均 23% 的速度成長，不斷擴大市場規模。

根據瞭解，大中華區已是法國精品 LV 最大的市場。其他精品集團也表現不俗，Swatch 集團的大中華市場占比達 28%，Richemont 集團約占 22%，古馳（GUCCI）占比約 18%，寶格麗、愛馬仕的大中華市場占比也分別有 14%、11%，足見大中華區已是相當重要的精品市場。

調查報告還指出，中國的百萬富豪平均年齡，要比其他國家年輕 15 歲以上，新近崛起的中產階級消費者熱愛精品，比起老一輩更勇於花錢，每年平均會將總收入的 10% 到 12% 拿來採購奢侈品。

中國的精品市場快速成長，除拜「中國錢淹腳目」所賜外，中國獨特的送禮文化和好面子，對精品的銷售有莫大助益。（資料來源：經濟日報）

《案例 6》頂級珠寶在臺，開大店卡位，爭取自由行陸客

為了迎接自由行陸客來臺消費，VCA 梵克雅寶亞大總裁班哲明指出，不僅春季巡迴展特別選在臺灣為首站，臺灣亦開出太平洋 SOGO 復興店、BELLAVITA 等二店，且大幅擴大麗晶精品與臺北 101 營業規模二倍大。班哲明指出，多數頂級珠寶品牌均自去年起將兩岸三地行銷重心分散至臺灣，不再一味集中於中國，主要考量是陸客開放自由行後，臺灣旗艦店對於打響品牌知名度很重要，所以要開大店，愈大愈好，加上可兼顧臺灣在地成熟消費市場的需求性。

香奈兒、卡地亞今年頂級珠寶巡迴展亦在臺端出 20 億元價值的展品，不僅展品較勁，展場分屬於信義商圈兩家新開飯店內，互別苗頭。

除此之外，香奈兒在麗晶精品店大幅擴大兩層樓營業面積，卡地亞原本準備退場，但在考量本地客與陸客需求下，仍決定繼續留下，反手並準備搶進臺中開大店。（資料來源：工商時報）

本章習題

1. 試簡述廠商為何要蒐集行銷環境情報？Why？
2. 試列示何謂 3C 分析？
3. 當前環境下，企業有哪些行銷新商機？請列示之。
4. 試列示 7-ELEVEN 近來推出哪些成功洞察行銷環境之商機？
5. 試列示洞察市場機會點的五個方向為何？
6. 試列示何謂 SWOT 分析？
7. 試簡述陸客自由行，帶給臺灣何種商機？

第5章

服務業 S-T-P 架構分析

第 1 節 服務業 S-T-P 架構分析

一、為什麼要做 S-T-P 架構分析

企業行銷人員為何要做 S-T-P 架構分析呢？主要有以下幾點原因：

(一) 從「大眾市場」走向「分眾市場」

由於大眾消費者的所得水準、消費能力、個人偏愛與需求、生活價值觀、年齡層、家庭結構、個性與物質、生活型態、職業工作性質等都有很大不同，因此使分眾市場也演變形成了。而分眾市場的意涵，等同區隔市場及鎖定目標族群之意。因此，必須先做好分眾市場的確立及分析。

(二) 有助於研訂行銷 4P 操作

在確立市場區隔、目標客層及產品定位後，行銷人員在操作行銷 4P 活動時，即能比較精準設計相對應於 S-T-P 架構的產品（Product）、通路（Place）、定價（Price）及推廣（Promotion）等四項細節內容。

(三) 有助於競爭優勢的建立

行銷要致勝，當然要找出自身特色及競爭優勢之所在，並不斷強化及建立這些行銷競爭優勢。因此，在 S-T-P 架構確立後，企業行銷人員即會知道建立哪些優勢項目，才能滿足 S-T-P 架構，並從此架構中勝出。

(四) 建立自己的行銷特色，與競爭對手有所區隔

S-T-P 架構中的產品定位，即在尋求與競爭對手有所不同、有所差異化，而且有自己獨特的特色及定位，然後才能在消費者心目中得到突出。

二、S-T-P 架構分析三部曲

S-T-P 架構分析有以下三部曲，茲說明如下（圖 5-1）：

(一) 分析區隔市場

簡稱 S（Segment Market），進行順序如下：先明確市場區隔或分眾市場在

哪裡？再切入利基市場，例如：熟女市場、大學市場、老年人市場、貴婦市場、上班族市場、熟男市場、電影市場、名牌精品市場、健康食品市場、幼教市場、豪宅市場等。區隔市場切入角度，包括：

1. 從人口統計變數切入（性別、年齡、所得、學歷、職業、家庭）。
2. 從心理變數切入（價值觀、生活觀、消費觀）。
3. 從品類市場切入（比如：茶飲料、水果飲料、機能飲料等）。
4. 從多品牌別切入市場。
5. 從價位高低而切入市場。

然後評估區隔市場的規模或產值有多大。

(二) 鎖定目標客層

簡稱 T（Target Audience, TA），即先鎖定、瞄準更精準及更聚焦的目標客層、目標消費群，再來詳述目標客層的輪廓（Profile）是什麼，例如：他們是一群什麼樣的人、有何特色、有何偏好、有何需求等。

(三) 產品定位

簡稱 P（Positioning），即我們的產品、品牌及服務是定位在哪裡，讓人家印象鮮明，並與競爭產品有些差異化。

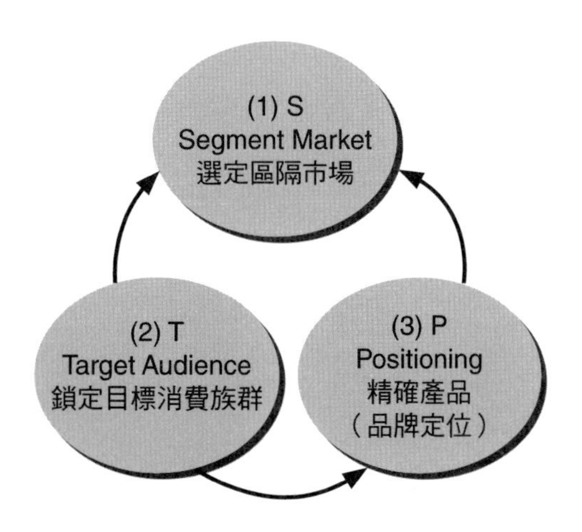

圖 5-1　S-T-P 三個循環：環環相扣

三、S-T-P架構案例解析

《案例 1》統一超商 City Café 咖啡的 S-T-P 架構分析

(一) 區隔市場（Segmentation）

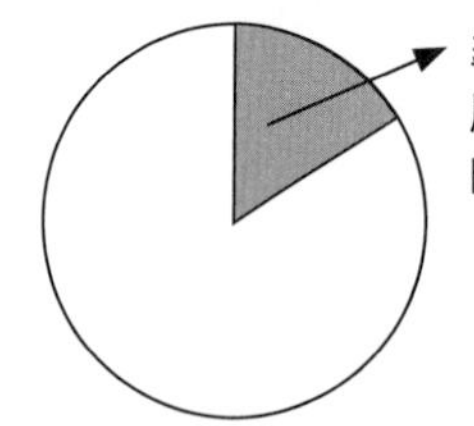

(二) 鎖定目標客層（Target Audience）

鎖定白領上班族、女性為主，男性為輔，25-40 歲，一般所得者，喜愛每天喝一杯咖啡。

(三) 產品定位（Product Positioning）

1. 整個城市都是我的咖啡館。
2. 平價、便利、外帶型的優質咖啡。
3. 便利超商優質好喝的咖啡。
4. 現代、流行、外帶的優質超商咖啡。

《案例 2》全聯福利中心的 S-T-P 架構分析

(一) 區隔市場（Segmentation）

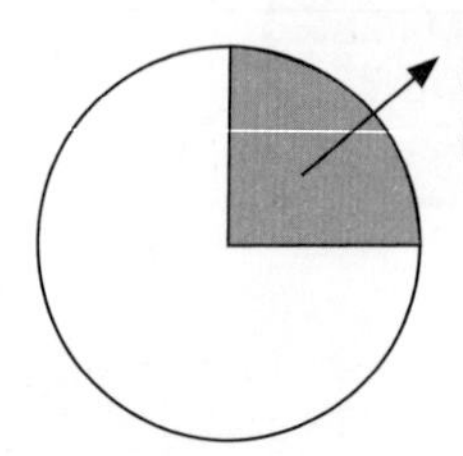

(二) 鎖定目標客層（Target Audience）

全客層、家庭主婦、上班族、男性、女性兼之，且對低價格產品敏感者。

(三) 產品定位（Product Positioning）

1. 實在真便宜。
2. 全國最低價的社區型超市。
3. 低價超市的第一品牌。

四、區隔變數有哪些

前文提到「市場」應該會被「區隔化」（Segmentation），「顧客客層」（Customer Target）也會被區隔化，如此我們才能在整體大市場中，打贏「區隔戰」。因此，區隔變數有哪些呢？一般最常用的衡量方法有下列幾種，茲說明如下：

(一) 人口統計變數

依照：1. 性別、2. 年齡層、3. 教育程度、4. 所得水準、5. 職業別、6. 家庭結構、7. 宗教，以及 8. 國際等為區隔變數。例如：TOYOTA 高級車 LEXUS（凌志）市場，是豐田的高價車區隔市場，而其目標客層，可能是 40 歲以上年齡層、高所得水準、高級主管職業別、男性居多，以及學歷偏高等特色為主的消費族群。

(二) 行為變數

依照消費者所出現的各種不同行為變數而加以區分，例如：行為保守、謹慎、內向型、或是開放、豪邁、外向、奔放、運動陽光、或是喜好與人聊天、喜歡做出某種行為而與眾不同的；例如：某消費者喜歡週末假日外出全家旅遊，其購車偏好可能就會選擇休旅車，而不會是一般房車，因為喜歡外出旅遊的嗜好就是他的行為變數。

(三) 心理變數

有些人喜歡尊榮、名氣、愛炫耀，因此成為 LV、DIOR、PRADA、GUCCI、CHANEL、HERMES 等名牌追逐者及愛購者。

另外，也有一群人是平凡生活、平凡個性、平凡價值觀與平凡心理的顧客層，其消費行為就與上述人不同，在建立區隔化市場及目標客群時，會有顯著的差異。

(四) 地理變數

這種變數通常是發生在偏遠遼闊國家，因為地理區域太大，而自然形成不同的市場區隔及目標客層。例如：美國東部紐約、美國西部的洛杉磯、美國南部的亞特蘭大或東北部的芝加哥；或是中國大陸的東北、華北、東南、西南、西北、長江三角洲或珠江三角洲等地方，都有不同的市場區隔化及其不同的產品需求。

(五) M 型社會下的價格變數

由於 M 型社會來臨，價格成為兩極論，因此，高價及平價的區隔市場也漸形成，而成為主流。例如：王品餐飲集團的十一個品牌，即是以不同的高、中、低價位，而區隔出不同口味的餐飲區隔市場。

綜上所述得知，對於企業長期戰略的構建，需透過五光十色的產業表層，從社會結構的變動中，發現長期趨勢所孕育的戰略機會，這才是一個更加堅實的基點。

五、產品定位的意涵與成功案例

行銷實務上的第一件事情是要時刻去發現「商機」（Market Opportunity），但隨著商機而來的具體事情，那就是 S-T-P 架構〔Segmentation（市場區隔化）；Target（目標市場或目標客層）；以及 Positioning（產品定位或品牌定位或服務性產品定位）〕，這兩者是互為一體的兩面。

瞭解什麼是市場區隔及目標客層後，什麼是「定位」（Positioning）呢？以

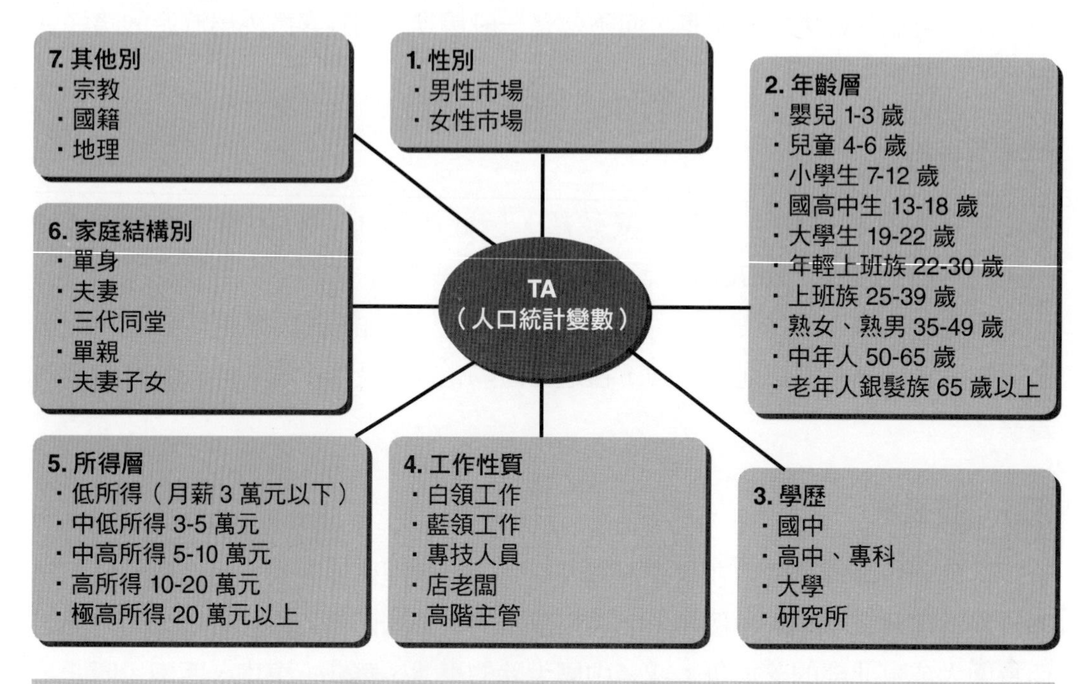

圖 5-2　TA（目標市場／目標客層）怎麼設定

下將有更深入的探討。

(一) 什麼是「定位」

簡單說，就是「你站在哪裡？你的位置與空間在哪裡？哪裡應該才是你對的位置？在那個位置上，消費者對你有何印象？有何知覺？有何認知？有何評價？有何口碑？他們又記住了你是什麼？聯想到你是什麼？以及他們一有這方面的需求，就會想到你，沒錯！」

因此，定位是行銷人員重要的思維與抉擇任務，一定要做到：「正確選擇它、占住它，形成特色，讓人家牢牢記住它是什麼。」

(二) 成功定位的案例

我們可以舉這些年成功定位的企業案例，由於他們成功的「定位」，因此營運績效卓越優良。這些可為人稱讚的行銷定位企業案例，包括如下：

1. 統一超商：以「便利」為定位成功。
2. 全聯福利中心：以「實在真便宜」、「真正最便宜」為定位成功。
3. 蘋果日報：以「社會性新聞、綜藝性新聞、特殊編輯手法、圖片式新聞、篇幅頁數最多、紙質最佳、新聞內容最差異化」等為定位成功。
4. 85°C咖啡：以「五星級蛋糕師傅做的高質感好吃蛋糕，但卻平價供應」為定位成功。
5. 太平洋 SOGO 百貨忠孝店及復興店：以「高級百貨公司及位址佳」為定位成功。
6. 君悅、晶華、W 大飯店及寒舍艾美酒店：以「高級大飯店」為定位成功。
7. Happy Go 紅利集點卡：以「遠東集團九家關係企業加上上千家異業結盟的跨異業紅利集點便利回饋消費者」為定位成功。
8. 林鳳營鮮奶：高品質、濃醇香。
9. 臺北 101 購物中心：以銷售國外名牌精品的精品百貨公司為定位成功。
10. 石二鍋：以平價 218 元小火鍋為定位成功。

六、產品定位的方法

一般行銷產品定位，採取所謂的概念式圖示法（Conceptual Map），即找出影響或決定定位最重要的至少二或三個特質、特色、差異化所在以及獨特銷售賣點（Unique Sales Point, USP）。

(一) 找出最重要的定位特質或特色

一定要找出最重要的定位特質或特色，這些特質、特色、差異化所在或獨特銷售賣點等，可以包括 1. 物質面的東西；2. 心理面的東西；3. 心靈面的東西；4. 身體面的東西；5. 價值觀面的東西；6. 人生觀面的東西；7. 流行觀面的東西，以及8.其他面向等。

(二) 具體的特質或特色

以具體項目的特質或特色來說，可以包括 1. 價格如何；2. 裝潢如何；3. 食材如何；4. 原物料如何；5. 功能如何；6. 手工打造如何；7. 設計風格如何；8. 地點如何；9. 便利性如何；10. 產品多元性或一站購足效率如何；11. 品牌性如何；12. 專屬服務如何；13. 速度如何；14. 人員素質如何；15. 安全如何；16. 樂活健康如何；17. 製程如何；18. 品質等級如何；19. 配合如何；20. 現場做的如何；21. 美白抗老如何，以及22. 與其他事項等。

七、市場區隔的類型

依國內行銷顧問專家黃福瑞的分類，他提出常見的市場區隔可以有下列五種類型：

(一) 依性別、年齡、種族、體重等特性區隔

1. 男性、女性、偏中性、中性。

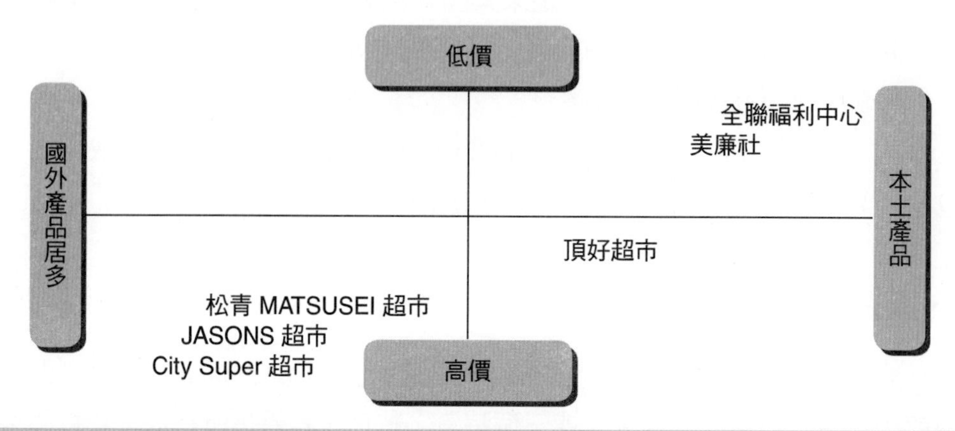

圖 5-3 「超市」產品定位圖示法

2. 草莓族、X世代、Y世代。
3. 幼童、小學生、國中生、高中生、大專生、上班族、銀髮族。
4. 亞裔、西班牙裔、非洲裔、拉丁美洲裔、白人。

(二) 依消費者商業屬性區隔

1. 個人用戶、團體用戶，團體用戶又分為政府、軍方、電信、企業、金融。
2. 企業用戶則分大企業、中小企業。

(三) 依消費行為及價格區隔

1. 商務型旅客、非商務型旅客。
2. 頭等艙、商務艙、經濟艙。
3. 交易型顧客、選擇型顧客、關係型顧客。

(四) 依消費者需求及產品屬性區隔

1. 療傷、男女戀情、嗆聲、朋友之情（唱片業常使用）。
2. 格鬥、愛情、運動、射擊、角色扮演（遊戲軟體常使用）。
3. 房車、休旅車、跑車。
4. 桌上型電腦、筆記型電腦、工業型電腦。

(五) 結合兩種以上市場區隔，再做區隔

1. 低價小型車、高價小型車、經濟中型車、豪華中型車、大型車、豪華大型車等。
2. 大型製造業、中小型製造業、大型流通業、中大型流通業等。

八、對目標市場商機（可獲利性評估）之考量因素

依國內行銷顧問專家黃福瑞的分析，他認為對目標市場商機及其可獲利性評估之因素，應考量下列六點因素：

(一) 目標市場競爭對手多寡？是否存在不公平競爭（如漏開發票、仿冒盜版品充斥）？同業是否以價格戰為主要策略？是否充斥誇大不實的宣傳與廣告？

目標市場若有以下特性，競爭激烈，毛利率較低，除非公司擅長成本控制或行銷業務能力優於同業，能夠衝高營業額，提高週轉率，否則獲利不易。

1. 高固定成本或產品服務不耐久，如航空業。
2. 同業勢均力敵、廝殺激烈、如 PC、筆記型電腦及手機製造業。
3. 行業成熟且增長速度緩慢，如農產品產業。
4. 產品無差異性且轉換成本低，如無特色的早餐店、一般餐飲業。
5. 退出市場障礙大，即使大多數廠商無法獲利，仍然苦撐待變，冀望競爭對手資金不濟倒閉，結果是價格割喉戰不斷上演，如 3C、家電等連鎖零售業就是一例。

(二) 目標市場內的客戶消費特性是價格導向？或重視附加價值與服務品質？

1. 客戶量少或單一客戶購買量大，如沃爾瑪、家樂福等量販通路市場。
2. 客戶具有垂直整合能力，如大型通路的自有品牌消費品或小家電、自有品牌製造業者。
3. 客戶面對沉重的利潤壓力，因此相對壓縮上游供應商的獲利空間，如國內 PC 製造商及代工業者，每年都會面臨國際大廠降低成本的壓力。

(三) 目標市場的供應來源是否被寡占或壟斷？主要供應商經營者是否具備上下游共存共榮的經營理念？平行輸入（俗稱水貨）與原廠代理商競爭？

1. 產品獨特且轉換成本高，如英特爾 CPU 限制 PC 相關產業獲利。
2. 具寡占特性，如液晶顯示器產業受限於上游面板供貨廠商的產量及價格。
3. 上游供應商缺乏共同分攤風險的經營理念。
4. 水貨充斥，低價打擊原廠代理產品。

(四) 潛在競爭對手、新市場進入者是否正在成形？產業進入障礙是否太低，造成新競爭對手很容易加入？產業退出障礙是否很高，造成競爭對手退出不易？

(五) 新的技術及替代產品業者是否正在成形，即將侵蝕現有目標市場及產品？

(六) 目標市場內互補性產品業者是否健全發展？

九、如何找出服務市場利基

首要的目標應該是找出哪些市場利基可以由公司主導。為了達成這個目標，公司必須採取下面這兩個步驟：

(一) 步驟一：蒐集並分析相關資訊

1. 評估內部的能力

深入檢視公司的每個功能區域，然後橫跨這些功能評估內部的流程、技術、人員專長、設備，提供的服務、成本結構、回應顧客需求的能力等諸如此類的項目。關鍵在於，找出有哪些能力在面對競爭是獨一無二且出類拔萃的。

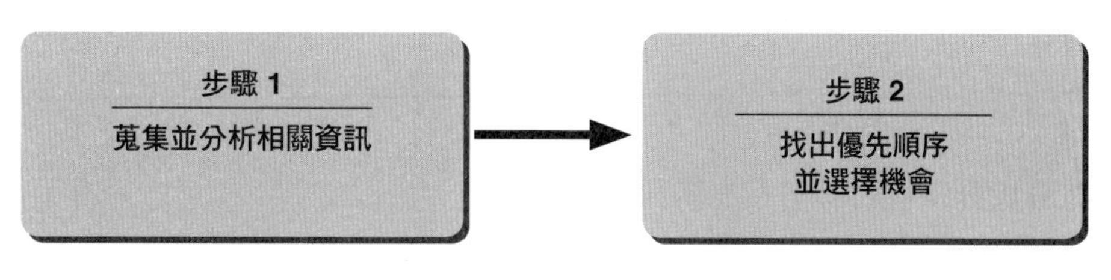

2. 找出潛在的服務市場

市場是由一群試圖履行特定功能的顧客所組成。當顧客的需求、買方、採購準則和流程、提供產品或服務的類型，以及競爭態勢的組合有所改變時，就知道自己已經跨越市場了。

3. 找出顧客群

在每個市場中，按照不同的需求、態度、行為和所採用的接觸管道，區隔顧客族群。假使公司已經在服務某些顧客群，也可決定目前用來服務各個族群的成本。

4. 找出並勾勒競爭對手的特徵

在每個市場中，要找出競爭對手目前所處的地位、方向、所提供的服務、能力和獨具的特長。

5. 研判未達成的顧客需求

在每個顧客群中，確定顧客的需求屬於完全達成、部分達成、未達成，或未知（隱然成形）。

(二) 步驟二：找出優先順序並選擇機會

1. 找出賺錢的機會

尋找有下列現象的區域：

(1) 公司獨特的能力；

(2) 競爭對手較弱；

(3) 顧客的需求照顧得不夠或正隱然成形。

2. 找出交集

在上述三個區域的交集處，即可找到高度可行的機會。

3. 發展替代專注策略以主導市場利基

嘗試有哪些組合能讓公司主導某些利基。關鍵在於：這些策略不應該是各類顧問機構和學術團體經常推動的普遍策略，或是製造業公司經常運用的普遍策略。對服務業公司而言，這些普遍策略過度簡化了議題，會讓業者誤以為採行這些普遍策略，就能贏得長久的市場領先地位。這些普遍策略包括：

(1) 卓越的營運績效、與顧客的親密關係或產品的領導地位。

(2) 領導者、挑戰者、追隨者或利基追求者。

(3) 創新者、無心領先者、模仿者或落後者。

第 2 節 案例（計 12 個案例）

《案例 1》 年輕人百貨、瞄準分眾商機

(一) 百貨公司走「分眾客層路線」

臺灣百貨公司的密度之高全球罕見，在連鎖型百貨壟斷全客層顧客的同時，也促使新加入的業者走向「分眾客層路線」，如統一阪急臺北店、momo 百貨以女性粉領上班族為主，BELLAVITA 主力經營頂級貴婦，京站吸引通勤族與年輕上班族。

(二) 出現目標客層：30 歲以下的年輕人百貨

百貨業進入新分眾時代，近來出現三家以低於 30 歲年輕族群為目標客層的「年輕人百貨」，即西門町誠品武昌店、ATT 4 FUN，還有九月底將開幕的明曜百貨，都走相同路線。

過去消費市場較不重視 30 歲以下族群，隨著七年級年輕人進入社會，開始擁有個人收入，這群愛玩、愛吃也愛買的新興消費者，較父母輩更敢於花費，而尚未有收入的學生族群則有較寬裕的父母支持，因此形成一批新興的消費族群。

而年輕人百貨在香港、日本甚至泰國，都早已出現。

也以 30 歲以下年輕人為主要客層的京站，今年預估營收中，30歲以下消費者的貢獻可占四成五，總經理柯憓吟長期觀察年輕人，認為「他們是有史以來最理性的消費者」，接受資訊管道四面八方，購買前會充分比價、比商品與比品牌，但決定購買後，消費金額可以很高，甚至花掉一個月的月薪。

轉到西町的誠品武昌店，採用俐落、時髦的現代裝潢空間，進駐許多潮流、臺灣自創品牌，配合西門町當地的年輕族群，呈現歡樂活潑的購物賣場。而明曜百貨挾著 UNIQLO 三層樓全球旗艦店的優勢，樓上仍以服飾、餐飲為主要空間，符合 UNIQLO 年輕客層的需求。

(三) 裝潢、音樂、餐飲：百貨年輕化祕訣

「年輕人百貨」與一般「全客層百貨」，差異何在？年輕型態的百貨有三大重點：裝潢、音樂與餐飲，營造出獨特的購物氛圍。

年輕人百貨公司在內部裝潢上，通常各樓層都會有不同風格，如天花板刻意將管線外露，並漆成黑色或深灰色，搭配上特殊造型的模板，呈現自在感。以 ATT 4 FUN 為例，各樓層天花板設計都不同，如利用白色流線板營造流動感、黑色雕花相框打造潮流感。有別於過去全客層的百貨，各樓層都統一裝潢風格，以空間寬敞、明亮、潔淨感為主要訴求。

音樂也大不同，全客層百貨在挑選音樂上，會刻意以輕柔、舒服的旋律為主，但年輕型態的百貨業者，則是依照營業時間的不同，從重節奏、異國風、多變化等的音樂都考慮嘗試，如 ATT 4 FUN 每個樓層都有獨立音樂，誠品武昌店音樂曲風也偏向輕鬆明快。

餐飲則是新一代百貨吸引客人的必要業種，由於年輕消費者願意多花錢在聚餐上，故走年輕化的百貨業者都拉高餐飲占比，如統一阪急臺北店、京站等餐飲業績都能占到二至三成，而全客層百貨大多控制在一成五至二成間，因此 ATT 4 FUN 引進四成、三十間餐廳，便是用來吸客的最大利器。（資料來源：經濟日報）

《案例 2》臺北市信義商圈各百貨公司定位發展概況

百貨主	營收	客層定位
新光三越四個館	今年達 180 億元	全客層
BELLAVITA	25 億元	貴婦名媛
信義誠品	30 億元	精英上班族
統一阪急	50 億元	女性上班族
臺北 101 購物中心	今年破百億	中國與國際觀光客
NE019、威秀	兩店約 15 億元	娛樂餐飲族群
ATT 4 FUN	35 億元	年輕娛樂族群
A3 國壽微風廣場		年輕貴婦名媛

資料來源：工商時報。

《案例 3》美國辣媽服飾店寵愛媽咪，讓她安心血拼 15 分鐘

(一) 成功區隔市場，目標清楚就只為你

2004 年，譚特開了辣媽服飾店（Hot Mama），不為任何其他消費者，就專門為媽媽顧客所開。媽媽們在買衣服時可能遇到的問題，公司盡可能搶先一步為她們解決。例如，媽媽們在試穿衣服時，希望寶寶也能一起在試衣間裡，眼睛看得到她們，才能安心慢慢試穿，所以辣媽服飾店擁有超大尺寸的試衣間，媽媽們能夠輕鬆將娃娃車推進去。

抱著「我只為妳，不再為誰」的經營主軸，辣媽服飾店成功打下一個區隔市場。根據今年二月號《快速企業》（*Fast Company*）雜誌的報導，公司現在於美國中西部七州共有十七家分店，去年營收成長了 62%，達 1,500 萬美元。

辣媽服飾店的目標清楚：給每個媽媽 15 分鐘安靜購物的時間，公司的一切做法，百分之百瞄準這個目標。從店門開始，辣媽服飾店就從媽媽消費者的觀點重新思考整個購物流程。商店的正中央是兒童遊戲區，跟媽媽前來的小朋友可以選擇坐在超大的柔軟沙發上看動畫電影，或者在旁邊的地毯區玩玩具，或是邊吃餅乾、邊打電玩遊戲。

(二) 服務貼心，顧客死忠

兒童遊戲區有專門負責看顧的店員，等於是媽媽顧客的臨時保母。萬一孩子

不願意離開媽媽，顧客也能自在穿梭於店裡。辣媽服飾店店中的走道，寬敞到顧客可以輕鬆推著三個位子並排的嬰兒車走動。超大的洗手間無論是顧客自己要上廁所，還是小朋友要換尿布，全部像無障礙空間，媽媽們可以一車推到底。

結果，辣媽服飾店原本想給每個媽媽 15 分鐘安靜購物的時間，最後大部分的顧客其實都待到將近 1 小時。

譚特承認，公司取名「辣媽」，沒有辦法吸引所有的消費者，只能局限媽媽顧客。但是公司從來只想要服務目標顧客，光把一件事情做好，公司的潛力已經無窮。（資料來源：工商時報）

《案例 4》Motel 精品旅館定位清楚，要做就做最好的，定位為愛情旅館

汽車旅館「摩鐵 Motel」的前身叫作賓館，在十幾年前幾乎和低級的情色劃上等號；而現在摩鐵已升級成為「精品旅館」，變身為成人世界的迪士尼樂園。

素有「摩鐵教父」之稱的薇閣董事長許調謀說，就算是汽車旅館也要重視品牌、強調設計，而薇閣的成功心法，就是在當時找到一塊小市場，然後做到世界第一。

即使將名稱改為精品旅館，但講到「薇閣」，去那裡做什麼？大家心裡都有數。許調謀說，薇閣的成功關鍵之一，就是定位清楚，而薇閣的定位就是「愛情旅館」。

因為定位清楚，接下來的設計就脈絡分明。上汽車旅館大家都不希望被看見，因此薇閣首創車子直接開到房間門口，在拉下鐵門後，連車牌都不會被看見。

薇閣是個女性主義的旅館，一切以女性為尊。以女性的備用品為例，就有包括洗面乳、卸妝乳、洗髮精、潤絲精、植物精油等九罐，髮夾也有兩種，甚至有女性專用的低卡路里輕食，房內的燈光也都是間接照明，營造出會讓女性驚嘆的浪漫氛圍。

薇閣賣的不是房間，許調謀說，我們賣的是「浪漫香甜的愛情」。因此，薇閣在十年前創店之初，就開始經營品牌。（資料來源：經濟日報）

《案例 5》晶華國際大飯店旗下四家大飯店品牌定位與特色

晶華國際酒店集團旗下酒店品牌

飯店品牌	平均房價	定位 / 特色	營運據點
1. 晶華	300 美元以上	‧豪華頂級，國際首選之超五星級旅館 ‧目標客群為國際商旅與觀光客 ‧大型宴會廳，完整的餐飲選項	‧臺灣－臺北
2. 麗晶	300 美元以上	‧超豪華頂級、超五星級旅館 ‧目標客群為國際商旅與觀光客	‧營運中：臺北、北京、新加坡、柏林、法國－波爾多、克羅埃西亞－札格洛夫、特克斯群島
3. 晶英	200-300 美元	‧城市首選之五星級旅館 ‧建築規劃與室內設計融入當地特色，為當地精緻文化的代表 ‧目標客群為國際與本地商旅和觀光客	‧營運中：宜蘭、太魯閣 ‧籌建中：臺南、高雄
4. 捷絲旅	100 美元以下	‧位熱鬧商圈，交通便利近捷運 ‧改裝現有建築物，室內裝潢具簡約設計感 ‧目標客群為區域型商旅	‧營運中：臺北西門町、林森南路 ‧籌建中：高雄、花蓮

《案例 6》國際級大飯店登臺，頂級價位搶客，寒舍艾美酒店、W飯店、加賀屋陸續進駐

十年沒有國際級飯店進駐臺灣的情況，今天被打破。臺北寒舍艾美酒店（Le Meridian）在信義計畫區展開營運。緊接著日本加賀屋、W 飯店等也陸續加入戰場，國際飯店業面臨強烈競爭，也準備迎接觀光客湧入。

艾美酒店由法國航空在 1972 年創立於巴黎，2005 年由喜達屋飯店集團收購。寒舍集團 2006 年與其接洽，成為寒舍繼喜來登飯店後所經營的第二家國際飯店。

臺北寒舍艾美酒店斥資 13 億新臺幣打造，館內估計有近七百件藝術品，其中六十件展示於公共空間，其他在客房內呈現。最昂貴的展示品是位於門口兩件朱銘的「太極系列」作品，價值新臺幣 2 億元以上。酒店共有一百六十一間客房，最低房價 13,500 元，最貴的總統套房六十八坪，每晚 12 萬元，可眺望 101

大樓。

另一進軍臺灣的加賀屋是日本連續三十年，獲選綜合排名第一的溫泉旅館，在北投開設首家海外分館，名為「日勝生加賀屋」。加賀屋最具話題的老闆娘小田真弓親自來臺坐鎮，讓臺灣客人體驗日本「女將」文化的魅力。

日勝生加賀屋分四種房型，基本房定價 24,000 元，分和洋或和式兩人標準套房；坪數較大的和洋雅致套房每房 26,000 元；露天風呂套房內有半露天浴池，每房 48,000 元；最高檔的特別室約三十二坪大，獨享露天風呂，定價 12 萬元。（資料來源：經濟日報）

《案例7》產品定位——全臺最貴飯店「日勝生加賀屋」溫泉旅館開始營運，基本房價 24,000 元起跳

由日本加賀屋與日勝生集團合作興建的「日勝生加賀屋國際溫泉飯店」，基本房價 24,000 元起跳，躍為全臺灣最貴的住宿飯店。2010 年 12 月起試營運，12 月 18 日開幕，11 月起接受訂房預約，試營運期間五五折優惠。

業者表示，新旅館花四年、斥資 23 億元打造，從建築到餐具、備品，以及女將、風呂與料理服務，都複製加賀屋文化，將帶給臺灣客人純日式美學體驗。

全館十四層樓，由日本建築大師山本勝昭規劃，並以日本石川傳統工藝美術品裝飾，如輪島漆、九谷燒與加賀友禪等，有九十間客房，基本房 24,000 元起，最高級「特別室」12 萬元。試營運標準套房優惠價 13,200 元，開幕住房專案從 12 月 18 日至 2011 年 1 月 31 日優惠價 14,200 元起。（資料來源：工商時報）

《案例 8》捷絲旅平價旅館：定位在「平價消費、奢華依舊」

平價風暴襲臺，由五星級飯店晶華酒店投資的「捷絲旅」平價旅館，其總經理陳月鳳表示，首家西門店創下開業半年營收破 5,000 萬元佳績，今年底前將在臺北市再開一家新店，將加速展店腳步。

陳月鳳表示，平價旅館的成功策略說起來簡單，但實際執行起來卻很困難；房價便宜很容易，但要讓房間有格調卻很困難。

她指出，經營平價旅館最重要的就是地點，其次則是要掌握特定的客層，再來就是提供客戶想要的需求。

擁有一百五十間客房的捷絲旅西門店，開幕半年多來，平均住房率高達八成以上，平均房價也達 2,400 元，顯示捷絲旅所標榜的「平價消費、奢華依舊」的策略成功。（資料來源：經濟日報）

《案例 9》美國運通超頂級黑卡來臺：年費 16 萬元，只邀富豪辦卡

傳說中的美國運通頂級「黑卡」（Centurion）將在臺灣發行，為美國運通在全球第十八個發行國家，該卡配備給持卡人 24 小時專屬生活顧問和個人旅遊秘書，每年年費 16 萬元，沒有免年費優惠。

美國運通已經開始邀請部分持有頂級簽帳白金卡的客人升等，也會鎖定 500 大上市、上櫃企業負責人及夫人，還有社會名流持卡。

美國運通董事長胡柏迪說，選擇臺灣發這張卡，關鍵在臺灣人「夠有錢」。據美國運通估算，臺灣最有錢家戶數僅七萬多戶，只占全臺總家戶數的 1%，但這些家庭每年消費金額超過 20 萬美元、約臺幣 640 萬元，是金融業要爭取的「超級富豪」。

胡柏迪強調，黑卡持卡人在精不在多，過去十七個市場只發出數萬張卡，估計臺灣持卡規模到年底頂多數百人左右。

這張卡全天候配備一對一專屬生活顧問。就連卡片都是純鈦打造，「剪卡」還得送回美國運通總部處理。（資料來源：工商時報）

〈案例 10〉服務業區隔策略——錢櫃搶攻金字塔頂端客層

（一）打造六星級娛樂空間

1. 錢櫃會所經理杜曉玲表示，中港臺三地 KTV 業者雖多，但缺乏高層次、舒服又隱密的聚會環境，希望提供不同於一般 KTV 的高檔享受；因此斥資上億元於中華新館頂樓，以六星級飯店為標準，打造全亞洲唯一具有六星級豪華設備的娛樂空間。並鎖定企業或社會頂端客層，以邀請賓客方式列為會員，預計會所的平均客單價將可較一般包廂高出十倍。

2. 杜曉玲表示，錢櫃會所與「V-MIX」所經營的客層相當不同，發想構思也以企業招待所、飯店聯誼會等為參考目標。現有五間包廂中，平均每間裝潢成本高達 2,000 萬元，整合「頂尖名家建築裝潢」、「產地直達限定食材」、「極具玩賞價值的藝術作品」與「百萬級視聽設備」等多元享受，非常符合金字塔頂級

客群對隱私、豪華、舒適度等不同方位的需求。

（二）金融、科技、藝人為主客群

杜曉玲認為，目前臺灣高消費族群對品質要求愈來愈嚴格，因此錢櫃會所正好切入這塊市場；自6月營運以來，已經受到不少客戶好評。其中最受金融業的消費族群青睞，在科技業與藝人間也漸漸傳出口碑。

（三）採會員制度

錢櫃會所表示，目前五間包廂除一般娛樂享受外，也兼具商務、會議、家庭聚會等功能，預計在年底前，仍開放給錢櫃全省十九家門市的貴賓消費與申請。在試營運階段以五至六折的優惠價格，讓消費者先行體驗。預計明年起則正式採取會員制度。

〈案例11〉定位策略──涵碧樓極簡主張，打造世界級觀光休閒大飯店

（一）極簡之風

1. 2004年在六十個國家代表出席的世界不動產聯盟（FIABCI）年會上，涵碧樓得到大會最高獎項「大會特別獎」。

主辦單位稱讚涵碧樓是「臺灣第一個國際五星級飯店」，融入中國、日本與西方的建築概念，改造原本不被看好的舊飯店，並新建兩幢建築，呈現出「極簡」建築風格。這種建築形式不但把飯店對環境的衝擊降到最低，也將建築與自然環境結合，進而提供最自然、舒適的休閒空間。

2. 當初，要把涵碧樓的房間由四百個減到九十六個，涵碧樓業主，鄉林集團董事長賴正鎰坦承，他與設計師及飯店經營團隊經過多次衝突，前後花了三年半的時間才敲定。

「極簡」的設計理念，採取了中國園林「借景」的手法，將日月潭湖水直接拉到涵碧樓腳下，湖光山色頓時融進涵碧樓。

3. 白天，涵碧樓的游泳池與日月潭只有一道矮牆相隔，群山倒映在游泳池中，在池裡游泳感覺就像在整個日月潭裡游泳。夜裡，特別是有霧的時候，躺在涵碧樓的客房裡，宛如躺在雲霧中。

因為「極簡」，涵碧樓和日月潭融為一體，涵碧樓就是日月潭，日月潭就是涵碧樓，其他飯店很難去模仿這種被賴正鎰稱之為「禪風」的設計風格。

（二）會員制，高收費

事實上，在 2002 年 3 月涵碧樓以每晚上萬元的價格開始營運後，日月潭附近飯店的住宿費也連帶上漲 1,000 元到 2,000 元不等。

涵碧樓一開始即以經營私人會館為目標，只在開幕初期招攬部分散客。

雖然，一張個人會員卡要價 220 萬元，公司卡（3 人）要價 550 萬元，但會員人數已經達到 400 人。

〈案例 12〉定位策略——City super 高檔超市

標榜精緻生活的香港超市 City super ，在遠企開幕，也走生活風格路線的新加坡超市品牌 JASONS ，進駐了臺北 101 大樓與天母高島屋百貨。

走進超級市場，映入眼簾的，不再只是屏東黑金剛蓮霧、東港的黑鮪魚和臺東池上的米，而是來自日本鹿兒島的甜橙、瑞典的傳統餅乾、紐西蘭的天然乳酪、德國的香腸，應有盡有。遠企購物中心地下樓的 City super，其中生活用品就有八成自國外進口，美食則有五成自國外進口，當然，各種的動線設計，更是費盡心思，先拿蔬果還是先買乾貨，都是學問。

本章習題

1. 試簡述為何要做 S-T-P 架構分析？
2. 試簡述 S-T-P 架構分析之內容為何？
3. 試列示人口統計變數有哪幾項？
4. 試列示區隔變數有哪五種？
5. 試列示何謂產品定位？
6. 試簡述產品定位的方法為何？
7. 試分析百貨公司走向分眾客層之狀況為何？

第6章

服務業行銷策略暨操作實例

第 1 節　服務業產品策略及案例
第 2 節　服務業通路策略及案例
第 3 節　服務業定價策略及案例
第 4 節　服務業推廣策略及案例
第 5 節　服務業人員銷售策略及案例
第 6 節　服務業策略行銷策略
第 7 節　服務業實體環境策略案例
第 8 節　服務業社會公益策略案例
第 9 節　服務業會員經營策略案例
第 10 節　服務業異業結盟策略案例
第 11 節　服務業服務策略案例

第 1 節 服務業產品策略及案例

產品本身有三個層面的涵義，除此之外，還有全方位滿足顧客的內涵意義。這也是行銷企劃人員所要做的一系列產品定位及推廣工作，為的正是要讓產品除本身品質外，還有其他各種特色與特質，能讓消費者接受並滿足。

一、產品的定義

產品的定義（Product Characteristic），可從三個層面加以觀察：

(一) 核心產品

係指核心利益或服務，例如：為了健康、美麗、享受或地位。

(二) 有形之產品

係指產品之外觀形式、品質水準、品牌名稱、包裝、特徵、口味、尺寸大小、容量等。

(三) 擴大之產品

係指產品之安裝、保證、售後服務、運送及信用等。

二、產品的內涵意義

全方位滿足顧客是產品的內涵意義。顧客購買的是對產品或服務的「滿足」，而不是產品的外型。因此，產品是企業提供給顧客需求的滿足。這種滿足是整體的滿足感，包括：

(一) 優良品質。
(二) 清楚的說明。
(三) 方便的購買。
(四) 便利使用。
(五) 可靠的售後保證。
(六) 完美與快速的售後服務。

(七) 信任品牌與榮耀感。

因此，行銷的重點，乃在如何設法從三個層面去滿足顧客的需求。由於競爭的結果，現在行銷都已強調擴大產品，亦即提供更多物超所值的服務項目，例如：可以多期分期付款、免費安裝、三年保證維修、客服中心專屬人員服務等。

三、行銷意義何在

公司行銷人員將因擴大其產品所產生的有效競爭方法，而發現更多的機會。依行銷學家李維特（Levitt）說法，新的競爭並非決定於各公司在其工廠中所生產的部分，而在於附加的包裝、服務、廣告、客戶諮詢、資金融通、交貨運輸、倉儲、心理滿足、便利及其他顧客認為有價值的地方，甚至是終身價值（Life Time Value, LTV）。因此，行銷企劃人員所能設計與企劃的空間，就更加寬闊與更具創造性。

四、服務業產品戰略管理

作為行銷第 1P 的產品（Product），不僅是 4P 中的首 P，也是企業經營決戰的關鍵第1P。

(一) 產品戰略管理的重要性

企業的「產品力」，是企業生存、發展、成長與勝出的最本質力量，沒有它等於沒有未來，可見其重要性是不言可喻的。

因此，產品戰略及其管理，關係著本公司「產品力」的消長與盛衰，因此必須賦予高度的重視、分析、評估、規劃及管理。

(二) 產品戰略管理的要項

根據理論架構及企業實務狀況，歸納出產品戰略管理的要項共十一項，各項說明如下：

1. 銷售目標對象（Target Audience）：每一個不同產品的銷售目標對象，選擇策略為何？
2. 命名（Naming）：每一個不同產品的命名策略為何？
3. 品牌（Branding）：每一個不同產品的品牌策略為何？

4. 設計（Design）：每一個不同產品的設計策略為何？
5. 包裝（Package）：每一個不同產品的包裝及包材策略為何？
6. 功能（Function）：每一個不同產品的功能策略為何？
7. 品質（Quality）：每一個不同產品的品質策略為何？
8. 服務（Service）：每一個不同產品的服務策略為何？
9. 生命週期（Life-cycle）：每一個不同產品面對生命週期的不同策略為何？
10. 內涵／內容（Content）：每一個不同產品的組成或提供的內涵、內容策略為何？
11. 利益點（Benefit）：每一個不同產品為顧客所提供的利益點策略為何？

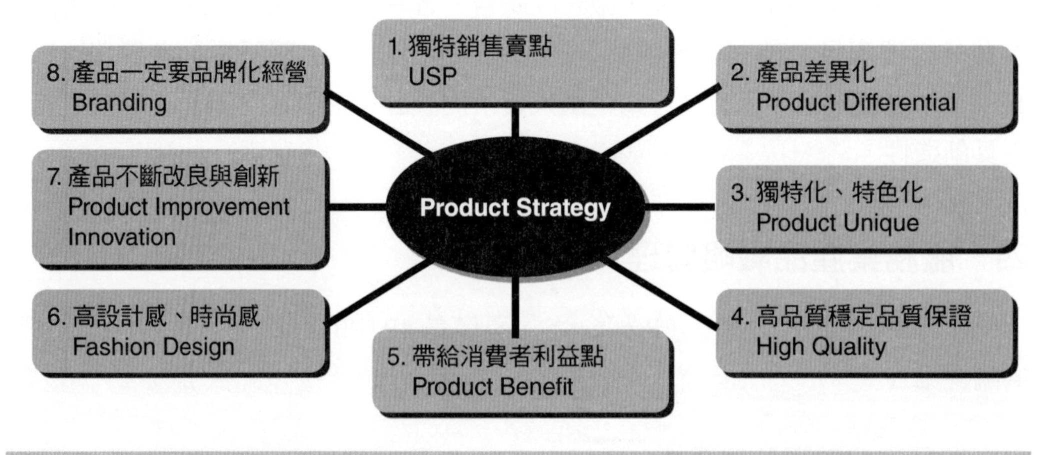

圖 6-1　Product 與產品策略

五、新產品上市的重要與原因

企業要永續經營不能僅靠單一產品，而是要不斷迎合市場需求，研發各種新產品。

(一) 新產品上市的重要性

新產品開發與新產品上市，是廠商相當重要的一件事。主要有：

1. 取代舊產品：消費者會喜新厭舊，因此舊產品久了之後，可能銷售量衰退，必須有新產品或改良式產品替代之。
2. 增加營收額：新產品的增加，對整體營收額的持續成長也會帶來助益。如果一直沒有新產品上市，企業營收就不會成長。
3. 確保品牌地位及市占率：新產品上市成功，也可能確保本公司的領導品牌地位或市場占有率地位。

4. 提高獲利：新產品上市成功，也可望增加本公司的獲利績效。例如：美國蘋果電腦公司，連續成功推出 iPod 數位隨身聽及 iPhone 手機，使該公司在這十年內的獲利水準均保持在高檔。
5. 帶動人員士氣：新產品上市成功，會帶動本公司業務部及其他成員的工作士氣，發揮潛力，使公司更加欣欣向榮。

(二) 新產品發展的原因

1. 市場需要：由於生活習慣改變，消費者對於便利、速度、安全等需求增高，以及價值觀念的轉移，以致產生新的需要。
2. 技術進步：新的原材料、更好的生產製造方法，使廠商能提高更好的產品。
3. 競爭力量：如果沒有競爭，廠商會固守原有產品，而不去理會市場需要改變或技術進步，但在競爭力逼使下，不得不努力發展新產品，以保持或增加市場地位。
4. 廠商自身追求成長：廠商為了追求營收額及獲利額不斷的成長，當然必須持續開發出新產品，才能帶動成長的要求。因為如果只賣既有產品，這些產品必然會面對競爭瓜分、面臨產品老化、產品不夠新鮮，而顧客減少等威脅，因此，廠商當然要不斷的研發新產品上市，才能保持成長的動能。

〈案例〉量販店強打本土生鮮產品

量販店大打本土牌，擴大採購臺灣製造產品，愛買宣布今年將拉高生鮮產品由臺灣產地直送比重達六成，是國內量販業者中產地直送規模最大的業者，也與家樂福、大潤發等法商品牌作區隔。

生鮮商品是量販通路中重點的「帶路貨」，銷售額約占總營收一成，估計 3 大量販店全年銷售魚、肉、蔬果等商品，就可創造營業額約 120 億元。

量販業者對生鮮商品除了價格戰外，近年來也頻打新鮮牌，包括家樂福、大潤發與愛買均與產地農會、農產合作社有長期契作，以提供賣場貨量充足、品質穩定的生鮮商品。

愛買是目前 3 大量販業者中，唯一百分之百由本土業者經營，因此強打臺灣本土形象的「瘋臺灣」，這種與同業區隔的經營策略，今年已邁入第五年。

愛買營運長莊金龍指出，直接向產地農民採購，不但可以幫助偏鄉小農開拓市場通路，也可為賣場找出差異化商品，採收後 12 小時內配送到店，可維持生鮮品質，這是三贏策略。

愛買五年來持續擴大產地直送，臺灣本土生鮮蔬果比重也由過去的四成拉高到六成，每年穩定帶動生鮮業績成長約 15%，整體表現優於同業。

量販店生鮮策略

項目	家樂福	大潤發	愛買
現有店數（家）	64	26	18
生鮮策略	推出嚴選蔬果系列，與本土農產品合作，同時也引進國外家樂福成功的嚴選生鮮商品。	擴大生產履歷與流通履歷，同時增加有機生鮮蔬果的銷售比重。	與農委會緊密合作，並深耕產地直採、直送策略，強打本土生鮮牌。

資料來源：李至和，經濟日報。

第 2 節 服務業通路策略及案例

一、通路階層的種類

在二十一世紀，我們看到連鎖型態、量販賣場的普及、超商的方便以及物流的盛行，使得行銷的策略與模式有著過去無法理解的另類。因此，未來如何與消費者接觸，通路決策會是成敗的重要關鍵。廠商必須判斷何種通路階層，適合自己的產品及預算。

(一) 零階通路

這是指製造商直接將產品銷售給消費者，其間並無任何中介機構，又稱直接行銷通路或直銷通路；其方式有逐戶推銷、直接郵購、直營商店三種。例如：安麗、克緹等直銷公司或電視購物、型錄購物、網路購物等。

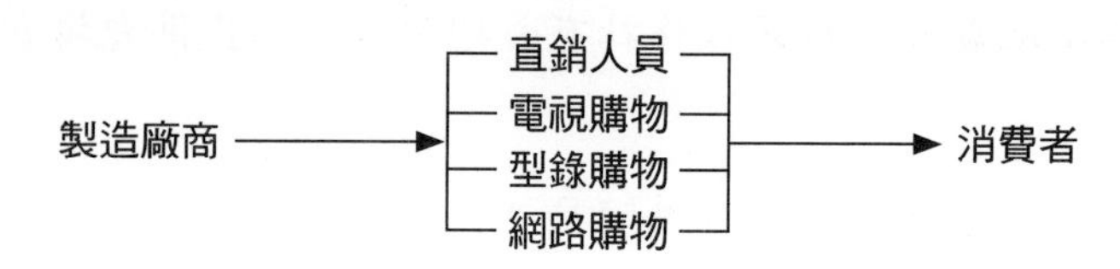

(二) 一階通路

製造商透過零售商，將產品銷售至消費者手中。例如：統一速食麵、鮮奶直接出貨到統一超商店面銷售。

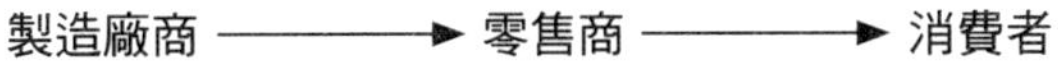

製造廠商 ——→ 零售商 ——→ 消費者

(三) 二階通路

製造商透過批發商，再將產品交付零售商，再藉由零售商將產品送至消費者手中。例如：多芬洗髮精經過各地經銷商，然後送到各縣市零售據點銷售。

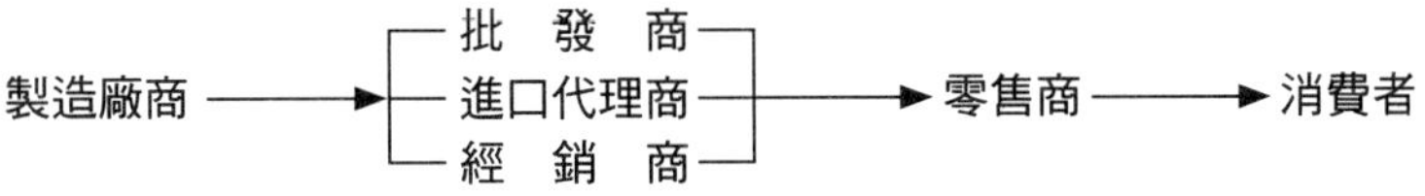

製造廠商 ——→ [批發商 / 進口代理商 / 經銷商] ——→ 零售商 ——→ 消費者

(四) 三階通路

製造商利用代理商將產品交付批發商，再藉由批發商將產品銷售給零售商，最後再藉由零售商將產品銷售給消費者。這種情況在國內的行銷作業較少發生，通路拉愈長，成本愈高，廠商能掌握控制的層面愈低，這是製造商不樂意見的。故通常是在國際貿易上，由本國輸出銷給海外的代理商，再由其批發到中盤商而送到零售商銷售。

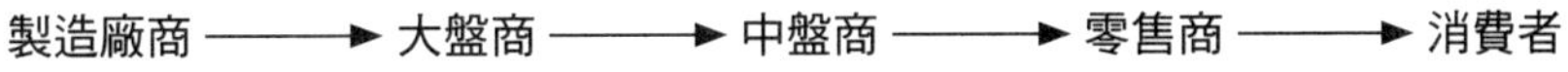

製造廠商 ——→ 大盤商 ——→ 中盤商 ——→ 零售商 ——→ 消費者

二、零售通路最新七項趨勢

目前，國內供貨廠商或既有零售商，都有如下七項顯著性的最新趨勢：

(一) 供貨廠商建立自主行銷零售通路趨勢

例如統一的 7-ELEVEN、家樂福、泰山的福客多、萊爾富等。

(二) 加盟連鎖化擴大趨勢

例如便利商店、房仲店、SPA 店、咖啡店等。

(三) 直營連鎖化擴大趨勢

例如麥當勞、摩斯、屈臣氏、星巴克、天仁、誠品等。

(四) 大規模化店趨勢

例如誠品旗艦店、新光三越信義館、臺北 101 購物中心、家樂福、高雄夢時代購物中心。

(五) 虛擬通路不斷快速成長趨勢

例如電視、型錄、網路購物。

(六) 多元化通路策略

即商品上市進入多元化、多角化通路策略趨勢。

(七) 各大通路廠商均加速擴大展店，形成規模性經濟

例如全聯、星巴克、康是美、家樂福、屈臣氏、85°C 咖啡等。

三、實體通路、虛擬通路、多通路之趨勢

通路行銷是商品造星運動的關鍵，但造星方式絕對不是一成不變。通路行銷會隨著科技進步、網路發達、生活型態的改變，進而形成一個多元化銷售通路的趨勢。

(一) 實體通路七大型態

國內實體通路對大部分消費品公司的業績創造，占比率達九成之高，剩下一成才屬於虛擬通路；可見實體通路仍是消費品廠商上架銷售的最重要來源，如果上不了實體通路，業績必大受影響。因此，實體通路商都倍受消費品廠商高度的配合及重視。

茲列舉國內各大實體通路商的前幾名代表：1. 便利商店：7-ELEVEN、全家；2. 量販店：家樂福、大潤發、愛買；3. 超市：全聯、頂好、松青；4. 購物中心：臺北 101、微風廣場；5. 百貨公司：新光三越、SOGO、遠東百貨；6. 藥妝店：屈臣氏、康是美、寶雅，以及 7. 資訊 3C：燦坤 3C、全國電子等。

(二) 目前虛擬通路 5 大型態

虛擬零售通路方面，目前也有異軍突起之勢，主力公司如下：1. 電視購物：東森、富邦 momo、VIVA 等三家為主；2. 網路購物：以 Yahoo 奇摩購物中心、

PChome 網路家庭及富邦 momo 為前 3 大；3. 型錄購物：以東森、DHC（日本來臺）及富邦 momo 三家為主力；4. 直銷：以安麗、雅芳、如新、USNAN 等為主力，以及 5. 預購：各大便利超商均有預購業務。

(三) 多元化銷售通路全面上架趨勢

近幾年來，由於通路重要性大增，產品要出售就得上架，讓消費者看得到、摸得到、找得到。因此，供應廠商的商品當然要盡可能布局在各種實體或虛擬通路全面上架，才能創造出最高的業績。另一方面，由於零售通路這幾年變化很大，多元化、多樣化，因此帶來各種不同地區及管道的上架機會。目前計有十二種可以全面上架的銷售通路：1. 量販店；2. 超市；3. 便利商店；4. 全省經銷商；5. 百貨公司；6. 電視購物；7. 網路購物；8. 直營門市；9. 宅配；10. 預購；11. 型錄，以及 12. 加盟門市。

四、服務業直營門市店與加盟門市店通路經營

(一) 直營門市店與加盟門市店的區別

經營服務業通路，最主要有二種經營型態，包括：

1. 直營門市店

係指由公司自身投入經營，包括用租店面或買下店面自主經營；其店長、店經理、店員均由公司自己聘請給薪及管理，例如：阿瘦皮鞋、伯朗咖啡館、La New 皮鞋、摩斯漢堡店、樂雅樂餐廳、王品牛排店、陶阪屋、西堤、星巴克咖啡、屈臣氏、UNIQLO 服飾、Net 服飾、康是美、信義房屋、地球村美語、中華電信、麥當勞、新光三越、SOGO 百貨公司、LV 精品店、GUCCI 精品店、CHANEL 精品店、誠品書店等均屬之。

2. 加盟門市店

係指由公司總部統籌規劃相關營運事宜，然後募集加盟者店東投資參與店面的經營。例如：7-ELEVEN、全家、萊爾富、東森房屋、永慶房屋、小林眼鏡、五十嵐飲料、四海遊龍等。

(二) 直營門市店漸成主流模式及其原因

最近幾年來，服務業者建立自主的直營門市店，已成為當今最主要的通路經

營模式，而且行業別也占最多，遠遠超過加盟店模式，其主要原因有以下幾點：

1. 通路為主：現代企業經營與行銷，必須掌握自己的銷售通路才行。這個命脈必須掌握在自己手裡，不能長久借助別人的通路，否則，長期來說會有危機的。
2. 現代企業規模日趨壯大，財力也雄厚，租下或買下店面，並不是難題。
3. 直營門市店的經營與管理，已不是企業的難題，這些都有 IT 資訊化、標準化。
4. 直營門市店店長及店員的召募、培訓及管理，也已不成問題，都有一套標準作業處理，而且現在臺灣教育水平與文化水平均高，有利於服務業直營門市店的發展。

(三) 門市店店長或店經理的經營與管理要項

作為一家服飾、鞋子、咖啡、餐飲、眼鏡、房仲、精品、電信等各行各業的店長或店經理，要做好該店的經營管理，應注意下列要項：

1. 對於該店的每月收入、成本、費用及損益（獲利與虧錢），要懂得如何計算、分析及提出改善對策。
2. 對於該店所處的商圈及其周邊居住的人口與消費群體，應該知道並會分析與評估。
3. 對於店內商品暢銷與不暢銷的結構性，應該有所瞭解，並且做好進貨、銷貨、存貨的控管，特別是易於壞掉的生鮮食品。
4. 對於店員部屬的領導、培訓與管理，也要有一套很好的做法及人格特質的展現。更要以身作則及帶人要帶心，才會把整個店的士氣帶動起來。
5. 對於銷售技巧，店長與店員都要共同努力精進，不斷提升，才能對該店每月業績有所助益。
6. 對於門市店每個月業績目標的訂定及達成率，要用心且努力的全力以赴。
7. 總公司對於門市店業績達成的激勵獎金制度與辦法，要訂的合理且具鼓舞性才行。
8. 總公司對於門市店應具有即時與有效的督導、協助、輔導等功能，雙方要共同努力，攜手合作。
9. 店長對於該門市店如何經營的更好，應不斷提出建議改善措施，使每個店都有很好的績效表現。

〈案例 1〉UNIQLO（優衣庫）三年後，在臺衝店一百家

日本最大平價服飾 UNIQLO（優衣庫）加碼投資臺灣，社長柳井正表示，亞洲市場長期看佳，臺灣起碼有開一百家 UNIQLO 的容納量，預期三年後達到目標。

UNIQLO 在臺北明曜百貨開出全球第六家旗艦店，柳井正先抵臺視察，由於臺日投資協議洽簽，柳井正樂觀看待臺日簽訂投資協議，將讓臺灣經濟發展更順利。

UNIQLO 是日本最大平價服飾，也是全球前五大平價服飾品牌，市場分析，UNIQLO 的成功，靠的就是危機入市的策略，柳井正秉持著在不景氣中逆向操作，不僅年底前要在臺新增六店，更計畫明年起，連續三年每年在臺新開三十店，三年後達百店目標。

UNIQLO 在 2010 年 10 月進入臺灣市場，於統一阪急百貨開設第一家店，柳井正曾專程抵臺，今年再度訪臺，顯示對臺灣市場的重視。從去年 10 月到今短短一年，又在臺灣開全球旗艦店，主因是阪急店的營業額，第一個月就創造 1 億元的亮眼營收，至今每月營收都超過 5,000 萬元，遠超出預期目標。（資料來源：柯月寧，經濟日報）

〈案例 2〉電信三雄拼通路，一年砸 30 億元，新增一百二十家，通路為王

通路為王，電信三雄半年要砸超過 15 億元擴增新通路，若加計關係企業拓點，則超過 30 億元！電信三雄同步在華納威秀開設全省首家數位匯流旗艦店，三家下半年合計全省新增一百二十家店，若加計中華電信投資神腦國際，未來一年展店一百至一百五十家，遠傳旗下全虹及德誼持續增加新據點，合計電信三雄未來一年共砸超過 30 億元拓展新店面。

中華電信董事長呂學錦表示，威秀旗艦店開幕營運同時，該公司同步展開全省通路改造行動，除了年底之前新增二十家大型店，2013 年達到一百三十家店規模之外，全省三百五十家營業據點亦將衡量當地消費屬性，展開就地改造行動，新通路將以「keep in touch」（保持聯繫）新 Logo，提供包括手機、平板電腦、小筆電、MOD 數位電視等產品銷售及服務。

遠傳電信總經理李彬表示，電信三雄齊聚信義商圈將形成群聚效應，遠傳旗下包括遠傳直營 ／ 加盟、全虹、以及德誼通信，截至 7 月底為止，全省遠傳直營門市共計一百五十二家、加盟四百四十家、全虹一百七十家、德誼三十四家，

預計年底時，遠傳直營門市將擴展超過二百家通路，屆時三個通路全臺規模將超過八百五十家門市。

電信三雄通路拓點行動一覽

	中華電	台灣大	遠傳
既有通路	全省營業據點 350 家	直營 180 店 加盟 450 店	直營 152 店 加盟 440 店
通路拓點計畫	一年內開設 100 家大型店	年底新增 50 家直營店	年底新增 70 店
子公司（投資公司）通路據點	神腦 222 家店（一年內新增 100-150 店）	無	全虹 170 店 德誼 34 店

資料來源：林淑惠，工商時報。

第 3 節 服務業定價策略及案例

一、影響定價的六個因素

(一) 產品之獨特程度

當產品愈具有設計、功能、品質或品牌上之特色時，其對價格選擇的自主權較高；反之，則無任何定價政策可言。例如：LV、PRADA、CHANEL、BENZ、LEXUS 等名牌皮件、服務及高級轎車等。

(二) 需要程度

消費者對此產品需求程度愈高，表示愈無法沒有此種產品，因此，定價自主權也較高。例如：韓劇流行時，各電視台爭搶，版權出售價也會拉高。

(三) 產品成本性質

定價在正常下必須高於成本，才有利潤可言；當然，為促銷產品而低於成本出售，以求得現金或為搶占客戶，也時而有之，但畢竟非屬常態。

(四) 競爭對手狀況

當廠商在幾近完全競爭的消費市場上，其定價必須考慮到競爭對手之價格，此乃識時務為俊傑之做法。第二品牌經常會以低價競爭策略，攻擊第一品牌的市占率，但有時也會很有默契的跟隨第一品牌，共享市場大餅。

(五) 合理性程度

就是消費者覺得合理，甚至有物超所值的感受。

(六) 促銷期與否

最後一個因素，即是否處於促銷期間，通常促銷期定價較低。

二、「價格帶」的概念

所謂「價格帶」是指在廠商心中，會有以下價格概念在影響定價的擬定：

(一) 價格下限

指產品或服務定價不應該低於成本以下，否則就會虧錢。但也有短期狀況時，價格有可能低於成本，那是因為促銷的緣故

(二) 價格上限

指產品定價不應該超過消費者大多數人的上限知覺；超過了，代表定價太貴，買的人將會變少。

(三) 消費者可接受的價格帶

指在價格下限及價格上限兩者之間，依公司的決定，最後在此價格帶內，再決定最後一個價格是多少。

三、定價操作的四個步驟

(一) 先針對各種影響定價因素予以評估

先依據內部如前述所提的各種影響定價的因素，加以衡量，然後定出一個可能的「價格帶」。

(二) 定出多元性定價方案

在此價格帶內，深入分析各項變化因素及主客觀因素，以及可能的市調結

果，再定出一個或二個多元可供選擇的定價方案。

(三) 與主要通路商討論賣相佳的價位

與大型零售商或經銷商討論哪一個價格方案比較理想、可行及可賣的主力商品，並且，可能就此決定價位。

(四) 視市場反應調整價格

在推出市場後，看市場的反應度及接受度做機動調整。若不被接受，則須立即調整價位；若可接受，就此正式定案一陣子。

四、成本加成定價法基本概念

目前在各大、中、小型企業中，最常見的定價方法，仍然是成本加成法（Cost-plus 或 Mark-up）。此法指的是在產品成本上，加上一個想要賺取或至少應有的加成比例，所以又稱毛利率比例法。

例如：通常一般行業的毛利率是三成，即 30%；換言之，進貨 100 元，再賣出去，至少要加 30%，即 30 元，故賣出價格為 130 元，毛利率為三成。

即：產品成本+毛利率（通常為 30-50% 之間，視不同行業而定）

(一) 加成比例多少才合理

那麼加成比例（即毛利率）應該多少才合理？實務上，並沒有一個固定或標準的毛利率，而是要看產業別、行業別、公司別而有不同。

1. 三成至五成為一般情形：一般來說，比較常態的加成比例或毛利率，實務上，大致在三成至五成之間是合理且常見的。
2. 例外情形
   (1) 六成以上：如化妝保養品、健康食品、國外名牌精品或創新性剛上市新產品的毛利率，則可能超過六成以上，也是常有的。
   (2) 一成以內：如資訊電腦外銷工廠的毛利率，由於它的出口金額很大，故毛利率會較低，大約在 5-10% 之間，競爭很激烈。
   (3) 五成以上：一般街上飲食店面，毛利率也會在 50% 以上。例如，一碗牛肉麵的毛利率就會在 50% 以上，至少要賺一半以上。

(二) 加成比例用途

加成比例（毛利率）主要是用來扣除管銷費用。公司產品售價在扣除產品成本後，即為營業毛利額，然後再扣除營業費用後，才為營業損益額（賺錢或虧錢）。

例如：桃園工廠生產一瓶鮮乳飲料，若售價扣除這瓶飲料的製造成本，即為營業毛利，然後再扣除臺北總公司及全國分公司的管銷費用，即為營業獲利或營業虧損。

因此，毛利率若低於一定應有比例，則顯示公司定價可能偏低，而使公司無法涵蓋（Cover）管銷費用，故而產生虧損。當然，毛利率若定太高，售價也跟著升高，則可能會面臨市場競爭力或價格競爭力不足的不利點。

(三) 成本加成法的優點

成本加成法目前是企業實務界最常見的定價方法，主要優點如下：

1. 簡單、易懂、容易操作。
2. 符合財務會計損益表的制式規範，容易分析及思考因應對策。
3. 在業界使用時共通性較高，具有共識化及標準化。

五、其他常用定價法

(一) 聲望（尊榮）定價法

又稱名牌定價法，或頂級產品定價法。例如：國外名牌精品、珠寶、鑽石、轎車、服飾、化妝保養品、仕女鞋等均屬之。

(二) 習慣定價法

指一般或常購產品的價格，例如：報紙 10 元、飲料 20 元等。

(三) 尾數定價法

指一般讓消費者感到便宜些，不能超過另一個百元或一個千元，故定價在 99 元、199 元、299 元、399 元、999 元、1,999 元、2,999 元等均屬之。

(四) 差別定價法

指企業在不同時間、不同節日、不同季節、不同組合、不同身分、不同數量等，有不同的差別定價。例如：遊樂區在夜間的售價便宜些、鮮奶在冬季的售價也便宜些。

(五) 促銷折扣定價法

這是目前常見的，到處都可以看到各賣場、各門市店貼出折扣的促銷海報及價格。

六、定價策略

要有物超所值感，定價須與品牌定位一致。

七、價格競爭與非價格競爭

前文提到各家廠商為爭奪市場大餅而點燃所謂的價格戰火，但以價格來競爭絕對有優勢嗎？或者會帶來更多的反效果？那有沒有一種不必談到價格，純用價值來吸引消費者呢？其可行度又是如何？以下我們將探討之。

(一) 價格競爭的優缺點

所謂價格競爭（Price Competiton），係指廠商以削減價格作為唯一的市場競爭手段，圖求擴大銷售量，攻占市場占有率。

1. 優點

(1) 價格競爭後，若仍因銷量增加，而使其盈利不受影響，則不失有效的行銷手段之一。例如：手機電話費下降後，打電話數量反而增加。

(2) 當產品或市場特性是反映在價格競爭上時，則此乃必然之手段。尤其，在一般性消費品，產品差異化很小時，更是經常利用價格策略來爭奪市場。

2. 缺點

(1) 若同業均採同樣手段，則演變成殺價戰，終致兩敗俱傷，殺得大家均無利潤，陷入困境。

(2) 價格下滑，常會引起產品品質與服務水準下降。

(3) 價格競爭對資本財力雄厚的大廠影響很小，但對小廠商則終將難以為繼。

(4) 價格下滑後，就很難再回復原有的價格水準。

(5) 對整個產業正常發展，埋下不利因子。

(二) 非價格競爭的優缺點

所謂非價格競爭（Non-price Competiton），係指廠商不做價格削減，而另以促銷增加頻率、服務升級、廣告加大、媒體報導、人員銷售增強、產品改善、通路改善、店頭展示等手段，期使擴大銷售量、強化市場占有率。

1. 優點：除可避免上述價格競爭外，其最大優點是能以全面性的努力來追求銷售的績效，而非偏重某一方面。
2. 缺點：當產品或市場特性屬於價格競爭特性與狀況時，若不配合因應，會喪失不少市場。

(三)「價格」與「價值」定價的不同思維

傳統上均以成本加成法（毛利率成數法）為定出價格的一種簡單且快速的思維，當然沒錯，因為大部分公司、大部分的人都是如此。

然而，也有少數公司、少數產品或少數服務是採取「價值導向」。他們努力打造出各種對顧客帶來價值的東西，然後定出一個尊榮式的價格。例如：LV、CHANEL、GUCCI、PRADA、CARTIER、BVLGARI、HERMES、DIOR 等國外名牌精品正是如此。

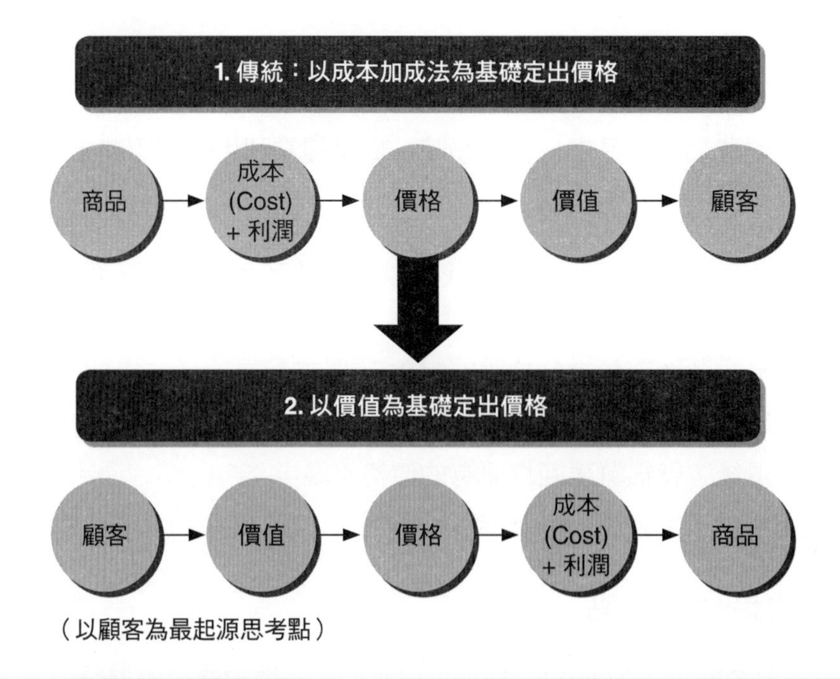

圖 6-2 價格競爭與非價格競爭

〈案例 1〉價格策略——全聯福利中心低價天王，產銷聯手，殺很大

(一) 店數突破六百店

前身為軍公教福利中心的全聯福利中心，自從董事長林敏雄接手後，短短十三年，從店數只有六十八家的零售通路，快速成長近十倍，日前已經突破六百店。林敏雄說，全聯福利中心的成功祕訣，除了商品實在便宜，靠得就是一群死忠幹部的熱忱。

當初承諾的穩定物價，全聯福利中心也發揮到極致。林敏雄說，全聯福利中心 95% 的商品，都比別的通路更便宜。總的說來，較一般商品大概便宜一成到兩成，強項商品最多可以便宜到四成。

(二) 現金付款，免上架費，要求最低價供貨

為什麼商品價格可以殺這麼大？林敏雄說，全聯福利中心的商品再怎麼壓低，都一定會讓廠商賺錢，因此不跟廠商拿上架費，貨款直接「現金」匯款，只拜託廠商可以拿出最便宜的價格，讓消費者買到價廉物美的商品，大家一起為唯一的本土民生消費零售通路打拚。

臺灣的民生消費通路，幾乎都是外商的天下，全聯福利中心是唯一的本土品

牌。林敏雄說，全聯福利中心沒有國外的 Know-how，堅持走自己的路，這條路就是低價策略、不斷展店。

林敏雄說，全聯福利中心的淨利不到 2%，而市場上「不想賺錢的人最大」。他說這種低毛利的「零售生意」，拼得是永續經營的決心，不看長遠根本走不下去，做生意「如果眼光那麼小，乾脆不要做了」。

(三) 福利卡發卡量近 600 萬張

花了十三年的時間，全聯福利中心現在已經穩坐臺灣超市龍頭，日前在金門開了第六百家店，未來三年內要開到八百家的規模。

現在的全聯福利中心，已經不再是從前那個「找不到」、「沒聽過」的零售通路。目前全聯福利中心不論是店數和營業額，都是業界第一。全聯福利卡的發卡量將近 600 萬張，幾乎占了全臺七成五的家戶數，活卡率維持在八成。（資料來源：經濟日報）

〈案例 2〉價格策略——遊樂區過年大打價格戰

迎接農曆春節六天長假，全臺各遊樂區早已經摩拳擦掌，準備搶食春節這波旅遊旺季，業者紛紛祭出價格策略，例如九族文化村主打「買九族送纜車」、六福村祭出「博幼免費」、月眉打出成人票 599 元優惠、義大推出網路購票「買 3 送 1」等價格促銷，預期年初一至初五，可分別「吸金」7,000 萬至 1.1 億元。

劍湖山與小人國紛紛打出「卡通明星牌」，其中，劍湖山首度與線上遊戲業者合作推出「摩爾莊園舞臺劇」、小人國則主打「哆啦 A 夢」卡通人偶，兩大遊樂區預估春節假期，可分別創造 5,000 萬元業績。

全臺遊樂區搶攻春節商機

項目＼公司	六福村	月眉	劍湖山	小人國	九族	義大
初一至初五預估入園數(人)	9 萬	8 萬	9 萬	8 萬	10 萬 (九族加纜車)	主題樂園 10 萬、 摩天輪 4 萬
春節優惠票價 (元)	成人890、 博幼免費	成人 599	成人 699	成人 650、 6 歲以下免費	成人700	成人800 摩天輪 200
預估業績(元)	7,000 萬	5,000 萬	5,000 萬	5,000 萬	7,000 萬	1.1 億

資料來源：曾麗芳，經濟日報。

〈案例 3〉日本 UNIQLO（優衣庫）服飾旗艦店，平價時尚開戰

隨著日本國民品牌 UNIQLO 連開六家店、西班牙平價時尚龍頭 ZARA 也連開二店，正式宣告臺灣將全面進入平價時尚（Fast Fashion）的年代。UNIQLO 旗艦店所在的明曜百貨與對街 ZARA 進駐的統領百貨，沉寂多時的東區商圈可望活化，重新注入年輕新氣象。

UNIQLO 明曜旗艦店一至三樓共一千二百坪，引進上千項全系列商品，開幕優惠下殺三三折，開幕首兩日人潮比阪急一號店多一倍，達 3 萬人，創造 5,000 萬元以上業績。斜對面 ZARA 的開幕，東區平價時尚戰火一觸即發。

旗艦店內裝設十餘座大型電視牆放送主打商品，一樓為主打商品區，二樓為女裝、童裝，三樓為男裝、+J 與 UIP 系列商品。另規劃四十五個收銀檯與三十九個更衣間以因應大量人潮，開幕當日另安排專屬入口，以免造成其他樓層消費者抱怨。（資料來源：林哲良，聯合報）

第 4 節 服務業推廣策略及案例

一、銷售推廣組合之內容

銷售推廣組合（Promotion Mix），也稱傳播溝通組合（Communication Mix），係指公司在進行說服性溝通時，可採用許多手段，例如：廣告活動、室內展示、贈品、免費樣品等，這些手段稱為推廣工具。而推廣組合的目的，就在於如何「配置」其「推廣組合」，使之達成最大推廣力量之策略。

推廣組合通常包括五項要素，互為搭配運用，以其最少的推廣成本，達到最大的推廣效果（圖 6-3）。

(一) 廣告

廣告（Advertising）係指由身分明確之廠商，為推銷某觀念、商品或服務，因而所提任何型態之支付代價的非人身表達方式，均稱為廣告。廣告形式包括電視廣告、報紙廣告、雜誌廣告、網路廣告、戶外廣告、廣播廣告等六大類為主。

(二) 銷售促進

銷售促進（Sales Promotion）係指一切刺激消費者購買或經銷商交易的行銷

活動，例如：競賽、遊戲、抽獎、彩券、獎金、禮物、派樣、商展、發表會、體驗券等。

(三) 人員銷售

人員銷售（Sales Forces）係指為銷售產品，與一位或數位可能顧客，所進行交涉中的一切口頭陳述（Oral Presentation）均屬人員銷售，例如：銷售簡報、銷售會議、電話行銷、激勵方案、業務員樣品、商展或展示會等。

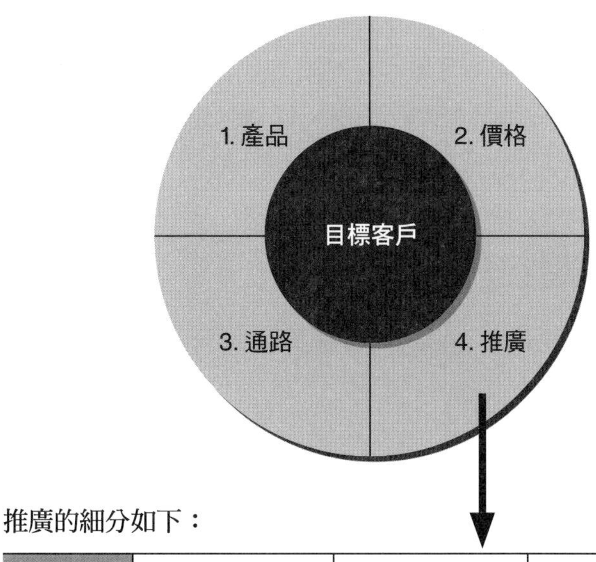

推廣的細分如下：

廣告	• 印刷品及廣播 • 郵件 • 海報	• 產品外包裝 • 型錄 • 工商名錄	• 傳單 • 宣傳小冊子
銷售促進	• 競賽、遊戲 • 派樣、商展 • 折價券	• 抽獎、彩券 • 發表會	• 獎金、禮物 • 體驗（試用）
公關	• 記者招待會 • 公共報導 • 事件行銷	• 研討會 • 演講	• 慈善樂捐 • 年報
人員銷售	• 銷售簡報 • 激勵方案 • 商展或展示會	• 銷售會議 • 業務員樣品	• 電話行銷
直效行銷	• 產品型錄 • 電子商店 • e-mail(e-DM)	• 郵件（DM） • 電視購物 • 手機簡訊	• 電話行銷 • 傳真

圖 6-3　行銷推廣的細項內容

(四) 公共報導

公共報導（Publicity）是指一種非付費的非人員溝通方式，經由製作有關產品、服務、企業機構形象等宣傳性新聞，而透過大眾平面傳播媒體所報導者，均為公共報導。

(五) 直效行銷

直效行銷（Direct Marketing）係指直接於消費者家中或他人家中、工作地點或零售商店以外的地方進行商品銷售，通常是由直銷人員於現場，對產品或服務作詳細說明或示範。目前隨著科技進步，運用的媒介也有所不同，例如：產品型錄、DM、電話行銷、電子商店、電視購物、傳真、e-DM、LINE、WeChat、手機簡訊等。

二、促銷策略的重要性及功能

行銷與業務（Marketing & Sales）是任何一家公司創造營收與獲利的最重要來源。而在傳統的行銷 4P 策略作業中，「推廣促銷策略」（Sales Promotion Strategy, SP）已成為行銷 4P 策略中最為重要的策略。而促銷策略通常又會搭配「價格策略」（Price Strategy），形成相得益彰與「贏」的行銷兩大工具。

(一) 促銷策略重要性大增的原因

近幾年來，全球各國促銷策略運作已非常廣泛、普及且深入，最主要的原因有三：

1. 主力品牌產品差異化不大：大部分的主力品牌產品，已不容易創造很大的產品差異化優勢；換言之，產品水準已非常接近，大家都差不多。既然大家都差不多，那麼就要比價錢、促銷優惠或服務水準了。
2. 景氣低迷讓消費者更精打細算：近年來，市場景氣低迷，只有微幅成長甚或衰退。在景氣不振之時，消費者更會看緊荷包，寧願等到促銷才大肆採購；換言之，消費者更聰明、更理性、更會等待，也更會分析比較。
3. 激烈競爭把消費者的胃口養大：競爭者的激烈競爭手段，一招比一招高，一招比一招重，已經把消費者的胃口養大。但這也無可避免，競爭者只有不斷出新招、奇招，才能吸引人潮、創造買氣、提升業績，達成營收額創新高之目標，並取得市場與品牌的領導地位。

(二) 促銷的功能何在

促銷是廠商經常使用的重要行銷做法，也是被證明有效的方法，特別在景氣低迷或市場競爭激烈時，促銷經常被使用。茲歸納其功能如下：

1. 能有效提振業績：使銷售量脫離低迷，有效增加。
2. 能有效出清快過期、過季商品的庫存量：特別是服飾品及流行性商品。
3. 獲得現金流量，也是財務目的：特別是零售業，每天現金流入量大，若加上促銷活動，現金流量更大。對廠商也是一樣，現金流量增加，對廠商資金調度也有很大助益。
4. 能避免業績衰退：當大家都做促銷時，如果選擇不做，則必然會帶來業績衰退的結果。因此，像百貨公司、量販店等各大零售業，幾乎都跟著做，不敢不做。
5. 為配合新產品上市：新產品上市為求一炮而紅，幾乎都會有一連串的造勢活動，促銷有助於新產品的氣勢與買氣。
6. 為穩固市占率：市占率要屹立不搖相當不易，廠商為了穩固市場也不得不做促銷。
7. 為維繫品牌知名度：平常為維繫品牌知名度，偶而也要做促銷活動，順利上廣告片。
8. 為達成營收預算目標：有時只差臨門一腳就達到目標，只好加碼促銷。
9. 為與通路維持友好關係：有時為維繫及滿足全國經銷商的需求與建議，也會有人情上的促銷活動。

三、常見促銷方法的彙整

「促銷」（Sales Promotion）已成為銷售 4P 中最重要的一環，而且是經常的、無時無刻不被用來運用的工具。

(一) 日趨重要的促銷戰

促銷之所以日趨重要，是因為當產品外觀、品質、功能、信譽、通路等都日趨一致，而沒有差異化時，除極少數品牌精品外，所剩的行銷競爭武器，就只有價格戰與促銷戰了。而價格戰又常被含括在促銷戰中，是促銷戰運用的有力工具之一。

(二) 促銷方法的十五項彙整

既然促銷戰如此重要，本單元蒐集近年來，各種行業在促銷戰方面的相關作法，經過歸類、彙整後，特列出對消費者具有誘因的促銷方法，供讀者參考。

1. 抽獎：這是最常使用的方式，例如將標籤剪下參加抽獎活動，獎項可能包括國外旅遊機票、家電產品、轎車、日用品等。
2. 免費樣品：不少廠商將新產品投遞到消費者家中信箱裡，免費將樣品提供消費者使用，以打開知名度及使用習性。
3. 滿額贈獎、滿千送百：例如購買滿多少金額以上，就免費贈送手提袋或其他產品，刺激消費者購買足額，以得到贈獎。另外，滿千送百也很受歡迎，即買 2,000 元送 200 元抵用券；滿 1 萬元送 1,000 元抵用券或禮券。
4. 折扣：例如百貨公司或超級市場，都會在每個時節、特殊日子或換季時進行打折活動，平常消費者都會暫時忍耐消費，期待打折時再大舉購買，以節省支出。
5. 促銷型包裝：愈來愈多廠商為了引起消費者現場購買的情緒，通常都會有一大一小的包裝，小的產品則屬贈品。另外，也有組合式包裝或兩大產品的共裝，但價格卻較個別購買時便宜，主要目的，還是希望藉此稍為便宜的價格，增加銷售量。
6. 購買點陳列與展示：偶而也見廠商在各種場合，以現場展示與說明，吸引消費者購買。此外，也常見在購買現場張貼海報或旗幟，引起消費者注意。
7. 公開展示說明會：例如電腦、資訊、家電或海外房地產等產品，常會邀請潛在顧客到一些高級場合參觀公司公開的展示說明會，好讓消費者增加認識與信心。
8. 特價品：以均一價 99 元、特價區每件 99 元或任選三樣等低價促銷，吸引消費者購買。
9. 換點數：紅利集點兌換贈品活動。
10. 折價券：贈送折價券或抵用券（Coupon）。
11. 加價購：消費者只要再花一些錢，就可以買到更貴、更好的另一個產品。
12. 第二個有優待：如買第二個，以八折優待。
13. 來店禮及刷卡禮：這是百貨公司常見的促銷手法。

14. 加送期數：例如兒童雜誌每月 300 元，一年期 3,500 元；但新訂戶免費加送二期，合計一年有十四期可看。
15. 其他：買一送一、買二送一、加 1 元多一件、買二件八折計價……。

四、促銷活動成功要素

(一) 誘因要夠

促銷活動的本身誘因一定要足夠，例如：折扣數、贈品、抽獎品、禮券等吸引力。誘因是根本本質，缺乏誘因，就難以撼動消費者。

(二) 廣告宣傳及公關報導要夠

促銷活動若沒有廣告宣傳及公關報導露出，那就沒人知道，效果就會大打折扣。因此，適當的投入廣宣及公關預算，也是必要的。

(三) 會員直效行銷

針對幾萬或幾十萬名特定的會員，可以透過郵寄目錄、DM 或區域性打電話通知的方式，告知及邀請地區內會員到店消費。

(四) 善用代言人

少數產品有代言人的，應善用代言人做廣告宣傳及公關活動引起報導話題，以吸引人潮。

(五) 與零售商大賣場良好配合

大賣場或超市定期會有促銷型的 DM 商品，廠商應該每年幾次與零售商做好促銷配合，包括賣場的促銷陳列布置、促銷 DM 印製及促銷贈品現場贈送活動等。

(六) 與經銷店良好配合

有些產品是透過經銷店銷售的，例如：手機、家電品、資訊電腦品等，如果全國經銷店店長都能主動配合推薦本公司產品給消費者，那也會創造好業績。

五、促銷活動重要須知

在辦理促銷活動時，應注意下列事項：

(一) 官網的配合

公司官方網站應做相對應的配合，例如公告中獎名單等。

(二) 增加現場服務人員，加快速度

在促銷活動的這幾天，零售賣場可能會擠進一堆人潮，此時現場收銀機服務窗口及服務人員，可能必須多加派一些人手支援，以避免顧客抱怨，影響口碑。

(三) 避免缺貨

對廠商而言，促銷期間應妥善預估可能增加的銷售量，務必做好備貨安排，隨時供應到零售店面去，而不致出現缺貨的缺失，以避免顧客抱怨。

(四) 快速通知

對於中獎名單、顧客通知或贈品寄送的速度，應該要儘快完成，要有信用。

(五) 異業合作協調妥善

對於與信用卡公司或其他異業合作的公司，應注意雙方合作協調事項，勿使問題發生。

(六) 店頭行銷要配合布置

對於廠商自己的連鎖直營店、連鎖加盟店或零售大賣場的廣宣招牌、海報、立牌、吊牌等，都應該在促銷活動日期之前就布置完成。對於店員的員工訓練或書面告知，也都要提前做好。

(七) 停止休假

在促銷期間，廠商及零售賣場經常是全員出動而停止休假。

六、電視廣告的優點與效益

(一) 電視廣告的優點及正面效果

1. 電視廣告的優點是：(1) 具有影音聲光效果，最吸引人注目；(2) 臺灣家庭每天開機率高達 90% 以上，代表每天觸及的人口最多，效果最宏大，以及 (3) 屬於大眾媒體，而非分眾媒體，各階層的人都會看。
2. 其為廠商帶來的正面效果是：(1) 短期內，打產品或品牌知名度效果宏大；(2) 長期內，為了維繫品牌忠誠度，並具有提醒效果，以及 (3) 促銷活動型廣告與企業形象型廣告均有顯著效果。

(二) 刊播預算與效益驗證

電視廣告刊播預算要多少才具有效益呢？而其效益要如何驗證？

1. 新產品上市：至少要 3,000 萬元以上才夠力，一般在 3,000 萬元至 6,000 萬元之間，才能打響新產品知名度。
2. 既有產品：要看產品營收額的大小程度，像汽車、手機、家電、資訊3C、預售屋等，營收額較大者，每年至少花費 5,000 萬元至 2 億元之間，一般日用消費品的品牌約在 2,000 萬元至 5,000 萬元之間。
3. 廣告效益之驗證：(1) 銷售量、營業額是否比過去平均期間內，上升或成長多少百分比；(2) 品牌知名度、好感度、忠誠度透過委託市調觀察是否有提升；(3) GRP 達成：媒體代理商會提供電腦數據報表；(4) 通路商口碑：由業務部門蒐集反應，以及(5)消費者口碑：到各門市店、各經銷店、各專櫃、各加盟店等蒐集反應。

七、店頭行銷的崛起

「店頭行銷」（In-store Marketing）是最近新崛起的一個新興且重要的行銷工作重點。其實，與我們過去常說的「通路行銷」（Channel Marketing）及店頭行銷差距不遠。只是，過去並沒有這樣專業的公司，來從事店頭行銷的活動。

(一) 店頭行銷的崛起與重要性

近幾年來，我們到量販店或超市購物，會看到供貨廠商或零售店現場銷售環境有很大的創新及進步。這些都是店頭行銷所引起的改變，其原因如下：

1. 店頭行銷的崛起，與三分之一消費者有關：根據多次現場調查顯示，消費者幾近三分之一的比例，是到零售現場，看到某些產品的特殊陳列，或特別的促銷價格，或附包裝贈品，或試吃活動，或特殊 POP 廣告招牌等影響，而選擇該品牌或該產品的採購。此顯示店頭行銷確實與廠商的銷售業績有密切關係。因此，廠商開始重視在店頭內或賣場內做一些行銷活動，以吸引消費者的採購行為。總之，「店頭行銷=銷售業績」這樣的關係，慢慢被廠商們所接受。
2. 店頭行銷的崛起，與大眾媒體式微有關：過去十多年前，新產品在上市之前，或是既有產品，只要每年做一做電視廣告就會有不錯的銷售成績，如今卻大為改變。上電視廣告不只價格昂貴，而且效果日益遞減，使得廠商不得不將廣告預算移一部分到店頭行銷及促銷活動上，反而更有實惠價格與成果。
3. 市場競爭激烈到最後一哩上：過去行銷的競爭是從產品研發開始，後來到通路上架問題，然後到廣告創意及公關媒體上，如今卻延伸到與消費者接近的最後一哩（Last Mile）上。當大家都在做店頭行銷活動及搭配性的促銷活動時，廠商就必須跟進，否則就等著業績落後。
4. 大家均已熟悉產品與品牌的概念：根據研究，忠誠於品牌的顧客大約只有三分之一，此乃筆者所創的「3-3-3」理論。即三分之一是在賣場上對品牌忠誠的消費者，另外三分之一則是對店頭行銷的偏愛者，最後三分之一是中立派，就是換來換去的。

總之，整合型店頭行銷已成為當今實戰行銷上必要的一環，廠商也要把握住距離顧客荷包最近的一哩才可以。

(二) 店頭行銷的工作項目

實務上，常見的店頭（通路）行銷服務公司的工作項目如下：1. 假日賣場人力派遣；2. 門市巡點布置；3. 商品派樣試用體驗；4. 市場調查分析；5. 街頭活動；6. 店內活動；7. 解說產品；8. 展示活動；9. 產品特殊活動；10. 通路布置及商品陳列；11. 促購傳播力；12. 通路活動內容設計；13. 體驗行銷行動；14. 零售店神祕訪查；15. 零售店滿意度調查；16. 產品價格通路市調；17. DM 派發；18. 賣場試吃、試喝活動；19. 通路商情研究分析；20. 賣場銷售專區規劃、設計與布置執行；21. 通路結構與趨勢分析；22. 包裝促銷印製設計與生產服務；23. 產品包裝設計；24. 賣場布置設計。

八、公關目標與效益評估

企業內部公關部門及公關人員，為主要對外溝通的對象，其實很多元，包括：1. 新聞媒體（電視台、報社、雜誌社、廣播電台、網路公司）；2. 壓力團體（消基會、產業公會、同業公會）；3. 員工公會（大型民營企業的員工公會）；4. 經銷商（廠商的通路銷售成員）；5. 股東（大眾股東）；6. 一般購買者；7. 競爭同業業者；8. 意見領袖（政經界名嘴、律師、聲望人士等），以及 9. 主管官署（政府行政主管單位）等。上述公關對象，大部分以外部對象為主軸，內部對象的員工為次要。

(一) 公關部門的目標

企業成立公關部門，主要目標及功能如下：

1. 達成與各電子媒體、平面媒體、廣播媒體、雜誌媒體及網路媒體的正面、良好互動，以及充分認識媒體關係與人際關係目標。
2. 達成與外部各界專業單位、專業人士及策略聯盟夥伴等良好互動關係目標。
3. 達成協助營業部門、行銷企劃部門及專業部門之專業活動推動執行與公關業務執行工作目標，其中有可能是以不付費方式的公共報導呈現。
4. 達成企業面臨危機事件出現之防微杜漸，以及面對突發性危機事件出現後的快速有效因應，而使危機事件迅速弭平，降低對公司傷害到最小目標。
5. 達成宣揚公司整體企業形象，獲得社會大眾、消費者、上下游往來客戶等支持、肯定及讚美之目標。
6. 達成平日與各界媒體良好的業務往來，並滿足媒體界的資訊需求目標。
7. 達成內部各部門及各單位員工對公司的強勁向心力、使命感及企業文化建立。

(二) 公關效益的評估

一個有效率的企業都會為各部門定下目標達成率，行銷企劃及業務部門是銷售業績，然而對公關部門要如何評估其效益呢？

首先是量的評估，就是各媒體曝光量及露出則數。再來是質的評估，就是各媒體露出版面大小、版面位置及電視新聞報導置入。

以上兩者都要以公司創造良好品牌形象、企業形象及促銷業績為前提。

(三) 公關效益評估案例

我們以臺灣萊雅的公關效益指標為案例說明如下：

1. 以「媒體產出量」為主要指標。此外，由於化妝品是個特殊的產業，明星代言不可少，而明星和Logo同時在新聞上露出，則是一個重要指標。
2. 萊雅公關評估又分為「品牌公關」與「企業公關」。品牌公關由第三方公正單位做評估，蒐集各品牌和競品間的每月媒體曝光量，相互比較做成報告，給品牌負責人參考。

九、事件行銷 V.S. 活動行銷

這幾年我們常常會聽到跨年晚會、臺北101煙火秀、苗栗桐花季等活動之舉辦，是否曾思考過為什麼主辦單位要舉辦這些免費活動讓人參加？這正是本單元要探討的事件行銷。

(一) 什麼是事件行銷

事件行銷是指廠商或企業透過某種類型的室內或室外活動之舉辦，以吸引消費者參加，然後達到廠商所要的目的。此種行銷，即稱為事件行銷（Event Marketing）或活動行銷（Activity Marketing），有時也被稱為公關活動（PR）。

基本上，事件行銷有五種類型：運動型、音樂型、公益型、文化型，以及慈善型。但實務上，還衍生其他政治性、宗教性類型，值得我們加以注意並運用。

國內最著名的案例有臺北101煙火秀、跨年晚會、舒跑杯國際路跑、微風廣場 VIP 封館、苗栗桐花季、江蕙演唱會、名牌走秀活動、臺灣啤酒節、臺北牛肉麵節、臺北花博會、臺北咖啡節、臺北購物節、桃園石門旅遊節、中秋晚會、會員活動等。

(二) 活動企劃案之撰寫

實務上，事件行銷活動企劃案撰寫有其一定事項，茲將大綱列示如下：1. 活動名稱及 Slogan；2. 活動目的及目標；3. 活動日期及時間；4. 活動地點；5. 活動對象；6. 活動內容及設計；7. 活動節目流程（Run-down）；8. 活動主持人；9.

活動現場布置示意圖；10. 活動來賓、貴賓邀請名單；11. 活動宣傳（含記者會、媒體廣宣、公關報導）；12. 活動主辦、協辦、贊助單位；13. 活動預算概估（主持人費、藝人費、名模費、現場布置費、餐飲費、贈品費、抽獎品費、廣宣費、製作物費、錄影費、雜費等）；14. 活動小組分工組織表；15. 活動專屬網站；16. 活動時程表（Schedule）；17. 活動備案計畫；18. 活動保全計畫；19. 活動交通計畫；20. 活動製作物、吉祥物展示；21. 活動錄影、照相；22. 活動效益分析；23. 活動整體架構圖示，以及 24. 活動後檢討報告（結案報告）。

(三) 事件活動行銷成功七要點

事件活動不是促銷活動，所以要如何不著痕跡的行銷，才能成功的傳達企業想要傳遞的訊息呢？以下七要點提供參考：1. 活動內容及設計要能吸引人，例如知名藝人出現、活動本身有趣、好玩、有意義；2. 要有免費贈品或抽大獎活動；3. 活動要編列廣宣費，有適度的媒體宣傳及報導；4. 活動地點的合適性及交通便利性；5. 主持人主持功力高、親和力強；6. 大型活動事先要彩排演練一次或二次，以做最好的演出，以及7.戶外活動應注意季節性，避免陰雨天。

十、代言人的工作與行銷目的

「代言人行銷」已成為當今行銷活動與行銷策略中重要的一環。代言人行銷若做得成功，常會使一個品牌知名度提升不小，也會使業績上升不少，因此，企業經營者及行銷人員，應該要重視代言人行銷的正確操作，以及是否有必要做代言人操作。

(一) 代言人行銷的目的

代言人行銷操作的目的，大致有幾項：1.希望在較短時間內，提高新產品上市的品牌知名度、記憶度及喜愛度；2.希望在較長期的時間內，透過不同的代言人出現，能夠確保顧客群對既有品牌的較高忠誠度及再購度，以及3.最終目的是希望代言人行銷有助整體業績的提升，並儘快把產品銷售出去。

目前國內知名代言人依其演藝類別或身分可歸納為七類：包括：1. 名模：林志玲、陳思璇、隋棠、姚采穎、林嘉綺等；2. 歌手：楊丞琳、費玉清、江蕙、周杰倫、張惠妹、S.H.E、王力宏、羅志祥、李玟、梁靜茹、蔡依林、伊能靜等；3. 演員：陳昭榮、白冰冰、廖峻、桂綸鎂、王月、石英、大 S、蕭薔、成龍、莫文蔚、劉嘉玲、琦琦、傅娟、吳尊、小黑、郭子乾、陳孝萱、楊紫瓊等；4. 運動明星：王建民；5. 名媛：孫芸芸；6. 導演：吳念真、張艾嘉，以及 7. 主持人：小 S、謝震武、陶晶瑩。

(二) 代言人要做些什麼事

公司花大錢（幾百萬至上千萬）聘請年度代言人，主要進行下列工作事項：1. 拍攝電視廣告片（CF）：大約 1 支至 3 支不等；2. 拍攝平面媒體（報紙、雜誌、DM）廣告稿使用的照片：大約 1 組至多組；3. 配合參加新產品上市記者會活動；4. 配合參加公關活動，例如一日店長、社會公益活動、戶外活動、館內活動及賣場活動等。5. 配合網路行銷活動，例如部落格等，以及 6. 配合走秀活動與其他特別約定的重要工作事項，而必須出席。

(三) 代言人選擇的要件

對於選擇適當代言人的要件，有以下幾點應注意：

1. 代言人個人的特質及屬性，應該與該產品的屬性相一致：例如：廖峻與維骨力；白冰冰與健康食品；林志玲與華航；蕭薔、劉嘉玲、琦琦、莫文蔚及大 S 與 SK-II 化妝保養品；孫芸芸與日立家電的生活美學；王建民與 Acer 電腦；陳昭榮與諾比舒冒感冒藥；張惠妹與台啤；隋棠與阿瘦皮鞋週年慶；羅志祥與屈臣氏會員卡；王力宏與 Sony Ericsson 手機，以及桂綸鎂與統一超商的 City Café 等。
2. 代言人個人應該具備單純的工作及生活背景；不能過於複雜、緋聞頻傳、婚變頻生、私生活不夠檢點、經常鬧出八卦新聞等；換言之，代言人應該保持正面及健康的個人形象。
3. 代言人最好能喜愛、使用過且深入瞭解這個產品，這是最理想的，代言人不能與這個產品格格不入。如果是新產品上市，則更應花點時間，深入瞭解這個產品的由來及特性。
4. 代言人不能耍大牌：代言人必須友善的、準時的、準確的、快樂的、積極的，配合公司相關行銷活動上的各種合理要求及通告。
5. 代言人不能搶走產品本身的風采：不能使消費者記住代言人，卻忘了代言什麼產品，如此一來，兩者的連結性相對變弱，這就是失敗的操作。

(四) 代言人的效益評估

到年中或年終，公司當然要對年度代言人進行效益評估。評估主要針對二大項：

第一是代言人本人的表現及配合度是否達到理想。

第二是公司推出所有相關代言人行銷的策略及計畫，是否達到原先設定的要求目標或預計目標。這些目標，包括：

1. 品牌知名度、喜愛度、指名度、忠誠度、購買度等是否提升？
2. 公司整體業績是否比沒有代言人時，更加提升？
3. 公司市占率是否提升？
4. 對通路商推展業務是否有幫助？
5. 企業形象是否提升？
6. 公司品牌地位是否守住或提升？

以上目標效益的評估，乃是對公司行銷企劃部門及業務部門所做的評估。檢視行企部門在操作代言人行銷活動，整體是否有顯著的效益產生，並且還要做「成本與效益」分析，評估花錢找代言人的支出，以及所得到的效益，兩者之間是否值得。

十一、整合行銷傳播概念與定義

目前學界與實務界對「整合行銷傳播」（Integrated Marketing Communication, IMC）的定義仍是眾說紛紜，許多學者提出他們對整合行銷傳播的看法，不管是主張整合行銷（IM）、整合行銷傳播（IMC），甚至後來的整合傳播（IC）（如 Thorson & More, 1996; Drobis, 1997-1998 等），某方向與觀念基本上是一致的，只是著重點不同，也因此使其行銷策略的貢獻有所不同。目前僅有的共識是，整合行銷傳播是一個概念，也是一種動態流程（Percy, 1997）。以下針對學者所提出看法整理說明，裨有助於觀念之釐清。

(一) 專家對「整合行銷傳播」的理論定義

1. Shimp：Shimp (2000) 指出由行銷組合所組成的行銷傳播，近年來的重要性逐年增加，而行銷就是傳播，傳播也是行銷。近年來公司開始利用行銷傳播的各種形式促銷產品，並獲取財務或非財務上的目標。而此行銷活動的主要形式包含：廣告、銷售人員、購買點展示、產品包裝、DM、免費贈品、折價券、公關稿以及其他各種傳播戰略。為了比傳統促銷更適切地詮釋公司對消費者所作的行銷努力，Shimp 將傳統行銷組合 4P 中的促銷（Promotion）概念，擴展成「行銷傳播」（Marketing Communication），並指出品牌需要利用整合行銷傳播，以建立顧客共享意義與交換價值。

2. 美國 4A 廣告協會（1989）：目前廣泛被使用的整合行銷傳播定義，是由美國廣告代理業協會（4A）於 1989 年提出的（Schultz,1993; Duncan & Caywood,1993; Percy,1997）：「整合行銷傳播是一種從事行銷傳播計畫的概念，確認一份完整透徹的傳播計畫有其附加價值存在，這份計畫評估不同的傳播工具在策略思考中所扮演的角色，如一般廣告、互動式廣告、促銷廣告及公共關係，並將之結合，透過協調整合，提供清晰、一致訊息，並發揮正面綜效，獲得最大利益。」

(二) 國華廣告對「整合行銷傳播」的實務定義

國華廣告公司屬於台灣電通廣告集團旗下的一員。在國華廣告公司網站，介紹該公司服務時，國華廣告公司即強調從整合行銷傳播的觀點與功能，提高對廠商的行銷服務。茲描述國華廣告公司對 IMC 理念的闡述：

「整合行銷溝通」（Integrated Marketing Communication, IMC）是國華協助客戶規劃品牌溝通活動時所力行的行銷準則。在 IMC 的理念之下，國華的服務涵蓋各種與溝通有關的項目，包括客戶服務、創意、促銷、公關、媒體、CI（企業識別體系）、市場研究等。隨著整體環境朝資訊科技（Information

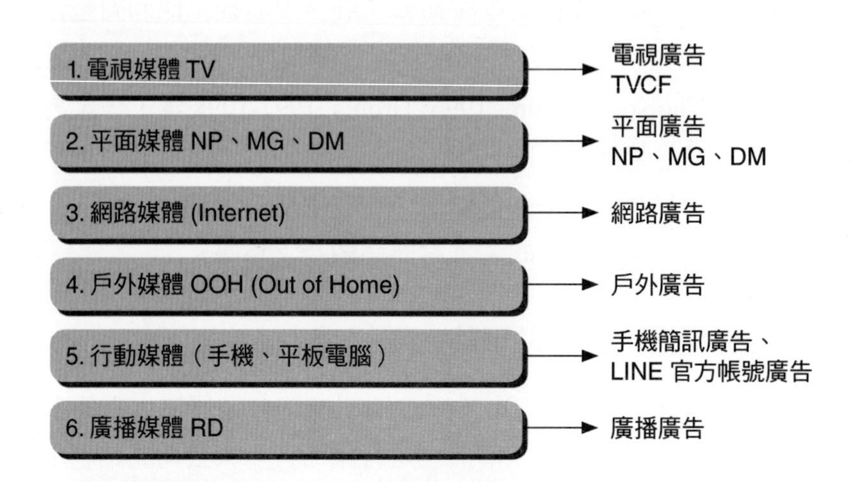

圖 6-4　IMC 跨媒體組合操作

1. 記者會	13. 店頭行銷
2. 促銷活動 SP	14. 業務人員行銷
3. 代言人行銷	15. DM 直效行銷
4. 促銷活動行銷	16. 電話行銷
5. 異業合作	17. eDM 行銷
6. 事件行銷活動	18. 主題行銷
7. 通路行銷	19. 會員行銷
8. 置入行銷	20. 運動行銷
9. 體驗行銷	21. 贊助行銷
10. 旗艦店行銷	22. 公益行銷
11. 官網行銷與網路行銷	23. 異業結盟行銷
12. 公仔行銷	24. 紅利積點行銷

圖 6-5　IMC 跨行銷組合操作

Technology）發展，國華亦將服務觸角擴展至網際網路這個新媒體，以滿足客戶在數位時代的溝通需求。承襲日本電通追求「最優越溝通」（Communications Excellence）的企業理念，國華提供全方位的溝通服務，協助客戶達成品牌管理的任務。

〈案例 1〉臺北 101 購物中心頂級珠寶、腕錶大賞盛裝登場

臺北 101 購物中心歡慶八週年，9 月 15 日至 9 月 28 日將推出週年慶第一波，除了最高達 11% 的現金回饋，與指定業種滿額尊寵加碼禮，還有匯聚十六家頂級國際品牌、價值數十億元的珠寶及腕錶，共同展演絕代風華！今年週年慶更加碼舉辦 FASHION 101 活動，結合四十二家國際流行精品品牌，連續十四天不間斷推出獨家商品及 VIP 服務，購物優惠最超值多元。

2009、2010 年兩屆臺北 101 頂級珠寶及腕錶大賞的成功，吸引各大品牌國外總部。CARTIER、PIAGET、TIFFANY & CO、De Beers、BVLGARI、Van Cleef & Arpels、OMEGA、AUDEMARS、PLGUET、IWC、CORTINA、

WATCH、CHOPARD、BOUCHERON、JAEGER-LECOULTRE、HERMES、BLANCPAIN、RICH、JADE 等 16 大品牌，今年都調度最精采華麗的作品來臺，9 月 15 日至 9 月 28 日在臺北101購物中心 1F、2F 及各店中展出價值高達數十億元的頂級珠寶腕錶商品，讓消費者親眼目睹最驚艷的珠寶與工藝之美。（資料來源：經濟日報）

〈案例 2〉微風之夜：PRADA 發表限量包款

讓臺灣精品愛好者引領期盼的「微風之夜」，於 5 月 6 日登場，PRADA 在這次微風之夜中推出限量包款，除了鴕鳥皮古典醫生包及波士頓包外，還發表春夏新款，擁有傳統葡萄牙風格的絹印彩繪包，讓這次微風之夜充滿南歐風情。

PRADA 為本次微風之夜特別推出頂級駝鳥皮限量包款——駝鳥皮古典醫生包及駝鳥皮波士頓包，紅色駝鳥皮古典醫生包售價 313,000 元，微風之夜獨家限量三個；駝鳥皮波士頓包售價 175,500 元，共三色可供選擇：粉紅色、咖啡色、寶藍色，微風之夜獨家限量每款二個。

PRADA 2011 春夏發表最新絹印彩繪包，靈感源自於葡萄牙的傳統裝飾技法——瓷磚畫。瓷磚畫技法是葡萄牙典型的藝術風格與傳統技法，大量出現在磁磚、建築與繪畫之中。（資料來源：何敏惠，聯合報）

〈案例 3〉LV 精品砸錢請大咖，找安琪莉娜裘莉代言廣告；COACH 則找葛妮絲派楚

全球景氣復甦，時尚精品的廣告行銷預算紛紛加碼，不惜砸重金邀巨星代言加持。繼 LV 邀安琪莉娜裘莉、香奈兒邀布萊克萊佛利代言廣告之後，最近先後傳出凱特溫絲蕾、葛妮絲派楚分別擔任 St. John、COACH 廣告的代言女星，星光處處閃耀，為時尚更添風華。

新近時尚精品公布的秋冬廣告代言人，幾乎都是一線女星，而且支付的代言費用都很驚人。如 LV 邀安琪莉娜裘莉代言廣告的費用，據悉就高達 1 千萬美元（約 2.9 億臺幣）。

曾擔任 TOD'S 廣告代言人的葛妮絲派楚，當年為 TOD'S 設計經典包款「G BAG」，替 TOD'S 成功打下江山，讓人津津樂道。如今 COACH 也看上葛妮絲派楚的魅力，邀她為 COACH 效力。COACH 即將歡度七十週年慶，準備要在今年秋季大肆慶祝，有了葛妮絲派楚的加持，場面絕對不會冷清。COACH 指出，

葛妮絲派楚的廣告只在歐洲、亞洲市場刊登，因此臺灣應該會在九月時見到該系列的廣告。

COACH 廣告在紐約曼哈頓拍攝，充滿紐約氣息，葛妮絲派楚指出，她是道地的紐約客，而 COACH 則是道地的紐約時尚品牌，兩者超速配，「我絕不會忘記我的第一個 COACH 包！」（資料來源：陶福媛，聯合報）

〈案例 4〉PRADA 臺北旗艦店奢華開幕，臺灣 A 咖明星全員到齊

義大利精品 PRADA 全臺首間獨立店面的中山旗艦店，昨晚熱鬧開幕，臺灣 A 咖明星到齊，原定壓軸的第一名模林志玲因提早抵達，反讓侯佩岑成為壓軸，但林志玲大露深邃事業線搏版面，讓小露香肩的侯佩岑吃味地說：「她的事業線又深又長、很澎拜的感覺。」

林志玲搶先穿上 PRADA 春夏特別版亮片秀服，該服裝之前才在北京秀首度亮相，第一名模展現「神奇魔法」，將寬鬆設計的禮服，動手腳後擠出事業線，並小露美背，林志玲笑說：「這是 Magic」，透露纏了很多膠帶，該做的安全措施都有做。（資料來源：顏甫珉，聯合報）

第 5 節 服務業人員銷售策略及案例

一、新時代銷售人員角色與管理

營業組織的每一位營業人員，面對新時代的行銷環境及顧客環境，將不再只是單純的銷售產品與達成業績目標，而是必須扮演更為提升性的功能角色。如果做不到三種最新趨勢的任務，那麼顧客也難以長久保有，終究會跑向另一個更有競爭力的競爭對手去。

(一) 新時代銷售人員的角色

新時代的業務員必須自己定位，改變自己的角色：

1. 做一位客戶的行銷夥伴：不論你是 B2B 或 B2C，你必須站在客戶的立場思考如何做好行銷夥伴的角色。為客戶思考如何將你的產品搭配成套銷售給消費者；為客戶思考如何運用你的產品，創造新的且符合消費者所需的新產品；若是消費者產品，你更必須做消費者的顧問，為他創造更高的價值。

2. 做一位客戶的研發夥伴：當每一個人都在思索新產品，追求物超所值的時候，你如何將公司的研發能力轉化，而協助客戶創新、改善、產製出有競爭力的新產品，只有客戶的產品暢銷，你的生意才能確保。
3. 做一位客戶的利潤創造夥伴：強調你所銷售的產品，其品質是利潤的創造者，由於消費者意識高漲，不良品會為客戶帶來災難，把你的經營方法與產品技巧傳授給客戶，就像 GE 公司在執行六個希格瑪（σ）的時候，也把這種方法傳遞給供應商及客戶一樣。

角色改變了，思考方法也跟著改變。不景氣造成行銷上的困境，正是換腦袋思考的時候；不換腦袋，客戶只有換供應商了。

(二) 銷售組織管理範圍

對銷售人力之管理，應包括下列項目：

1. 整批挖角：例如高科技公司 R & D 部門、金控銀行，以及壽險公司等。
2. 甄募與挑選銷售人員。
3. 對新進銷售人員舉辦教育訓練課程，使其熟悉公司、產品之專業知識。
4. 對銷售人員進行督導，包括外出拜訪客戶以及辦公室內之行政領導。
5. 研定各種物質與非物質之激勵制度與措施，讓銷售人員有意願衝刺業績。
6. 進行對銷售人員業績之分析、考核與評估。
7. 設法改善銷售人員之不良績效，否則應求「物競天擇，適者生存，不適者淘汰」之原則處理。

上述整批挖角部分，在商場上正負評價兩極，尤其知識經濟時代，企業最重要的資產是員工的頭腦，要如何防止離職員工「帶槍投靠」競爭對手或自行創業，也是企業必要的考量。

二、提升業務團隊績效與訓練

在一個以業務人員團隊（Sales Forces）為主導的廠商裡，如何有效促進並提升業務人員的銷售績效，是一件相當重要的事。

(一) 如何提升業務團隊績效

1. 不斷進行教育訓練：目的是希望增強業務人員之產品專業知識與銷售技巧，逐步提高其素質。教育訓練是一種長期工作，而不是短時間內就能看到成果。
2. 設定合理且激勵性的獎金制度：業務人員並不以領固定薪資為滿足，希望能做更多業績而領更多薪資。因此，獎金制度的規劃與確立，必須符合公平、合理與激勵等三項精神，才能發揮效用。
3. 塑造良好的組織氣候：有良好的組織氣候，才能激勵業務人員努力創造業績並做長久打算，不會隨時準備跳槽。而良好的組織氣候，必須上自董事長、總經理，下自營業部副總經理或是各處、各部營業經理、副理等中高階主管，都以身作則示範良好行為，包括各種制度、辦法、賞罰、升遷、獎金、人才晉用等。
4. 試行責任利潤中心制：最近發展顯示，營業組織中已有愈來愈多的企業，採行自主經營的利潤中心制，亦即該區營業單位是一個獨立單位，必須對自己的營收、成本及利潤負完全責任，如果超額盈餘，則可撥出一定百分比供該單位人員分享。
5. 合理分配業務區域及業績額：這點也很重要，主管要無私並合理的分配業務區域、業績目標額及業務客戶給每個業務人員或團隊。
6. 企劃部內的充分配合：行銷企劃、廣告企劃及財務企劃人員都要全力配合，才能創造好的銷售績效。

(二) 戰略性業務養成訓練

對於不能或缺的重要訓練項目，茲歸納整理說明如下：

1. 產品知識：大部分公司在產品知識的訓練上都算可以，畢竟，業務經理都是出身自相同產業及市場，對這方面有較強的知識，也傾向於先訓練這方面的主題。
2. 競爭情報與競爭優勢：業務人員除須瞭解自己公司產品，也要瞭解競爭對手的產品或服務。為能更有效的銷售，業務人員要知道每一種競爭者產品的優缺點。成本是否比競爭者低？他們產品是否比公司的產品耐用且好操作？大部分公司在自身產品知識訓練上都做得還可以，但在競爭態勢的分析與情報蒐集就相對薄弱。業務人員對競爭態勢有愈多的瞭解，愈能在市場上有效競爭與銷售。有句話說：「最好的防禦戰略，便是好的攻擊」，你必須攻擊對手較弱而自己相對較強的地方。

3. 銷售技巧：業務人員已經瞭解產品、競爭態勢以及客戶資訊情報，接下來，必須加強他們的銷售技巧。較為基本的技巧有以下幾點：(1) 尋找適當客戶；(2) 拜訪前計畫；(3) 敲定業務拜訪；(4) 使用探索問題，發掘客戶需求與問題所在；(5) 向客戶展示產品特色、利益以及相關實證；(6) 處理疑問問題，以及 (7) 取得客戶下訂單的承諾。

三、業務人員自我學習與銷售步驟

終身學習是新時代的需要，無論是在教育或是工作，都是一個重要的課題。尤其在競爭激烈的市場，不進則退已是一個不變的定律，不容企業忽略。

而處在戰場前線的業務人員，更要時時提高警覺，競爭市場一有什麼風吹草動，如能在第一時間掌握，即能有效因應。然而對市場的這份警覺性多半不是一天、兩天，就能訓練而成的。

因此，除了企業主動栽培業務人員外，業務人員平時要如何自我學習？學習的同時要如何在實務上運用並改進？以下將說明之。

(一) 業務人員如何自我學習

業務人員可以透過下列七種管道，持續學習：

1. 同儕的學習：針對推銷上的困境，業務同仁利用短暫時間，彼此交換意見以及個人經驗，例如：面對客戶的價格異議如何化解，交換心得與技巧，將可使每個人獲得獨到的方法。
2. 開會交流：利用業務會議之便，請業務人員提出成功個案說明，以作為彼此學習的範例，或是運用腦力激盪，思考克服障礙或開拓市場的創意。
3. 主管的交談：主管對於業務進行時，所提示的經驗與方法，或是主管對特定客戶的指導與指示，都是最直接的學習機會。
4. 客戶的互動：拜訪客戶時，尤其是客戶對商品或服務批評、異議、或是提示競爭者的優點時，都是學習的最佳機會。
5. 平時閱讀報章或專業雜誌：吸收來自報章雜誌的新知，最具時效與動態性。平時勤於閱讀是充實知識的最好方法，學習毋須刻意安排，由於時間緊湊，若無法參加在職訓練，或是公司沒有在職訓練的機制，上述五種方法仍可為你的推銷技巧增添動力。

6. 多參加外部專業訓練課程或研討會：外部企管公司、各大學及研究單位等，均會提供專業訓練課程或研討會，值得參加，以吸取不同來源的思考。
7. 多出國參訪考察，吸取最新知識：應定期出國考察同業、異業或客戶的產業、市場與公司最新發展情況及創新做法等新觀念。

(二) 銷售作業步驟

一項銷售作業之步驟，可區分以下程序：1. 開發、搜尋及篩選客戶；2. 事前接近客戶之計畫安排與資料整理妥當；3. 正式按約定時間接觸客戶；4. 介紹與展示產品或服務；5. 經多次討論及議價，終於成交，簽訂合約；6. 交貨、售後服務及使用後詢問，以及 7. 定期保持聯絡，建立友誼。

〈案例 1〉人員銷售──百貨公司櫃姐業績亮麗的服務行銷致勝學

週年慶吸金 500 萬元 La Prairie 忠孝 SOGO 櫃姐蕭伊玲對客人下足工夫，見過一次就能叫出名字，記住買過商品與皮膚問題，她說經營貴客就是貼心服務，如很多客人會拿國外買來的商品到櫃上詢問，她一樣奉茶、耐心解釋，還提供新品試用包，事後追蹤使用狀況。

朱秀琴是佳麗寶超級櫃姐，她喜歡與客人搏感情，週年慶她努力 call 客聊天，「十月分就喝了四十多杯咖啡。」熟客們喝完咖啡立刻幫她揪團衝業績，今年十來團，每團 10-20 萬元。甚至還有客人送她香奈兒皮夾與 COACH 包。

Hearts On Fire 的櫃哥保羅，不僅記住客人資料，還幫客人處理婚禮，此付出使業績成長三倍。伯夐珠寶總經理馬惠齊曾費時兩年從完全不認識，到取得對方信任成為 VIP，「站在好朋友立場，關心生活並隨時提供裝扮意見是關鍵」。

週年慶吸金上千萬的 SK-II 櫃姐郭貴美說，消費者不愛櫃姐強迫推銷，當客人真有需求，她才給專業中肯建議。

SOGO 忠孝館資深櫃姐吳雪莉，一年可創造 1,500 萬元業績，她表示千萬不可一味推銷高價商品，且不管什麼客人都要用心，而讓客人占點小便宜也是增加業績祕方，她甚至會自掏腰包買化妝品正貨送給大戶，讓貴婦再加碼。

「我們的角色，其實更像是 VIP 的生活顧問。」業績千萬的 Wennie 說。曾有貴婦在國外看到別家珠寶，拿不定主意，竟打電話問她值不值得買。「VIP 想知道的資訊，你要能第一時間回覆」。（資料來源：商業週刊）

〈案例 2〉人員銷售策略——雅詩蘭黛專櫃長貼心服務創佳績

(一) 新銷售模式奏效（主動出擊）

1. 八年前，賴品足被派到臺中中友店當櫃長，部分資深專櫃小姐認為她是空降部隊，對這位菜鳥櫃長的態度很不友善，大家等著看她的笑話，她卻在心裡告訴自己，一定要表現得讓櫃員心服口服。
2. 當時化妝品業界都還停留在櫃內銷售時代，她以身作則，率先拿著廣告 DM 走到櫃外，主動向流動顧客分送 DM、推薦產品，櫃員看到她這麼做，只好紛紛走出櫃檯外主動銷售；此外，過去該品牌只在活動期間贈送修眉刀，賴品足將活動未送完的修眉刀保留下來，在櫃上推出「眉飛色舞」活動，鼓勵顧客於生日期間回到櫃上，就可享有免費修眉、贈送修眉刀的服務，果然天天吸引 40 多位壽星回來修眉，給了她順便促銷產品的機會。
3. 由於她打破化妝品的銷售模式，逐漸贏得顧客的青睞，吸引許多新顧客購買該品牌產品，中友店業績明顯成長，每年持續成長 20-30%，直到新光三越臺中店五年前開幕時，總公司想借重她的才華，將她轉任新光三越臺中店當櫃長。
4. 個性原本就主動、積極的賴品足，為了替新專櫃聚集人氣，主動請求總公司每個月配合舉辦彩妝秀活動，她會要求櫃員每人、每天在活動現場說服 1 名顧客當模特兒，吸引顧客觀賞彩妝秀，因為她相信，只要看過彩妝秀或試用過產品的顧客，未來都可能成為主顧客。
5. 此外，過去主顧客對「預約發表會」得預繳 500 元的做法興趣缺缺，她知道主顧客的心態後，事先一一打電話告訴主顧客，只要參加預約發表會，就可獲贈小禮物，還可提供畫彩妝的免費服務。靠著貼心服務，去年該品牌在新光三越臺中店的預約發表會，共吸引了 500 位主顧客預約；另「封面名模」預約活動，她也號召了 700 位主顧客參與，打破該品牌專櫃多項紀錄。

(二) 榮獲「年度風雲櫃長」

在她帶領下，新光三越臺中店業績由第一年的 4,000 萬元，到了去年已達 6,800 萬元，業績始終保持該品牌專櫃全省前五名紀錄，年成長率比百貨業者還要高。正因為團體業績表現優異、個人表現同樣出色，賴品足去年已晉升為資深櫃長，同時榮獲「年度風雲櫃長」，為自己創造了百萬年薪。

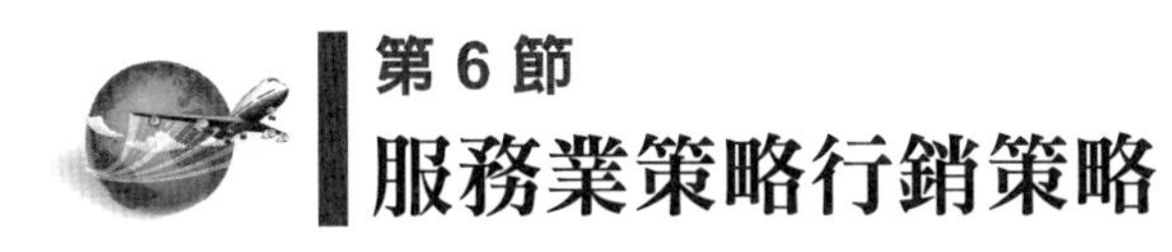

第 6 節 服務業策略行銷策略

一、王品餐飲事業「贏」的策略：P-D-F

每家企業都希望自家產品的市占率居高不下，但要如何才能始終領先，其中產品差異化的優越性，是決定是否勝出的關鍵。王品餐飲事業董事長戴勝益用——「客觀化的定位、差異化的優越性、焦點深耕」十七字箴言，擬定出王品牛排必勝的經營策略，創造出豐碩的獲利戰果及全國最大的牛排餐飲連鎖店。

(一) 王品贏的方程式

筆者將上述十七個字箴言，簡稱為英文的「P-D-F」，並依照其順序說明如下：

1. P 客觀化的定位（Positioning）：第一步必須做好客觀化的市場調查與定位，才能知道這事業、這產品有無發展潛力及競爭對手為誰。
2. D 差異化的優越性（Differential）：第二步則要強調差異化經營，而且此差異化要比競爭對手更有優越性，否則就失去任何意義。因為沒有優越性，就代表沒有「競爭力」，企業很難勝過最強的對手。
3. F 焦點深耕（Focus）：最後，第三步要能「聚焦深耕」，因為市場競爭日益激烈，只有更專業、更專家才能勝出。

如果不符合 P-D-F 這十七個字箴言，則王品就不會去投資經營。正因如此，王品集團已於 2011 年 4 月 29 日興櫃，2012 年第一季正式上市。戴勝益在股東會以「王品黃金十年，餐飲王國萬店」為推動上市的集團願景。

(二) 沒做好 P-D-F 的後果及原因

P-D-F 為什麼會做不好，以下為其原因：

1. 沒做好 P：表示事業或產品的定位不清楚，很難讓消費者印象深刻，品牌自然無建立。
2. 沒做好 D：表示沒有產品的競爭力及差異化的獨特銷售賣點。
3. 沒做好 F：表示公司不能成為此行業、此產品中的專家、專業，也表示公司很難勝出，因為對手更專業、更強，此處可能代表公司什麼都做、做太雜、做太多不相關的產品。總之，沒做好 P-D-F，在市場競爭中，公司注定「輸」字一途。輸的意思是公司會虧錢，長期爬不起來，最後要收攤。

4. P-D-F 做不好的原因：最終歸結在「人」的問題上，可能是老闆決策出問題，可能是行銷業務主管出問題，也可能是行銷企劃主管出問題。

三個環環相扣的配套：定位 (P) + 差異化 (D) + 專注 (F) = 成功經營與成功行銷

二、策略性行銷的意涵與做法

策略性行銷是指任何行銷有策略性的重大行動，行銷前面加個策略性的做法，將對行銷成果發揮正面與有利的影響力。

(一) 十八種策略性行銷的做法

實務上，成功的策略性行銷目前可歸納以下幾種：

1. 波特教授：低成本、差異化（特色化）、專注化（圖 6-6）。
2. 併購策略：簡稱 M&A，也稱收購，即合併加收購等於併購，在短時間不需花很多錢就可以拓展。例如福客多把營業讓予權讓給全家便利商店、臺北農產超市賣給全聯福利中心、特意購賣給家樂福、維力食品賣給統一。
3. 合併策略：相互合併。
4. 分割策略：Acer 等。
5. 垂直整合策略：上、下游整合。
6. 水平整合策略：水平式的整合，如福客多被全家併購。
7. 自有品牌策略：私有的商標（PL）。
8. 海外市場策略：新光三越到大陸。
9. 產品線策略：產品線不斷擴張的策略，如統一的飲料。
10. 代理策略：M&S 百貨的代理等。
11. 引進新事業策略：王品的牛排。

12. 多品牌策略。
13. 高級化、頂級化策略。
14. 獨賣策略。
15. 虛實通路並進策略：雄獅旅遊和易遊網的實體店面。
16. 利基市場策略。
17. 異業合作策略：信用卡的異業合作。
18. 產品創新策略。

(二) 二十種「策略性行銷」未來趨勢

策略性行銷的未來趨勢，預計會朝以下幾種方向進行：

1. 公仔策略行銷：全家便利商店推出好神公仔，營業額增加 10 億元，毛利額淨增加 3 億元，廣告費 1.2 億元，淨賺大概 1.2 億元。全家運用的行銷策略，在七月鬼月推出好神公仔，偵測環境的變化。
2. 自由品牌行銷（PB／PL）：7-ELEVEN 的茶飲料在夏季也推出成功；家樂福的自有品牌：高中低品質的產品，其營業額占全營業額的 10%。
3. 複合式行銷：萊爾富的自有麵包、糕點。
4. 併購行銷：如前述併購。
5. 整合式店頭行銷：賣場內的整合行銷，專案方式、帶動方式等整合一起的行銷。根據 333 理論，有三成的人在店頭中看到便宜產品會願意購買，另三成的人是品牌愛用者，另外三成是介於中間者。
6. 頂級行銷。
7. 多品牌行銷。
8. 實虛通路並進式行銷：雄獅旅遊的實體和虛體的品牌。

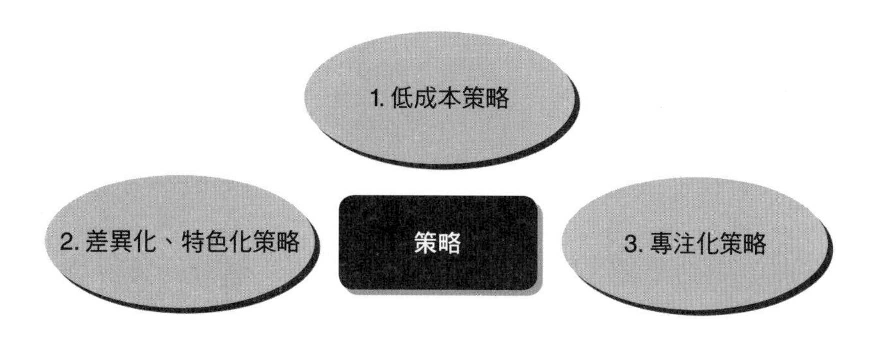

圖 6-6　波特教授三大策略

9. 低成本行銷。
10. 價值行銷。
11. 忠誠卡行銷：SOGO 百貨的 Happy Go 購物卡，有三成的人使用，故可以瞭解有一定忠誠度。家樂福的好康卡，有 300 萬的卡友。忠誠卡的行銷，就是希望客戶在各方面回流，造成一定的行銷制度。會推忠誠卡是因為：環境變化、太競爭、品牌忠誠度下降、供應商增加及 M 型社會兩極化所產生。
12. 運動行銷：王建民。
13. 異業合作行銷。
14. VIP 行銷。
15. 產品創新行銷。
16. 產品線組合行銷。

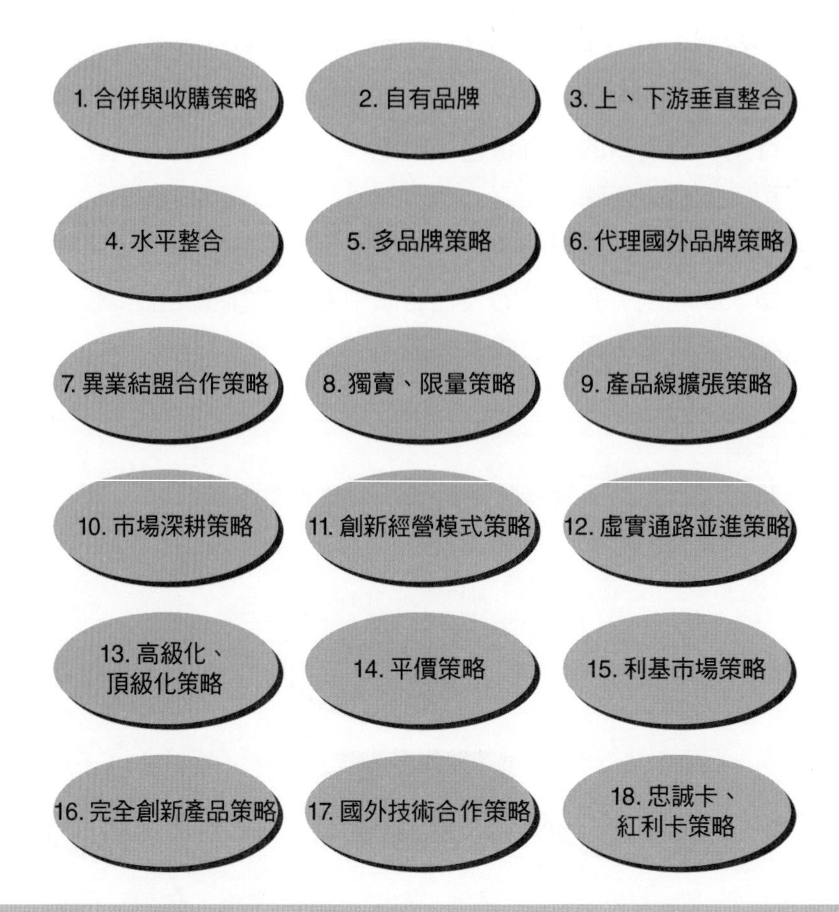

圖 6-7 策略性行銷方式

17. 集團支援整合行銷。
18. 獨家行銷。
19. 品牌切割行銷。
20. 代理國外名牌行銷。

三、企業的行銷成長策略矩陣

不論景氣好、景氣差，成長的壓力永遠不變。企業如果能比競爭對手早一步找出下一波的成長策略，很可能就是贏家了！

贏家必須知道的三個關鍵問題，是決定策略的成敗，那就是：1. 你所處的產業，是景氣波動敏感的產業嗎？2. 你的公司在產業中，占據什麼策略地位？3. 公司掌握的財務資源有多少？

擺對了策略矩陣，超越目標成長也沒問題！

(一) 產品／行銷成長矩陣

公司在選擇未來總體成長方向時，有四個區塊可以評估分析及抉擇，包括：

1. 既有市場的滲透成長（既有市場／既有產品）：在不改變產品的情況下，針對現有的顧客來提高銷售額。
2. 市場擴張延伸的成長（既有產品／新市場）：為現有產品尋找市場與發展新市場。
3. 產品擴張延伸的成長（既有市場／新產品）：為現有市場提供改良產品或新產品。
4. 多角化的成長（新市場／新產品）：在其現有的產品與市場之外，開創或併購其他事業。

其中市場滲透策略為利用現有產品，在現有市場上獲得更多的占有率；接著考慮是否能為現有產品開發新市場，即為市場開發策略；然後可考慮能否在現有

表 6-1 產品／市場成長矩陣的評估及抉擇

	既有產品	新產品
既有市場	1. 市場滲透（市場深耕）	3. 產品擴張（產品延伸）
新市場	2. 市場擴張（市場延伸）	4. 多角化

市場上開發具有潛在利益的新產品，即為產品開發策略；或是在新的市場開發新的產品，即為多角化策略。

四、獨特銷售賣點 VS. 差異化特色

所謂產品「獨特銷售賣點」（Unique Sales Point or Unique Selling Proposition, USP），即是企業對這個產品獨特的銷售主張，找出產品獨具的特點與差異，然後以足夠強大有力的聲音說出來，而且不斷強調。

(一) 要向消費者表達一個主張

基本要點是向消費者或客戶表達一個主張，必須讓其明白，購買自己的產品可以獲得什麼具體的利益；所強調的主張必須是競爭對手做不到或無法提供，必須說出其獨特之處，強調人無我有的唯一性；所強調的主張必須是強而有力，必須集中在某一個點上，以達到打動、吸引別人購買產品的目的。

每一家公司，都需要一個說得清楚，或是在視覺上顯而易見的獨特銷售主張。其形式可能是簡短的宗旨，或是能讓員工和消費者產生共鳴的一句口號。有時候，甚至可能只是這種產品或服務的視覺呈現。

(二) 產品獨特銷售賣點的切入面

以下提供一個架構項目，從這些項目再進一步思考如何做到獨特銷售賣點及差異化特色。

1. 從滿足消費者需求面切入：健康、活力、美麗、青春、好吃、好唱、榮耀、快樂、好玩、好住、好開、便利、一次購足、好看，以及其他物質及心理層面的滿足。
2. 從研發與技術特色面切入：有何獨特的技術？以及 R&D 人員做得出來嗎？
3. 從製程特色面切入：製造過程中的特色或差異化？
4. 從原料、物料、零組件特色面切入：例如冠軍茶、冠軍牛乳、有機蔬果、埃及棉、日本綠茶、高效能乳酸菌、最高級皮革等。
5. 從品質等級特色面切入：頂級品質、高品質等。
6. 從現場環境設計、氣氛、設備、器材、地理位置特色面切入：例如日月潭涵碧樓的獨特位置。
7. 從功能特色面切入：有什麼差異化功能？

8. 從服務特色面切入：提供什麼不一樣的服務？

9. 從品管嚴格特色面切入：有數十道、上百道的品管層層把關。

10. 從手工打造特色面切入。

11. 從定製、特製、全球限量特色面切入。

12. 從獨家配方、專利權特色面切入。

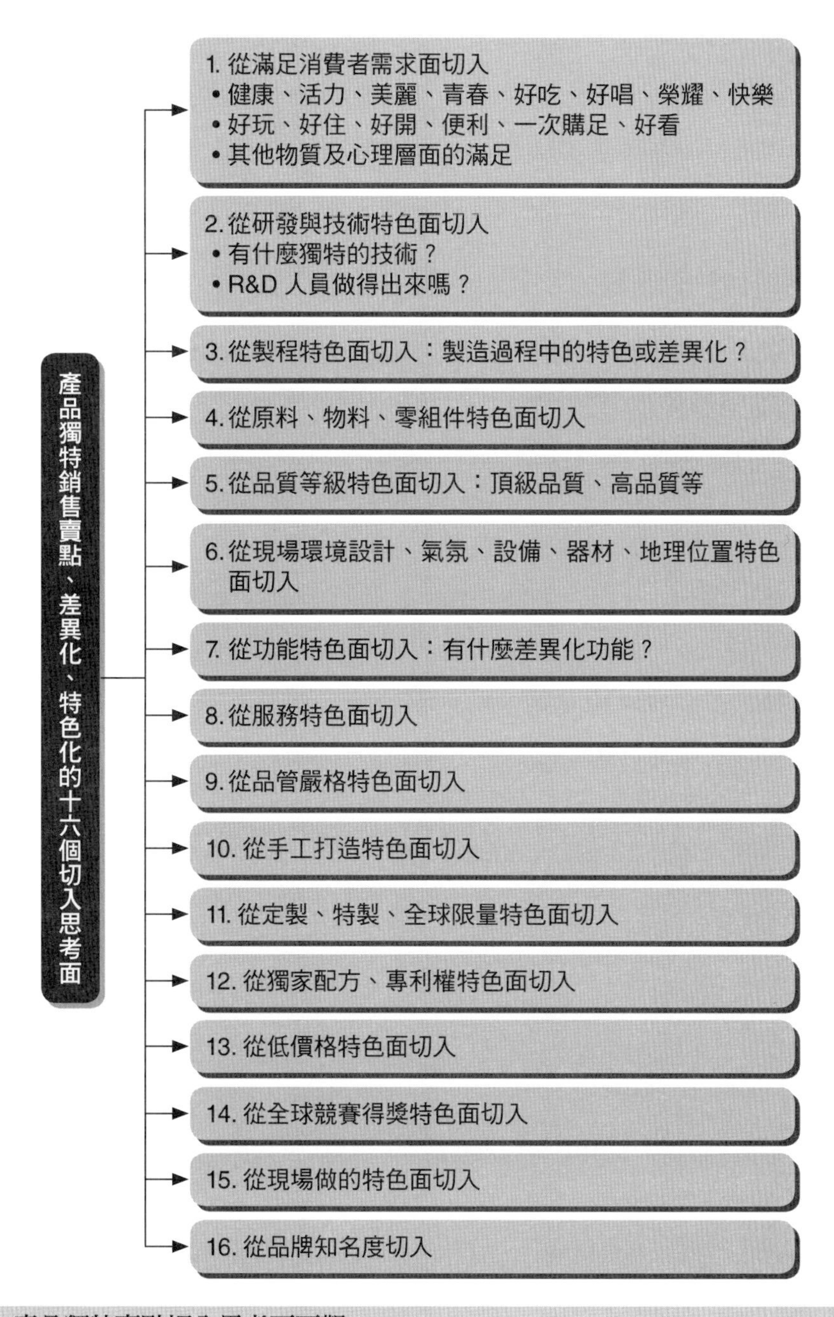

圖 6-8　產品獨特賣點切入思考面面觀

13. 從低價格特色面切入。
14. 從全球競賽得獎特色面切入。
15. 從現場做的特色面切入。
16. 從品牌知名度切入。

五、行銷策略的致勝與思考

行銷要成功，完善的策略少不了，然而該如何進行及朝哪些方向思考著手，才能出擊致勝。以下歸納幾種成功的行銷策略致勝步驟與行銷策略思考方向，俾利參考。

(一) 行銷策略致勝七步驟

1. 商機何在：(1) 想做什麼產品？什麼服務或事業？(2) 想做什麼品牌？以及 (3) 這是商機嗎？為什麼？
2. 分析競爭者空間何在：(1) 哪些競爭者已投入市場？狀況如何？(2) 這個商機市場的進入門檻高或低？(3) 還有空間嗎？跟競爭對手的優劣勢比較如何？勝算如何？空間在哪裡？空間真的可以形成市場性嗎？
3. 關鍵成功因素何在：(1) 這個市場或產品的「關鍵成功因素」（Key Success Factors, KSF），以及 (2) 這些是我們所擅長的嗎？是或不是？為什麼？
4. 進入何種利基市場：究竟競爭切入哪一塊「利基市場」（Niche Market）才比較容易成功？此市場是否具可行性及未來性？
5. 如何執行 S-T-P 架構：(1) 選定區隔市場（Segment Market）？(2) 目標顧客族群或客層為何（Target Audience, TA）？顧客群輪廓（Target Profile）如何？(3) 細心分析產品或品牌定位（Positioning）為何？品質等級為何？以及 (4) 消費者洞察（Consumer Insight）。
6. 如何組合行銷策略（Marketing Mix Strategy）：(1) 產品策略為何？(2) 定價策略為何？(3) 通路策略為何？(4) 廣告策略為何？(5) 人員銷售組織策略為何？(6) 媒體公關策略為何？(7) 公關媒體策略為何？(8) 服務策略為何？(9) 會員經營策略為何？(10) 有何獨特銷售賣點（USP）？(11) 有何差異化？以及 (12) 促銷策略為何？
7. 如何品牌化經營（Branding）：(1) 品牌識別；(2) 品牌故事；(3) 品牌精神；(4) 品牌個性；(5) 品牌定位，以及 (6) 品牌承諾。

(二) 行銷策略十三種思考方向

在這個行銷環境與市場競爭中，我們要思考採取何種競爭策略導向的優缺點及可行性分析，包括成本、差異化、品牌、產品創新及價格等之評估與選擇。為讓讀者有全面性概念，茲將實務上常用的行銷策略十三種思考方向，整理如下：

1. 找出某個特色化、差異化的行銷策略。
2. 找出某個利基市場，而非大眾市場的行銷策略。
3. 採用代理名牌產品行銷策略。
4. 打造自有品牌、強力宣傳行銷策略。
5. 平價但高品質行銷策略。
6. 口碑與服務行銷策略。
7. VIP 頂級會員行銷策略。
8. 全年持續性轟炸式大促銷活動策略。
9. 健康／有機取向行銷策略。
10. 攻擊式廣告大量投入行銷策略。
11. 自建行銷通路策略。
12. 異業結盟力量大增行銷策略。
13. 高價（頂級／奢華）行銷策略。

六、M 型社會市場的兩極化

在日本或臺灣，由於市場所得層的兩極化，以及 M 型社會與 M 型消費型態明確發展，過去長期以來的商品市場金字塔型結構，已改變為二個倒三角形的商品消費型態。

(一) 傳統金字塔結構已改變

1. 過去長期以來的商品市場考量：以高、中、低三種典型金字塔型結構的價位區分市場，價位愈高，市場量愈少；反之，則愈大（圖 6-9）。
   (1) 較少量市場：高級品。
   (2) 中產階段較大市場：中等程度商品。
   (3) 底部較大市場：低價格商品。
2. 今後（未來）商品市場的預測：僅以高、低價格來區分市場，所以會呈現二

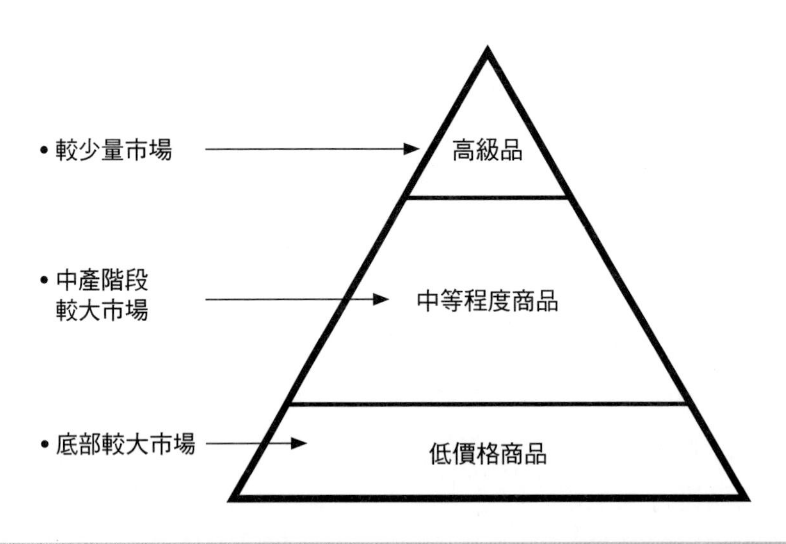

圖 6-9　過去長期以來的商品市場考量

個倒三角形的商品消費型態（圖 6-10）：

(1) 高級品：即代表高價格、高品質、利基市場，以及少量多樣。

(2) 低價格商品：即代表低價格、好品質、多量生產、全球化展開，以及市場愈來愈大。

(二) 兩極化市場同時發展

今後，市場商品將朝兩個方向同時並進發展：

1. 朝可得到更大滿足感的高級品方向開發：努力開發更大滿足感的高級品，以搶食 M 型消費右端 10-20% 高所得或個性化消費者。
2. 朝更低價格的商品開發及上市：值得注意的是，所謂低價格並不能與較差的品質劃上等號（即低價格≠低品質）。相反的，在「平價奢華風」的消費環境中，反而更要做出「高品味、好品質、但又能低價格」的商品，如此必能勝出。

另外，在中價位及中等程度品質領域的商品，一定會衰退，市場空間會被高價及低價所壓縮而重新再分配。

隨著全球化發展的趨勢，具有全球化市場行銷的產品及開發，其未來需求也必會擴增。因此，很多商品設計與開發，應以全球化眼光來因應，才能獲取更大的全球成長商機。

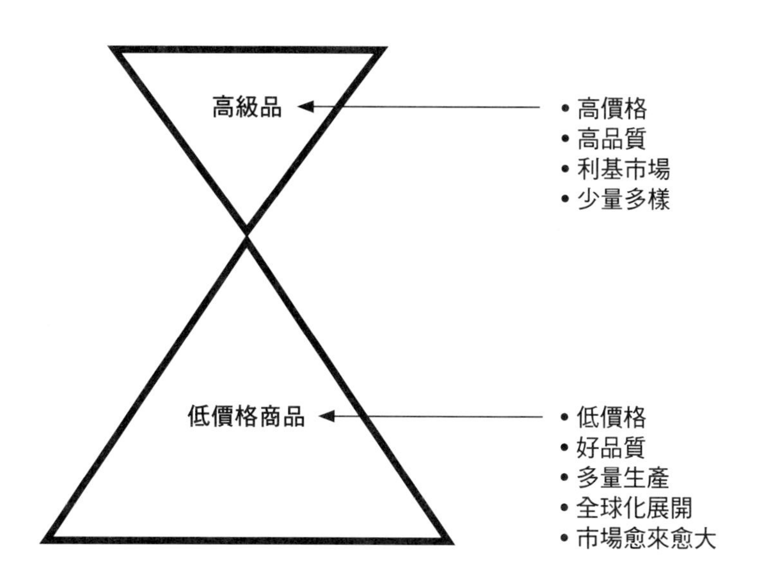

圖 6-10　今後商品市場的預測

(三) 全方位行銷長保勝出

綜合來看，隨著 M 型社會及 M 型消費趨勢的日益成形，市場規模與市場空間，已向高價與低價（平價）兩邊靠攏，中間地帶的市場空間已被分流及重新配置。廠商未來必須朝更有質感的產品開發，以及高價與低價兩種靈活的定價策略應用，然後鎖定目標客層，展開全方位行銷，必可長保勝出。

第 7 節 服務業實體環境策略案例

〈案例〉超商紛改裝，大坪數設專區，留客衝業績

(一) 7-ELEVEN：大動作改裝更高規格門市店

為了拼業績，7-ELEVEN 積極改造既有店型，每年約有三百至四百家門市進行增座位區、設置中島區、兩面採光等改造，吸引更多消費者，今年改造重點在增加超大坪數的門市以及增設各種專區，目前位於基隆路的松高門市已改裝成示範店，7-ELEVEN 公關經理林立莉表示：「松高門市是 7-ELEVEN 未來的趨勢，坪數更大，也增加許多測試專區，未來將引進各門市。」松高門市占地共六十五坪，有一整區天天量販價專區，陳列各種大包裝日用品，要和量販店比

拼，還有男士保養品專區，並悄悄測試自助吧，包含 DIY 加洋蔥、酸菜的德式大亨堡，還引進美式咖啡自助吧，到櫃檯買杯子就可自行調理咖啡，這些服務將擴大到其他門市。

(二) 全家：大坪數才可開店

全家也砸下 15 億元進行新型態店鋪開設及改裝，今年目標五百家，公關沈嘉盈表示：「以前只要二十五坪就可開一家超商，未來超商趨勢至少都要三十五坪以上才行。」雖然店租變貴，但業績更好，如開在商辦與社區混合商圈的新門市，裝潢增設座位區之後，吸引更多上班族來買，不但帶動鮮食業績成長二倍，整體業績也成長二成。

OK 超商公關黃筱鈞則表示：「雖沒有像同業這麼大規模改裝，今年會以增加門市座位區為主，已經有二百多家門市有座位區。」希望可以提供消費者更舒適的環境。（資料來源：楊智雯，蘋果日報）

第 8 節 服務業社會公益策略案例

〈案例 1〉全家便利商店總動員，善盡企業社會責任（CSR）

全家便利商店企業社會責任的努力重點

類別	活動推動	成果
食品安全	ISO 22000 國際認證（取得 ISO 9001＋HACCP 國際認證）	• 2010 年全國 60 家店鋪取得認證 • 2011 年全省店鋪陸續推動中
社會公益	逆風少年大步走零錢捐推動	• 2010 年幫助 200 位雙失青少年（失學及失業）參與就業力培訓計畫，課程時數約 9,000 小時 • 2010 年給予 84 位經濟弱勢青少年教育資助金，提出 92 個實踐計畫
	偏鄉孩童關懷 A. 紙風車商品 1 元捐 B. 偏鄉服務計畫（公益零錢捐 ＋ 二手書回收）	• 2010 年贊助 6 場紙風車 319 鄉村兒童計畫，154 位全家志工參與 • 2010 年幫助 14 個屏東縣山地部落課輔班 256 位孩童穩定課後學習環境，2009 年二手書回收共 10 萬冊書籍
環境保護	廢資源換點心回收推動（廢電池、手機、筆電、光碟）	• 廢資源高度總和約 384 座臺北 101 高度 • 廢電池回收使 2.3 個新北市大小土地免受重金屬汙染

全家便利商店 CSR 理念

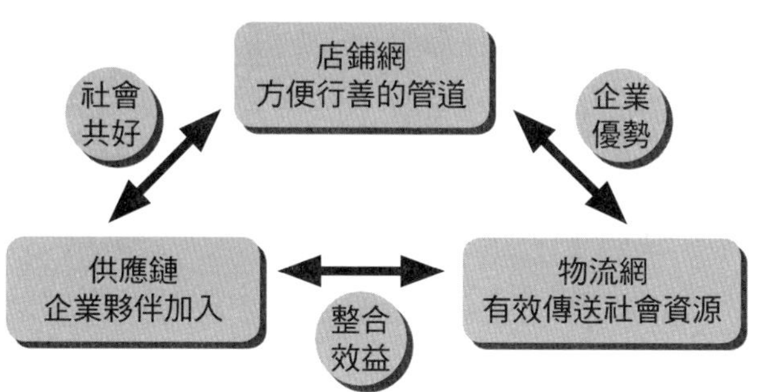

資料來源：全家便利商店

〈案例 2〉國泰世華銀行大樹計畫，贈 500 萬元助學金

國泰世華銀行基金會「大樹計畫」長期關懷弱勢學童，幫助偏遠地區清寒學童支付學雜費，再度捐贈 500 萬元助學金，總計逾百所國中小、近 4,000 名學生受惠。

自 2004 年起國泰世華銀行基金會「大樹計畫」助學金，每年分上、下學期辦理助學金，這次對象為新北市、桃園縣、苗栗縣、嘉義縣及宜蘭縣等五縣清寒學生，其中國中學生每名 2,000 元、國小學生每名 1,000 元，用於 99 年度下學期代收代辦費所需。累計七年多來捐贈助學金高達 7,545 萬元，幫助了 4.5 萬名學童支付學雜費。

另外，國泰世華基金會多年持續舉辦「讓愛延續——童書募集」活動，動員全臺分行號召社會大眾捐出不再需要的兒童書籍，由基金會將書籍逐一整理、清潔、分類、打包後，捐贈予偏遠地區國小、國中圖書館及育幼院等。（資料來源：李淑慧，經濟日報）

〈案例 3〉中國信託銀行獻愛，點燃生命之火，5.7 萬人響應，募款創新高達 1.4 億元，預估 5.6 萬名弱勢兒童受惠

「點燃生命之火」全民愛心募款運動愈辦愈受歡迎，第 26 屆活動募款金額、參與人次，雙雙創下歷史新高紀錄。

由中國信託慈善基金會發起，中國信託商業銀行主辦的第 26 屆「點燃生命之火」全民愛心募款運動愛心捐贈感恩會，為期三個月的募款活動，勸募金額突破新臺幣 1.4 億元，捐款人次更超過 5.7 萬人次。

募款所得將全數捐給臺灣兒童暨家庭扶助基金會、兒童福利聯盟文教基金會等十家社福機構及公益團體，預估將有 5.6 萬名弱勢兒童因此受惠。

二十六年來執行各項方案，幫助超過 21 萬名弱勢兒童及其家庭。本居「點燃生命之火」特別舉辦下鄉活動，邀請「快樂雲」、林俊傑等八位知名部落客、藝人造訪八所偏遠小學，以其專業為孩子們進行一日魔法教室服務，提供他們不一樣的學習機會。（資料來源：蔡靜紋，經濟日報）

第 9 節 服務業會員經營策略案例

〈案例 1〉麗晶精品獻殷勤嬌寵 VIP

麗晶精品舉辦 VIP 派對

不畏歐美債信危機，臺北昨夜很奢華，完全嗅不到一絲絲低迷氣氛。麗晶精品昨夜舉辦 VIP 派對，要價上萬元的米其林晚宴、總價 20 億元的華服珠寶秀，為「奢華」寫下絢爛的新頁；臺北 101 的「珠寶腕錶大賞」於 15 日接棒展出，同樣也主打國際精品頂級珠寶，嬌寵金字塔頂端的消費族群。

昨夜登場的麗晶精品 VIP 派對，受邀 200 位 VIP 當中，有六成去年年消費額逾千萬元，其中不乏年消費近億元的大戶，消費品項以頂級珠寶為主。

為了回饋 VIP，昨日麗晶精品之夜邀請全球最佳新銳主廚江振誠掌廚，宴請 VIP 要價逾萬元的米其林美食，並安排寶格麗、蕭邦等十二家珠寶的聯合秀，端出動輒上億元的頂級珠寶。其中 GRAFF 一口氣展出三件珠寶，每件鑲嵌的鑽石都逾 50 克拉以上，TIFFANY 也展出一件要價 1 億 2 千多萬元的藍寶石項鍊，為奢華晚宴更添璀燦光芒。（資料來源：徐文玲，聯合報）

〈案例 2〉愛買週年慶激勵顧客忠誠度，活化 Happy Go 卡會員紅利點數，提供實質回饋

愛買超級週年慶強勢登場！上萬件商品全面破盤，再度以價格破壞搶市。此外，愛買今年也全面啟動顧客忠誠計畫，祭出 Happy Go 會員點數兌換現金策略，卡友可以不花半毛錢就領換商品，預計將有上億點數回流。

再加上全館實施分期零利率、促銷商品範圍更廣，預計愛買週年慶的業績將

較去年同期成長一成以上。

愛買首波超級週年慶，從即日起至 10 月 4 日，行銷聚焦在生鮮、食品、家電、民生用品等。營運長莊金龍表示，今年全館上萬種商品下殺幅度之深，是同業之最，而除了進行價格破壞外，也啟動顧客忠誠計畫，活化會員的紅利點數，Happy Go 會員可以將累積的點數拿到愛買兌換，給客戶最實質的回饋。

愛買表示，Happy Go 卡是全國最大的點數平台，目前流通的有效點數約達 20 億點，週年慶期間，卡友即可以到全臺愛買十八家分店，以 200 點兌換 100 元紅利券，整個活動期間預計將有上億點數回流。（資料來源：林祝菁，工商時報）

〈案例 3〉LOEWE 定製服務為貴客量身打造

景氣回春帶動高價精品買氣，強調個人化的定製服務今年提早來臺，在頂級貴客的要求下，精品邀請國外定製師傅來臺，貴婦此時就可下訂秋冬的皮草系列。

LOEWE 今年定製服務從 3 月 16 日起，全臺巡迴一個月，商品以皮製洋裝、大衣與短風衣為主，另外還有定製包款系列，今年也加入頂級皮草定製。LOEWE 指出，定製可完美滿足消費者的需求，今年特別打出頂級定製服系列，先有樣衣可讓消費者穿著比較，可打上姓名縮寫，平均費時四至六個月，價格不菲，最低價小羊皮夾克定製價 10 萬元起，皮草大衣可高達 46 萬元以上。（資料來源：顏甫珉，聯合報）

《案例 4》生活工場、HOLA 特力及 IKEA 維繫會員忠誠度做法

(一) 生活工場

會員數居冠的生活工場總經理許宏榮指出，會員貢獻度持續攀升，目前生活工場營業額逾六成來自會員消費，且聯名信用卡動卡率高達八成，顯示品牌獲得會員的高度認同。

生活工場累積十二年多達 130 萬名以上的會員，其中 28 萬張是聯名信用卡，會員以 20-30 歲年齡層居多，80% 是女性。

在國內信用卡發卡飽和下，聯名卡如果沒有十分誘人的優惠，通常動卡率不

易超過六成。和玉山銀行合作的生活工場聯名卡，由於審核嚴格，核卡率不算高，但動卡率竟高達八成。許宏榮分析，這是因為生活工場提供會員很多優惠折扣，也特別為會員編製雜誌，因此會員回購率高，形成良性循環。

(二) HOLA 特力

HOLA 特力採用會員制的消費方式，即「來店消費就辦會員卡」，目前會員卡數已達 100 萬張，加上聯名片用卡的 10 萬張，會員多達 110 萬，在業界排名第二。

該公司行銷處資深經理潘幸兒指出，直接回饋的會員生日禮、來店禮和商品折扣，最能刺激消費，其他如生活資訊講座、定期寄發型錄及 DM 等，都是著眼於客戶長期關係的培養。

(三) IKEA

1. IKEA 今年起廣發會員卡，只要來店填寫簡單資料，3 分鐘內便核發一張迷你卡，可以在店內享用免費咖啡，消費即可參加抽獎，每個月也有眾多免費的親子活動和室內布置講座，今年以來已發放數十萬張。

為了藉高度參與性的活動和會員拉近距離，IKEA 會舉辦美食示範、會員居家講座、冰品示範講座等，也準備食譜給現場參加者。市場行銷總監姚以婷表示，這是希望營造一個沒有壓力的空間，不會對會員強硬推銷，而是活絡店內氣氛。

2. IKEA 最近在會員活動上投注更多心力。呼應瑞典仲夏節手製花環的民俗，特別請花藝老師到店裡教授花環製作，這個親子共同參與的活動，免費提供材料。IKEA 指出，塑造一個情境，讓消費者更貼近這個品牌的精神，儘管沒有顯著的營業收益，但長期累積的客戶關係，一定會有好的回饋。

第 10 節 服務業異業結盟策略案例

《案例 1》化妝品 VS. 咖啡店、銀行異業結盟搶主顧客

化妝品也玩異業結盟，與火紅的咖啡店、銀行或對等的時尚品牌等合作，彼此互換主力新客，成為雙贏的合作夥伴。

SK-Ⅱ環采鑽白系列代言人楊秀容，不僅是 Dazzling 飾品的設計總監，也是臺北三間最火紅的 Dazzling Cafe 老闆，SK-II 最近推出環采鑽白系列與 Dazzling Cafe 異業結盟的行銷點子，5 月 1 日起至 6 月 30 日，消費者到 Dazzling Cafe 消費，滿 1,000 元並含 380 元的熱銷明星餐點，內容為甜蜜派對蜜糖吐司與紅花莓果冰茶，就可以獲得 SK-II 環采鑽白產品的體驗券，回櫃可兌換價值 1,080 元的 SK-II 環采鑽白精華液 7ml、青春露 10ml 贈品。

佳麗寶將在 6 月與中國信託商業銀行合作，卡友於 6 月 10 日到 7 月 31 日，至全省百貨佳麗寶專櫃刷中國信託商業銀行卡，消費滿 2,000 元，且內含 ALLIE 防曬乳買大送小特惠組，就會送進口的曲線瓶運動水壺，送完為止。

肌膚之鑰與法藍瓷合作，即日起至 5 月 31 日於法藍瓷專櫃消費滿 15,000 元，可獲肌膚之鑰經典手札，包含修眉、敷容、保養贈禮，可免費體驗 40 分鐘頂級保濕修護療程。（資料來源：徐文玲，聯合報消費版）

《案例 2》搶客群，百貨公司聯名卡拼升級

台北富邦銀行去年七月發行富邦統一阪急萬事達悠遊聯名卡後，已突破 10 萬人申請，動卡率 70% 以上，北富銀今年初再與 JCB 國際組織攜手合作，JCB 版的「富邦統一阪急悠遊聯名卡」再上戰場，提供喜愛日本文化之客群辦卡新選擇，並結合悠遊卡功能，享受通勤便利。

鑑於景氣復甦，民間消費力道驚人，信用卡市場戰局日趨白熱化，鈦金卡、御璽卡已躍升信用卡發卡主流，北富銀百貨公司聯名卡版圖也力拼升級。去年下半年以來，北富銀陸續發行統一阪急悠遊聯名鈦金卡、廣三 SOGO 聯名鈦金卡及台茂聯名鈦金卡。

此外，再將鈦金卡發卡版圖擴展到南部市場，再與夢時代購物中心及統一阪急百貨高雄店攜手共同推出「夢時代聯名鈦金卡」，鎖定南部高消費客層，祭出較白金卡更高規格的鈦金級尊榮禮遇與回饋，搶攻鈦金卡於南部市場版圖。（資料來源：馬婉玲，工商時報）

第 11 節 服務業服務策略案例

《案例 1》中華電信推動「感動服務」再造工程

(一) 榮獲電信類傑出服務獎冠軍

「感動服務再造工程，我們明年還要繼續做」，中華電信總經理張曉東最近最興奮的一件事，是獲得投資人關係全球評等（IR Global Rankings）亞太區最佳財務揭露獎項，並蟬聯《遠見雜誌》電信類傑出服務獎冠軍。

(二) 推動「感動服務再造工程」，員工接受魔鬼訓練

張曉東在出席頒獎典禮時，透露公司推動「感動服務再造工程」今年進入第三年，明年將持續推動。2 萬 5,000 名員工當中，現已有 6,000 多名員工加入魔鬼訓練，將服務從口號變成實際行動。

身負推動感動服務重責大任，張曉東曾經為了實際「測試」成果，親自扮演起神祕客，拿起電話就打進客服專線，詢問各項一般消費者經常詢問的問題，並從中瞭解這套「感動服務再造工程」是不是真正落實。

(三) 訓練、訓練、再訓練

公司民營化後，「感動服務再造工程」成為近年中華電信最重要的內部提升運動；要讓中華電信大多數員工，從國營事業時代吃大鍋飯的心態，改變成民營企業一切以高品質服務為目標，張曉東認為，只能靠不斷的訓練、訓練、再訓練，為了把服務口號轉成標準化的訓練，中華電信訓練所特別委聘外部顧問公司，全省只要是面對客戶的第一線員工，都必須展開長達三個月以上的訓練，並由顧問公司擬定各種標準化的訓練課程，例如，每一位營業處所的客服人員，在客戶上門的第一時間，都要面帶微笑、找錢時候要雙手送上找鈔及零錢。如果是打電話進來詢問各項電信疑難雜症，第一位客服人員都必須迅速為客戶解決問題。

(四) 服務客戶要將心比心

「服務客戶要將心比心」，站在客戶的角度思考問題，提供給客戶的服務及解決問題的結果，就會大不相同；他要所有的員工，不要把服務當口號，而是實際行動，服務不只是讓顧客滿意，而且還要讓客戶感動。（資料來源：林淑惠，經濟日報）

《案例 2》六福莊客製化服務效果大、口碑佳

墾丁六福莊每個月都會接到十五場公司行號、機關團體舉辦員工旅遊或會議假期的訂單，以生態休閒度假旅館定位的關西六福莊更多，一個月可以接到三十場企業到飯店開會、教育訓練或福利旅遊。

除了飯店周邊環境與會議、休閒、娛樂設施之外，六福莊所以會受企業青睞，關鍵是六福莊設有專職活動企劃人員，可以針對企業舉辦活動的目的與需求，提供客製化服務，並以創意為公司行號設計團隊建立（Team Building）方案，進而結合周邊旅遊景點或遊憩活動，為前往六福莊開會、受訓兼度假的企業員工，創造歡愉的體驗。

六福莊品牌行銷業務總監王明縈表示，企業舉辦會議旅遊或獎勵績優員工重視效果，故需要更多創意規劃內容。王明縈強調，硬體固然是六福莊爭取企業認同的元素，但有創意且提高效果的活動設計，才是六福莊深耕市場有成的關鍵。

六福莊企業會議暨獎勵旅遊案例

	企業名稱	人數	客製化服務內容
關西六福莊	臺灣微軟	80 人	• 結合六福村遊具設計活動 • 專人帶領活動 • 在劇場舉辦主題晚宴
	國際票券	322 人	• 以童玩活動設計闖關遊戲 • BBQ 晚會，並施放煙火 • 動物園探祕，寓教於樂
	美商怡佳	221 人	• 利用六福村遊具設計闖關活動 • 舉辦時尚走秀
墾丁六福莊	國泰人壽	200 人	• 團康活動規劃，協助活動執行 • 戶外 BBQ + 歌唱比賽及 Live Band 表演安排
	王品餐飲集團	100 人	• 協助賽事之動線安排，並帶領進行活動
	臺北餐飲工會	80 人	• 協助安排與會貴賓的環臺行程，墾丁地區行程動線、活動安排及用餐事宜

資料來源：姚舜，工商時報。

本章習題

1. 試簡述產品的定義為何？
2. 試簡述產品內涵要使消費者滿足，應做到哪些？
3. 試列示產品戰略管理項目內容為何？
4. 試圖示產品力八個指標為何？
5. 試簡述新產品上市的重要性為何？
6. 試圖示通路階層有哪四類？
7. 試列示零售通路 7 大趨勢為何？
8. 試列示當前實體通路 7 大型態為何？
9. 試列示當前虛擬通路 5 大型態為何？
10. 試簡述當前多元化銷售通路上架趨勢為何？Why？
11. 試比較直營門市與加盟門市之區別何在？
12. 試分析直營門市店已漸成主流模式之原因何在？
13. 試列示一個門市店店長或店經理如何經營管理之要項？
14. 試列示影響定價的六個因素為何？
15. 試簡述何謂「價格帶」？
16. 試簡述何謂成本加成法之定價？此法之優點又為何？
17. 試簡述何謂尾數定價法？
18. 試簡述何謂非價格競爭？其優缺點何在？
19. 試圖示「價值」及「價格」二種定價法有何不同？
20. 試圖示推廣有哪些方法、方式？
21. 試列示促銷重要性大增之原因？
22. 試列示促銷之功能有哪些？
23. 試列示常用的促銷方法有哪些？
24. 試列示電視廣告的優點有哪些？
25. 試列示至少五種以上店頭行銷的工作項目為何？
26. 試簡述公關效益評估為何？
27. 試簡述何謂事件行銷？
28. 試列示代言人選擇的要件為何？
29. 試簡述整合行銷傳播定義為何？
30. 試列示如何提升業務團隊績效？

第二篇

服務業顧客滿意經營篇

第7章

服務業顧客滿意經營理論精華

第 1 節 顧客滿意經營是什麼

一、顧客滿意經營的背景與經營要素

由於時代潮流的變化、環境的變遷，市場已趨近成熟時代，市場的主導權由原來的賣方市場變成買方市場的顧客手中，怎樣才能使顧客滿意是企業永續經營的關鍵，企業的經營目的亦應把顧客滿意度列為最高目標。

顧客滿意經營是把企業最終目的排在「使顧客滿意之上」，站在顧客立場，以顧客優先、提高顧客滿意為目標，謀求賣出滿意給顧客，博取顧客對公司忠誠，成為永久固定顧客，繼續不斷購買本公司的產品與服務，企業才能永續經營。

(一) 顧客滿意經營發展的背景

顧客滿意（Customer Satisfaction, CS）經營發展的背景，包括下列三點重要因素：

1. 顧客是戰略性議題：將顧客滿意經營放置在企業經營真正的戰略性優先地位的時代，已經來臨。而「顧客」議題，其實就是「戰略性」議題，應該把顧客放在戰略性層次來看待。
2. 建立與顧客的長期關係：現代的經營，必須把「與顧客長期安定關係」及「提高顧客高附加價值」兩者加以雙重重視。
3. 回到顧客滿意原點去思考：在面對今天高度競爭的時代中，企業經營的根本，應該「回到顧客滿意原點」加以深度思考。

以上三點重要因素，促成了「顧客滿意經營」發展的關鍵背景。

(二) 顧客滿意經營的結構要素

全方位的顧客滿意經營面向，主要有下列 6 大結構面向要素：

1. 經營理念與願景：包括顧客導向的實踐。
2. 戰略：行銷 5 大基本要素，包括產品戰略（Product）、定價戰略（Price）、通路戰略（Place）、推廣戰略（Promotion），以及服務戰略（Service）。在這 5 大戰略領域，必須確保它的競爭優勢及優越性才行。

3. 提升顧客價值：企業應從各種領域，努力、不斷的設法提升顧客所能體會到的價值，使其感到物有所值及物超所值。
4. 與顧客關係的建立及保持：企業應持續性（Sustain）維繫並保持其顧客的良好互動關係。
5. 顧客滿意經營展開的工作與組織能力：包括全面品質控管、領導、權限下授、抱怨處理、效率化、對顧客滿意重視的企業文化、情報共有化，以及其他等各項具體工作。
6. 支撐的工作：包括對顧客滿意的重視，以及對顧客滿意度資料庫的加以活用等兩項的支撐工作。

二、顧客滿意經營是全體員工必須的努力

研究調查發現，顧客滿意與公司獲利、股價及績效成正相關，許多學者因而建議將顧客滿意度納入企業品質管理的一部分。企業也從善如流，從 1990 年代開始，很多企業將顧客滿意度納入發展策略中，並強調顧客導向的經營方針。以往企業認為，唯有第一線的服務人員才需要奉行「顧客至上」的觀念，但是現今顧客滿意度已經逐漸跨越部門的隔閡，成為全體員工的共識。

(一) 顧客滿意與品質觀念

達成顧客滿意的重要觀念，其實就是品質（Quality）兩個字。企業對顧客所提供的產品與服務，若其品質水準達到或超越顧客所期待時，則顧客滿意度就會高。因此，高品質水準是企業必須關注及在意的。

(二)「顧客滿意」是企業全體員工共同努力後的成果

顧客滿意與否，主要是針對企業所提供的產品與服務品質水準的綜合性感受之結果。但是，這個背後卻是依靠著企業的技術能力、行銷業務組織、製造能力、員工教育水平、經營團隊的領導、企業正確的經營理念、企業願景戰略、各項作業的 SOP、會員經營、商品開發，以及幕僚單位的支援協助等。企業全體部門及員工都必須共同努力後，才能得到高的顧客滿意度結果及成果，這絕對不是某個單一部門或仰賴服務部門就可以。

(三) 建立「顧客對我們的信賴」是顧客滿意經營的核心關鍵

真正的顧客滿意經營，其核心本質，一言以蔽之，即是在於建立顧客對我們

的信賴、對企業品牌的信賴。而要建立顧客對企業的良好信賴，則必須由全體部門真正實踐「顧客導向」經營，不管在產品力與服務力，都要貫徹落實以站在顧客情境，實踐顧客美好感受體驗的結果。因此，「信賴」是企業經營的根基。

(四) 業績提升、顧客信賴與 CS 經營三角互動關係

談到企業整體經營重點，最主要為三角互動關係。這三個支撐支柱，包括顧客滿意經營、顧客信賴，以及業績提升。

如果能夠做到 CS 經營，則顧客必會對企業產生信賴感，以及企業的業績也會得到提升，這些都是正面循環。如果企業業績能夠提升，獲得利潤，則更能投資更多的人力、物力及財力在企業各種硬體及軟體上，那麼企業的顧客滿意經營及顧客對企業的信賴也會更加增強，這也是有利的正面循環。同樣的，如果做好顧客對企業的信賴，則 CS 經營及企業的業績，也會更容易達成。

三、顧客滿意經營的扮演者關係

顧客滿意經營的扮演者面向關係，大致有三點，茲說明之。

(一) 企業與第一線人員之間

這是一種內部雙向的關聯，簡單來說，企業要努力做好下列六個面向：

1. 職場環境：提供良好的職場環境給員工。
2. 企業文化：高階領導人要建立優良、正面、公平、公正、公開、以顧客至上、以顧客為導向的優質企業文化。
3. 溝通：做好企業與員工彼此間的良好互動溝通，特別是在顧客滿意經營的理念、信條、政策、制度與計畫推動之有效溝通上。
4. 領導力：做好各階層領導幹部及第一線基層幹部對領導力的有效率及有效能發揮，特別是在顧客滿意經營的重點工作上。
5. 培訓：企業要做好對第一線員工及幕僚客服人員，完整的顧客滿意經營之各種培訓、教育訓練或實作訓練，以全面提升第一線員工的服務水準。
6. 制度與 SOP：企業應做好顧客滿意經營的各種標準化作業流程及制度。

(二) 第一線人員與顧客之間

企業應要求直營門市店、經銷店、加盟店、零售店、代理店、百貨公司專

櫃，以及業務人員代表等第一線人員，在與顧客之間的接觸、洽談、溝通、說服及銷售產品上，必須做好下列重要事項，才能促成較高的成交率及業績目標：

1. 接待方面：做好接待顧客應具備的禮貌、禮儀、笑容、誠懇的態度，以及令人舒服的身體語言表現。
2. 專業知識方面：做好與顧客交談及對話的專業產品知識、專業操作技能與豐富的行業經驗，讓顧客產生信賴感。
3. 服務方面：做好既定的服務工作及顧客要求的額外服務，使顧客高度滿意企業的服務品質水準。

(三) 顧客與企業之間

在企業與顧客之間，企業還要注意做好下列事項：

1. 對顧客的抱怨：做好應對與有效解決的政策及相關制度和規定。
2. 對顧客滿意度的調查：應定期或經常性的進行，以瞭解顧客對企業所提供的各項產品與服務品質的滿意度，以作為改善、精進的對策參考。
3. 廣告宣傳：企業如有合理的行銷預算支援，也應考慮做一些廣告宣傳與公關報導活動，以建立在顧客心目中，優良且高知名度的企業品牌或產品品牌。

四、營收及獲利 VS. 顧客滿意度

前文我們提到企業如果能夠做到顧客滿意經營，則顧客必會對企業產生信賴感，以及企業的業績也會得到提升。本文則更進一步說明營收及獲利增加與顧客滿意度提升，確實有其密切關聯性。

(一) 成長型企業與不振型企業的區別

成長型企業必是顧客滿意的企業，而不振型企業也必是顧客不滿意的企業。以下是成長型企業與不振型企業之間的很大區別：

	成長型企業	不振型企業
1. 發想起點	• 以顧客為中心	• 以公司自身為中心
2. 服務目的	• 以感動顧客為優先	• 以公司利益為優先
3. 顧客滿意度	• 顧客滿意！	• 顧客不滿意！

上表顯示，凡是成長型企業，必定是堅持以顧客為中心，以感動顧客為優先的核心經營理念。

(二) 營收及獲利增加與顧客滿意度提升有密切相關

企業要營收及獲利增加，必須仰賴於三項增加因子：

1. 來客數增加：包括新客人要增加，以及既有客人要回流兩要項。
2. 購買數量增加：要增加對客人有吸引力的產品。
3. 單價增加：要增加有價值性的商品。

企業如果想達成上述三項增加因子，就必須仰賴於公司的產品力強大，以及服務力強大。

企業如能徹底做大、做強、做好產品力及服務力，則顧客滿意度必會很高，顧客的回流必會很高。

(三) 產品的涵義是包括服務的

從顧客滿意經營的角度來看產品的涵義，就有很大不同。以往傳統觀念，企業認為顧客之所以會購買他們的產品，是因為他們的產品符合顧客需要；但現代最新的觀念，則是不只提供讓顧客滿意的產品，還要加上讓顧客滿意的服務；也就是說，企業如果不能在服務上滿足顧客，即使再好的產品，也會淪為不受顧客滿意的物品。

簡單來說，企業所有人員及幹部必須建立最新、最正確的觀念，即是公司行銷產品給顧客，不只是物品、商品本身而已，更要同時做好各種完美的、頂級的、貼心的服務制度與服務對待。唯有如此，顧客才會對這樣的產品或品牌，有一個美好的印象與口碑，對公司的長期永續經營，才會有很大助益。

五、從顧客滿意經營考量 SWOT 分析

公司在制定顧客滿意經營的政策、願景、戰略、戰術、計畫等之前，最好先做一番完整的 SWOT 分析，以確實掌握一些基本狀況的分析，並瞭解自身的優劣勢及外部環境狀況。

(一) 使用 SWOT 分析做好顧客滿意經營

我們可從顧客滿意經營的觀點，考量如何使用 SWOT 分析來做好顧客滿意經營。實務上，SWOT 分析是大家耳熟能詳的分析工具，說明如下：

1. Strength（S）— 優勢、強項：應注意企業本身在顧客滿意經營的優勢，以及強項的經營資源有哪些、是哪些部分？包括顧客滿意經營的產品、人才、組織、財力、情報資訊等，與競爭對手的比較狀況是如何。要認清自身的競爭優勢。
2. Weakness（W）— 劣勢、弱項：應注意企業本身在顧客滿意經營的劣勢，以及弱項的經營資源有哪些、是哪些部分？要認清自身的競爭劣勢。
3. Opportunity（O）— 市場機會點：應洞察企業本身在顧客滿意經營上的外在環境，存在的機會有哪些、在哪裡？然後加以有效掌握這些機會、變化與趨勢，從而有效提升及強化企業在顧客滿意經營之發展機會。
4. Threat（T）— 市場威脅點：企業應主動洞察所面對的外部環境在顧客滿意經營上可能的威脅點何在、發自何處，以及這些威脅對本企業所帶來之不利影響將為何、企業未來的因應之道又為何。

綜合而言，經過這樣詳實的顧客滿意經營 SWOT 分析之後，即可知道並決定如何提升企業「顧客滿意經營」的努力方向，以及應採取的各種政策、戰略、組織、人力、預算及具體計畫。

(二) 顧客滿意經營的中心課題

簡單來說，顧客對企業的滿意度，歸納起來，其實只有兩項核心課題，茲說明如下：

1. 對企業（或對品牌）的信賴感：對企業／品牌的信賴（Trust）感，一旦堅實的建立起來，就代表顧客們對企業的產品、服務品質及水準保證，達到一定滿意水準以上。所以，顧客對企業的「信賴」，就代表了對企業根本上的肯定、口碑與喜愛及忠誠。
2. 企業人才育成：企業大部分的產品製造及服務提供，基本上都是仰賴公司全體部門的全體員工的素質水準；凡是高素質的人力，所展現出來的產品力及服務力，就一定會使顧客感到很滿意。

六、顧客的定義及開發新顧客的成本

現代社會中，「顧客就是上帝」是企業界的流行口號。在客戶服務中，有一種說法，「顧客永遠是對的」。不過各方有不同的解釋，例如顧客兩字的個別定義。他們可能是最終的消費者、代理人或供應鏈內的中間人。

(一) 顧客的定義——五種重要的顧客

如果從宏觀角度來看，顧客滿意經營的顧客，可以包括下列五種不同類型的顧客，一是企業外部的消費者與顧客。二是競爭對手的外部消費者與顧客。三是外部上游供應商，例如原物料、零組件、半成品等供應商。四是下游通路商，例如批發商、經銷商、代理商、零售商等。五是企業內部顧客，也就是企業員工；所謂有滿意的員工，才有滿意的顧客，即是此意。上述這五種顧客，企業都必須同時讓他們獲得滿意。

(二) 新顧客獲得的成本，是舊顧客的五倍

根據業界一項統計資料顯示，企業獲得一位新顧客所必須花費的成本，是企業維繫一位舊顧客的五倍。這顯示出：企業顧客滿意經營的最主要目標，是在維繫舊顧客，這是放在第一位置的。其次，才是去外面開發新顧客。如此，才會事半功倍，並且是最有效能與效率的行動。

舊顧客就是企業的既有顧客及忠誠顧客的意涵；一個企業如果能夠鞏固既有顧客為忠誠顧客，並讓他們終身都能購買企業的產品及服務，那就成了「終身價值（Lifetime Value）顧客」，也是企業應該追求及努力的重要目標。所以，現代企業對「忠誠顧客」的經營及鞏固，已成為行銷的重點工作。

(三) 一對一行銷與大眾行銷之區別

在現代顧客滿意經營的時代裡，行銷的方式已從大眾行銷（Mass Marketing），轉向到一對一行銷（One by One Marketing）的方式。這兩者之區別，如下表所示：

一對一行銷	大眾行銷
1. 以顧客為中心 2. 對顧客占有率的重視 3. 對權力下放 4. 以高度資訊情報為基礎	1. 以產品為中心 2. 對市場占有率的重視 3. 中央集權 4. 以大量生產系統為基礎

上述一對一行銷的方式，係著重以「個別化」及「客製化」的深度模式，來經營顧客對企業的滿意度，以達到顧客占有率的重視及強化。

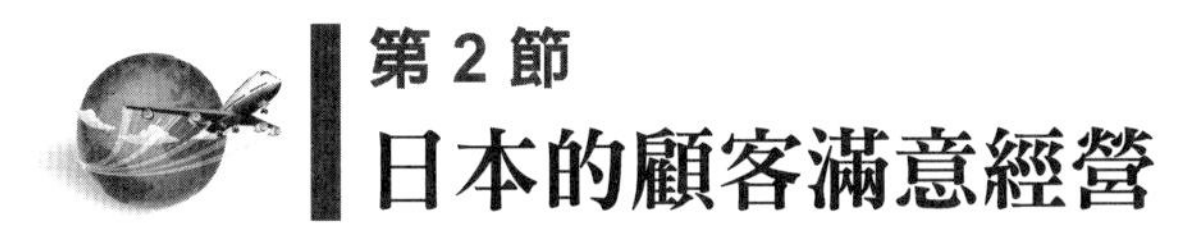

第 2 節 日本的顧客滿意經營

一、日本經營品質賞審查評分結構

1990 年代的泡沫經濟讓日本企業對於品質管理觀念有重新的思考，領悟到顧客的重要性。品質管理觀念因而從原來的製造導向轉變為服務導向；而立意於表揚管理結構的改革及持續改善企業之「日本經營品質賞」（Japan Quality Award, JQA），也因此於 1995 年 12 月設立，並正式推動。JQA 的有效推動，對日本企業顧客滿意（CS）經營的同步推動，也帶來了正面積極的鼓勵。其實，經營品質賞就等於顧客滿意經營的相同涵義及內容。

(一) 日本經營品質賞審查基準概念

日本經營品質賞審查的基準概念，乃是參考美國國家品質獎制定，由核心精神發展出四個基本理念，包括顧客本位、企業獨特優勢和能力、重視員工、與社會間的協調，並延伸出七項重要的思考方法，包括顧客評價的創造、經營幹部的領導能力、工作流程的持續改善、對顧客及市場迅速的回應、協力精神的工作任務、人才的育成與能力開發，以及善盡企業社會責任。

(二) 日本經營品質賞的審查基準評分結構

日本經營品質賞的審查基準評分結構項目，主要區分 3 大方向與八個項目（圖 7-1、表 7-1）：

1. 方向性與推動力（合計占250分）：包括經營願景與領導，以及資訊情報的共有化與活用兩個項目。在經營願景與領導方面，占 170 分，由領導發揮的工作 100 分，以及社會責任與企業倫理 70 分所組成。而資訊情報的共有化與活用方面，占 80 分，由情報的選擇與共有化 30 分、競合比較與標準 30 分，以及情報的分析與活用 20 分所組成。
2. 業務系統運作（合計占 450 分）：包括對顧客及市場的理解與回應、流程管理、人才開發與學習環境，以及戰略的策定及展開四個項目。在對顧客及市場的理解與回應方面，占 150 分，由對顧客及市場的理解 70 分、對顧客的回應 40 分、顧客滿意的明確化 40 分所組成。在流程管理方面，占 110 分，由基礎業務流程的管理 50 分、支援業務流程的管理 30 分、與供應商的協力關係 30 分所組成。在人才開發與學習環境方面，占 110 分，由人才計畫的立案 20 分、學習環境 30 分、員工的教育／訓練／啟發 30 分、員工的滿意度 30 分所組成。在戰略的策定及展開方面，占 80 分，由戰略的策定 40 分、戰略的展開 40 分所組成。

3. 目標與成果（合計占 300 分）：包括顧客滿意，以及企業活動成果兩個項目。在顧客滿意方面，占 100 分，主要是對顧客滿意度與市場的評價。在企業活動成果方面，占 200 分，由社會責任與企業倫理的成果 40 分、人才開發與學習環境的成果 40 分、創新活動的成果 60 分，以及事業的成果 60 分所組成。

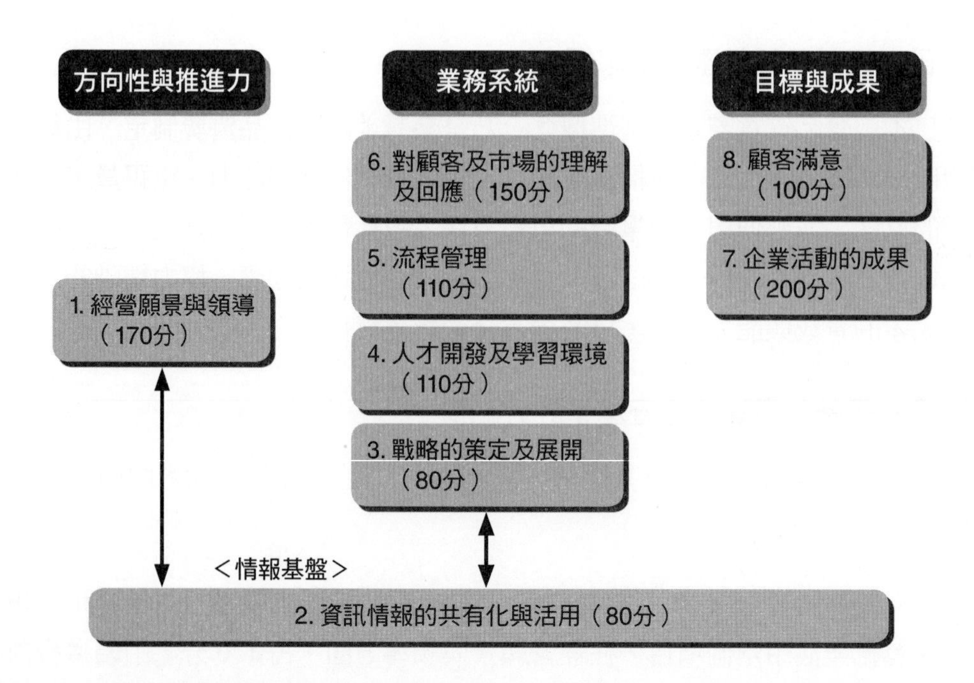

圖 7-1 日本經營品質賞的審查基準評分結構

表 7 1 日本經營品質賞審查基準

審查類別項目	配分	
1.經營願景與領導		170 分
①領導發揮的工作	100 分	
②社會責任與企業倫理	70 分	
2.資訊情報的共有化與活動		80 分
①情報的選擇與共有化	30 分	
②競合比較與標準	30 分	
③情報的分析與活用	20 分	
3.戰略的策定與展開		80 分
①戰略的策定	40 分	
②戰略的展開	40 分	
4.人才開發與學習環境		110 分
①人才計畫的立案	20 分	
②學習環境	30 分	
③員工的教育、訓練與啟發	30 分	
④員工的滿意度	30 分	
5.作業流程管理		110 分
①基礎業務流程的管理	50 分	
②支援業務流程的管理	30 分	
③與供應商的協力關係	30 分	
6.對顧客與市場的理解及應對		150 分
①對顧客及市場的理解	70 分	
②對顧客的回應	40 分	
③顧客滿意的明確化	40 分	
7.企業活動的成果		200 分
①社會責任與企業倫理的成果	40 分	
②人才開發與學習環境的成果	40 分	
③創新活動的成果	60 分	
④事業的成果	60 分	
8.顧客滿意		100 分
顧客滿意度與市場的評價		
總計		1000 分

二、日本經營品質賞的顧客滿意經營模式

對應前文介紹的日本經營品質賞的顧客滿意經營模式（Business Model），主要有下列重要內容可茲因應。

(一) 顧客滿意經營模式

1. 優勢性建構的戰略：例如目標顧客的明確化、低價格戰略、顧客服務品質提升戰略、高品質及高價格戰略或平價戰略、交期縮短戰略，以及其他諸如差

異化戰略、獨家戰略等。

2. 對應日本經營品質賞的顧客滿意經營工作。
3. 非常強的領導下的優勢經營：包括下列四個面向，一是提升員工滿意度，則會使員工高興。二是提升顧客滿意度，則會使顧客高興。三是獲得上游及下游業者的協助，則會使周邊業者高興。四是善盡社會責任與企業倫理，則會使社會高興。
4. 業績提升與企業價值提升。
5. 大眾股東高興。

在這個經營模式中，主要強調三個重點，茲說明如下：

首先，企業要建構各種面向的競爭優勢性之戰略作為，並實質達成，以期長期擁有這些競爭優勢與特色為支撐。這些戰略面向，包括有高品質戰略、高價戰略、平價戰略、交期戰略、服務品質戰略、目標客層明確戰略，以及差異化特色戰略等。

其次，企業要有一個非常強的領導經營。由於具有優越及有效能的領導，所以企業各部門及各員工都能提振工作士氣與精神，做好全方位面對顧客的各種優質、貼心與精緻服務。

最後，顧客滿意經營最終目的，追求的就是員工滿意、顧客滿意及大眾股東滿意；這些高滿意度就會促使企業的股價高、企業的價值高，以及企業的業績與獲利不斷提升的效果達成。

(二) 顧客滿意經營是非常廣泛的

談到顧客滿意經營的面向，其實是非常廣泛的；它不只是面對既有消費者、顧客群的滿意而已；對未來潛在顧客的滿意，以及競爭對手顧客的滿意，都是同等重視及關注；甚至企業的上游供應商、下游通路商、內部員工，以及外部大眾股東與整體社會的滿意，也都是企業經營所必須面對及做好的工作目標。唯有站在高戰略層次來看待這樣的顧客滿意經營，才算是一個有效能的 CS 經營術。

第 3 節 真實的顧客滿意經營

一、顧客滿意經營的實踐工作與領導

企業管理遇到的各種事件或狀況，都可以用顧客滿意經營的手法解決，不只在面對顧客、提供服務時需要，在企業創始的經營策略就必須納入，落實在各項制度上，進而形成組織文化。顧客滿意必須是企業最優先要達成的事項，企業營運的最終目的，要擁有忠誠顧客以達成永續經營。

(一) 顧客滿意經營的方向與工作

1. 四項戰略優勢的建立：關於顧客滿意經營工作的首要之務，即在建立企業根本經營的四項戰略優勢，包括產品力競爭優勢、價格力競爭優勢、通路力競爭優勢，以及銷售推廣力競爭優勢。唯有這四個競爭優勢同時做好、做大及做強，企業的顧客滿意經營才能奠下根基。
2. 展開的工作：在具體的展開工作方面，包括全面的品質管理、領導力的展現、顧客滿意重視的企業文化、權力下授、抱怨處理，以及其他事項等。
3. 支撐的工作：主要是顧客滿意度把握的方法，以及顧客滿意資料的活用方法兩項。

(二) 關於顧客滿意經營的領導

在具體實踐顧客滿意經營時，必須仰賴各級主管的強大領導力不可。唯有企業展現強大的領導力（Leadership-power），才能策劃及執行好顧客滿意經營的成果。

1. 策劃的領導力：在策劃組合的領導力展現方面，要針對下列四個面向進行，一是對 CS 理念、願景與顧客價值的策定。二是對 CS 經營戰略的策定。三是對 CS 經營組織內部展開工作的建構。四是對 CS 經營全體支持工作的建構。
2. 日常業務的領導力：在日常業務方面，主要領導力的呈現，要注意到下列兩項，一是必須要有直接聽到顧客聲音的機會。二是必須與全體員工做好溝通及傳播。

二、顧客滿意經營的企業文化塑造

要做好顧客滿意經營的實際執行面，還要注意到最高階領導人或高階管理團隊，如何塑造出企業內部及面對全體員工的優良顧客導向的「企業文化」（Corporate Culture）才行。而這方面的醞釀，要從下列四個面向著手做起，才會有 CS 經營的企業文化展現。

(一) 企業理念

企業經營理念是企業生存與發展的無形根本力量與精神。每個企業都有其生存發展不同的企業理念。

例如：某些企業強調「顧客第一」、「品質至上」、「研發領先」、「貼近市場」、「創新領先」、「勤勞樸實」、「誠實為先」、「創造顧客幸福」、「美化人生」、「持續革新」、「幸福企業」等。

(二) 顧客價值

要讓顧客滿意，除了現有產品與服務帶給顧客美好體驗之外，最重要的是要能為顧客創造價值（Value），要讓顧客有物超所值感。

因此，公司所有部門，從研發、技術、採購、設計、生產、品管、物流、銷售、行銷、售後服務等各專業領域，都要讓顧客感受到每一次使用的感覺與體驗，都有嶄新或革新的高附加價值或可觀的進步在裡面，這就是企業要不斷堅持創造顧客所可感受到的價值。

(三) 願景

企業最高階主管一定要彰顯出並訂定出公司發展極致的願景（Vision）為何，在組織中建立共同的價值、信念和目標，來引導組織成員行為，凝聚團體共識，促進組織的進步與發展。

例如：台積電的願景為「全球最先進的晶圓科技製造廠」。又如：王品集團的願景為「全臺第一的各式餐飲品牌的領航者」。

有了這些願景，才能為顧客滿意經營帶來永恆的趨動力。

(四) 戰略

最後則是戰略（Strategy）布局與戰略方針，包括行銷 4P 戰略、企業發展範疇戰略、差異化戰略、低成本戰略、高附加價值創新戰略等。戰略指導影響著企業 CS 經營的貫徹。

三、顧客滿意經營的權力下授與抱怨處理

研究顯示，當顧客的抱怨獲得公司適當處理時，顧客對公司的忠誠度會不減反增。因此，如何在顧客抱怨的第一線現場即能化解顧客心中的不滿，甚至帶著滿心歡喜地離開，而且期待再次光臨，則有待管理者的智慧了。

(一) 顧客滿意經營必須將權力下授

在實踐顧客滿意經營的具體工作上，必須將公司中高階幹部的權力下授給基層的第一線主管與第一線員工。也就是說，必須形成倒三角形組織體。

這個組織體顯示，面對大眾顧客，第一線的幹部及員工，就是公司的最大代表，他們可以有足夠的權力處理與顧客之間的交易與應對措施，例如退費、換貨、小額賠償等。

員工必須明確知道自己能夠為顧客做什麼，超出他們權限範圍的，員工也知道正確的往上呈報處理。

這些第一線的員工，包括業務員、直營門市店、加盟門市店、專櫃小姐／先生們、事務管理員、客服人員、技術維修員等。

而高階及中堅幹部在倒三角形組織體中的任務，則是努力做好下列五件事情，以支援第一線的員工們：一是打造一個顧客滿意經營的企業文化；二是對第一線員工信賴的堅定心；三是建立顧客導向的人事系統；四是執行倒三角形的組織結構；五是情報共有化資訊系統的建置。

(二) 抱怨的處理

對顧客抱怨的處理，是顧客滿意經營的重要一環。若顧客抱怨處理不好，則可能造成不良的後果有二：一是顧客可能離去，不再回來了；二是顧客在外面散播對公司不好的壞口碑。這些累積起來，對公司就是很大的傷害。

公司可能會從門市店、加盟店、客服中心、業務員及通路商等場所，接收到顧客的抱怨。有些小抱怨，也許第一線員工就可以解決；有些則不能解決，必須即時反映到總公司來處理，而其處理步驟有三：

1. 成立顧客抱怨處理中心：公司需要設立一個可以接收來自第一線各種抱怨的

處理中心，這樣抱怨才能夠彙整。

2. 歸納分析抱怨並呈報：針對這些抱怨，加以整理、歸納、分析，並呈報給上級。
3. 高階決策團隊的因應對策：中、高階管理團隊針對上述抱怨之呈報，加以提出因應與處理對策，期能順利解決，消弭這些抱怨，不再出現。

第 4 節 顧客滿意度調查與掌握

一、量化與質化的兩種市調類別

行銷決策的重要參考「市場調查」（Market Survey）（簡稱市調或民調），對企業非常重要。市場調查比較偏重在行銷管理領域。但實務上，除了行銷市場調查外，還有「產業調查」，也就是針對整個產業或特定某個行業所進行的調查研究工作。本章所介紹的市場調查，將比較偏重及運用在行銷管理與策略管理領域。

那麼市調的重要性到底在哪裡？簡單來說，市調就是提供公司高階經理人作為「行銷決策」參考之用。那「行銷決策」又是什麼？舉凡與行銷或業務行為相關的任何重要決策，包括售價決策、通路決策、OEM 大客戶決策、產品上市決策、包裝改變決策、品牌決策、售後服務決策、公益活動決策、保證決策、配送物流決策及消費者購買行為決策等，均在此範圍內，由市場調查所得到科學化的數據，就是「消費決策」的重要依據。

(一) 市場調查應掌握的原則

市場調查為求其數據資料的有效性及可用性，必須掌握下列四項原則：

1. 真實性：亦即正確性。市調從研究設計、問卷設計、執行及統計分析等均應審慎從事，全程追蹤。另外，針對結果，也不能作假，或是報喜不報憂，矇蔽討好上級長官。
2. 比較性：指與企業本身及競爭者做比較。市調必須做到比較性，才會看出企業的進退狀況。因此，市調內容必須有企業本身與競爭者的比較，以及企業現在與過去的比較。
3. 連續性：市調應具有長期連續性，定期做、持續做，才能隨時發現問題，不斷解決問題，甚至成為創新點子的來源。

4. 一致性：如果是相同的市調主題，其問卷內容，每一次應儘量一致，才能與歷次做比較對照與分析。

(二) 問卷量化調查的方式

屬於定量調查的問卷調查方法，大概依不同的需求與進行方式，可以區分為直接面談調查法、留置問卷填寫法、郵寄調查法、電話訪問調查法、集體問卷填寫法、電腦網路調查法六種方法。詳細內容及其優缺點比較，請見表 7-2 解說。

(三) 定性質化調查的方式

為了尋求質化的調查，不適宜用大量樣本的電話訪問或問卷訪問，而須改採面對面的個別或團體的焦點訪談方式，才能取得消費者心中的真正想法、看法、需求與認知，而這不是在電話中可以立即回答的（圖 7-2）。

(四) 市調內容九項類別

1. 市場規模大小及潛力研究調查；2. 產品調查；3. 競爭市場調查；4. 消費者購買行為研究調查；5. 廣告及促銷市調；6. 顧客滿意度調查；7. 銷售研究調查；8. 通路研究調查，以及 9. 行銷環境變化研究調查。

二、顧客滿意度的調查方法及其注意要點

一般來說，顧客滿意度的調查方法，比較常用的有下列五種方法（圖 7-3），而調查時也有其應注意的要點。

(一) 顧客滿意度調查方法

1. 問卷填寫調查法：問卷填寫調查法是最傳統的調查法，又可區分為三種方式來執行：一是室內填寫法；二是郵寄填寫法；三是街上訪問填寫法。
2. 電話訪問法：電話訪問法是利用打電話到家中或行動電話上的調查訪問法；比較容易大量接觸消費群母體的方法，可包括針對既有的會員顧客群、針對外部一般社會大眾、針對外部特定消費族群三個面向。
3. 焦點團體座談會法：焦點團體座談會（Focus Group Interview , FGI；Focus Group Discussion, FGD）是一種小型的、深度的、質化的消費者意見表達的

表 7 2 定量（量化）調查方式

方式	說明
1. 直接面談調查法	**內容**：調查員以個別面談的方式問問題。 **優點**：可確認回答者是不是本人，以及其回答內容的精確度。 **缺點**：成本花費高。
2. 留置問卷填寫法	**內容**：調查員將問卷交給對方，過幾天訪問時再收回。 **優點**：調查對象多的時候有效。 **缺點**：不知道回答者是不是受訪者。
3. 郵寄調查法	**內容**：基本上以郵件發送，以回郵方式回答。 **優點**：調查對象為分散的狀況有效。 **缺點**：回收率不佳（5%左右），缺乏代表性。
4. 電話訪問調查法	**內容**：調查員以打電話的方式問問題。 **優點**：很快就知道答案，費用便宜，可適用於全國性。 **缺點**：局限於問題的數量與深入內涵。
5. 集體問卷填寫法	**內容**：將調查對象集合在一起，進行問卷調查。 **優點**：可確認回答者是不是本人，以及其回答內容的精確度。 **缺點**：成本花費高。
6. 電腦網路調查法	**內容**：對電腦通信，為網際網路上不特定的人選，以公開討論等方式實施進行。 **優點**：成本便宜，速度快。 **缺點**：對於有電腦狂熱分子之類的傾向者，其答案不可當作一般常態性，易造成特殊的回答。

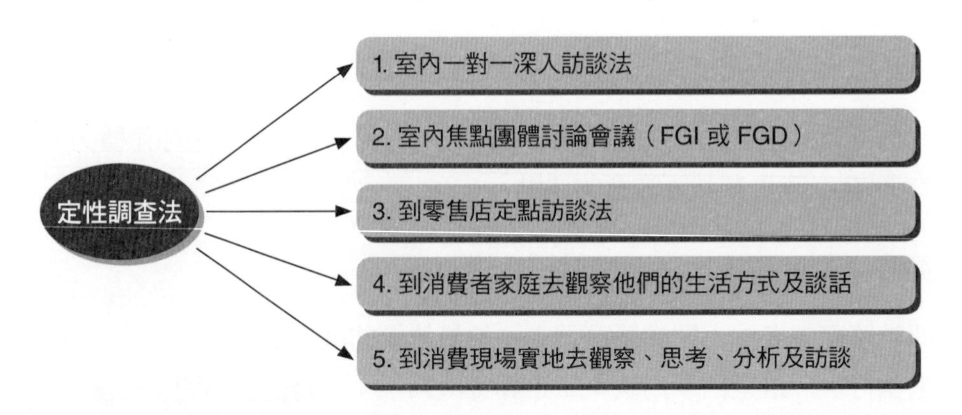

圖 7-2 定性（質化）調查方式

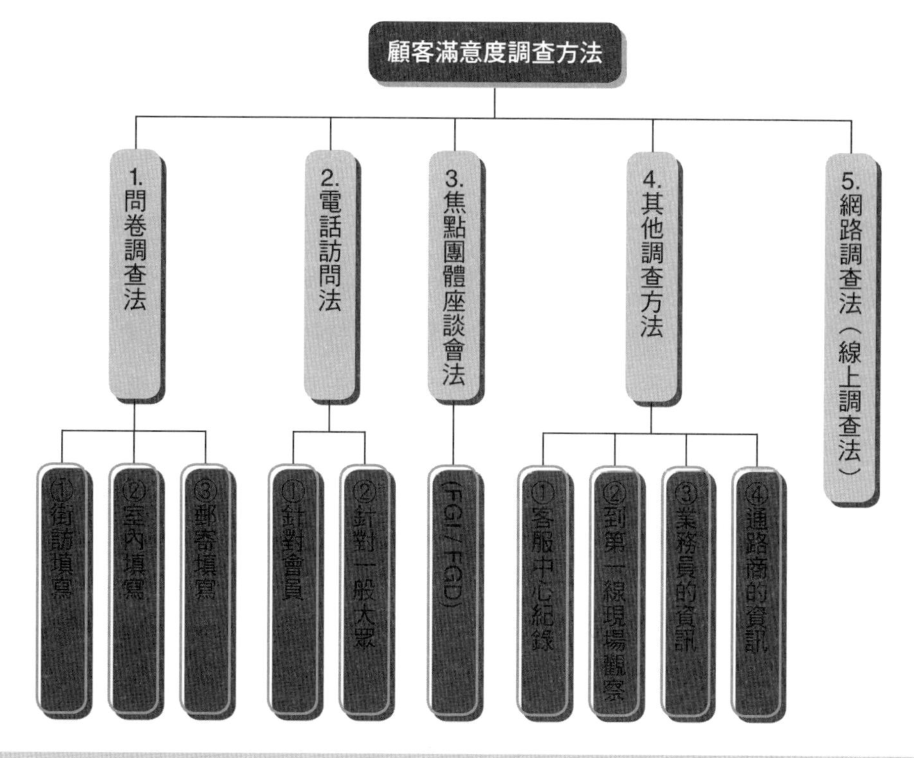

圖 7-3　顧客滿意度調查方法

調查方法；每一場座談會不超過 10 個人，但可以充分表達意見與看法。

4. 網路調查法：隨著網路的普及化、網路消費購買的持續擴增，以及網路消費者的不斷成長，使得廠商透過網路問卷方式，進行簡易調查法，已成為一種趨勢。主要優點是快速及成本較低。
5. 其他調查方法：除上述四種主要市場調查或顧客滿意度調查方法之外，廠商也有包括下列至少四種的其他調查方法，一是客服中心的每日來電意見紀錄。二是到第一線去做現場觀察與訪談，也稱為「實地調查」（Field Survey）。三是來自業務員彙集的資訊情報。四是來自下游通路商的資訊情報。

(二) 顧客滿意調查注意要點

1. 關於顧客滿意度的把握：原則上包括下列五種，一是對顧客滿意度及顧客期待、競爭對手滿意度的相對評價。二是對總合滿意度的重視。三是以潛在顧客及競爭對手顧客為對象。四是對定點觀測的重視。五是對資料填寫的重視。其中總合滿意度的定義為，對環境中可區分因子之滿意的總合。如愉悅感的滿意度便是一種整體性的感覺，會因在不同的時間及地點而有明顯的差別，而且依照使用者當時的心情、年齡、體驗等情況而定，且與使用者之偏好及事前的期望有關。

2. 顧客滿意調查的方向：調查的方向主要有二，一是考量市調的巨觀及微觀性；一是最高經營者的理解及參與。
3. 顧客滿意調查 Know-how 的導入：可藉助外部專業單位及人員在這方面的專業知識，予以活用在公司對顧客滿意度之調查。
4. 顧客滿意調查結果的活用：公司經由上述的調查方法及注意事項所得到的顧客滿意資料，應由全公司活用，才不會白白浪費人力、物力、財力。

三、顧客滿意調查的步驟與項目

對顧客滿意調查的步驟，大致可歸納為下列五個程序；然而調查項目，卻沒有一定的制式標準，主要原因在於行業性質的不同。

如果將業別單單區分為製造業與服務業會有些不同的設計，倘若再依屬性細分業別，調查項目更是不同，因此本文僅以現今最熱門的網購業為例，說明顧客滿意調查可能包括哪些調查項目，以供參考。

(一) 顧客滿意調查的步驟

1. 市場調查的設計規劃：包括下列五種，一是針對委外市調公司的選定；二是調查費用預算的估算及同意；三是調查時程表、期限的瞭解及估計；四是調查方法的分析與確定；五是調查在統計使用軟體的瞭解。
2. 問卷的設計與做成：包括下列兩種，一是問卷大綱初步的討論及研訂；二是問卷細部內容設計的研訂及討論與修正定案完成。
3. 市調的展開執行：細部問卷內容完成後，經過試測並最後修正後，即可正式進行較大規模的落實執行。
4. 提出統計、歸納及分析報告：問卷執行完成後，即可進行輸入統計、歸納及撰寫分析報告。
5. 結果簡報及活用：首先將市調結果報告，向上級長官或高階主管提出總結報告或簡報，以及對公司營運面的各種建議與對策。另外，必須將此資訊與資料數據及整份報告內容，上傳至公司相關知識庫，讓此資訊成為公司共有化；讓大家有此資訊情報，並加以採取活用與使用。

(二) 顧客滿意調查的調查項目

對顧客滿意調查的調查項目，以製造業及服務業區分來看，就有些不同設計項目；再來，各行業別的不同，其項目內容也有很大差異。例如，大飯店、航空公司、餐飲業、金融業、3C 產品業、遊樂業、百貨公司、速食業、大賣場、3C 賣場、電視業、食品飲料業等，都有不同調查項目的內容重點，很難有一個標準化固定通用的項目。

如果對現在比較常使用的網購業來說，其顧客滿意度調查的針對項目，可能至少包括對產品的滿意度（產品品質、產品多元化）、對價格的滿意度、對送貨速度的滿意度、對促銷活動的滿意度、對網頁資訊系統操作流程設計的滿意度、對客戶服務查詢回覆的滿意度、對結帳方式的滿意度、對退貨方式的滿意度、對整體感受的滿意度等九種。這些調查項目及其內容的設計，都要從 5W/3H/1E 思考點出發，才能切入要點。

四、神秘客——現場調查考核服務水準

什麼是神祕客？臺灣檢驗科技公司（SGS）專案經理林居宏表示，神祕客查核是在現場員工不知情的情況下，由查核員扮演一般消費者，依照業者提供的制式查檢表，對公司提供的服務品質，落實查核，並且提供親身感受服務後的滿意度報告。

(一) 什麼人可以成為神祕客？

究竟什麼樣的人可以成為神祕客？林居宏表示，以 SGS 為例，近幾年來在全臺培訓了約 50 位取得認證的神祕客。從為數不多的神祕客可以瞭解，想當一位神祕客，並不是一件容易的事。首先，身為一位合格的神祕客須有十年以上的工作經驗，以及一定的生活品味。其次，至少須具備包括富正義感、樂於助人、細心、完美主義等四項人格特質。

除此之外，尚且必須參加為期三天，總時數超過 24 小時的培訓課程。

(二) 神祕客對企業的功能

每個月，SGS 都會接到企業提出神祕客稽核的需求。他指出，對服務業來說，神祕客查核有積極面和消極面。積極面的目的是改善營運，例如瞭解客戶對公司提供服務的滿意度；希望藉由有經驗的專業稽核員於查核的過程中，以消費

者的觀點提出需要改善的建議；在消極面，則是瞭解員工是否落實公司的服務規範，並讓現場服務員工能在日常工作中，保有一定的警覺性。

(三) 神祕客的執行

林居宏表示，企業邀請神祕客時，必須提供考核項目，內容多元，平均約二、三十項，神祕客要用細膩的觀察力，將考核項目記在心裡。例如考核便利商店，從進門時店員有無問好、燈光夠不夠充足、食物排列是否適宜、到結帳離開等過程約 10 分鐘，他需要將考核的問題記在心裡，在現場快速檢視後，用電腦打字，填寫長達二、三十頁的查核報告書，回覆的內容更要精闢入理。

對外，神祕客是一種考核，深入企業會發現，它代表的是企業的服務品質及教育訓練是否落實。林居宏指出，許多公司邀請神祕客前往考核服務水準，卻說不出考核事項，只能提出約略的綱要，例如服務熱忱、微笑等，但這些都是很主觀的感受，「怎麼樣的寒暄是及格的，必須要有服務標準作業流程。我們會要求他們提供服務標準書，將所有的服務規範寫得清清楚楚。」

有些企業因此才發現，原來公司的制度是不完善的，於是派人到 SGS 參加相關課程，瞭解服務流程，撰寫適合公司的服務標準書。

五、顧客滿意度調查案例之一：某公司會員滿意度電話訪問問卷內容

調查對象：近三個月有消費的會員 1,000 份

〇〇〇先生（小姐），您好！我是〇〇購物台的訪問員，我姓劉，我們正在進行會員對節目、商品、客戶服務等方面滿意度的電話訪問，耽誤您幾分鐘請教您一些問題。謝謝！

PART 1 各項服務滿意度

調查對象：全體受訪者

1. 請問您覺得〇〇購物台【銷售的商品】有沒有吸引力？

(01) 非常有吸引力　(02) 還算有吸引力　(03) 不太有吸引力

(04) 完全沒吸引力　(98) 不知道／無意見

調查對象：全體受訪者

2. 請問您滿不滿意〇〇購物台【商品品質】？

(01) 非常滿意 (02) 還算滿意 (03) 不太滿意 (04) 非常不滿意
(98) 不知道／無意見

調查對象：全體受訪者

3. 請問您滿不滿意【訂購專線人員服務態度】？
(01) 非常滿意 (02) 還算滿意 (03) 不太滿意 (04) 非常不滿意
(98) 不知道／無意見 (97) 沒接觸過

調查對象：全體受訪者

4. 請問您滿不滿意【客服人員的問題解決能力】？
(01) 非常滿意 (02) 還算滿意 (03) 不太滿意 (04) 非常不滿意
(98) 不知道／無意見 (97) 沒接觸過

調查對象：全體受訪者

5. 請問您滿不滿意【送貨速度】？
(01) 非常滿意 (02) 還算滿意 (03) 不太滿意 (04) 非常不滿意
(98) 不知道／無意見

調查對象：全體受訪者

6. 請問您滿不滿意【節目呈現方式】？
(01) 非常滿意 (02) 還算滿意 (03) 不太滿意 (04) 非常不滿意
(98) 不知道／無意見

調查對象：全體受訪者

7. 請問您滿不滿意〇〇購物台的【促銷活動】？
(01) 非常滿意 (02) 還算滿意 (03) 不太滿意 (04) 非常不滿意
(98) 不知道／無意見

調查對象：全體受訪者

8. 整體來說，請問您對〇〇購物台滿不滿意？
(01) 非常滿意 (02) 還算滿意 (03) 不太滿意 (04) 非常不滿意
(98) 不知道／無意見

PART 2 〇〇會員再購意願

調查對象：全體受訪者

9. 請問您未來購買〇〇購物台商品的意願為何，會不會再購買？
(01) 一定會 (02) 還算會 (03) 不會 (98) 不知道／無意見

調查對象：未來不會再購買

10. 請問您不會再購買的原因為何？

____

____

調查對象：未來會再購買

11. 請問您希望○○未來多提供下列哪類商品？（可複選，最多三項）

(01) 3C 用品　(02) 日常用品　(03) 美妝、保健用品

(04) 流行服飾及紡品　(05) 珠寶鑽石　(06) 名牌精品

(98) 不知道／無意見

PART 3 電視購物競爭與偏好分析

調查對象：全體受訪者

12. 請問您最近三個月還有在哪些電視購物台買東西？（可複選）

(01) 富邦 momo　(02) 東森購物　(03) VIVA　(98) 都沒有

調查對象：Q12 有回答其中一家購物台者

13. 請問您最常在哪家電視購物台買東西？（單選）（選項自動列出近三個月有消費的購物台）

(01) ○○　(02) 富邦 momo　(03) 東森購物　(04) VIVA　(98) 不知道

調查對象：Q12 回答 (98) 或 Q13 有回答特定購物台者

14. 請問您偏好在《上題回答的購物台》買東西的主要原因為何？

(01) 介紹的商品較符合需求　(02) 價格較便宜　(03) 商品品質較好

(04) 商品種類較多　(05) 該公司品牌有保障　(06) 介紹商品較清楚詳細

(07) 轉台習慣　(08) 客戶服務較好　(09) 送貨速度較快

(10) 親友是員工　(11) 網路查詢商品較快速方便　(12) 節目有直播

(13) 介紹的產品能見度較高　(14) 退換貨不囉唆　(97) 其他（請說明）

(98) 不知道／無意見

調查對象：全體受訪者

15. 請問您有沒有型錄購物經驗？常不常？

(01) 經常　(02) 偶爾　(03) 很少　(04) 沒有過

調查對象：全體受訪者

16. 請問您有沒有網路購物經驗？常不常？

(01) 經常　(02) 偶爾　(03) 很少　(04) 沒有過

調查對象：有型錄購物經驗者

17. 請問您最近三個月有沒有在電視購物型錄上買過東西？在哪幾家電視購物型錄上買過東西？（複選）

    (01) ○○　(02) 富邦 momo　(03) 東森購物　(98) 沒有

調查對象：Q17 至少回答 2 家以上型錄者

18. 那您最常在哪家電視購物型錄消費？（單選）（選項自動列出近三個月有消費的型錄）

    (01) ○○　(02) 富邦 momo　(03) 東森購物　(98) 不知道

調查對象：Q17 只回答一家購物型錄或 Q18 有回答特定型錄者

19. 請問您偏好在《上題回答的型錄》買東西的主要原因為何？

    (01) 介紹的商品較符合需求　(02) 價格較便宜　(03) 商品品質較好
    (04) 商品種類較多　(05) 該公司品牌有保障　(06) 介紹商品較清楚詳細
    (07) 轉台習慣　(08) 客戶服務較好　(09) 送貨速度較快
    (10) 親友是員工　(11) 網路查詢商品較快速方便　(12) 節目有直播
    (13) 介紹的產品能見度較高　(14) 退換貨不囉唆　(97) 其他（請說明）
    (98) 不知道／無意見

調查對象：有網路購物經驗者

20. 請問您最近三個月有沒有在電視購物網站買過東西？在哪幾家電視購物網站上買過東西？（複選）

    (01) ○○（○○百貨）　(02) momo shop（富邦購物網）
    (03) ETMall（東森購物網）　(04) VIVA　(05) 不知道

調查對象：Q20 至少回答二家以上網站者

21. 那您最常在哪家電視購物型錄消費？（單選）（選項自動列出近三個月有消費的網站）

    (01) ○○（○○百貨）　(02) momo shop（富邦購物網）
    (03) ETMall（東森購物網）　(04) VIVA　(05) 不知道

調查對象：Q20 只回答一家網站或 Q21 有回答特定網站者

22. 請問您偏好在《上題回答的網站》買東西的主要原因為何？

    (01) 介紹的商品較符合需求　(02) 價格較便宜　(03) 商品品質較好
    (04) 商品種類較多　(05) 該公司品牌有保障　(06) 介紹商品較清楚詳細
    (07) 轉台習慣　(08) 客戶服務較好　(09) 送貨速度較快
    (10) 親友是員工　(11) 網路查詢商品較快速方便　(12) 節目有直播

(13) 介紹的產品能見度較高　(14) 退換貨不囉唆　(97) 其他（請說明）
(98) 不知道／無意見

調查對象：全體受訪者

23. 就《隨機輪替提示01-03選項》三種購物方式來說，請問您比較偏好哪一種？
(01) 電視購物　(02) 網路購物　(03) 型錄購物　(98) 不知道／無意見

PART 4 基本資料

調查對象：全體受訪者

24. 您這裡是位於哪一個縣市？
(01) 新北市　(02) 臺北市　(03) 臺中市　(04) 台南市　(05) 高雄市
(06) 宜蘭縣　(07) 桃園縣　(08) 新竹縣　(09) 苗栗縣　(10) 彰化縣
(11) 南投縣　(12) 雲林縣　(13) 嘉義縣　(14) 屏東縣　(15) 臺東縣
(16) 花蓮縣　(17) 澎湖縣　(18) 基隆市　(19) 新竹市　(20) 嘉義市
(21) 金門縣　(22) 連江縣

調查對象：全體受訪者

25. 請問您的年齡大約多少？
(01) 18～24歲　(02) 25～29歲　(03) 30～39歲　(04) 40～49歲
(05) 50～59歲　(06) 60歲以上　(98) 拒答

調查對象：全體受訪者

26. 請問您目前的職業是什麼？
(01) 白領（公司行號、行政機關職員／業務代表／尉級以上官階）
(02) 藍領（工人／作業員／送貨員／司機／農林漁牧／水電工／尉級以下官階）
(03) 投資經營者（商店老闆／工商企業投資者）
(04) 專業技術人員（律師／會計師／醫師／建築師／老師）
(05) 學生　(06) 家庭主婦　(07) 待業中／無業／退休　(08) 自由業
(97) 其他（請註明）　(98) 拒答

調查對象：全體受訪者

27. 受訪者性別？
(01) 男　(02) 女

～我們的訪問到此結束，謝謝您接受我的訪問～

六、顧客滿意度調查案例之二：某家電公司大型冰箱顧客網路調查問卷內容

問卷描述：這是一份關於消費者對〇〇家電需求的調查，希望藉由您提供寶貴的意見作為統計分析之用。您所填答的內容僅供研究，所有資料絕對保密，敬請放心填答。為感謝您在百忙之中抽空填答，將在調查結束後抽出 20 位幸運兒，贈送 200 元的△△△提貨券。請在問卷填寫後留下您的電話或E-mail，以便中獎事宜的通知。

填寫期限：〇〇年 11 月 11 日～〇〇年 11 月 22 日

問卷填寫份數：

一、冰箱

1. 對下列【冰箱】品牌的喜好？（必填）

題目	非常喜歡	喜歡	沒有特別感覺	不喜歡	非常不喜歡
Panasonic（臺灣松下／國際）	○	○	○	○	○
HITACHI 日立	○	○	○	○	○
Toshiba 東芝	○	○	○	○	○
SANYO 三洋	○	○	○	○	○
SAMPO 聲寶	○	○	○	○	○
TECO 東元	○	○	○	○	○
TATUNG 大同	○	○	○	○	○
LG	○	○	○	○	○
SAMSUNG 三星	○	○	○	○	○

2. 家中目前使用的冰箱型式？（必填）

□冷凍室在上方　□冷凍室在中間或下方　□冷凍室在左側（對開式）

3. 家中（最常用、最大台）冰箱的容量：（必填）

□150 公升以下　□151～250 公升　□251～350 公升
□351～450 公升　□451～550 公升　□551～600 公升
□601 公升以上

4. 家中使用的冰箱品牌：（必填）

□Panasonic（臺灣松下／國際）　□日立　□東芝　□三洋　□聲寶
□東元　□大同　□LG　□其他

5. 家中擁有冰箱台數（含小冰箱）：（必填）

□1 台 □2 台 □3 台 □4 台及以上

6. 最常使用的冰箱放置在：（必填）

□獨立廚房 □廚房＋餐廳 □餐廳＋客廳 □房間 □其他

7. 家中買菜頻率？（必填）

□每天 1 次 □一週 2～3 次 □一週 1 次 □很少買菜

8. 家中通常買菜的地點？（必填）

□傳統市場 □大賣場（如：家樂福、愛買、大潤發、COSTCO 好市多）

□超市 □其他

9. 家中開伙頻率？（必填）

□每天 □一週 5～6 天 □一週 3～4 天 □一週 1～2天

□很少開伙，外食居多

10. 家中冰箱經常保持的狀態：（必填）

題目	經常放滿	維持適中	東西很少
冷凍室	○	○	○
冷藏室	○	○	○
蔬果室	○	○	○

11. 家中冰箱容量是否足夠使用？（必填）

□是 □否

12. 冰箱使用的困擾？（必填）

□門棚瓶罐不夠放 □COSTCO 的超大瓶罐門棚放不下

□整體容量不足 □冷藏室不夠大 □冷凍室太小 □蔬果室太小

□抗菌脫臭不佳 □食品常放到過期或壞掉 □小物多擺放雜亂

□冰箱不夠冷 □冷度不均 □噪音／異音 □內部清理麻煩

□製冰速度慢 □其他，或自行輸入____________________

13. 選購冰箱時重視的項目（最多 5 項）：（必填）

選擇限制：最多只能選 5 個選項

□省電／節能標章（能源效率 1~2 級） □大容量 □價格 □機能

□品牌 □外觀 □尺寸符合需求 □靜音 □售後服務 □產地

14. 重視的冰箱機能是（最多 5 項）：（必填）

選擇限制：最多只能選 5 個選項

□蔬果保鮮　□脫臭　□抗菌　□自動製冰　□大冷藏室　□大蔬果室

□大冷凍室　□靜音　□內裝的配置　□瓶罐收納量　□好拿放

□易清理材質　□環保新冷媒　□其他，或請自行輸入________________

15. 冰箱的外觀式樣與使用性，您比較重視哪一個？（必填）

□外觀式樣　□使用性

16. 對於中大型上冷凍冰箱（冷凍室在上方）的【能源效率級數】和【價格】，您會優先考慮的是？（必填）

□能源效率級數 1 級　　　　□價格便宜就好

□會先試算省的電費是否划算再考慮能源效率較佳機種

17. 中大型上冷凍「變頻」冰箱【能源效率級數】由 3 級提升為 1 級，但價格提高 2,000 元，您的接受度如何？（必填）

□可以　　　□還好　　　□不能

18. 若能源級數同為 3 級的中大型上冷凍冰箱，「變頻」較「非變頻」機種價格貴 3,000 元（但「變頻」機種較恆溫、靜音），您會選擇？（必填）

□「變頻」機種　□「非變頻」機種

19. 下次最可能購買或優先考慮哪一個品牌的冰箱？（必填）

□Panasonic（臺灣松下／國際）　□日立　□東芝　□三洋

□聲寶　□東元　□大同　□LG　□其他

20. 下次會考慮選購的冰箱形式、門數？（必填）

□冷凍室在上方的冰箱　□冷凍室在下方的 2 門

□冷凍室在中間或下方的多門（3~6 門）□冷凍室在左側（對開式）

21. 下次會選購的冰箱容量？（必填）

□150 公升以下　□151～250 公升　□251～350 公升

□351～450 公升　□451～550公升　□551～600 公升

□601 公升以上

22. 下次選購冰箱時考慮的購買價？（必填）

□20,000 元以下　□20,000～25,000 元　□25,000～30,000 元

□30,000～35,000 元　□35,000～40,000 元　□40,000～45,000 元

□45,000～50,000 元　□50,000 元以上　□只要喜歡不在乎價格

23. 下次購買冰箱時，會選購「變頻」機種？（必填）

□一定會 □不會 □不一定

24. 「大陸生產」的冷（暖）氣機，您會購買嗎？（必填）

□會 □不會 □不一定

25. 性別：（必填）

□男 □女

26. 年齡：（必填）

□19 歲以下 □20～29 歲 □30～39 歲 □40～49 歲 □50～59 歲 □60 歲以上

27. 居住地區：（必填）

□北北基（大臺北地區） □桃竹苗 □中彰投 □雲嘉南 □高屏澎離島 □宜花東

28. 職業：（必填）

□上班族 □自營者 □兼職 □學生 □家管 □退休 □其他

29. 婚姻狀況：（必填）

□已婚 □未婚

30. 家庭型態：（必填）

□單身 □夫婦 2 人 □二代 □三代以上 □其他

31. 同住人數（含本人）：（必填）

□1 人 □2 人 □3 人 □4 人 □5 人 □6 人 □ 7人及以上

32. 住宅型態：（必填）

□公寓（5 樓以下無電梯） □電梯公寓（6～12 樓） □大樓（13～15 樓） □超高大樓（16 樓以上） □透天厝／別墅

33. 住宅屋齡：（必填）

□1 年未滿 □1 年～5 年未滿 □6 年～10 年未滿 □10 年～20 年未滿 □20 年～30 年未滿 □30 年以上 □不清楚

34. 住宅坪數：（必填）

□20 坪未滿 □21～40 坪未滿 □41～60 坪未滿 □61～80 坪未滿 □81～100 坪未滿 □101 坪以上

35. 廚房型態：（必填）

□獨立廚房 □廚房＋餐廳 □廚房＋餐廳＋客廳 □其他

36. 全家年收入：（必填）

□60 萬元以下　□61～100 萬元　□101～199 萬元　□200 萬元以上

37. 連絡人、電話或 E-mail 信箱：（必填）

____

____

〔送出〕〔清除〕

七、顧客滿意度調查案例之三：某旅遊公司顧客問卷填寫內容

顧客滿意度調查表

非常感謝您接受○○旅遊商務部安排的行程與服務，衷心地祝福您旅程愉快！為追求更卓越的商務服務品質，請將您寶貴的意見詳填本表提供給我們，成為○○商務持續成長改進之依據與動力，謝謝您！

顧客基本資料

姓　　名：______________ 公　司：____________ 部門：____________

職　　稱：______________ 電　話：________________________

服務人員：______________ E-mail：________________________

服務流程滿意度

以下針對○○服務人員為您所提供服務的流程中，希望能彙集您寶貴的意見，供我們做參考：

1. 請問當您撥打電話提出差旅需求，服務人員在多久的時間接聽您的電話？

□立即接聽　□3 響以內　□6 響以內　□9 響以內

□無人接聽　□無撥打（若無撥打，請直接回答問題4）

2. 請問當您在電話提出相關詢問時，您對於服務人員的服務熱忱及親切態度，是否感到滿意？

□很滿意　□滿意　□普通　□不滿意　□很不滿意

3. 請問當您在電話提出相關詢問時，您對於服務人員的專業知識及作業效率，是否感到滿意？

□很滿意　□滿意　□普通　□不滿意　□很不滿意

4. 請問當您提出差旅需求時，我們在多久的時間將訂位結果以電話、傳真或電子郵件回覆給您？

□2 小時以內　□6 小時以內　□12 小時以內　□24 小時以內
□24 小時以上

5. 請問我們有無在您訂機位時，提醒您開票期限？
□有　　　　□沒有

6. 請問我們有無在您訂機位時，提醒您有關機票限制的詳細說明？
□有　　　　□沒有

7. 請問我們有無在您訂機位時，提醒您有關護照效期及是否須辦理之簽證？
□有　　　　□沒有

8. 請問我們有無在您申辦簽證時，提醒您所需之相關訊息？
□無申辦　　□有　　　　□沒有

9. 請問我們是否在您確認開票後，兩個工作天之內，將機票交至您手上？
□有　　　　□沒有

10. 請問當您在此行程有特別需要額外的專業建議時，服務人員有無提供相關資訊供您做參考？
□無特別需求　□有　□沒有

11. 請問在您出發後，當您有撥打緊急聯絡電話，對於服務人員的服務是否滿意？
□無撥打　□很滿意　□滿意　□普通　□不滿意　□很不滿意

整體滿意度

12. 您對這次行程的安排及我們的服務是否滿意？
□很滿意　□滿意　□普通　□不滿意　□很不滿意

對我們的期許＿＿＿＿＿＿＿＿＿＿＿＿＿＿＿＿＿＿＿＿＿＿＿＿

最需要改善項目

原因為＿＿＿＿＿＿＿＿＿＿＿＿＿＿＿＿＿＿＿＿＿＿＿＿＿＿＿

最值得稱許項目

原因為＿＿＿＿＿＿＿＿＿＿＿＿＿＿＿＿＿＿＿＿＿＿＿＿＿＿＿

〔送出〕

感謝您的配合，敬祝您旅途平安愉快！

○○商務部　總經理　△△△　敬上

第 5 節
顧客滿意資料的活用

一、活用顧客滿意資料的實踐經營

企業不論以何種方式對顧客進行滿意度調查，無非是想從這些回答進一步瞭解企業本身有哪些優勢，以及需要改善之處，以滿足顧客需求，贏得顧客再次光臨的機會。

問題是這些調查如果只是以粗淺方式，瞭解顧客對各項營運項目的滿意度比例，就失去其實質意義了。那麼應該怎麼做呢？

(一) 顧客滿意經營的基礎，即是對顧客滿意資料的活用

對顧客做滿意調查實施的企業非常的多，但是大部分企業及相關人員，只是運用其簡單的百分比，粗淺瞭解各項營運項目的滿意度百分比，以判斷各營運與各服務水準的好壞程度。

由於現代資訊（IT）情報系統軟體及硬體設備均非常發達，因此在各種統計處理及資料庫處理等，均可以對顧客滿意資料，從各種層面加以有效運用。

企業從高階經營者角度，或是從行銷企劃部門、營業部門、研發部門、生產部門、品管部門、維修技術部門、客服中心部門、直營門市店部門、專櫃業務部門、品牌部門、公關宣傳部門等諸多部門的角度與層面，來加以做各種對應活用與制定各種工作計畫對策。

(二) 活用顧客滿意資料庫，是 CS 經營的實踐

1. CS 資料庫的建立：首先，建立有效、精準、正確與長期累積性的顧客滿意資料庫（Database），正是企業要落實貫徹 CS 經營的重要基礎工作，少了這一個基礎，服務業的 CS 經營就只是表象，而無法深入。

   因此，企業的行銷部門或會員經營部門，必須有計畫性的、長期性的、累積性的，以及不斷更新性的建立好與顧客滿意相關的各種統計數據、調查數據、分析數據及趨勢數據等基礎工作。

2. 建立優勢性為目標的戰略立案：其次，企業高階經營單位與主管，必須建立具有特色與差異化競爭優勢為目標的各種戰略企劃立案，包括產品力、通路力、定價力、銷售推廣力、品牌宣傳力、現場服務力、客服中心服務力、人

員銷售組織力、創新改革力等之各種戰略目標與戰略企劃的訂定與立案。

3. 具體工作的展開：接著，即是針對 CS 經營具體工作的展開，包括全面品質管理推動；各階層領導力提升；對第一線現場人員與基層主管的權力下授（授權），以使權責一致性；建立並執行對 CS 經營的評價考核系統推動，以做好 CS 管考工作任務，以及第一線基層人員在日常業務的活用等五種具體工作。
4. 推動並提升 CS 經營的實踐。

二、顧客滿意資料庫的三項構成

企業所實施的顧客滿意問卷資料如果不加以活用，那麼這些資料本身並沒有什麼意義，除非企業可將它轉化為顧客知識來管理，也就是「管理顧客與某特定企業有關的任何知識」，才具有創造價值的功能。

這種知識並非單純的顧客資料，還要包括公司與顧客往來的各項紀錄，以及互動的過程。

(一) 顧客滿意資料庫的構成

一個完整的顧客滿意經營資料庫內容的三項構成組合，應包括如下：

1. 基本資料（定量與定性資料）
   (1) 顧客屬性資料：包括顧客的姓名、地址、手機號碼、生日、網址、偏好、職業種類等。
   (2) 顧客實績資料：包括顧客對本公司各種類產品或各種服務的購買金額、購買次數及其百分比等狀況。
   (3) 產業經濟資料：包括企業所在的整個產業、市場規模、市場產值、市場成長率及競爭主力對手狀況等。
2. 顧客滿意度資料
   (1) 定量資料：歷年來歷次調查顧客滿意度數據或顧客在第一線營運單位所填寫的顧客滿意度資料數據。
   (2) 定性資料：包括顧客所填寫出來或回答出來的各種顧客自身的偏好、興趣項目、特殊個性、習性、家庭狀況、個人特別需求等。
3. 機動補入資料：此係指由第一線接觸人員，在營業現場機動、彈性、隨時的填入或輸入必要的顧客客製化一對一的定性資料。

(二) 顧客滿意經營活用的區隔戰略案例

從顧客資料庫中，找出顧客區隔化戰略行動的案例，如下列五項步驟：

1. 顧客資料庫搜尋。
2. 顧客區隔化戰略立案（Segmentation）。
3. 行動與計畫：主要包括下列三種行動與計畫，一是發掘新顧客的區隔市場。二是針對不同的區隔市場，提供不同的產品與服務。三是提供個別性 VIP 顧客服務。
4. 顧客滿意度提升。
5. 業績提升。

第 6 節 顧客感動經營

一、從顧客滿意經營到顧客感動經營的升級

微利時代，削價競爭已成常態，但並非長久之計，這時企業要如何因應呢？

(一) 從低價格競爭到服務競爭

近幾年來臺灣歷經低經濟成長率的外在經濟環境，而企業的競爭武器，除了產品力不斷創新領先外，就只剩下低價格競爭與服務競爭。

但低價格競爭，在某些資訊、電腦、手機、家電、數位產品等品類，的確是朝價格日益下降的趨勢，但對大部分日常消費品而言，未必就是低價格競爭才能致勝。何況，企業經營如果陷入持續性的降價或低價格競爭的話，企業的利潤率一定會被稀釋侵蝕而降低，導致企業獲利減少，對企業長期發展當然是不利的。

因此，用長遠經營角度來看，企業經營的根基，一定要定位在「服務競爭」、「顧客滿意競爭」，以及「顧客感動競爭」的層次上是較為明智的。

(二) 從顧客滿意經營到顧客感動經營

過去長久以來，我們都重視並強調「顧客滿意經營」，但未來的競爭方向，一定要昇華到「顧客感動經營」的方向，才有持續性的競爭優勢，但是應如何做呢？

在顧客滿意經營方面，基本上要做到下列兩項，一是以顧客的理性為訴求。二是比較著重在產品品質、價格等要素。

然後昇華到顧客感動經營方面，則要做到以顧客的感情為訴求，以及比較著重在心理、心境層次的要素此兩要項。

簡單來說，企業的行銷 4P 活動及頂級服務活動，一定要從過去對顧客的理性、物質面，全力轉向、提升、昇華到顧客的感情、心理，以及感動面；徹底做到「顧客感動經營」，能做到這種境界，企業稱得上十分優秀成功了。

(三) 令顧客感動的三種對象

不管對服務業或製造業而言，從顧客立場上來看，會令顧客感動的對象，大致以下列三種為主：

1. 對服務人員的感動：顧客對現場或幕後服務人員的服務品質水準，受到深深感動。
2. 對商品的感動：顧客對公司所提供的產品品質水準、創新水準、物超所值感，以及高效益值（即高 CP 值；Consumer-Performance, CP）等，受到深深感動。
3. 對空間環境的感動：顧客對公司所提供的賣場環境、門市店環境、服務場所環境、休閒娛樂環境，以及 VIP 貴賓室環境之裝潢、設施高級感與頂級感，受到深深感動。

二、顧客感動經營的有利連鎖效應

企業如果能徹底實踐顧客感動經營，可知會產生什麼有利的連鎖效應嗎？

(一) 顧客感動經營的有利連鎖經營

企業對顧客感動經營的追求與實踐，必會對企業帶來正面與有利的影響效益。茲說明如下：

1. 經營生涯顧客：顧客感動經營的實踐，會使顧客的回流率、再購率顯著提高，然後進一步成為所謂的「生涯顧客」（life-time-customer）或稱「終身顧客」、「一生顧客」；能夠成為這樣的顧客，可說是企業經營顧客的極致。

2. 口碑行銷創造新顧客：顧客感動經營的實踐，會使既有顧客向其身邊的親朋好友或同事、同學宣傳這家企業的產品或服務有多好；如此一來，形成了向外傳播的口碑行銷效果，然後也就間接的創造了潛在與實質的新顧客。
3. 確保企業經營成長：透過上述兩種模式的擴散，在既有顧客方面形成了回流率高的終身顧客；另一方面，經由好的口碑向外傳播效果，衍生出不少新顧客來本公司，如此良性循環下去，最終就產生了營收額增大及獲利增大、企業規模不斷成長壯大的兩種主要效果。

(二) 三種不同層次的顧客

如果以忠誠度來看，一位消費者或顧客，對公司的貢獻價值，可以區分成三種層次顧客，一是一般顧客（General-customer），二是持續性購買的顧客（Repeat-customer），或稱再購率提升中的顧客。三是生涯購買顧客（Loyalty-customer），或稱為「一生忠誠顧客」。

當然，企業全體部門及全體員工努力的終極目標，就是如何將初階的一般性顧客，形成為高階的生涯購買顧客，這樣就能更加鞏固公司每年的固定營收業績及獲利。

(三) 從 AIDMA 模式到 AIDMA-DS 模式

傳統引起顧客購買的既有模式，即是 AIDMA 模式，即從引起顧客的注意（Attention）→引發顧客有興趣（Interest）→激發顧客有些需求（Desire）→創造對此品牌的記憶（Memory）→然後刺激顧客採取實際行動（Action），購買此產品或此服務。

但是，新模式則再增加兩項，即達成顧客體驗後的感動感受（Delight），然後，顧客即會將此好感受，透過網路撰文或口頭講話，將之分享（Share）並推薦給他的親朋好友、同事或同學等，最後，創造出更多的新顧客群。

三、顧客感動的要素與其推動步驟

無論是商品或服務，只有貼近顧客需求，讓顧客感動才能吸引顧客的眼睛。

(一) 顧客感動的要素

企業推動顧客感動，重點在於三項要素與核心，茲說明如下（圖 7-4）：

1. 產品力（Product）
   (1) 硬體價值展現：包括產品的功能、品質、性能、安全性、耐久性、壽命性等。
   (2) 軟體價值展現：包括產品的外觀設計、包裝、色彩、便利性、說明會、品名、個性、風格等。
2. 服務力（Service）
   (1) 店內氣氛：包括高級、快樂、具特色化、享受的氣氛感受。
   (2) 接客服務：包括招呼、禮貌、笑容、服裝、專業知識等。
   (3) 售後服務：包括即時、快速、完整、維修技術等。
3. 企業形象力（Corporate Image）：包括企業的社會貢獻活動、企業的環保活動等。

(二) 顧客感動經營的推動步驟

企業要推動顧客感動經營，基本上有下列五個步驟：一是顧客感動經營理念的確立。二是顧客感動的釀成。三是顧客滿意度調查規劃、實施及分析。四是服務的改善計畫與實施。五是改善結果的考核。最後，即是使顧客感動的實現（圖7-5）。

而在公司顧客感動經營理念的建立上，應有下列三個階段，一是理念確立。二是理念的共有、認同。三是理念的實踐。

(三) 顧客對事前期待與事後使用結果的各種比較

顧客對企業所提供的產品或服務，必定會有事前的期待與事後結果此兩項對比及比較，因此會出現由下列三種結果所衍生出的五種（見圖 7-6）不同結果：

- 事後結果 < 事前期待：顧客會感到不滿意
- 事後結果 ＝ 事前期待：顧客感到普普通通
- 事後結果 > 事前期待：顧客感到滿意，甚至會感動

因此，綜合而言，企業必須努力在所提供的產品、服務、現場環境、人員素質、定價、通路、廣告宣傳等各項水準上，讓顧客感受到「事後結果」的良好，甚而達到極佳的感受。

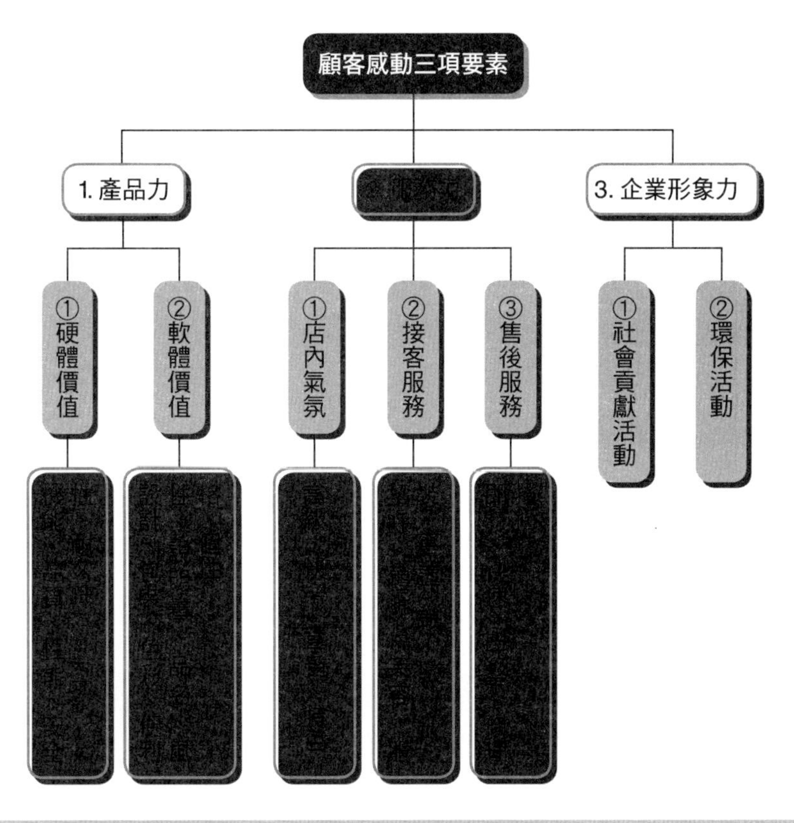

圖 7-4　顧客感動的要素與推動步驟

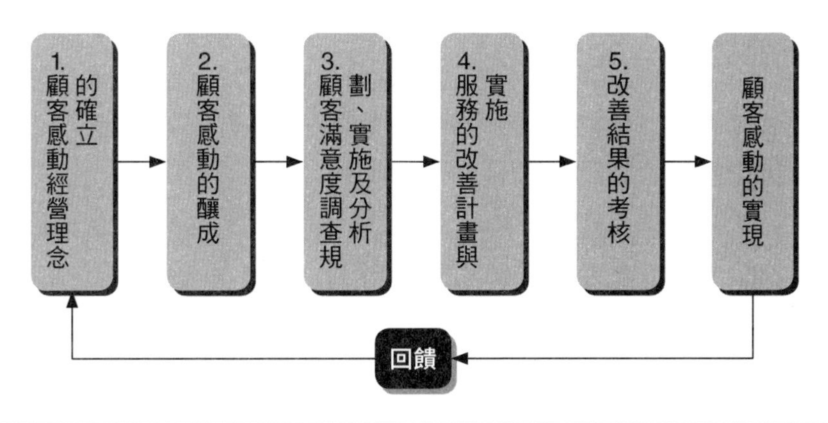

圖 7-5　顧客感動經營推動五步驟

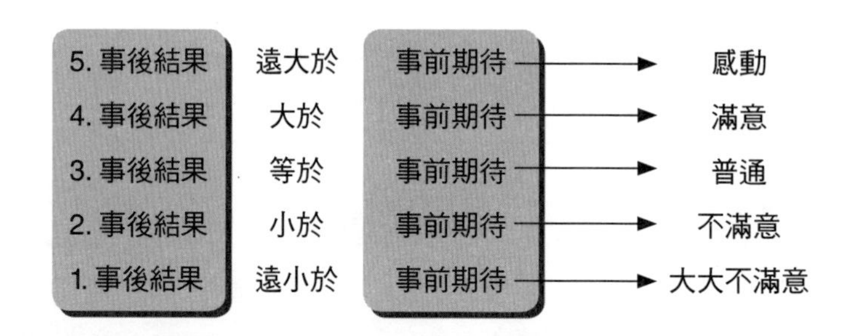

圖 7-6 顧客對事前期待與事後使用結果的各種比較

四、員工滿意是顧客感動經營的基礎

企業高階管理團隊必須瞭解、注意，並認同「員工滿意」（Employee Satisfaction, ES）是企業在執行並貫徹顧客感動經營上的根本基礎。

(一) 讓員工滿意會產生什麼好處？

如果企業讓員工滿意度不斷提升，那麼員工對工作的熱忱就會提高、員工對公司的信賴感也會提高、員工也比較甘心多努力付出貢獻。

以上這三點都會使公司的生產力及服務力不斷提升；然後，顧客滿意度及顧客感動即會提高與實現。最終，企業的營收、獲利也同步得到擴增，而企業也可以朝向正面有利的持續性成長。

(二) 顧客與員工皆要感動

企業經營不僅要努力做到讓顧客滿意及顧客感動，同時，企業也要做到員工滿意及員工感動。如果員工能夠感動，那麼對公司忠誠的員工及死忠效命付出的員工，即會同步增加。

因此，企業高階經營團隊，必須同步努力做好、做到顧客與員工皆能受到感動的極致目標才行，這是根本的重要信念與認知。

(三) 員工如何滿意？

企業可在下列九項工作上努力做好，員工即會漸趨滿意及感動，包括 1. 企業要有好的薪獎與福利制度；2. 企業要對第一線營業及服務的員工，將權力下授 — 授權及分權，讓他們能夠代表公司；3. 員工都可以獲得成長；4. 員工都可以獲得晉升；5. 企業有好的培訓制度；6. 在公司發展有前途，員工深深感受；7. 企業要建立優良、正派、公正、公平的優質企業文化；8. 企業每年都要有正常與良好的獲利，是一家能穩定賺錢的企業，以及最後 9. 企業要打造出它的良好企業形象及企業社會責任（圖 7-7）。

(四) 對員工滿意度調查

企業應該每年至少一次定期進行全體員工對公司整體面向的滿意度調查，並加以統計與分析，瞭解全體員工對公司各面向的滿意度百分比是如何，並且針對不夠滿意的項目，提出改革精進對策與做法。盡可能使員工對公司的整體滿意度至少有 80% 以上，甚至 90% 以上。至於，對員工滿意度調查項目的內容，可包括組織面、領導面、企業文化面、個人工作面、薪獎／福利面、勞動條件面、發展前途面、晉升面，以及培訓面等九個面向。

圖 7-7　員工如何滿意與感動

第8章 服務業顧客滿意經營實戰案例

《案例 1》統一超商：優質服務手冊，讓優質服務不打烊
《案例 2》新光三越：將標準程式做到極致，員工服務水準一致化
《案例 3》玉山銀行：想盡辦法讓顧客感受到服務的真諦
《案例 4》永慶房屋：服務可以和業績劃上等號
《案例 5》中華電信：讓八成問題，在一通電話內解決
《案例 6》加賀屋：貼身管家，全程的日式服務
《案例 7》家樂福：貼心藏在銷售及補貨流程裡
《案例 8》全球頂級大飯店麗思．卡爾頓的經營信條與原則
《案例 9》亞都麗緻旅館：絕對頂級服務是沒有 SOP
《案例 10》長榮鳳凰酒店：用服務讓客人一試成主顧
《案例 11》賓士轎車：提升售後服務，鞏固車主向心力
《案例 12》南山人壽：落實服務力，當客戶靠山
《案例 13》SOGO 百貨：電梯小姐，優雅傳承二十五年，贏得好口碑
《案例 14》台灣高鐵：打造細緻的臺式服務，感動千萬旅人

《案例 15》長榮航空：用優質服務，成為航空服務大王
《案例 16》美國 Walgreens 藥妝連鎖：關心顧客大小事
《案例 17》東京迪士尼：顧客滿意度只有滿分與零分兩種
《案例 18》臺北 101 購物中心：頂級客戶 VIP 室祕密基地
《案例 19》日本行銷「接客」時代來臨
《案例 20》百貨公司推出 VIP 日，專門伺候頂級顧客
《案例 21》P&G：傾聽女性意見，精準抓住消費者需求
《案例 22》G&H 西服店：專業形象服務顧問，讓客人變型男
《案例 23》統一超商顧客滿意經營學

註：本章內容請考慮用個案教學法，與同學們進行互動討論。並請同學們於課前一定要先看過這些案例，然後才能互動討論，並由老師做總結論。

《案例 1》統一超商：優質服務手冊，讓優質服務不打烊

過去《遠見》服務業調查中，便利商店業接受調查的，通常只有四家，每年的冠軍也不太令人意外，不是統一超商，就是全家。直到2004年11月，在《遠見》服務品質調查中，統一超商以三分之差敗給了全家，讓統一超商員工感到極大挫敗，第二名等於最後一名。即使《遠見》一再強調，調查完全公正，但成績公布不到兩天，評分不公平、題目有問題等負面情緒仍塞爆了內部網站。

(一) 專責人員編出「優質服務36計」

當時前統一超商總經理徐重仁聽到這些消息，語重心長地說：「不要人家講你不好，就覺得不相信、不公平，把它當成未來的目標，趕快去改善」。後來徐重仁走到第一線找問題，要求編纂服務手冊。

臨危受命的前統一超商營運企劃部部長、現任商場事業部部長陳政南，大費周章找來美國7-ELEVEN標準作業手冊，並輔以顧客服務中心的客訴個案，花了半年編出任何人一看就懂的「優質服務手冊」，總共三十六個章節，被稱為「服務36計」。

(二) 全面投入第一線人員的服務訓練，並派出內部神祕客每週抽查門市店

但光有SOP還不夠，陳政南回想，《遠見》每次成績揭曉後，都向他提出同樣的缺失報告，問題都出在各分店的服務品質落差太大，嚴重拉下整體平均分數。

對於將近4,800家分店散布全臺，甚至還進駐離島與高山海角，這的確是嚴峻的挑戰。服務人員和店家都有新舊的組合，又分早中晚三班，光要求每天超過一萬個第一線員工背好標準作業程序，就是一大工程，更別提還要他們保持微笑、主動觀察客人需求。因此，陳政南決定先從訓練著手。

從《遠見》第一次派神祕客抽查便利商店服務後，統一超商第二年也找來集團內的首席管理顧問，每星期抽查一百五十家門市的服務品質。每個月，六百份門市抽查報告彙整後交到陳政南手上，表現不錯的門市，提交經革會表揚，至於表現不好的門市店長與服務人員，就請該區顧問進行特訓。

(三) 利用教育訓練短片，拉抬B、C級門市店晉升A級績優店

除了簡化門市工作，2011年統一超商也致力於門市全面A級化。這幾年來，營業企劃部都會依照每季委外神祕客的服務評比，把全臺將近四千八百個門市，分成服務A、B、C級店，其中A級占50%，C級占2～3%，其餘都屬於

B級。

為讓B、C級店服務快速跟上，總部每月拍一至兩部片長15到20分鐘的短片，定時發送到各門市，給新進員工觀看。陳瑞堂的唯一要求是，影片要有趣，讓人印象深刻。就這樣靠著全方位加強，讓7-ELEVEN服務不打烊。

《案例2》新光三越：將標準程式做到極致，員工服務水準一致化

說新光三越是《遠見》服務業調查的超級模範生，一點也不為過。九年的百貨服務抽測，新光三越就勇奪四次第一，除了遺傳自日本母公司的服務基因，每年不斷微調創新，也是服務功力大增的原因。如果你以為服務只能從開店後開始，那就錯了。

在新光三越，服務是打從顧客出門想著要來的那一刻就開始。

(一) 首創「顧客服務指導員」，督導並訓練維持店內高品質服務水準

師承自日本伙伴，新光三越向來以細膩貼心的服務，輕易擄獲消費者的芳心。從首創「顧客服務指導員」，負責督導訓練店內服務品質，到利用顧客服務月刊，橫向分享各分店服務經驗，甚至在週年慶前集合委外人員，包括清潔工、警衛分批訓練，服務種子在每年的微調創新下發芽茁壯。

(二) 課長級以上主管輪流做示範，帶動第一線員工

以往早上11點百貨公司營業前半小時，是第一線專櫃小姐、服務人員的上班時間。不過，從2008年7月起，還有一群人比第一線員工更早抵達門口。每個星期五、六、日的早上10點至10點半，分布在全臺灣十七家店的新光三越課長以上的主管，輪流排班在出入口，拿著珍珠板做成的「您好，早安」、「辛苦了」海報，對員工們微笑道早安。「剛開始員工們丈二金剛摸不著頭緒，也不大會回應。」發起人新光三越南西店人力資源部副理王湘婷笑著說：「後來第一線員工才明白主管的誠意，開始把接收到的情感，轉化為對客人的笑容。」

(三) 開店前5分鐘練習四大用語，並分享優良案例，落實第一線服務品質

「從教育訓練開始就不馬虎」，管理新光三越十七家店第一線服務的王湘婷認為，不能只讓新進人員聽懂，必須讓他們用行動表現出來，還要讓他們教會別人。她也深知，坐在教室上課三天和一年每天5分鐘訓練，時間相同，但後者效果一定比前者好。於是把握開店前5鐘，輪流做四大用語練習、優良案例分享等。

統一超商服務改革歷程

1. 遠見雜誌服務品質調查 → 在便利商店居第二名，落後全家

2. 前總經理徐重仁 → 親赴第一線，找問題

他認為，連鎖店如果沒有「軌道」，不太容易經營得好。他所謂的軌道，就是系統化制度，但又不是全定型化，而是有軌道遵循後，再做變通。

3. 要求 → 編製門市店 SOP（標準作業手冊）

4. 編出 → 圖像式「優質服務手冊」36 個章節（又稱服務 36 計）

5. 投入第一線門市店人員的服務訓練

除例行訓練，額外要求營業部最前線專門輔導「創造業績」的全臺六區的區顧問，史無前例地投入第一線的服務訓練。

6. 抽查（委外神祕客） →
- 展開每週 150 家店抽查
- 每月計有 600 份門市店抽查報告

7. 分級 →
- A 級店：占 50%
- C 級店：占 3%
- B 級店：占 47%

※ 針對 B 級與 C 級店要求加強服務品質提升

為讓 B、C 級店服務快速跟上，徐重仁突發奇想地，「應該有一個莒光日教學」，讓訓練影像化，讓門市裡眾多七、八年級工讀生容易吸收。總部每月拍一至兩部片長 15 到 20 分鐘的短片，定時發送到各門市，給新進員工觀看。

8. 結果 → 終於奪回第 1 名

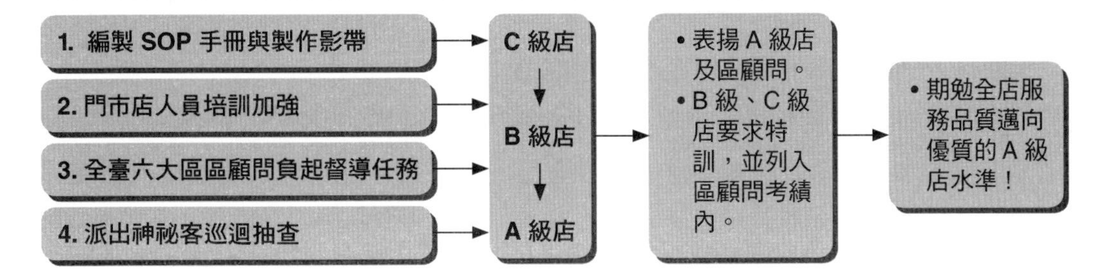

(四) 自行組成 85 人神祕客小組，每月進行全臺稽核，評分標準很嚴格

為掌握現場狀況，2008年新光三越也組成 85 人神祕客小組，每月三次跨店、跨城市，進行全省稽核。評分標準很嚴格，光是笑容，給分都有一定的依據。

(五) 每天蒐集顧客的抱怨及意見，成為各店教材並做好精進改善參考

新光三越每天會蒐集顧客意見，不論抱怨或建議，都提供給各店長，店長們可以看前一天所有分店的遭遇，包括怎麼解決的方法，立刻成為每間分店的教材。

《案例 3》玉山銀行：想盡辦法讓顧客感受到服務的真諦

踏進任何一家玉山銀行，乾淨明亮的粉綠色調透著清新，手上著白手套的男女行員親切微笑，迎面就是十五度鞠躬，另一側的警衛亦朝氣地站著，服務導引、噓寒問暖、奉茶。從進門開始，玉山銀行就想盡辦法讓客人感受到服務的真締。

(一) 決定從服務創造差異化，價格是初賽，服務才是決賽

沒有財團背景的玉山銀行，創立之初就發現，臺灣的銀行顧客，是亞太地區忠誠度最低的一群，而且臺灣各家銀行的商品大同小異，價格戰非長久之計。為此，玉山銀行決定從服務創造差異化。

「價格是初賽，服務才是決賽，真誠的服務，才能讓顧客感動，留住他們的心。」創業元老之一、前玉山銀行總經理杜武林說。這點，兩年前加入經營團隊的玉山銀行董事長曾國烈印象深刻。曾任金管會銀行局長的他，多年前第一次踏入玉山銀行，行員馬上主動向他問候，並引導他到櫃檯，更全程看著他填寫開戶單據，遇有問題，立刻主動協助。

(二) 服務，已經成為玉山銀行企業文化的 DNA

「服務，已經落實到玉山銀行的文化裡，是我們的 DNA。」曾國烈認同地說，玉山二十年的品牌，超過許多百年銀行。也因此，從培育人才、建立制度，到發展資訊系統，全部鎖定服務這個主軸。

如何讓員工願意且樂意為顧客多做一點，一直是服務業的一大難題，玉山決定從選對的人開始。徵聘員工時，玉山特別著重服務熱忱。杜武林分析，服務是

新光三越常保百貨公司服務品質第一名的祕訣

服務是打從顧客出門想著要來的那一刻就開始
學建築出身的新光三越總經理吳昕達，對賣場停車場入口特別挑剔，因為開車族顧客的第一印象並非店門，而是停車場入口，他認為只要顧客在到店過程出現差錯，對新光三越的印象就會打折扣。

新光三越服務品質第一名祕訣

1. 首創「顧客服務指導員」，負責督訓店內服務品質。
2. 各店課長級以上主管輪流在大門外做示範，帶動第一線店員。
3. 各店開店前 5 分鐘，練習 4 大用語，並做優良案例分享，落實第一線服務品質。
   - 新光三越和其他百貨公司在服務最大的不同是，對細節絕不妥協。
4. 自行組成 85 人神祕客小組，每個月進行全臺各店稽核，評分標準很嚴格。
   - ①真心誠意的微笑 5 分 ●●●●●
   - ②有笑似沒笑，牙齒露出來 4 分 ●●●●○
   - ③只有眼睛笑 3 分 ●●●○○
   - ④不笑或擺臭臉 0 分 ○○○○○
5. 每天蒐集各店顧客的抱怨及意見，成為各店教材並做好精進改善參考。
   - 即使是發生過一次的特殊案例，也會把它列入標準作業程序。例如衣蝶百貨併入新光三越時，就是靠著標準服務手冊，讓衣蝶四個館內的人員，在半年內擁有相同的服務水準。

對百貨公司來說，落實第一線服務最大的難題是，除了少數自營專櫃和服務台人員，店內 2 千到 3 千個專櫃人員都是廠商僱用，再加上委外的警衛和清潔人員，人數眾多，流動率高，實在不是件容易的事。曾擔任新光三越臺中店店長的吳昕陽說，當時最讓他傷腦筋的是，如何把一個訊息傳達給店內5千名員工知道，又得讓員工回答客人的話術一致，更何況現在全省擁有 17 個館，員工已達 2.5 萬人。

全臺 2.5 萬名員工，同步提升服務品質

全臺 17 個館！ → 公司內部員工加外部專櫃廠商員工，合計 2.5 萬人！ → 要求高標準且一致性的優質服務品質！

服務細膩周到

1. 顧客入店前等候時間
2. 顧客在店中逛或買
3. 顧客準備離店

貼心、設想周到、主動的各種顧客服務！
↓
讓顧客留下好印象與美好回憶！
↓
就是好服務！

為減少顧客等待的不耐，新光三越在開店半小時前，夏天提供冰咖啡，冬天奉上熱茶；此外，還推出娃娃車給手抱嬰孩的婦女使用，或發送 DM 讓顧客打發時間。

2009 年開始，服務的觸角也延伸到容易被忽略的地方。如，不定期在櫃位配置上做些小調整，放寬走道、拉高天花板或導入陽光。或許多數消費者很難說出有什麼具體改變，但確實有客人到了別的賣場，就開始懷念新光三越：「給顧客一個記憶，也是種服務。」吳昕達滿意地說。

玉山的最高指導原則，要發自內心，不怕苦、不怕累。過去徵才考試尚未網路化時，玉山舉辦徵才考試，總會吸引近 1.5 萬人報考，每到最後一科考試結束時，玉山高層都會帶領各級行員列隊歡送考生，除鞠躬感謝考生來考試，也祝福他們一切順利，許多考生見到這等陣仗，還不敢走過去。「這是震撼教育，可以接受的人再進來。」面對記者的訝異，也是創行元老的前總經理侯永雄理所當然地說，藉此讓有意進入玉山的人知道，這就是玉山的文化——彼此尊重、沒有身段。

(三) 領先同業創設顧客服務部及大廳接待員服務制度，並傳授服務經驗

玉山銀行從顧客需求出發的堅持，屢帶來令人眼睛一亮的做法。首先，領先同業設置顧客服務部及大廳接待員服務制。從創行開始，玉山就在入口處安排一位行員導引，襄理以下都要輪值。為了落實全員做好服務，除了日常服務禮儀訓練與選拔服務模範之外，也培訓顧客服務師，以種子球員精神，成為各個單位的服務尖兵。

(四) 雨天貼心遞熱茶，過客成為顧客 — 服務是永無止境的追求

對員工而言，服務是永無止境的追求。如果在下雨的冬日街頭等人超過半小時，看到有人出來迎接你進銀行喝熱茶躲雨，會不會感動？曾有老外因為這份感動，幾天後就成客戶。杜武林以「服務沒有句點，沒有最好，只有更好，是一條永無止境的道路」，表達追求更好服務品質的堅持。

(五) 服務是一種態度，是許下的承諾，更是一種修行與認同價值觀

「服務是玉山人的 DNA，源於一顆溫暖的心。」玉山金控暨玉山銀行總經理黃男州詮釋，玉山服務與眾不同之處，在於所有玉山人心中時時刻刻都體認到，要提供最好服務來解決顧客問題，掌握每個關鍵時刻，從親切態度與專業服務到滿足顧客需求，甚至超越顧客預期，真正讓顧客感受到玉山的用心。

玉山相信服務是一種生活態度，是許下的承諾，更是一種修行，唯有如此，才能自然而然發自內心提供顧客最好的服務。服務的價值來自於服務人員與顧客互動時的正面態度，帶給顧客深刻而美好的經驗，創造服務人員與顧客的雙贏。服務是建構在人與人互信的基礎上，顯現在外的服務需要背後許多的努力與付出，因此，服務也是一種道德，服務業是發揚人性光輝的良心事業。

(六) 新進人員必須經過半年培訓

擁有正確的人生價值觀與服務觀，是差異化服務的開始。玉山認為從挑選人

才開始，除了專業外，更要重視團隊合作與認同服務的價值觀。玉山的新進人員必須經過接近半年的訓練，內容包括企業文化、顧客服務、金融專業、電腦操作、銀行技能、人文藝術及第一線實習等課程。

(七) 金融業的模範生，服務業的標竿

服務的典範隨著時代不斷演進，從產品價值的較量、服務價值的競爭到整體解決方案的提供，在現代，想要擁有卓越的服務，不僅是禮貌周到及做好顧客關係管理，還必須透過可量化、可視化的管理，玉山稱之為「顧客服務的新價值」，包含硬體、軟體、金融專業、服務效率、顧客價值等五大面向。

金融產品大同小異，差別在於誰能做到更好的服務。黃男州總經理強調「沒有最好、只有更好」，玉山將會不斷地自我挑戰、自我超越，朝「金融業的模範生，服務業的標竿」的願景繼續邁進。

《案例 4》永慶房屋：服務可以和業績劃上等號

房仲最大的挑戰，就是說服同仁服務和業績可以劃上等號。做好服務，也許反映在業績上的數字沒那麼快，但回饋卻源源不絕，尤其愈是高總價的客人，再惠顧率和推薦率更高，「做好服務，就不用做業務。」

(一) 仲介的價值，就是在幫客人圓夢

總管理處總經理廖本勝深刻體會到，經紀人的角色應從以前強迫把房子推銷給客人，升級為當客人的顧問，「我們的價值，就是在幫客人圓夢。」他給經紀人一個目標，每個案子都要賺到 5% 服務費，加上紅包袋。服務讓客人滿意，就能夠收到 5% 服務費，一旦超越客人期待，還會另外給紅包。經紀人不可以收紅包，但可以把紅包袋收回來，當作肯定。

永慶每月都有一次 2,000 位經紀人的例行會議，以往都是表揚業績突出的經紀人，現在卻有一半是服務溝通時間。月例會的高潮，就是分享福委會同仁從經紀人身上蒐集來的溫馨小故事，啟發經紀人，讓他們發願服務客人。

廖本勝也察覺，感動服務的氛圍的確也開始在永慶的第一線門市蔓延開來。早期只要經紀人主動協助消費者做與業績無關的事，店長絕對會在他身旁嘮叨，「別做浪費時間的事，應該在和業績直接掛勾的事多努力。」但現在不一樣了。幾乎大多數永慶第一線經紀人都認為，替客人服務是相當理所當然的事。

(二) 房仲無商品，服務就是一切

「原來店長也發現，當他們用這種態度服務客人，長期下來會贏得更多業績。」廖本勝分析，房仲業是一種信賴產業，絕對得靠長時間累積。「也許你們今天做的事，只有一件跟業績有關，但另外九件卻跟信賴有關。」廖本勝指出。

2008 年，永慶終於第一次奪下《遠見》房仲業服務第一，廖本勝總經理在頒獎典禮上信誓旦旦地表示：「明年我們還要再來！」沒想到，隔年神祕客選在星期四休假日突擊十大房仲業，卻讓永慶措手不及，名次像坐溜滑梯般從第一名跌到第五名，一直到 2010 年，才又重新登上冠軍。

贏的關鍵，在於永慶決定把提升服務的觸角，擴及業界最頭痛的加盟店。所有永慶加盟店，全比照直營店，有神祕客定期稽核，成績好的由總部負擔神祕客的高額費用，至於吊車尾的加盟店，就必須自己支付。被懲罰的加盟店主拖拖拉拉不肯付，永慶鐵了心直接從保證金扣除，但他們還是不接受，跑到總部抗議，廖本勝直接秀出退店協議書，若不改變，就簽字退店。有趣的是，沒有加盟主退店，後來區域主管回報，加盟主反而覺得總部這個做法對他們有益。廖本勝有感而發說，房仲業沒有商品，「我們的產品是服務，服務這件事，非做好不可。」

《案例 5》中華電信：讓八成問題，在一通電話內解決

「沒有人認為中華電信的服務好，我們就要做給大家看。」陪榜多年，2010 年終於扳回顏面，贏得《遠見》服務業調查電信業冠軍，甚至 2011 年還連莊，中華電信總經理張曉東直呼很驚喜，卻也語氣堅定地表示，中華電信確實投入很多努力，錢不是問題，最難的是，如何改變長久以來的企業文化。

(一) 從偏重技術導向到服務導向

過去中華電信在公司經營面重視的是技術導向，偏重追求硬體建設升級。一句「玉山上只有中華電信收得到訊號」的玩笑話，顯現競爭者難以超越的技術優勢，「但顧客又不是天天待在玉山」張曉東笑說。

從早期壟斷市場，到現在面臨市場競爭，中華電信龐大的資深員工群無法調整心態，一直是提升服務的罩門，甚至有部分員工還會抗拒服務，不大願意做得更多一些。

(二) 顧客問題獲得解決，才是客服的根本

最近幾年，長期著重硬體建設的中華電信不斷宣示要著重軟體服務。張曉東

檢討發現，公司的制度設計並不利於員工做好服務，像客服中心要看電話接通率來評考績，讓員工只想到多多接電話、衝業績，忘了客服的目的是要服務客戶，況且，如果為了求快，問題卻沒有解決，客人還是會再打第二通。

「一天接 30 位客戶來電，不等於 100 分，即使一天只服務 3 人，把這 3 位的事情做好，就是滿分。」張曉東認為，問題獲得解決，才是客服的根本。

目前統計，中華電信一通電話就解決問題的比率是 79.57%，高於原訂的 74.45%，力求量與質皆達水準。張曉東也透露，近年中華電信改變許多不合宜的規定，重新改為顧客導向思考，連寫公文也要求用顧客的語言跟對方溝通，「否則上頭一堆專有名詞，客戶看得懂嗎？」。

(三) 啟動「感動服務」，從小動作展現體貼

2010 年中華電信內部召開「感動服務」啟動會議，為了宣示決心，董事長和總經理親自到場參與，並委託顧問公司針對服務中心人員進行訓練。從要求每位同仁都要面帶笑容，找錢時要用雙手遞送鈔票，希望從小動作中，展現對顧客的尊重與體貼。

「貼心不只是形式的要求，而應該打從心裡出發。」張曉東分享，公司除了會自派神祕客至分處檢核，也會進行客戶滿意度調查，每月一次公布結果。透過不斷重複提醒，慢慢內化成員工心中的真實態度。

為了傳授感動服務的觀念，張曉東逢人就分享他的一杯熱水和一個碗的故事。原來，他之前和朋友一行四人上餐館用餐，服務生在倒水時，自動為不停咳嗽的他送上熱開水，四個人當中只有三位點湯品，上菜的時候，服務生又多送了一個空碗來，方便張曉東可以和朋友共享。

(四) 在顧客開口前做到，才叫做好服務

兩個小動作讓張曉東體認到，在顧客開口前做到，才能稱為好服務。這正是中華電信全新的口號：「一直走在最前面。」內部也不斷溝通，其實服務不需要一堆人家聽不懂的大道理，也不需要花費大成本，像是鼓勵員工面對顧客時多微笑，「笑一笑有什麼成本呢？」即使公事再忙，張曉東還是三不五時撥打客服專線，測試第一線的服務，只要聽到朋友跑來告訴他，誇讚中華電信的服務變好了，再多的投資在他眼中都是值得的。

(五) 找出十五個感動顧客的元素

「感動服務」是 2010 年由董事長呂學錦與當時總經理親自宣示啟動，委託

顧問公司針對服務中心人員訓練，希望展現對顧客的體貼。結訓不但要通過考試，否則補考；更外聘神祕客、內部跨單位評分等進行多管齊下的查核，要求徹底。

「現在我們要把每一個人都當成神祕客。」行銷副總經理馬宏燦回憶，上回有位年紀較長的客戶，對手機一竅不通，但服務人員還是耐心，一步一步教他兩個多小時。中華電信還特別設立「手機達人」，請廠商來教臨櫃人員各家手機的使用方式，以便客戶上門可提供指導。另一方面，電話客服也不一樣了。李炎松認為，過去電話應對比較標準化，現在客服必須根據顧客聲音，給予不同回應，而這樣感性、柔性的轉變，正出自「TOP15 感動元素」。

客服處副總經理陳義清解釋，為了落實感動服務，今年特別外聘專業顧問公司，合力激盪，找出過程中能讓顧客感動最重要的十五個元素，包括視客如親、真誠與柔順等。

翻開李炎松接受採訪的筆記資料，從策略到執行面，都有詳盡規劃、全方位思考、探討與設計機制。「我們要不斷自我超越。」李炎松期許，「我們是抱著一定要持續做到最好的決心，學習再學習、精進再精進。」

《案例 6》加賀屋：貼身管家，全程的日式服務

「得知獲獎的消息，我只高興了一秒鐘，接下來就開始壓力大到不行。」日勝生加賀屋總經理劉東春接受《遠見》採訪時，開門見山地說。

主要原因是，位於北投溫泉史上第一座溫泉旅館「天狗庵」原址旁的日勝生加賀屋，是以服務聞名全世界的日本加賀屋海外的第一家分店。過去連續三十一年，加賀屋打敗日本 2.8 萬家旅館，年年蟬聯專家票選旅館綜合排名第一。

完全移植自日本的臺灣日勝生加賀屋，才剛來臺營業不久，首次列入《遠見》神祕客調查的第一年，就不負眾望坐上頂級休閒旅館類的冠軍寶座，「我必須背著冠軍的光環三十年，明年千萬不能不拿第一。」劉東春戰戰兢兢地說。

(一) 移植日本女將服務文化，全程貼身侍奉客人

神祕客印象最深刻的，也是加賀屋最為人津津樂道的女將文化，客人從入住到離開，都由一位專屬的「客室係」，也就是管家，幾乎全程貼身侍奉客人。

臺灣加賀屋開幕前兩年，就送了 10 位服務人員到日本總店接受正統的管家訓練。由擁有十幾年管家訓練的日籍老師從早到晚、隨身教導每個動作，從心裡不斷灌輸她們真心款待客人的加賀屋精神。

在加賀屋，管家領著客人進房時，必須跪著進去，待客人吃完和菓子後，管家也得奉上熱騰騰的抹茶，還要端杯子轉兩圈半，表示對客人的尊重。用餐時間，客人不需費力走到餐廳，而是由管家把餐食送到房間給客人食用。等到隔天客人準備離開，管家必須站在門口向客人揮手致意，等到看不到客人身影，鞠躬之後才能轉身入館。

(二) 用一生懸命一期一會的真心款待，感動客人

「一生懸命一期一會的真心款待，」劉東春點出加賀屋的服務精髓所在。這句話的意思是，每個服務人員都必須像是付出生命般，把客人當作一輩子只遇見一次地服務他們。不只管家，所有館內的服務人員都是如此。

當低聲下氣侍奉客人的管家，藉由察言觀色或是聊天，得知客人來館的目的和需求，轉身變回一百年前最初旅館老闆娘的身分，向櫃檯發號施令，提出各種要求，所有員工就要想盡辦法達成任務，就連總經理都不例外，因為他們知道，「管家提出的要求，就代表客人的聲音。」劉東春舉例，管家有次無意間聽到客人喜歡喝現榨的蘋果汁，沒想到廚房只剩下一顆，馬上通知櫃檯到超市再買一顆，然後現榨成一杯新鮮果汁，送到客人房間。「布袋戲裡的藏鏡人說，順我者生，逆我者亡，對於我們來說，順從客人，才能讓我們永續生存。」曾經晚上10點點心房關門後，還在大街上找蛋糕為客人慶生的劉東春說。

擔任日勝生加賀屋顧問的高雄餐旅學院旅館管理系助理教授蘇國垚分析，和其他西式飯店各部門接力服務客人的方式不一樣，「加賀屋最大的優勢是，由管家一個人跟前跟後貫徹貼心服務，比較不容易出狀況。」

(三) 小心翼翼悉心呵護獨有的日式服務氛圍

對劉東春而言，未來面臨的最大挑戰是，如何維持這樣的服務水準，因此2011年8月又送了8位臺灣管家回日本加賀屋總店受訓，之後又再送6位。

「既然來到臺灣，就是想呈現日本文化，不能被環境本土化。」劉東春小心翼翼地悉心呵護臺灣獨有的日式服務氛圍。

(四) 日籍老師親自坐鎮訓練管家

在臺灣想要移植、複製日本加賀屋的服務之道，著實不簡單。除了硬體設備、環境之外，最困難的地方，在於如何打造出服務的「魂」。

日本加賀屋的「女將」（日語老闆娘的意思）及經過嚴格訓練的管家，提供無微不至的服務，也成功締造日本旅館界中不敗的神話。在加賀屋，最特別的

是，從客人入住那一刻起，即享有專屬管家全程隨侍在側的服務。管家，可說是加賀屋服務的靈魂人物。

因此，早在開幕前三年，北投加賀屋就先送一批種子部隊至日本受訓，並且從日本邀來70歲、擁有三十年管家資歷的幸子老師坐鎮負責訓練管家。

(五) 奉若上賓，讓客人賓至如歸

加賀屋重視客人的程度，可以從一個小動作一窺端倪。在將客人引領進房間、正式服務之前，管家會將一把扇子放在面前，跪坐向客人行禮。這把扇子象徵了一道界線，前面是最重要的客人，管家凡事要退後一步，真心地款待客人，讓客人有被尊寵的感覺。

劉東春表示，管家最重要的待客之道是，以照顧親人的心情去服務顧客，不論是幫客人奉上熱毛巾及抹茶、和菓子，或是協助客人換上浴衣等，無不希望讓客人有賓至如歸之感。

嚴格要求所有的細節，是加賀屋服務心意的體現。如奉茶時，管家必須跪坐在客人的右手邊，茶碗在手中轉兩圈半，將碗的花紋朝向客人；在房內服務客人用餐時，上菜順序及餐盤擺放位置都有規定。在不容易看到的地方，也有管家的用心，如房間裡的花，都是由管家親手插的。但想成為一名管家並不容易，必須先接受為期三個月的訓練，受訓內容包括茶道、花道、日式禮儀及穿和服訓練。

身為飯店的最高管理者，劉東春必須扮演女將的角色，到每個房間向房客「打招呼」，進房後跪坐、向客人深深一鞠躬，感謝客人的蒞臨。劉東春解釋，打招呼動作的背後有其深層的意義，除了感謝客人入住之外，「客人有什麼需求，是我們可以設法滿足他的？如果有客訴的話，也能夠立即化解。」

(六) 觀察入微，貼心發掘客人需求

七十五年次的管家小春 Koharu，大學主修餐旅管理系、輔修日文系，畢業後曾到日本打工渡假一年。說著一口流利日語的小春，有一股鄰家女孩的親切氣質。劉東春形容，管家就像客人的媽媽或姐姐，必須具備細膩貼心的特質。

管家和客人之間看似隨意的閒聊，其實是在發掘客人入住的需求及故事，找出滿足客戶需求的著力點。

小春表示，當管家必須觀察入微，包括客人喜歡吃些什麼、食量如何等，要將客人的喜好及個性一一記下，並登錄至系統裡，作為客人下次入住的服務參考。按照 SOP（標準服務程序）提供的服務，雖然合乎標準，但卻可能流於僵化、無法滿足客戶，因此，「好的管家必須去拿捏其中的分寸」劉東春說。

問小春是否曾遇過客人不合理的要求，她正色說：「客人的要求絕對是合理的。」例如客人隨口說房內用餐空間有點小，小春會立刻向櫃檯詢問能否讓客人換至較大的房間內用餐，做得永遠比客人要的更多一些。

(七) 全程配合客人住退房時間

在北投加賀屋的 70 位管家之中，年齡 20 歲到 40 歲都有。劉東春表示，選才最重要的標準是「想服務客人的心意」，他會詢問應徵者過去是否有參與公益事務的經驗，或是在家裡分擔家務的情況等。

分析管家們的背景，以日文系、觀光系出身，或是有日本遊、留學經驗者占大多數。加賀屋並沒有嚴格限定需日語一級檢定通過，但至少要有基本的日語溝通能力，否則透過翻譯學習的訓練過程太辛苦了。

劉東春表示，一個「成熟」的管家，養成期約需二年。管家工作辛苦的程度，也反映在薪資上，加賀屋管家的薪資大約 3-4 萬元，比起一般飯店高出許多。

由於客人入住到退房都是由同一位管家服務，因此管家的上班時間必須配合客人 Check-in 及 Check-out 時間，採取「兩頭班」制度：上班時間是下午 3 點、下班時間最早是晚上 10 點；隔天早上視客人的需求，上班時間為 7 點半或是 8 點，一直到客人退房為止。可以說管家的一天是從下午 3 點開始的，若是排休假，要到下午 3 點以後才能安排自己的行程，可見擔任管家必須有很強烈的責任感。

《案例 7》家樂福：貼心藏在銷售及補貨流程裡

過去九年，《遠見》針對國內各大量販店進行了六次的神祕客抽查，前幾年家樂福始終徘徊在二、三名，直到 2008 年才一舉奪冠，兩年後又再連莊，突圍的關鍵，就在於觀念的改變。

(一) 要給顧客愉快的購物經驗

全球家樂福有一項政策，「不能只供應客人購足物品的需求，還要給客人愉快的購物經驗。」臺灣家樂福總經理康柏德（Patrick Ganaye）解釋，前段購物需求只要靠品項齊全，但要完成使人歡喜的境界，得要靠服務取勝。

「要得到一位客戶很難，要丟掉客戶卻很容易。」前臺灣家樂福總經理杜博華經常這樣提醒員工。杜博華更深知，近年經濟狀況不佳，消費者其實有多元的選擇，如果不能提供更好的價格、品質和服務，便無法贏得顧客。

(二) 要學會「將心比心」，晉升準店長要接受 24 天培訓

為了保持最佳狀態，員工可透過內部訓練單位——家樂福大學，得到專業技能訓練，以及服務態度的加強。

每位新進員工的第一堂課，就是要學會「將心比心」，透過情境式影片啟發，什麼樣的服務是你喜歡的，面對不好的服務，你又有什麼感受？

對於即將晉升的準店長們，也一定要接受 24 天訓練，舉凡所有關於店務的各個單位，如櫃檯、收銀、行銷、管理等，都要重新做一次全方位訓練。

(三) 做好服務「看、動、話」三大元素

家樂福也平等地對待兼職人員和駐店廠商。除了要求兼職人員受訓，也儘量選擇能長期合作的廠商，希望他們把自己當成家樂福的一份子。

2010 年開始，人力資源部門逐步將抽象精神具體化成淺顯的行動方案，把做好服務的基本元素，分成「看、動、話」三大環節。

第一步是「看」，從服裝儀容著手，員工必須穿著制服得體，讓顧客容易在人群中辨識，一旦有任何問題隨時都能找到服務人員；「動」是主動服務，將心比心、以顧客為導向；「話」就是注重與顧客的對話用語，展現專業有禮的態度。

話術訓練也極嚴格，一旦遇上商品缺貨，員工被教育不能直接說：「架上沒有就沒有了」，而是懂得先對於缺貨表示歉意，接著詢問顧客是否需要其他商品，或是等貨到後再主動聯繫對方。

同樣是處理商品退貨的情境，工作人員問顧客「你有什麼問題嗎？」和「請問你的商品有什麼問題嗎？」前後只差幾個字，聽在顧客心裡，感受卻差很多。

過去始終徘徊在二、三名的家樂福，為何能在 2008 年一舉奪冠，兩年後又再連莊，突圍的關鍵，就在於觀念的改變——凡事為顧客、為員工著想，成就家樂福第一名的好服務。

(四) 顧客想退貨，不需要任何理由

另一方面，時常走進現場觀察的康柏德還要求員工主動出擊做服務。

他舉例，當收銀線前沒有人時，收銀員要站到結帳機台前，觀察其他結帳排隊客人，主動招呼「這裡可以為您結帳」。生鮮部門員工最好還要能體貼詢問，是否知道料理方式。

內部也設有專責單位，負責研究賣場工作流程，提出改進方案，常發生的情況是貨架上顧客要的商品賣光了，如何立即補上？

根據以往經驗，服務員從賣場到倉庫取貨、再返回現場將商品送到顧客手中，所需時間至少 20-30 分鐘，萬一遇上倉庫沒存貨、服務員空手而歸，還會引發顧客抱怨效率太差、白費時間。因此他們決定把倉庫搬進賣場，將庫存商品移至賣場貨架最上層，讓員工補貨、找貨更有效率。

為了全心全力做好服務，連發放優惠券的小動作都有學問。

配合各種優惠促銷活動，服務中心的會員系統，如今可自動在結帳後列印折價券，或是將贈品改為紅利點數，兩道步驟簡化成一次到位，顧客不必像百貨公司週年慶一樣，為了換取贈品在服務台大排長龍，引發抱怨。

家樂福當然知道，要讓每位客人都滿意幾乎不可能。但他們樂於傾聽顧客的批評指教，那代表有機會改善缺點。也因此，家樂福十多年前就首創「不滿意退貨」服務，直到現在，顧客如果想要退貨，不需要說明任何理由就可辦理。

(五) 三大核心價值：堅守承諾、用心關懷、正面積極

家樂福所做的一切調整，都呼應著堅守承諾（Committed）、用心關懷（Caring）、正面積極（Positive）的三大核心價值。

其中，用心關懷的對象還涵蓋員工。2009 年起，康柏德開始在內部實施彈性班表，打破每班固定時數的限制，由員工自行決定到班時間，對需要接小孩上下學的員工們，是十分貼心的制度。

臺灣家樂福人力資源部總監吳柏毅觀察，彈性班表的好處是工作氣氛融洽，人員離職率也跟著降低了。

因此我們可以得到以下結論，即凡事為顧客、為員工著想，是成就家樂福第一名好服務的關鍵思維。

《案例 8》全球頂級大飯店麗思·卡爾頓的經營信條與原則

麗思·卡爾頓酒店（Ritz-Carlton）是一個高級酒店及渡假村品牌，現擁有超過七十個酒店物業，分布在二十四個國家的主要城市。麗思·卡爾頓酒店由附屬於萬豪國際酒店集團的麗思·卡爾頓酒店公司（Ritz-Carlton Hotel Company）管理，現僱用超過 3.8 萬名職員，總部設於美國馬里蘭州。以下彙整其之所以經營成功的原因所在。

(一) 三大信條

麗思．卡爾頓有下列三大經營信條，一是給顧客最真心的關懷與最舒適的享受，是麗思．卡爾頓的終極使命。二是提供體貼入微的個人服務與完善齊全的設備，營造溫馨舒適與優雅的環境，是麗思．卡爾頓的承諾。三是身心舒暢、幸福洋溢與出乎預料的感動，是麗思．卡爾頓經驗的最佳寫照。

(二) 對員工的承諾

麗思．卡爾頓對員工有下列三點承諾，保障麗思．卡爾頓的基本工作環境，它是每位員工的榮耀，一是麗思．卡爾頓的紳士與淑女，是實現客服承諾的重要資產。二是奉行信任、誠實、尊敬、正直與奉獻原則；培養人才，使人盡其才，以創造員工個人與公司雙贏的局面。三是麗思．卡爾頓致力營造重視多元價值、提升生活品質、滿足個人熱情抱負，強化麗思．卡爾頓企業魅力的工作環境。

(三) 工作基本原則

麗思．卡爾頓有下列工作基本原則，員工必須遵循，包括：

1. 我們是服務紳士與淑女的紳士與淑女。
2. 「服務三步驟」是麗思．卡爾頓的待客之本，必須落實在每一次的接待行為中。
3. 所有員工均須完成年度職務訓練並通過檢定。
4. 公司須與員工溝通企業目標，每位員工應支持並達成。
5. 為了創造榮譽與快樂，參與與自己相關的計畫是每位員工的權益。
6. 持續發掘飯店的缺點，是每位員工的責任。
7. 發揮團隊合作、兼顧橫向服務，以滿足顧客與同事的需求。
8. 每位員工都享有充分授權。
9. 維護清潔，毫無妥協。
10. 為提供賓客最完美的服務，每位員工有責任發掘並記錄個別顧客的偏好。
11. 絕不疏忽任何一位顧客。
12. 「微笑，因為我們站在舞台上」，無論是否在工作崗位，都要以麗思．卡爾頓飯店大使身分自持，永遠以積極的態度應答，與適當的人溝通自己所關心的事。
13. 親自陪同顧客前往飯店內任何地點。
14. 穿著麗思．卡爾頓制服，遵守儀容規範、注意個人言行，以展現專業自信的

麗思・卡爾頓高級大飯店三大經營信條

麗思・卡爾頓三大經營信條

這是麗思・卡爾頓的基本信念，每位員工都須理解它，將它內化為自己的信念，賦予它生命。

1. 終極使命
給顧客最真心的關懷與最舒適的享受。

2. 承諾
提供體貼入微的個人服務與完善齊全的設備，營造溫馨舒適與優雅的環境。

3. 最佳寫照
身心舒暢、幸福洋溢與出乎預料的感動。

麗思・卡爾頓的工作基本原則

1. 所有員工均須完成年度職務訓練並通過檢定。
2. 公司均須與員工溝通企業目標，支持公司達成目標是每位員工的職責。
3. 持續發掘本飯店的缺點，是每位員工的責任。
4. 每位員工都享有充分授權。

   當顧客面臨問題或有特別需求時，必須暫時擱置例行業務，立即陪同並協助顧客解決問題。

5. 發揮團隊合作、兼顧橫向服務，以滿足顧客與同事的需求，是每位員工的責任。
6. 落實每一次的待客服務，以確保顧客滿意我們的服務，願意再次光臨。

服務三步驟 →

麗思・卡爾頓的待客之本，必須落實在每一次的接待行為中，以確保顧客滿意我們的服務、願意再次光臨、永遠喜愛麗思・卡爾頓。

1. 溫暖且真摯的問候，問候時要喚出顧客姓名。
2. 預期並滿足顧客的每個需求。
3. 流露的道別。給顧客溫暖的再見，說再見時要喚出顧客姓名。

7. 我們是服務紳士與淑女的紳士與淑女。
   我們是提供服務的專家，我們以尊重的態度與高尚的言行對待賓客或任何人。
   例如使用合宜的字彙與顧客應答：「早安」、「好的，沒有問題」、「樂意之至」、「這是我的榮幸」。
   再如接聽電話時，在第三聲鈴響前接起電話，並以「微笑」應答，盡可能以姓名稱呼對方；如有必要請對方等候，必須先以「可以請您在線上稍等一下嗎？」徵詢對方許可；不可擅自過濾電話；避免轉接來電；遵守語音留言規則。
8. 為提供賓客最完美的服務，每位員工有責任發掘並記錄每個顧客的偏好。
9. 永遠以積極、主動、微笑的態度面對顧客，並絕不疏忽每一位客人。
   如有客怨，應立即平息客怨，承擔並解決客怨問題，從接到客怨的那一刻起，至顧客滿意為止，並記錄客怨內容。
10. 親自陪同顧客前往飯店內任何地點，而非口頭指引。

形象。

15.安全第一，以及節約能源、維護飯店環境與安全，是每位員工的責任等。

《案例 9》 亞都麗緻旅館：絕對頂級服務是沒有 SOP

「亞都人最難受的事就是有人說我們服務不好。」亞都麗緻旅館集團執行副總裁兼臺北亞都麗緻飯店總經理鄭家鈞說，「優雅而細膩的服務」是亞都麗緻旅館集團立足市場最為人稱道的企業資產。

(一) 以人為本，從心出發

在亞都麗緻集團，服務早已內化為每個同仁血液中的 DNA，所以「服務不好」對亞都麗緻人而言，是很難忍受的「奇恥大辱」！

任何曾經出入臺中亞緻飯店或臺北亞都飯店的消費者，都可以感覺到亞都人身上，普遍都有一股其他飯店工作人員少有的氣質，他們舉止斯文、談吐優雅，既不卑微、也不僭越，服務的「時機」總是恰到好處，表現自然且不造作，讓人感覺舒服、自在且愉悅。這種氣質，也成了亞都麗緻旅館集團的一種企業文化。事實上，「亞都人」根本就是亞都麗緻旅館集團企業識別體系中的一環。「亞都式服務」是一種「以人為本」的服務。

(二) 把同仁與客人當家人

亞都麗緻的企業文化奠基於集團投資業主周志榮與周賴秀端夫婦的「厚道」，以及「臺灣觀光教父」嚴長壽的「熱情」。亞都人稱「周媽媽」的周賴秀端，不僅對員工「非常非常客氣」，她最常掛在嘴邊的就是「對人要好呀！」。而協助周氏夫婦建立亞都麗緻旅館集團的嚴長壽，更以身作則的奉行「把同仁與客人都當家人」來對待。優質服務是一種內涵，亞都人的服務好，是因為「家教好」。

(三) SOP 是低標，頂級服務是提供客製化服務

為了落實管理，亞都麗緻各單位都制定有嚴謹的標準作業流程（SOP）、工作檢查表，以及工作日誌制度；不過，這些對亞都人而言，其實都是「低標」。絕對頂級服務其實是沒有 SOP 的。亞都的「高標」是：為每位客人提供客製化的服務，也就是「尊重每位客人獨特性」。

(四) 用心感動客人，40% 是老客人

「SIR」指的是先生、閣下或長官，是對人的敬語、敬稱。在亞都麗緻，「SIR」則代表傳遞客製化服務精神時的檢查機制。它指的是「Special Inspection Room」，也就是需要特別留意、關心的房間。無論是臺中亞緻飯店或臺北亞都麗緻飯店，每天上午都有名為「SIR」的檢查，總經理與各部門主管會逐一檢查當日住房或訂餐客人名單，再從檔案資料記載的客人習性中，要求各單位務須滿足客人需求。

《案例 10》長榮鳳凰酒店：用服務讓客人一試成主顧

「除了異業常來交流，連同業都來觀摩」，位在礁溪的長榮鳳凰酒店經營團隊立足市場最感自豪的事，不是暑假領先諸多渡假飯店的 9,700 元平均房價（含餐＋稅），也非營收成長了 11%，而是接到客人感謝或讚美同仁服務的信函。

也就是因為服務卓越，礁溪長榮鳳凰酒店的回客率超過六成，更得到工商時報舉辦的「2012 服務業大評鑑」休閒渡假飯店的金牌獎，證明長榮鳳凰酒店的服務，確有值得市場同業甚或異業借鏡之處。

(一) 優質又貼心的住房體驗，才是吸引顧客的不二法門

旅館飯店致勝關鍵，硬體設施固然重要，但旅館飯店給客人的 FU 更重要，客人得到的優質服務體驗，才是他們選擇飯店時的主要考慮因素。以下是一個長榮鳳凰酒店的員工透過優質服務，讓重量級貴賓「一試成主顧」的故事。

一位國內知名連鎖餐廳的董事長某日下榻長榮鳳凰酒店，完成 Check in 後便借了單車到鄰近果園採番茄，結束了採果之旅回到飯店後，這位董事長急著回房間淋浴沖涼，匆忙中忘了將剛剛鮮採的番茄帶回房間。長榮鳳凰巡場同仁發現了這一袋「董事長遺忘的番茄」後，便將番茄親自送到貴賓的客房。長榮鳳凰的同仁來到餐飲大亨的門口，輕敲房門並表達來意，但這位董事長正在洗澡淋浴，於是告知長榮鳳凰同仁：「東西放在門口就好。」得到客人回應後，長榮鳳凰的同仁體貼的將這一袋小番茄刻意放在門口右側，一方面比較顯眼醒目，另一方面則可避免被踩到。然後，他對著房門深深一鞠躬後，轉身離開。站在門後的餐飲大亨透過門上的洞眼，清楚地看到了這位長榮鳳凰酒店同仁的一舉一動，除了將此例子與集團員工分享，長榮鳳凰酒店日後並接到了不少該餐飲集團的住房生意。

(二) 經營管理的 3P 目標

寶宏事業集團投資的長榮鳳凰酒店（礁溪）是長榮國際連鎖酒店經營管理的首家五星級溫泉渡假酒店，在規劃之初，長榮與寶宏即針對飯店定位建立了「五星、頂級」的共識，除硬體設施有諸多超越同儕的投資，在軟體服務更以「超乎客人期待」為目標期許，如今在開幕營運屆滿兩週年之際，得到「2012 服務業大評鑑」休閒渡假飯店類中的金牌獎，是投資業主與經營管理團隊共同努力的結果。

長榮旅業團隊係以「3P」為經營管理長榮鳳凰酒店的目標，1P 是首選（Preferred），要讓長榮鳳凰酒店成為溫泉渡假酒店中的首選。2P 是獲利（Profit），要讓投資業主獲利，員工接受專業訓練後獲益，客人感到物超所值。3P 是愉悅（Pleasure），要竭盡所能讓員工快樂工作，並滿足客人需求。林正松指出，有企業願景（Vision），才有企業使命（Mission），然後才是營運（Operation）。

長榮鳳凰酒店的經營管理、行銷業務與服務流程，都是以前文提及的 3P 為最高指導方針並推動執行。

(三) 旅館、飯店成功的三項支撐要件

旅館、飯店立足市場的三項支撐要件，分別是競爭力、營運力與生命力。其中，競爭力指的是市場定位、產品差異化策略，以及硬體設施等。營運力則是經營管理、行銷業務與服務流程等專業技術與職能。而生命力則是員工的素質與傳遞服務體驗的細膩程度。林正松強調，「三力」通通要到位，才能為飯店撐起一片天。

(四) 顧客滿意，就是實際體驗超過期待後的結果

根據頂級定位並為了追求卓越，長榮鳳凰酒店做了許多一般飯店沒有做的硬體投資。這些投資，客人不見得用得到或看得到，但長榮鳳凰酒店不僅做了，而且以最高規格進行規劃。

例如為泡湯客人的衛生安全著想，長榮鳳凰酒店的溫泉機房內除了水質監測系統，並設有紅外線殺菌設備。館內中西餐廳廚房，兩個都通過 HACCP 認證。鑑於溫泉區旅館客房內常會因潮濕而有霉味，長榮鳳凰酒店並加強空調系統，即便沒有客人入住也會定時運轉，讓客房常保舒適清爽。而為防止泡湯客人發生意外，除公眾湯池備有血壓計讓客人測量外，每間客房浴室內有防滑條、止滑墊及緊急服務按鈕。

所謂「顧客滿意」，就是「實際體驗（Experience）超過期待（Expectation）後的結果」，而長榮鳳凰酒店讓顧客滿意，優質硬體設備是原因之一，而設備都要花錢，林正松指出，這個部分要投資業主支持才得以落實。

(五) 顧客滿意的眼神，讓員工上癮

顧客滿意度來自服務員態度、速度與細膩度。他以「五心級服務」期許員工同仁，這「五心」指的是：用心、細心、真心、熱心與貼心。林正松說，絕對的頂級服務沒有 SOP，唯有靠「心」。他強調，「服務用心，客人安心」、「服務細心，客人窩心」、「服務真心，客人有信心」、「服務熱心，客人才暖心」、「服務貼心，客人開心」。

「消費者滿意的眼神，讓我們服務成癮。」林正松語重心長指出，服務業是需要與客人培養感情的。長榮鳳凰酒店的服務並包含前、中、後，所以當蜜月客人來到長榮鳳凰酒店，進了客房發現「滿室浪漫」時不必感到意外，因為飯店服務人員在接到訂房詢問電話時，其實就已試著瞭解客人的渡假目的與動機了。

《案例 11》賓士轎車：提升售後服務，鞏固車主向心力

賓士在臺穩居豪華進口車銷售冠軍寶座，除了不斷推出新車外，賓士也積極提升售後服務，鞏固車主向心力。日前賓士推出全球最高標準的售後服務，原廠長期培訓的專業技師上陣，以達到德國原廠標準的「一次完修率」。

(一)「服務，為你而在」新品牌服務精神標語

臺灣賓士公布售後服務的全新品牌精神標語「服務，為你而在」，並宣布所有維修廠全面升級服務標準，一致採行德國賓士原廠的「一次完修率」高標準，讓車主享受一次修到好的服務。

臺灣賓士全新的服務體系號稱有最佳的人員、最佳產品和最佳流程（Best People, Best Product, Best Process），強調賓士的售後維修人員不同於一般的汽修廠黑手，所有技師遴選不只是大學專業科系的畢業生，還得接受一年半的原廠專業訓練，並定期接受在職訓練。

現今許多車子都是採用鋁合金打造的輕量化高剛性車體，鈑金技師要有特殊技巧與訓練，目前全球認證的鋁合金鈑噴技師只有三名，其中一名就在臺灣賓士廠內。臺灣賓士保證所有維修零件均是正廠，車子在十五年內零件都能供應無缺。

目前其他豪華車品牌也搶攻服務市場，包括 BMW、AUDI 等品牌全力籠絡車主向心力，打造全新的維修體系，縮短保養維修時間和待料時間。

(二)「Service 24」，24 小時道路救援創舉

賓士汽車去年再度搶下進口豪華汽車品牌的銷售冠軍，為鞏固車主向心力，再推出國內首見、名為「Service 24」的 24 小時道路救援服務，並組成專屬救援車隊，提供全天候救援。

臺灣賓士斥資千萬打造，獲得國際認證的彰化汽車整備暨零件中心，正式啟用，將以最快速度供應零件，避免待料時間過長。臺灣賓士也宣布成立以二十三輛賓士的 C-Class Estate 旅行車改造成的救援車隊，提供全臺 24 小時道路救援與急修，專業技師團隊 24 小時待命，所有診斷和維修工具都比照德國賓士總部規格標準。

一般車廠多會和拖吊公司簽約，為車主提供 24 小時拖吊服務，但僅是拖吊，賓士的救援車隊是自家專屬道路救援車隊，配到全臺二十三個維修中心，並有技師隨時待命，救援車還是以賓士 100 多萬元的旅行車打造而成。

這項服務車主不需額外花費，只要打專線 0800-036-524，有服務人員 24 小時接聽，服務範圍包括一般道路救援，但不含高速公路、快速道路等法令禁止急修路段。

非天災所造成之車輛故障，會有救援車前往救援診斷，如故障地點在無法於 1 小時車程內到達之處，救援人員會協助車主以專業拖吊方式進廠。

《案例 12》南山人壽：落實服務力，當客戶靠山

保險業是非常強調服務的行業，從業人員一定要有服務的熱忱，透過保險提供關懷、提供保障，如果沒有服務的熱忱，就不應該從事保險業。

將服務力落實在企業文化中，這是服務業最重要的一點，也是南山人壽選人的標準。

(一) 要從客戶角度思考如何提供服務

服務熱忱的培養，應該從最高階主管以身作則開始，如果主管只是叫底下的人去服務，服務的文化不會扎根，只有高階主管也挽起袖子，從最基本的服務做起，並對客戶發自內心的感謝，服務文化才能落實。

當服務文化和熱忱培養出來，從客戶的角度去設計組織架構、商品、創新，

才能贏得顧客的心。

要從客戶的角度提供服務，對大多仍然習慣本位思考的各行各業，都是挑戰。杜英宗說，他在開會的時候，最常質疑同仁，「你是由自己的角度，還是由客戶角度想事情？若是從自己權利的角度想，從自己利潤的角度想，就是沒有從客戶的角度想」。

(二) 公司內部每一個部門，都要站在客戶立場

站在客戶的角度為出發，南山人壽做出許多顛覆保險業的創舉，像是 20 分鐘快速理賠，週六上午不打烊。杜英宗表示，南山人壽是想盡辦法要理賠給客戶，矢志成為客戶的靠山。

一位南山人壽的客戶，在罹患癌症拿到醫生證明後，發現保險已經過期，依法南山可以不理賠。但南山盡責地去翻閱客戶病例，發現這位客戶在穿刺檢查的時候，就發現有癌細胞，那時保險還在有效期間，據此南山人壽立即撥款理賠。

保險的目的就是提供客戶保障，如果保險公司不能在緊急時提供保障，「那我就是臺灣最大的非法吸金頭目」。

當南山重視客戶感受之後，第一年的理賠金額就多了將近 3 億元，那時很多人跟杜宗英說，你這樣會有「道德風險」，但南山堅持做對的事，第二年理賠金額降低到 5 千多萬元，但是保費收入卻增加了五倍。真誠服務的口碑行銷，讓南山人壽賺到形象，也賺到錢。

杜英宗認為，好的企業文化是員工真誠服務的根本，領導者在規劃產品研發、行銷、營運等服務時，都要從客戶角度去著想。

所謂客戶，除了外部客戶，也有內部客戶，一個職務或部門如果沒有任何服務的對象，那就沒有存在的必要。

《案例 13》SOGO 百貨：電梯小姐，優雅傳承二十五年，贏得好口碑

1987 年，全臺第一家日系百貨 SOGO 在忠孝東路開幕，引進最新穎的賣場風格，且將日系百貨體貼入微的服務文化帶來臺灣，其中打扮入時、儀態優雅的電梯小姐，更在當年掀起風潮。

(一) 體貼入微的電梯服務文化

第一代 SOGO 電梯小姐回憶當年盛況，言語之間仍難掩驕傲與興奮，「當時 SOGO 百貨的電梯小姐，就像是大明星一樣，不少顧客上門，就是為了專程

來看我們！」

SOGO 電梯小姐的養成至少要三個月以上，職訓課程包括美姿美儀、化妝造型課、說話音調矯正等，如果未通過測驗，還得補修重考才能上線。

曾接受嚴格養成訓練的 VIP 服務課長余采蘋表示，SOGO 電梯小姐的訓練其實就是淑女的養成教育。余采蘋笑說：「結訓之後，周遭的親友都說我變得更有氣質了呢！」

如說話時，會採行「腹部發音法」，讓聲音輕柔和緩，再搭配笑容，以及隨說話速度行十五度的「躬身禮」，再刁鑽難搞的客人，遇到如此氣質優雅的電梯小姐，火氣也瞬間熄了一半。

除專業訓練外，為維持電梯小姐美麗優雅形像，SOGO 每一季都提供電梯小姐兩套制服，款式參考最新的流行趨勢，製作成本高達 3 萬元。SOGO 還會提供免費的彩妝品，讓電梯小姐完美登場。

(二) SOGO 賣場最美麗的風景

電梯小姐每天輪五班，一班 45 分鐘都得待在密閉的電梯空間裡，重複同樣的動作、說同樣的話，不免枯燥無聊，但偶爾也會遇到有趣的事。

小朋友似乎都對電梯小姐很感興趣，童言童語稱讚她「好漂亮」、偷摸她的裙子等，還曾有小朋友把她當偶像，跟著她一起高喊「歡迎光臨」、「請問到幾樓？」，賴在電梯裡不肯和媽媽回家。

SOGO 電梯小姐的優雅氣質、體貼入微的服務，也常招來好姻緣，不僅常有人主動介紹男友，還曾有企業小開因常來巡店，久而久之愛上電梯小姐。後來這位電梯小姐嫁入豪門，在 SOGO 傳為佳話。

二十五年來，電梯小姐已成為 SOGO 百貨特色，在電梯門打開的剎那，鞠躬對顧客高喊「歡迎光臨」，已成為 SOGO 賣場最美麗的風景。

《案例 14》台灣高鐵：打造細緻的臺式服務，感動千萬旅人

「台灣高鐵的車廂跟日本新幹線一模一樣，兩者的差異，就是日本的 JR 服務員檢查車票比較嚴，很麻煩。高鐵好像沒有檢查，只有上下車時而已。」

三十歲的筒井隆彥，經常從日本到臺灣出差，他比較台灣高鐵和日本新幹線，唯一差別，就在查票。

(一) 開發出「座位查核系統」，不打擾乘客

不過，筒井不知道，台灣高鐵在車廂裡並不是沒有查票，而是用臺式科技，默默進行「不打擾乘客」的查票。

2011 年 2 月，高鐵自行開發的「座位查核系統」上線。高鐵董事長歐晉德，在他南港辦公室裡表示。

「嗯，17 點 06 分，這班車到桃園，賣出 478 張票，有 73 張是愛心票，」歐晉德指著座位圖上一個小紅椅的標誌，代表那個位子的乘客，買的是愛心票。

這套座位查核系統，不但每站能準確更新，讓查票員不打擾乘客，確實完成查票；更在今年 4 月舉辦的國際鐵路聯盟（UIC）研討會上，讓日、歐等國驚艷，希望能將這套系統引進使用。

「常有人誤以為我們沒查票，或是『針對性查票』，其實都是為了尊重更多數的乘客，儘量不打擾大家，才想出這個方式。」歐晉德說。高鐵每天接觸十幾萬人，一個貼心小動作，就能有很大的影響。

(二) 積極控制成本，提升服務水準，轉虧為盈

2012 年，高鐵服務的旅客人數，超過 4,100 萬人次，全年平均準點率（誤點少於 5 分鐘）為 99.86%。與歐日等國相較，毫不遜色。稅後淨利為 57.8 億，是營運五年來，帳面上首度轉虧為盈。

即將到美國芝加哥，參加國際鐵道會議的歐晉德，面對這張得來不易的成績單，心中百感交集，有驕傲，也有壓力。

歐晉德說，在全世界的鐵道經營團隊中，只有台灣高鐵是完全沒有經營過鐵路的經驗就上路。而且，以臺灣的社會大環境來看，「高鐵經不起任何一點安全錯誤。」

一直被視為「失敗的 BOT 案，成功的工程案」的高鐵，為了向政府和民眾證明，在融資利率、折舊合理的範圍之內，是具有獲利能力的。因此積極控制成本，提升服務品質，爭取民眾信賴，才有向政府協商延長營運特許期的籌碼。

實際上，高鐵雖然只有 300 多公里，但它的範圍涵蓋 96% 的臺灣人口，超過九成的臺灣產業，都在高鐵的服務廊帶裡。因此，不能小覷高鐵的影響力。

(三) 把「安全」與「嚴謹」，放在管理第一順位

高鐵系統若能多創造一點對客戶的服務價值，多努力一點對環境的節能減碳，它的影響力，遠遠大於任何大眾運輸工具。

為了建立顧客對高鐵的「信賴感」，歐晉德把「安全」與「嚴謹」，放在管

理的第一順位。

向來對部屬客氣的他，第一次決定開除一個主管，就是因為該主管下班忘了拿工具，折返檢修場 2 分鐘，卻沒有依規定穿上安全背心。

「這非常嚴重。第一，你沒有以身作則；第二，你違背安全規定，讓自己身陷危險之中。」歐晉德認為，如果連自己的安全都不會照顧，要如何仰賴他，每天為十幾萬人的安全負責？

為了達到最高標的安全作業程序，高鐵公司在申請 ISO 認證時，歐晉德還特別親自前往香港，重金禮聘英國公司來做檢定，用國際規格檢驗安全標準。

每年，高鐵進行超過五十次的正式安全演練，最大規模動員近千人。連日本鐵路公司的社長，都親自來臺灣觀察高鐵演練。因為日本人發現，高鐵在管理上的嚴謹度，甚至超越日本。

(四) 服務內涵上，要貼近消費者的需求

除了安全與精確，高鐵近年在服務內涵上，也愈來愈貼近消費者需求。

「『便利』這件事，高鐵算做到了。開發 APP，讓手機就等於車票，簡化中間很多流程，訂位、付款、取票一次搞定。」Yahoo！奇摩社群發展部總監李全興觀察。行動網路和旅運服務結合，高鐵算是踏出成功的第一步。

以高鐵軟硬體的標竿位置來看，它還具有打造臺灣更精緻旅途文化的責任。

去年暑假，高鐵就曾推出八班「高鐵熊說故事」列車活動。把親子聚集在同一個車廂，不但營造小客人不同的搭乘體驗，也減少其他旅客受到的干擾。

今年暑假，高鐵進一步推出「親子閱讀趣」活動。在全線八個車站設置閱讀區，各放置二百本童書，且可免費借閱，不需押金或證件，甲站借、乙站還。

「Go the extra mile.」（用心，把事情做得更好），是高鐵希望帶給乘客的滿意感，從基本的安全與準確，到創新的旅途體驗，高鐵未來乘載的，是更多旅人的期待。

《案例 15》長榮航空：用優質服務，成為航空服務大王

星期六早上 7 點，長榮航空總經理張國煒穿著機師制服，出現在桃園國際機場的停機坪。他有波音 777 機師執照，正準備以副駕駛身分，開機飛往北京。

「我要拚機長的資格啦！」前年底重掌長榮航空總經理兵符，張國煒笑著說，他有機會就飛，拚正駕駛的資格。

(一) 超越新航的企圖心，鎖定金字塔頂端

張國煒從來不掩飾他想超越新航的企圖心，更不只一次在公開場合說，長榮的目標，就是要和新航、國泰等競爭者平起平坐。

過去兩年，全球航空業受高油價衝擊，獲利下滑將近一半。競爭更加激烈，市場朝向高、低價兩極化發展。長榮航空的策略選擇，是鎖定開發金字塔頂端族群，全力搶攻高價市場。

「你想想，臺灣每年有多少人去坐新航、德航、國泰？他們寧願去香港或成田機場轉機，就是覺得我們國籍航空無法滿足他們。」42 歲的張國煒，語氣裡滿是不甘心。他認為，長榮在服務品質上，並不輸給外國航空公司；但在品牌認知上，卻還沒有同等的價值。他要讓消費者感受到，長榮能提供優質的服務。

(二) 皇璽桂冠艙推出獲好評

今年 5 月，長榮宣布將耗資 1 億美元，針對 15 架波音 777-300ER 的機隊，進行改造工程。把原有的桂冠艙，全部換為水平式臥床，重新命名為「皇璽桂冠艙」。標榜商務艙票價，頭等艙服務的特色。臺北飛紐約的皇璽桂冠艙一推出，不但獲得市場好評，連同業都紛紛側目。

「過去，我們集團比較務實，會挑很好的東西給客人用，但不見得選名牌。這一次，我們要用不同做法。」張國煒想來想去，認為品牌間有相互加乘的效果。若要在短時間，讓消費者感受長榮的品牌價值，也可以借重其他品牌。於是，他出面力促長榮和頂級精品寶格麗合作，讓搭乘皇璽桂冠艙的旅客，擁有寶格麗的過夜包，營造精品服務的尊榮感。

「長榮的『精緻市場』定位愈來愈清楚。」雄獅旅遊集團總經理裴信祐觀察，新推出的皇璽桂冠艙，空間設計還搭配了本土畫家的畫作，營造空間美感。「張國煒每半年拜訪一次旅行業者，總是頻頻追問新的消費者需求。」

(三) 航空公司賣的不是機票，而是創意

對航空公司而言，經濟艙屬於微利事業，目標是維持一定服務水準。但商務艙，就要用更深層的服務爭取客人。不但可拉高品牌價值，也可拉大獲利空間。

近來，張國煒不斷強調，臺灣應成為世界航運的「中轉中心」。因為臺灣的地理位置，恰好是從亞洲飛往北美的航程極限。

「航空公司賣的不是一張機票，而是賣一份創意。」去年底，在張國煒的主導下，長榮再度與日本三麗鷗合作，推出第二代 Hello Kitty 彩繪機。這一回，長榮甚至拿掉綠色的企業顏色，只留下 Logo 和尾翼，用整架飛機去彩繪出 Kitty

的歡樂效果。

本來只彩繪三架飛機，因為市場反應太熱烈，今年 5 月又增加兩架，投入兩岸航線的營運。

彩繪機不但為長榮贏得口碑，機艙內隨處可見的 Kitty 相關用品，設計上也設想周到：哪些能讓乘客隨手帶回家、哪些是會吸引乘客在機上購買的限定商品。

(四) 加入「星空聯盟」，維持全球一致性高服務水準

去年，長榮正式申請加入世界三大航空聯盟之一的「星空聯盟」，包括德國漢莎、美國聯合、新加坡航空與中國國航等，都是星空聯盟的成員。經過系統改善和營運評量之後，長榮預計，明年可正式取得聯盟成員資格。

加入星空聯盟，光是會費就 4 億臺幣，再加上整個作業流程的投資，對於處在虧損狀態的長榮，是筆不小的負擔。張國煒為什麼堅持要這麼做？這和長榮走高端市場的策略選擇有關。

近年來，全球幾個比較大的機場，出現一種管理趨勢，就是將某個航站，交由聯盟的航空公司自己去營運管理。有時，甚至由聯盟成員一起出錢，建構一個新航站。

「聯盟是大者恆大。如果你不是成員，你就不能使用好的航站和貴賓室，會變成某個較差航站的雜牌軍，服務水準立刻降下來。」張國煒解釋。「加入聯盟後，長榮去不了的地方，我們可以利用聯盟成員的網絡，把旅客一路送過去。」

(五) 秀出臺灣航空公司的國際水準

事實上，長榮經營東南亞的轉運市場，已有多年經驗。在越南扎根尤深，不但聘請越籍空服員、地勤，越南人甚至視長榮為國籍航空。張國煒希望有一天大陸旅客也能到臺灣中轉。

就像他的老爸，長榮集團總裁張榮發一樣，張國煒總是把「臺灣的質感」掛在嘴邊，「我們做航空公司就是在代表臺灣。我們要秀給人家看，臺灣的航空公司是具有國際水準的。」

《案例 16》美國 Walgreens 藥妝連鎖：關心顧客大小事

美國最大藥妝店 Walgreens，不斷創新改革，在服務細節及待客禮儀上領先業界，以每 19 個小時開一家直營店的驚人速度，已躍為全球最大連鎖藥妝店，

創造連續四十年營收及獲利雙成長的超優紀錄。

(一) Walgreens 行銷致勝祕訣

Walgreens 成立於 1901 年，1909 年才開第二家店。此後穩定成長，1984 年突破一千家店，1994 年開出第二千家店，2001 年第三千家店開張。2001 年在紐約證交所上市，2003 年店數突破四千大關，2012 年突破六千家。

2012 年，Walgreens 營收 400 億美元，獲利 15.5 億美元，創造連續三十年營收及獲利雙成長的超優紀錄。與 1994 年相較，十八年來營收及獲利成長五倍。

全球第一大量販折扣連鎖店沃爾瑪，雖以其規模經濟的採購優勢，強調「天天都便宜」，卻陷於水深火熱的折扣戰，而 Walgreens 卻以產品差異化及行銷服務創新，走出自己的路，一支平價口紅，沃爾瑪定價 6.96 美元，在 Walgreens 卻賣 9.96 美元，硬是高出 3 美元。

Walgreens 董事長兼執行長貝莫爾談到公司的致勝祕訣，只輕描淡寫地說：「我們對顧客的事情，無所不知。」

(二) 瞭解顧客心理

全美五十州，幅員極為遼闊，人口多元化，國民所得差距大，地域文化與消費習性亦有所不同。但 Walgreens 會從各種角度、立場及消費者情境，用心瞭解顧客心理，數十年來如一日。

貝莫爾表示，Walgreens 不斷創新改革，在服務細節及待客禮節上，都領先業界；並從嘗試失敗中，獲得教訓及成功契機。

總經理傑佛瑞說：「Walgreens 雖有最先進的 POS 資訊科技銷售統計系統，卻不能過於相信這些資料，因為這是事後的結果，更重要的是，必須掌握事前的努力及變化的趨勢。因此，公司經營層每年要巡訪至少一千家門市，與顧客及店面員工充分交換意見。」

Walgreens 高階管理層平均年資逾二十年，因此頗能掌握顧客及員工的心理。古典消費學的根本觀點就是大眾消費學，即針對大眾化消費者研發大眾化產品，並以大眾化行銷手段及工具推廣，達成大眾化經營的成果。但面對分眾化趨勢、消費者需求不斷改變、聽不見消費者的內在聲音等挑戰，企業必須有所因應，Walgreens 也積極出招。

面對各種可能的競爭，Walgreens 一路走來，從無畏懼。

(三) 商品行銷，因地制宜

面對分眾化消費趨勢，Walgreens 自 2000 年起擺脫店面設計與標準化的經營模式。換言之，全美各地的 Walgreens 連鎖店將可以因地制宜，進貨品項、價格、促銷及服務，則因當地消費者特性的不同，而有所差異化。

Walgreens 深刻體認，過去是追逐及滿足一致性大眾的需求，今天則要滿足個別的顧客，即使是一個顧客的反應，也要探討背後的需求、想法及不滿。消費者的任何期望，不管做得到或做不到，也不管有無重大意義，都必須即刻反應，讓消費者感受到歸屬感。

為了發掘消費者的內在聲音，公司高層都有掌握顧客心理的使命感及堅定信念：「對顧客的事，不可不知、不能不知、不應不知。」

美國大型醫院並不普及，因此夜間會有緊急醫藥品或藥劑師配藥的需求，Walgreens 已有三成連鎖店全天候營業，無形中提高消費者對 Walgreens 的信賴感。推出此制度時，雖有不少主管以營運成本升高、藥劑師不好找等理由反對，貝莫爾還是堅持為顧客做最好與最即時的服務。

另外，Walgreens 有八成連鎖店已提供駕車取商品的快捷服務。當初是針對 65 歲以上老年人設想的，沒想到推出後，大受趕時間的職業婦女及生意人歡迎。

為了減少顧客結帳等待時間，Walgreens 通常只開放一個窗口的結帳櫃檯，但如有三個以上顧客等待，就會開啟第二個窗口，由負責商品陳列的服務人員接手結帳工作。

(四) 服務創新、滿足顧客需求

在「大眾消費已死」的反古典消費學中，Walgreens 廢止一貫的標準化營運模式，努力探索各地區、不同所得層、不同族群、不同年齡消費群的嗜好，以及不斷改變的需求與期待。針對民族大熔爐的市場特性，Walgreens 也是第一家商品標示涵蓋英、日、法、中等十四種國際語言的藥妝店。

最近盛傳全球零售業龍頭沃爾瑪想加入藥妝市場戰局，Walgreens 並未感到憂心忡忡。一些分析師認為，沃爾瑪雖有壓倒性的採購優勢，但相對市場適應力較弱。例如，沃爾瑪買下日本西友零售集團後，至今仍陷於苦戰。貝莫爾表示：「我們的調適應變力非常快速，因為我們瞭解不改變即死亡的道理。Walgreens 能在美國藥妝連鎖市場長期稱霸，是因為我們對顧客的事，一天比一天更加用心的去瞭解、掌握及因應。」

《案例 17》東京迪士尼：顧客滿意度只有滿分與零分兩種

日本東京迪士尼樂園自 1983 年成立以來，當年入館人數即達 1 千萬人，1990 年度達 1.5 千萬人，2012 年破 2 千萬人，是日本入館人數排名第一的主題樂園，排名第二位的橫濱八景島，每年入館人數為 530 萬人，僅及東京迪士尼樂園人數的四分之一。

日本人對迪士尼樂園的重複「再次」入館率高達 97%，顯示出東京迪士尼樂園受到大家高度的肯定與歡迎。

東京迪士尼樂園（TOKYO Disney Land）於 2001 年 9 月在其區域內推出第二個樂園——東京迪士尼海洋樂園（TOKYO Disney Sea World），兩相輝映，已成為日本遊樂聖地，甚至很多外國觀光團，也常安排到這個地點遊玩。

(一)「100－1＝0」奇妙恆等式

東京迪士尼樂園社長加賀見俊夫，領導兩個遊樂園共計 1.9 萬名員工，其最高的經營理念就是「堅持顧客本位經營」，以達到顧客滿意度 100 分為目標。

加賀見社長提出「100－1＝0」的奇妙恆等式，100－1 應該為 99，怎麼變成 0 呢？加賀見社長認為，顧客的滿意度只有兩種分數，「不是 100 分，就是 0 分」，他認為只要有一個人不滿意，都是東京迪士尼樂園所不允許，他教育 1.9 萬名員工：「東京迪士尼的服務品質評價，必須永遠保持在 100 分。」換言之，2012 年度有 2 千萬人次的入館顧客，應該讓 2 千萬人都是高高興興進來，快快樂樂地回家。能達成這種目標，才算真正的貫徹「顧客本位經營」，顧客也才會再回來。

(二) 親自到現場觀察

那麼加賀見社長如何做到「顧客本位經營」呢？他除了在每週主管會報中聽取各單位業績報告及改革意見外，每天例行的工作，就是直接到「現場」去巡視及觀察。

加賀見社長最注重顧客的臉部表情，從表情中就可以感受到顧客進到東京迪士尼到底玩的快不快樂？吃的滿不滿意？買的高不高興？以及住的舒不舒服。

加賀見社長表示，「現場」就是他經營的最大情報來源，他經常在巡園中，親自在餐廳內排隊買單，感受排隊之苦。也常為日本女高中生拍照，並問她們今天玩得開心嗎？他常巡視清潔人員是否定時清理園內環境？也常假裝客人詢問園內服務人員，以感受他們答覆的態度好不好？加賀見社長最深刻的見解就是「把顧客當成老闆，顧客不滿意、不快樂，就是老闆的恥辱，能夠做到這樣，才是服務業經營的最高典範。」

(三) 顧客本位經營的內涵指標

東京迪士尼樂園的顧客本位經營的內涵指標，就是強調 SCSE，亦即安全（Safe）、禮貌（Courtesy）、秀場（Show）、效率（Efficiency）。

1. 安全：所有遊樂設施必須確保 100% 安全，必須警示哪些遊樂設施不適合遊玩，需定期維修及更新，並且有園內廣播及專人服務，把顧客的生命安全，當成頭等大事。東京迪士尼開幕二十五年以內，從來沒有發生過重大設施安全上不當事件，是可讓人放心與信賴的地方。
2. 禮貌：所有在職員工、新進員工，甚至高級幹部，都必須接受服務待客禮貌的心靈訓練，並成為每天行為的準則。東京迪士尼的服務人員，被要求成為最有禮貌的服務團隊，包括外包的廠商，在迪士尼樂園內營運，也要接受內部要求的準則，並接受教育訓練。
3. 秀場：東京迪士尼樂園安排很多正式的秀，以及個別的化妝人物，主要都是在勾起參觀顧客的趣味感、新鮮感與好玩感，並且經常與這些玩偶面具人物照相或贈送糖果與贈品，這也是較具人性化的遊樂性質。
4. 效率：東京迪士尼的效率是反映在對顧客服務的等待時間上，包括遊玩、吃飯、喝咖啡、入館進場、尋找停車位、訂飯店住宿、遊園車等各種等待服務時間。這些等待時間必須力求縮短，顧客才會減少抱怨。尤其，長假人潮擁擠時間，如何提高服務時間效率，更是一項長久的努力方向。

(四) 門票、商品販售、餐飲是營收三大來源

東京迪士尼樂園在 2012 年度計有 2 千萬人入館，每人平均消費額為 9,236 日圓（折合臺幣 2,700 元）。其中，門票收入為 3,900 日圓（占 42%），商品銷售為 3,412 日圓（占 37%），以及餐飲收入為 1,924 日圓（占 21%）。自 2002 年度開始，還增加住房收入。

從以上營收結構百分比來看，三種收入來源均極為重要，而且差距也不算很大。因此，主題樂園的收入策略，並不是仰賴門票收入，在行銷手法的安排上，還應該創造商品、餐飲及住宿等多樣化營收來源。

1. 在商品銷售方面：已有六千項商品，除了迪士尼商標商品外，還有一些日本各地的土產及各種節慶商品，例如耶誕節、春節等應景產品。這些由外面廠商所供應的商品，不管是吃的或用的，都被嚴格要求品質。自 1990 年以

來，日本已歷經二十年經濟不景氣。但東京迪士尼樂園的經營，仍然無畏景氣低迷，而能維持穩定而不衰退的入館人數，實屬難能可貴。追根究柢，加賀見社長歸因於「堅守顧客本位經營」與「100－1＝0」的兩大行銷理念。他說迪士尼樂園 1.9 萬名員工每天都在努力演出精彩的「迪士尼之夢」（Disney Dream），而帶給日本及亞洲顧客最大的快樂與滿意。

2. 在餐飲方面：包括麥當勞、中華麵食、日本和食、自助餐、西餐等多元化口味，能滿足不同族群消費者及不同年齡顧客的不同需要。目前光是東京迪士尼食品餐飲部門的員工人數就達 7 千人，占全體員工人數約三分之一，可說是最重要的服務部門。餐飲服務最注重食品衛生及待客禮儀，希望能滿足顧客的餐飲需要。
3. 在住宿方面：迪士尼樂園內已有十多棟可以住滿五百間的休閒飯店，除住宿外，還提供宴客及公司旅遊等大規模用餐的需求，並且以家庭 3 人客房為基本房間設計。2012 年 2 千萬人來館顧客中，有三成左右（650 萬人次）會有住宿的消費，此顯示休閒飯店的必要。尤其是在暑假、春節及假日，東京迪士尼園區內的休閒飯店經常是客滿的。

(五) 流暢的交通接駁安排

東京迪士尼樂園在尖峰時，每天有 8 萬人次入館，其中交通線的安排必須妥當，才能使進出車輛順暢。該樂園安排三個出入口，一個是 JR 京葉縣舞濱車站的大眾運輸，以及葛西與浦安入口。尖峰時刻，每小時有 4,800 輛轎車抵達，而這三個入口都可負荷。另外，東京迪士尼樂園與海洋世界二大園區的停車場空間，最大容量可以停 1.7 萬輛汽車，是全球最大的停車場。在這二大園區之間，還有園區專車服務，約 13 分鐘即可以直達，省下顧客步行 1 小時的時間，這都是從顧客需求面設想的。

(六) 賺來的錢，用來維護投資

東京迪士尼樂園 2012 年度營收額達 2,700 億日圓（折合臺幣約 800 億元），是日本第一大休閒娛樂公司及領導品牌。該公司歷年來都保持穩定的營收淨利率，1997 年最高達 15%，2012 年下降到 6%，主要是因為持續擴張投資與提列設備折舊、增加用人量等因素所致。加賀見社長認為，第一個園區已有十九年歷史，必須再投資第二個園區（海洋世界），才能保持營收成長，以及確保固定的長期獲利。因此，必須要用過去幾年賺來的錢繼續投資，才能有下一個二十五年的輝煌歲月。

《案例 18》臺北 101 購物中心：頂級客戶 VIP 室祕密基地

靠著一些「鄰居」捧場，而且 900 多個人就可以撐起一家購物中心業績的兩成，哪家店有這樣的地利、人和？

貴賓廳位於臺北 101 大樓 6 樓，經常出入 101 大樓的消費者，幾乎不知道大樓內還別有洞天。

(一) 入會費真高檔，單日須消費 101 萬元

只有尊榮俱樂部會員，才有辦法按下 6 樓電梯的按鍵，電梯門打開的空間，就成為臺北 101 大樓經營頂級客戶的祕密基地。

要享受這樣的服務，口袋得先準備好 101 萬元，這是入會的消費金額門檻，而且限定在單日內消費達此金額，進入門檻可以說是目前全臺灣條件最嚴苛的。

目前，尊榮俱樂部的會員數只有 900 多人，消費金額總和卻已經占 101 購物中心全年營收的 20%以上，約為新臺幣 20 多億元，超過一團團進門消費觀光客所花的錢，成為最重要的營收來源，也是 101 大樓經營頂級客層的獨門招數。

臺北 101 企業發言人劉家豪說，觀光客買完就跑，多為一次性消費，本地客人才是值得投資的忠實客戶。如果服侍好這群貴客，可以確保日後更多的獲利來源。

這群貴客之中，有不少都是住在信義計畫區附近的「鄰居」，從家裡直接走路來這裡逛街，潛在客戶包括鴻海集團董事長郭台銘夫人曾馨瑩、富邦金控董事長蔡明忠夫人陳藹玲等，就連自己家開百貨公司的寶麗廣場（BELLAVITA）董事長梁秀卿也是這裡的貴客。

劉家豪表示，對於頂級消費族群來說，一整年下來要累積到 101 萬元太容易了，所以限定為單日消費，區隔出真正有消費實力的客人，同時也可刺激這群貴客對高價精品的消費。但是要經營這群貴客也沒有這麼簡單，首先得撒大錢塑造華麗的環境。

2004 年正式對外營運的 101 購物中心，直到 2010 年才成立尊榮俱樂部，其實 2005 年開始，公司內部就有此想法，但一直在館內卡不到好位置，再加上如果要做就要拉到最高規格，必須要取得董事會支持，後來頂新集團魏家入主，大力支持此案，才斥資 6 千萬元打造貴賓廳，並請董事姚仁祿指導空間規劃、燈光設計等。

(二) 展示櫃僅三個，每坪月租金將近200萬元

寬敞的空間和輕柔的音樂，十二組沙發座椅每一套都不同，全部是特別定製的，每一組沙發之間還有簾幕可以拉起來，維持隱密性。

為了留住這群雲端裡的貴客，只是用心已經不夠，還得絞盡腦汁變化花樣來滿足他們的品味需求，不過，從業績來看，這些布局都是值得的。

貴賓廳140坪的室內，完全都是休憩空間，只有三個約50公分見方的正方形透明立櫃，展示著未上市或獨家限量精品，例如目前櫃上擺的是限量版GUCCI波士頓包及絲巾，早於旗艦店一個禮拜以上就開始販售。而這三個櫃加起來不到三分之一坪的位置，每週租金要價15萬元，換算下來，等於每坪每月租金將近200萬元，比起商場一樓每坪每月約2.5萬元的租金，這裡堪稱是101租金最貴的一塊寶地。

一日消費滿101萬元，就可以一年內自由出入享受空間，尊榮俱樂部的貴賓廳使用率很高，平日約有30-50人次進入，假日則有近百人。臺北101商場行銷部客服經理劉明和說，現在假日還常常需要事先預約才有位子。因此，俱樂部目前把會員人數控制在1千人以下。而貴賓廳的功能也從提供隱密性高的休憩空間，提升為社交空間，一個頂級名媛貴婦及商務人士下午茶的好地方。

(三) 專辦尊榮活動，義大利師傅現場定製衣服

比起一般全客層百貨如SOGO、新光三越、遠東百貨的貴賓室，類似於預購會場地，這裡則更像是會員個人可隨意使用的專屬空間。

也許就是這種神祕、尊寵的感覺，受到頂級客層的喜愛，經營出口碑後，各精品品牌也想和這群貴客有進一步接觸。臺北101商場行銷部活動公關組長謝明璜說，不只館內設櫃廠商，就連館外的品牌也會想要來這裡辦活動，但需要提案，經過公司評選，「太普通或辦過很多次，像是dinner或茶會，基本上都不會過。」所以，若只是一般的新品預購會，很難排進俱樂部的活動檔期，因為他們認為，貴客要的是比別人早一步，而且獨一無二的尊榮感。

舉例來說，有酒商想要來這裡辦品酒會，一定要是全臺最早，而且是限量頂級品，「絕對要爭取到最極端的才行。」謝明璜說。例如，高級男裝品牌Ermenegildo Zegna就曾經請來義大利師傅，現場幫客人量身定做手工定製服，全臺僅限30個名額，只有俱樂部會員受邀。或是，FENDI的皮草秀，也從義大利請來師傅現場為每一件產品做解說，「這種事情我們不會大張旗鼓到處宣傳，知道的人有限，而且只會在這個樓層發生」。

除此之外，俱樂部更成為相關業者接觸這群貴客的平台，例如專推模里西斯等頂級旅遊行程的旅行社，或是頂級醫美健檢等。

《案例 19》日本行銷「接客」時代來臨

最近隨著日本經濟復甦與景氣回春，日本零售流通業已愈來愈重視對「接客」的服務，一股「接客復權」與「接客力」之風潮，已成為市場行銷的主流。以下列舉幾家日本「接客服務」表現卓越的案例，以供國內企業參考。

(一) 日本 7-ELEVEN：「接客」是成長的原動力

日本 7-ELEVEN 目前在各方面，所主推的接客戰略是「試吃銷售服務」，只要是有新商品在店頭內新上市，店面的加盟主即會加派人手，在店內對顧客展開熱忱與有禮貌的端盤子請顧客試吃的舉動。日本 7-ELEVEN 曾做過現場店頭實驗，證明新產品有經過試吃活動的，隔日就會賣的比較好。而沒有經過試吃的，就經常會有比較多的存貨。這證明了「試吃販賣」活動，對新商品上市的知名度、產品認知及實際銷售量，都會帶來明顯的效益，也改變了新商品有較長的壽命。

卓越的日本 7-ELEVEN 董事長鈴木敏文表示，便利商店的四個經營骨幹，即是產品的鮮度管理、暢銷品的單品管理、現場清潔與布置管理，以及接客管理。他認為現在已是日本零售流通業，必須展現「真誠」與「用心」的接客時代來臨。

在東京郊區多摩市的日本 7-ELEVEN「研修中心」，來自全日本 7-ELEVEN 加盟店的新進店員，都必須在此中心接受「如何有效接客」的主題式教育訓練。

鈴木敏文董事長所以發出日本 7-ELEVEN「接客時代」來臨宣言，主要是他體會到過去十二年來，由於日本長期不景氣下，大家都一味追求價格便宜或低價商品。但隨著景氣回溫，又漸漸回復到追求「價值」的面向。而由賣方或店長主動向顧客展示新產品的價值與利益，將可以更為有效傳達出這樣的信念，而顧客也才會有知覺，然後進一步實踐購買行動。

雖然試吃販賣活動，會增加多用一個人的人事費用。但事實證明，後面新產品銷售增加的利潤，遠大於這種接客人事費用的增加。因此，鈴木敏文董事長認為接客經費必須先行投資，絕不能省，這是接客時代的經營大原則。

迎接「接客時代」的來臨，除了試吃、試賣活動之外，還包括其他行動，例如必須把新商品攤在最顯眼有利的視覺空間位置上；便當加熱微波爐必用最好的機種，才能在最短時間內為顧客完成等待時間；店員必須主動為顧客把東西放入包裝袋子內，並且用雙手奉上；店內地板的光亮度必須達到八十度標準，以及陳列空間不允許有空蕩缺貨的感覺等。

鈴木敏文董事長已深深感受到，在物質豐富、價格激烈競爭、商品差異化不易擴大、店數可能接近飽和之不利經營環境挑戰下，每一個加盟店的店長及店員，如何成功做好為每一位進店顧客的「接客服務」，將是提升每一個店效與追求總營收再成長的原動力。

企業競爭已廝殺到現場第一線的接客能力表現上，因此「接客復權」時代又回來了。企業應加快思考如何磨練一個月「接客戰鬥力」的行銷組織、行銷策略及行銷攻擊戰術，這將是未來贏的行銷祕訣之所在。

(二) 日本 YAMADA 3C 家電量販店：接客日本第一活動

日本 YAMADA 家電量販店，即使面對競爭對手不斷拋出低價競爭策略之下，仍能保持市場第一品牌領導地位，2012 年的營收額達 1 兆日圓，大賣場店數已達二百六十家之多。該公司山田昇社長接任後，即推出「接客日本第一」專案，全面出擊「接客至上」的服務策略。根據該公司的調查顯示，過去顧客的抱怨，有 35% 與店員的接客關係不良有關，有 15% 與店員的商品知識不足有關。這兩項合計 50%，均與第一線人員的「接客能力」有十分密切的關係。於是，山田昇社長在一年前決定推出「接客日本第一」專案活動，全面要求全國 8 千多位現場店員、組長及店長，均須接受「商品知識」與「接客服務」兩大類的嚴格測試合格制度。經過這樣嚴格的考試制度及現場模擬測試，該公司所有員工均對「商品知識」及「接客服務」的知識與要求，都提高了水準。

YAMADA 公司推出「接客日本第一」專案後，客訴已明顯降低了三分之一，而營收、獲利及銷售量，則有大幅成長。此顯示，該公司全面推動「接客力」活動，所帶來絕對有效的助益。

YAMADA 家電量販店，還全面禁止下列八項接客用語，亦即不得對來店顧客說出包括不知道、沒有了、不瞭解、沒聽過、不可能、怎麼會貴、還沒出來，以及缺貨，因為這八種答覆都是對接客服務的不尊重與不用心。

山田昇社長認為 3C 家電量販店競爭武器，主要根基於三項，一是品項多元而齊全，二是價格因規模經濟採購而便宜些，三是現場的接客服務。對於現場接客服務，每一位成交客戶，現場營業人員都必須填寫一張在 A4 紙上列有三十個勾選項目的服務紀錄表，以示對此顧客的真心、認真與專業服務態度。這張紀錄表包括顧客進到店來，到結帳付款走出店外的全部接客過程紀錄，計有三十個詳實紀錄事項。另外，為瞭解接客服務競爭力的表現成效究竟如何，YAMADA 公司每一季還針對已買過的會員顧客及一般社會大眾觀感，委外進行電訪民調、銷售現場問卷調查及網路調查等三種市調機制，以從不同角度去全面瞭解及掌握全國 YAMADA 家電量販店在不同地區成果表現、顧客滿意程度，以及未來應該再改善革新的方向與具體做法及內容。

YAMADA 公司的成功，就是深根於這種 8 千多位，每天在第一線現場，不斷提升「接客力」的知識競爭力，而深得顧客滿意心與肯定心。

《案例 20》百貨公司推出 VIP 日，專門伺候頂級顧客

頂級精品單價高，能為百貨公司墊高業績。為了搶奪頂級客戶生意，各家百貨業者都使出渾身解數，伺候這些上賓。微風廣場、新光三越信義新天地、遠企等都推出 VIP Day，讓這些頂級客戶享受尊榮禮遇，包括拿上千元的高級贈品、吃喝免費、優先享有折扣等，果然因此一天就創下最高 2,000 多萬元業績。

(一) 新光三越 A4 館

例如跨進新光三越 A4 精品館，就有一個隱密的 VIP 室。新光三越表示，從八百家廠商所給予的前 3 大消費名單中再去篩選，最後只有近 300 個客人擁有 VIP 資格。有些名人想要當 VIP 還不見得可以，因為此份尊榮待遇只有給真正消費能力強的大客戶。

新光三越信義新天地 A4 館，平時進店人次約為 1 萬人，單日業績約為 2 千萬元，新光三越週年慶開跑的前一日，優先打電話給 300 位 VIP，邀請他們提早來購買，同時享有優惠，不需要跟別人擠；另外還準備 VIP 室，裡面提供免費吃喝，還派人幫 VIP 提袋兼逛街聊天，以及獲得價值 2 千多元的頂級巧克力贈品。

這 300 名 VIP 一天就消費 2.2 千萬元，消費能力果然驚人。而新光三越也表示，這些 VIP 之中，有些人一年就在館內消費上千萬元。

(二) 微風廣場

微風廣場，也是操作 VIP Day 的高手，不過與其他家做法不同。微風廣場會邀請近千位有潛力的消費大戶，將全店封館，讓 VIP 享用香檳、音樂、派對，

還可以看時尚名人。

(三) 百貨頂級客戶經營一覽

百貨業	新光三越 A14	遠企	微風廣場
1. VIP 數量	300 名	300 名	1,000 名
2. VIP資格取得方式	各櫃位提供消費最高前三名，公司確認核准	年消費 100 萬元以上	白金卡消費金額最高前 1,000 名
3. VIP享受內容	提早享受折扣、贈送禮品、提袋陪逛、吃喝免費	時尚派對、免費喝香檳、巧克力、贈送禮品、享有特別折扣	封館享受時尚派對、特別折扣
4. VIP Day 創下業績	2,000 多萬元	上千萬元	2,000 多萬元

《案例 21》P&G：傾聽女性意見，精準抓住消費者需求

P&G 花非常多時間，傾聽女性意見；超過與 100 萬名消費者接觸，精準抓住消費者的需求。

(一) 傾聽，就是為了深入瞭解女性需求

現在 P&G 穩居全球最大民生消費用品公司，去年總營收超過 825 億美元，排名《財星》全球 500 大企業前一百強。

旗下有超過三百個品牌，一百六十個國家都能看到產品蹤跡，從美容美髮、清潔用品、居家護理、女性用品、香水、食品，產品線一應俱全，最負盛名的包含在臺灣市占率最高的專櫃美容品牌 SK-II（15%）、總市占率高達四成的洗髮精品牌（潘婷、沙宣、飛柔、海倫仙度絲）。

跟女人關係密切，P&G 不只靠女人起家，更是「女人專家」。很多產品推出前，行銷人員討論市場策略時，問的都是「『她』會買嗎？」

「為女性打造產品，是 P&G DNA 的一部分，我們花非常多時間，傾聽女性的意見。」P&G 臺灣及香港執行董事兼總經理倪亞傑說。

P&G 如何瞭解女性呢？致勝關鍵就在於複雜而仔細的女性研究。

P&G 在兩岸三地與超過 100 萬名消費者接觸，其中六成是透過面對面的訪談。其餘四成則透過消費者專線，詢問產品使用狀況。全球一些實驗零售商店裡還設計了逛街測驗，用攝影機記錄女性買東西的消費決定，好更精準抓住消費者需求，並增加行銷新產品的靈感與準確性。

正是看準女性口碑行銷力道驚人，P&G 必須確保所做的一切，都顯得比別人更瞭解女人。

倪亞傑說，只要產品夠好，夠懂女人的需求，她們自然會跟朋友分享，會寫部落格推薦，完全不必逼她們，自然就會回籠購買。

(二) 全方位第一線接觸，抓住未來消費趨勢

P&G 為瞭解女性，鉅細靡遺的程度，連《經濟學人》也曾深入報導。P&G 消費者研究部門的人員，常在世界各地考察，並會花上一整天時間，記錄女人到底如何購物、吃飯及使用保養品。他們試著理解女人在商店裡，看到產品後，頭 7 秒的反應，這稱為「消費者第一接觸」（First Moment of Truth），接著觀察她們在家使用的情形，P&G 稱為「產品使用後的回饋」（Second Moment of Truth）。

走在市場最前鋒，P&G 除了跟女性消費者第一線的親密接觸外，更常請教意見領袖、皮膚科醫師、消費專家，抓住未來消費趨勢，亦步亦趨緊隨。

《案例 22》G&H 西服店：專業形象服務顧問，讓客人變型男

在人來人往的 SOGO 百貨忠孝館，Gieves & Hawkes（簡稱 G&H）西服的店長郭儷玲，站在掛滿剪裁合身、挺拔的西裝櫃前，笑容可掬地服務客人。

二十一年來，郭儷玲就是上自大老闆，下至小員工的專業形象顧問。為客人挑選一套適合的西裝，讓客人出場大方，就是她的工作。

(一) 專業＋細節，抓住顧客心

累積四年男性內衣到休閒服的銷售經驗，郭儷玲在同事介紹下，來到 G&H 工作。一進到專櫃，她看著眼前以萬元起跳的西裝，「一套西裝這麼貴，要怎麼讓客人信賴我？」郭儷玲心中冒出疑問。

首先，郭儷玲接受公司的專業課程訓練，瞭解怎麼看客人是否適合這套西裝。「客人高低肩，就加個墊肩。」她比了比肩膀，強調西服挑選的細節。

以同理心對待客人，是郭儷玲抓住顧客忠誠的關鍵。客人一上門，郭儷玲立即稱呼對方林先生、陳老闆，讓顧客既驚訝又感覺倍受重視。

(二) 爭取顧客的信賴感

就像是貼身管家一般，誰喜歡什麼花色，固定修改的褲長、尺寸，每分細

節，都烙印在郭儷玲的腦袋中。不等顧客開口，她早已準備妥當。

「是本能和努力啦！」郭儷玲不好意思地笑了。從第一天工作起，就下定決心「要做得比別人好。」不論是不是自己的客人，她仍認真反覆調看客戶資料表。

和郭儷玲共事九年的林惠君，直說郭儷玲對經營顧客很有一套。「有熟客打電話問郭姊開市了沒。」林惠君停下手邊縫紉的工作。「只要她說還沒，客人就要郭姊選幾件衣服到家裡讓他挑。」

到府服務，代表客人信賴郭儷玲的專業眼光。面對這位十多年的常客，她會準備好他需求件數的二倍量，讓他挑選。郭儷玲挑選的樣式，客人幾乎都買單。

就是這份信賴感，郭儷玲打破了顧客和銷售員間的界線。除了逢年過節的簡訊和順手帶來的小點心以外，客人在重要時刻的託付，讓郭儷玲成就感十足。

(三) SOGO 西服專櫃第一名業績，爭取與顧客的每一次接觸

業績是銷售人員最大的壓力來源。為了給客人最好的服務與減少彼此摩擦，郭儷玲與同事商量，以團體業績取代個人業績。果然，郭儷玲團隊去年業績高達 3,500 萬元，是 SOGO 西服專櫃的第一名。

「只要多用點心就做得到。」郭儷玲到櫃前，一定穿好制服、化好妝，準備好最專業的服務態度。對她來說，每一次與客人的接觸，都是她最重要的時刻。

《案例 23》統一超商顧客滿意經營學

從創業第一天起，7-ELEVEN 就只專注做好一件事：回應顧客需求。從最高階經營者到中階主管，無論各自處在哪個專業領域，他們的共同語言就是「融入顧客情境」；而發掘、體貼顧客的不方便，已牢牢嵌入這群人、這家公司的 DNA。

(一) 只專注做好滿足並回應顧客需求

7-ELEVEN 的三十七年企業史，就是一段「不斷蒐集、並快速回應顧客需求」的歷史。從創業第一天起，這家公司就只專注做好這一件事。產品上，有推出就引發排隊搶購的「40 元國民便當」；服務上，有 24 小時都能收款的水電費代繳；行銷上，有全民瘋狂的「Hello Kitty 磁鐵」集點；系統上，有「今日訂、明日到」的環島物流系統等。

管理教科書上會說，7-ELEVEN 做的事情叫「創新」；但是對許多企業而

言，「創新」只是個標語、是個沒有衝擊力的名詞。7-ELEVEN 相信，想創新，就要先「融入顧客情境」——那是一個明確的環境、具體的行動，更是全公司和四千八百個門市的共同信仰。前總經理徐重仁說：「『融入顧客情境』是我們的核心競爭力。」、「顧客的不方便，就是我們的機會」。

很少遇到一間公司，從最高階經營者到中階主管，都說著高度一致的共同語言——原來，超商人的專業不是各自所擅長物流、行銷或服務，而是能「融入顧客情境」；唯有如此，才能發掘顧客的不方便。

(二) 四千八百家門市店，已成為「融入顧客情境」的經營實驗室

為廣泛蒐集、快速回應顧客需求，7-ELEVEN 從創業初，甚至虧損階段，就開始打造一套營運系統；其中門市布點、物流和資訊流，是最重要的三根柱子。

在全臺九千多家便利超商中，7-ELEVEN 門市占超過一半，是第二名的二倍。但徐重仁認為，「最大的敵人不是競爭對手，而是瞬息萬變的顧客需求，」所以，四千八百家店、5,000 多名店員，個個都是總部的情報天線。每一個顧客的需求，會透過店長、區顧問、區經理層層往上彙報，最後進入總部的「經革會」。在這個每兩週一次的會議中，徐重仁和高階主管們會一起找出解決方法。

點點滴滴的小改善，目的不是要累積成大利潤，而是要為每天 700 萬個顧客帶來便利。7-ELEVEN 持續推行的「單品管理」（TK），核心精神就是「同樣一件商品，要依據商圈屬性、顧客特質，來改變銷售方式」。

走出會議室，門市也是決策者的經營實驗室。徐重仁曾說，只要從顧客的表情、動作和購物籃裡的東西，他就能猜出對方的購物動機。只要跟顧客靠得夠近，就是判斷成效的關鍵績效指標。

很難想像，如今有五十一家關係企業、營業額 1.2 千億元的零售帝國，創業初期也曾經連續虧損七年。儘管財務狀況捉襟見肘，主管們甚至要用「猜拳」的方式，決定由誰回總部報告業績，徐重仁卻從未停止投資基礎建設。

(三) 物流＋資訊流：贏得顧客信任的堅實後盾

由於臺灣產業聚落相對不完整，無論要集中配送商品到門市或生產一個全程 18 度 C 保鮮便當，7-ELEVEN 都得自己成立關係企業。因此，還只有十四家店時，徐重仁就大膽在南北各設置一個出貨中心，使商品能集中配送，減少門市缺貨。

1986 年，7-ELEVEN 終於開始獲利，徐重仁更加大投資腳步，其中影響最重大的是導入 POS 系統。這套系統，日本超商早已實施多年，用於協助門市精

準掌握每天的銷售數字，只是一套要價高達新臺幣10億元。

「便當」也曾在二十年間歷經三次試賣，最後都因為便當工廠無法配合生產，或是無暇幫忙配送而作罷。直到1998年，7-ELEVEN與日本合資興建一座從生產到配送、全程18度C保鮮的便當工廠，才催生了人氣商品「御便當」。

這些投資，金額動輒數億元、短期也看不見回報，為什麼非做不可？「沒辦法，因為沒人要做啊！」徐重仁說得輕描淡寫，背後卻隱含一股堅決的意志：為了滿足顧客需求，沒人要做，就自己來！

(四) 滿足顧客一天24小時的需求，回應一年360天的期待

如今，門市、物流和資訊流架起的全方位供應網，儼然已成為7-ELEVEN接觸顧客、滿足需求的鐵三角。

當年的兩個小倉庫，已擴大成四個專業物流公司、全臺三十六個物流中心；門市訂貨的四千多種商品，每天都可以在半小時誤差內，精準地送達貨架；在博客來買的書、7-net買的可樂，也都能在24小時內交到顧客手中。

從POS系統起步的資訊系統，也因為從數字中找出消費者生活改變的蛛絲馬跡，而一層層向上堆疊、往外擴散。2006年，7-ELEVEN憑藉零售龍頭之姿，廣泛整合外部資源，打造出從實體門市伸進雲端的ibon。

回顧7-ELEVEN每個決策轉折，每件曾經為滿足顧客需求而不得不做的事，現在都成為贏得顧客信任的堅實後盾，甚至埋下通往「虛實整合」趨勢的伏筆。

乍看之下，7-ELEVEN對於開發門市、物流和資訊流，花錢毫不手軟；事實上，它投資的是硬體背後的貼心、快速與精準，為的是滿足顧客一天24小時的需求、回應一年365天的期待，以求最終贏得一輩子的信任，這就是ROI最高的顧客投資學。

第三篇

服務業顧客關係管理篇

第9章 服務業顧客關係管理

第 1 節 CRM 概述

一、CRM推動之原因及目標

CRM（Customer Relationship Management, CRM）的中文，即是顧客關係管理之意。為何企業要經營顧客關係管理呢？以下我們來探討之。

(一) 為何要有 CRM？

1. 從本質面看：顧客是企業存在的理由，企業的目的就在創造顧客，顧客是企業營收與獲利的唯一來源（註：彼得・杜拉克名言）。所以，顧客爭奪戰是企業爭戰的唯一本質。
2. 從競爭面看：市場競爭者眾，各行各業已處在高度激烈競爭環境中。每個競爭對手都在進步、都在創新，都在使出激烈手段搶奪顧客及瓜分市場。
3. 從顧客面看：顧客也不斷的進步，顧客的需求不斷變化，顧客要求水準也愈來愈高。企業必須以顧客為中心，隨時且不斷的滿足顧客水準的需求。
4. 從 IT 資訊科技面看：現代化資訊軟硬體功能不斷的革新及進步，成為可以有效運用的行銷科技工具。
5. 從公司自身面看：公司亦強烈體會到，唯有不斷的強化及提升自身以「顧客為中心」的行銷核心競爭能力，才能在競爭者群中，突出領先而致勝。

(二) CRM 的目的／目標何在？（圖 9-1）

1. 不斷提升「精準行銷」之目標：使行銷各種活動成本支出在最合理之下，達成最精準與最有效果的行銷企劃活動。
2. 不斷提升「顧客滿意度」之目標：顧客永遠不會 100% 的滿意，也不斷改變他的滿意程度及內涵。透過 CRM 機制，旨在不斷提升顧客的滿意度，並對企業產生好口碑及好的評價。滿意度的進步是永無止境的。
3. 不斷提升「品牌忠誠度」之目標：顧客滿意度並非完全等同顧客忠誠度，有時顧客雖表面表示滿意，但卻不會在行為上、再購率上及心理上有高的忠誠度展現。因此，運用 CRM 機制，亦希望可力求提升顧客對品牌完全始終如一的忠誠度，而不會成為品牌不斷嚐新、嚐鮮或比價的移轉者。
4. 不斷提升「行銷績效」之目標：CRM 的數據化效益目標，當然也要呈現在營收、獲利、市占率、市場領導品牌等可量化的績效目標上。

5. 不斷提升「企業形象」之目標：企業形象與企業聲譽是企業生命的根本力量，CRM 亦希望創造更多忠誠顧客，而對企業有更好的形象評價。
6. 不斷「鞏固既有顧客並開發新顧客」之目標：CRM 一方面要鞏固及留住既有顧客，儘量使流失比例降到最低。另一方面也要開發更多的新顧客，使企業成長，不斷刷新紀錄、創新高。

二、推動CRM的相關面向與原則

企業要如何滿足顧客？全方位考量及行銷原則的掌握，乃是一定要的做法。

(一) CRM 的做法——全方位面向的思考

CRM（顧客關係管理）應用在執行面，可分成四個面向進行，一是 IT 技術面，包括資料蒐集（Data Collection）、資料倉儲（Data Warehouse）、資料探勘（Data Mining）三種。二是行銷企劃與業務銷售面，包括產品力提升（Product）、品牌力提升（Branding）、價格力提升（Pricing）、廣告力提升

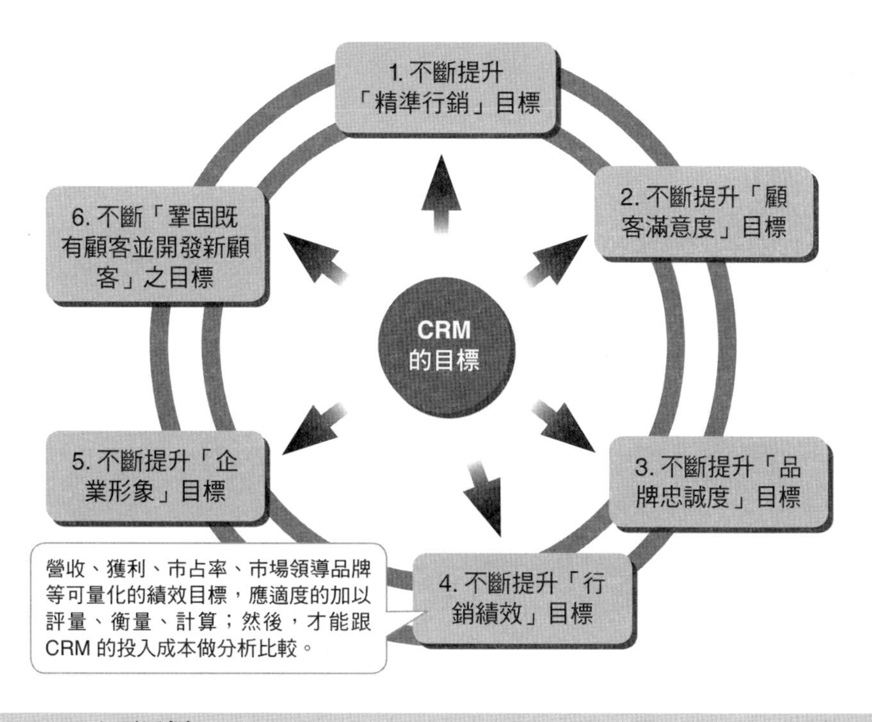

圖 9-1　CRM 六項目標

（Advertising）、促銷力提升（Promotion）、人員銷售力提升（Professional Sales）、作業流動力提升（Processing）、服務力提升／客服中心（Service）、媒體公關力提升（PR）、活動行銷力提升（Event Marketing）、網路行銷提升（On Line Marketing）、實體環境力提升（Physical Environment）十二種。三是會員經營面，包括會員卡、聯名卡、會員分級經營、會員服務經營、會員行銷經營五種。四是經營策略面，包括顧客導向策略、顧客滿意策略、顧客忠誠策略、企業形象策略四種。

CRM 必須從上述四個面向思考相關的具體做法細節與計畫，而這要看各行各業而有不同的重點，各公司也有不同的狀況。但是，唯有思慮周密的「同時」才能考慮到這四個面向，並採取有效的做法及方案，才會產生最完美的 CRM 成效。

(二) CRM 五個行銷原則的掌握

不管是 CRM 也好，行銷 4P 活動也好，都必須在五個原則上滿足顧客：一是尊榮行銷原則，即讓顧客感受到更高的尊榮感。二是價值行銷原則，即讓顧客感受到更多的物超所值感。三是服務行銷原則，即讓顧客感受到更美好的服務感。四是感動行銷原則，即讓顧客感受到更多驚奇與感動。五是客製化行銷原則，即讓顧客感受到唯一。

(三) 對誰做與誰負責 CRM？

CRM 必須透過 IT 技術應用系統架構與操作，才能推動 CRM；然而企業究竟要對誰做 CRM？我們將之分類為 B2C（Business to Consumer）與 B2B（Business to Business）兩種。B2C 主要是針對一般消費大眾，而 B2B 則是針對企業型顧客，例如 IBM、HP、微軟、Intel、Dell、銀行融資、華碩、鴻海、大藥廠、食品飲料廠等。至於誰負責 CRM？實際上，會有幾個部門涉及到 CRM 機制的操作及應用，包括 CRM 資訊部、CRM 經營分析部、業務部、會員經營部、行銷企劃部、經營企劃部、客服中心部七個部門。

(四) 較適用 CRM 的行業

1. 金控銀行業（信用卡）。
2. 人壽保險業。
3. 電信業（行動電話）。
4. 百貨公司業。
5. 電視購物業。
6. 直銷（傳銷）業。

7. 大飯店業。
8. 超市業。
9. 餐飲連鎖業。
10. 書店連鎖業。
11. 藥妝店連鎖業。
12. 休閒娛樂業。
13. 量販店業。
14. 購物中心業。
15. 名牌精品業。
16. 其他服務業。

三、CRM 實現的四個步驟與顧客戰略

有了全方位對 CRM 的考量及行銷 4P 原則的掌握後，再來就是如何使 CRM 實踐的問題。

(一) 實現 CRM 的四個步驟層次（圖 9-2）

1. 戰略層面（戰略思考面）：以顧客為基礎的事業經營模式為考量，並整合行銷、營業及服務等作業流程，力求創造對顧客差別化對待。
2. 知識層面（顧客瞭解面）：深入對目標顧客群的理解及洞察，而提供他們所要的產品及服務，滿足他們的需求。
3. 業務流程及組織層面（戰術規劃面）：整合企業的行銷 4P、業務、人及組織的流程規劃，並從中創造顧客所感受到的價值。
4. Solution 及 Technology 層面（執行方面）：從與顧客的關鍵接觸點中，做完美的服務，包括現場店面的接觸、客服中心接觸、業務員接觸，以及電話、傳真、E-mail、手機等多元管道的接觸點服務。

(二) CRM 就是企業的「顧客戰略」

CRM 就其本質而言，就是指「顧客戰略」，要正確的瞭解、分析及掌握三點：一是顧客到底是誰？二是顧客要什麼？三是如何做到顧客想要的？然後再進一步瞭解、分析及掌握相關細項（見圖 9-3）。

四、顧客資料是 CRM 的基軸

隨著電腦和網路技術的發展，顧客購買方式、企業銷售模式發生了巨大的改變。對於任何企業而言，顧客是企業發展的基礎，是企業實現盈利的關鍵。企業在市場競爭中不斷提升自身核心競爭力的同時，也愈來愈關注顧客滿意度與顧客忠誠度的提升。顧客的滿意和忠誠不是透過簡單的價格競爭即能得來，而是要靠

圖 9-2　實現 CRM 的四個步驟層次

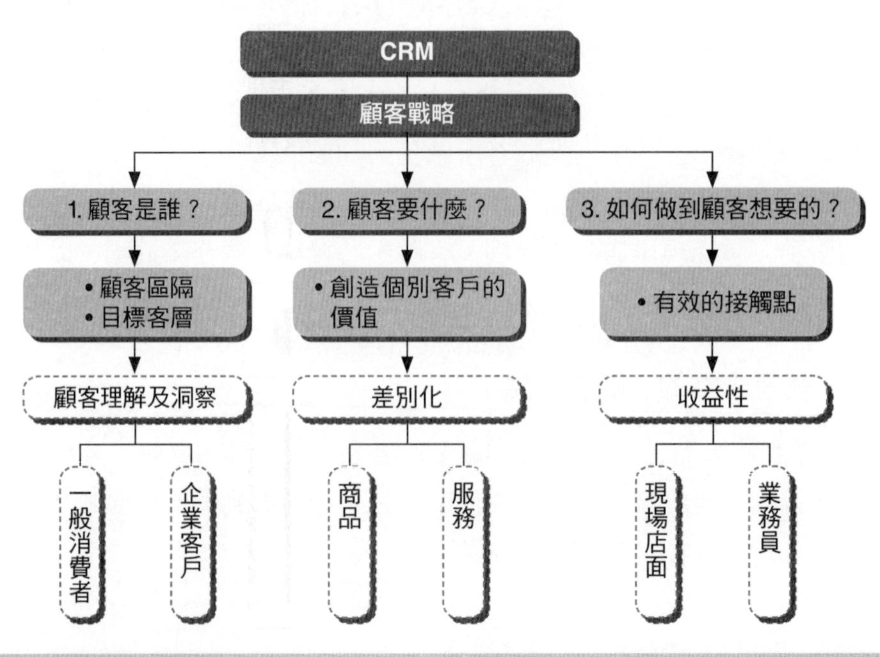

圖 9-3　CRM 就是企業的顧客戰略

資料庫和顧客關係管理（CRM）系統，從與顧客的交流互動中，更加瞭解顧客需求而實現顧客滿意經營。

(一) 顧客資料庫是 CRM 的基軸

CRM 的基軸所在內涵，就是「顧客資料庫」（Data Base），必須多方與多管道蒐集到更多、更新與更完整的顧客資料，否則無法進行顧客關係管理與會員有效經營，也無法進行後續的 8P／1S／1C 的行銷組合計畫及行動，最後更無法長期維繫住與顧客的良好及忠誠關係。

8P／1S／1C 的行銷組合計畫及行動，包括產品規劃、定價規劃、促銷規劃、通路規劃、活動規劃、廣告規劃、服務規劃、現場環境規劃、作業流程規劃、經營模式規劃、人員銷售規劃等（圖 9-4）。

(二) 與顧客的接觸點

企業有很多日常工作與管道，來與往來顧客進行接觸，如下列至少十二項具體管道，包括客服中心電話、業務人員面對面、店面服務人員面對面、總機、傳真、電子郵件（E-mail）、DM 宣傳單、ATM 機、手機、電子商務（EC）、網站、展示會／展覽會，以及其他資訊等。上述十二項具體管道稱之為「與顧客的

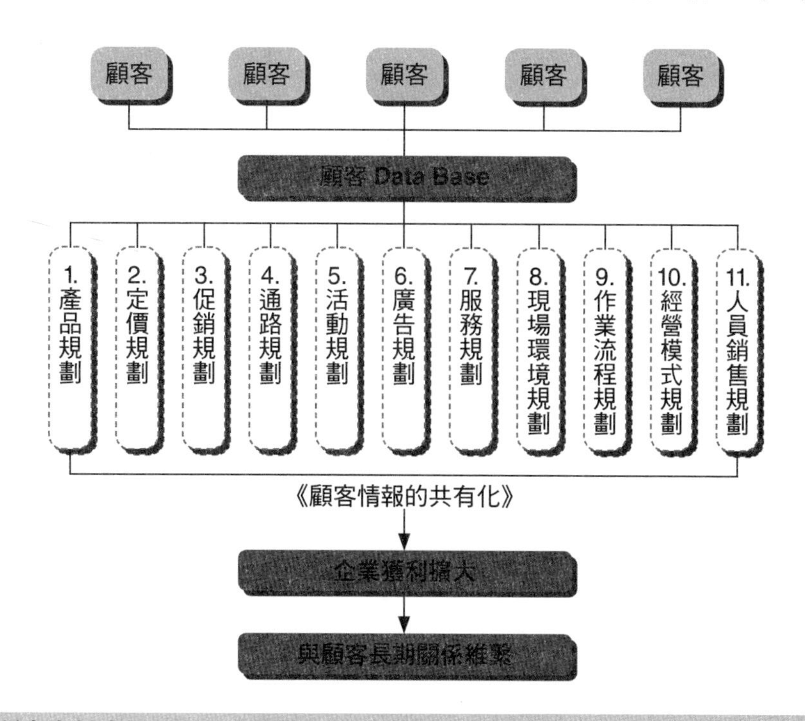

圖 9-4 顧客資料庫是 CRM 的基礎

接觸點」（Contact Point），可以接觸到或面對顧客的面孔，或聽取其聲音或經由網站看到其意見與反應。

(三) CRM 系統要區別出優良顧客

CRM 系統的重要目的之一，就是透過顧客倉儲、顧客區隔、顧客分析，以及顧客採礦等程序，以區別出本公司或本店、本館的優良顧客、貢獻度大的顧客、有效顧客、信用好的顧客，然後針對這些經常來購買，或購買金額較大的優良顧客，提出更為優惠、尊榮，與一對一客製化的對待及接待。

同樣地，透過上述程序，也能區別哪些是本公司或本店、本館的非優良顧客、貢獻度小的顧客、不太有效的顧客、信用不好的顧客，然後針對這些非經常來購買，或購買金額較小的非優良顧客，一般對待即可（圖 9-5）。

第 2 節 CRM 資料採礦

一、資料採礦的意義、功能及步驟

由於資訊科技的進步，網路的無遠弗屆，企業得以大量的蒐集及儲存資料。

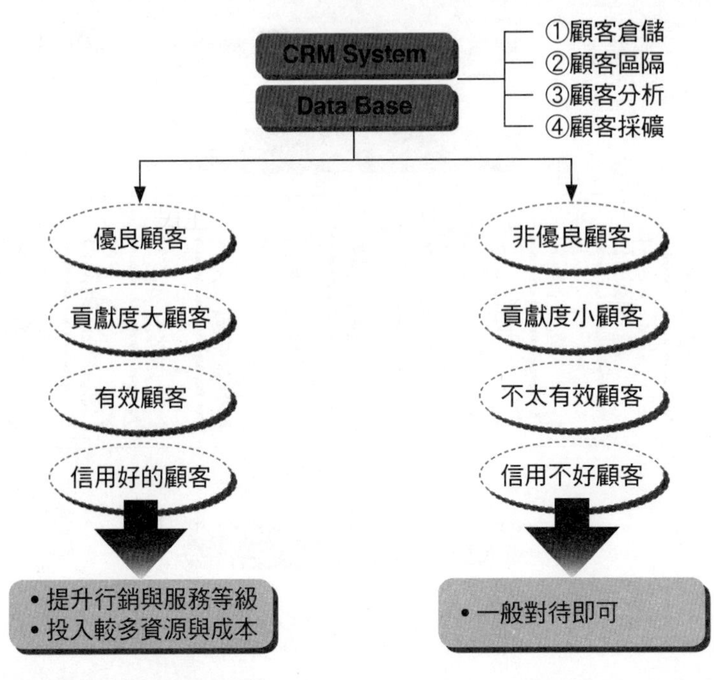

圖 9-5 CRM 系統要區別出優良顧客

但累積的大量資料不僅占用空間，並無法直接增加企業的價值，人們逐漸體會到大量資料並非就是大量資訊，資料分析與萃取乃勢在必行。

(一) 何謂資料採礦？

所謂資料採礦（Data Mining）是從堆積如山的資料倉儲中，挖掘有價值的資訊情報，並發現有效的規則性及關聯性，然後施展各種行銷手法，以達成預定的目標或解決相關的問題點。

(二) 資料採礦的功能——區隔市場

資料採礦的功能，主要是對顧客加以分組（Grouping）或區隔化（Segmentation）。其區隔變數，主要可區分成人口統計變數（定量）、地理區域變數（北部／中部／南部）、心理與消費行為變數（定性）、生活型態與價值觀（定性）四大類區隔變數，其中以下列人口統計變數為主軸：

1. 性別：男、女。
2. 年齡：15-20 歲；20 歲代（20-29 歲）；30 歲代（30-39 歲）；40 歲代（40-49歲）；50 歲代（50-59 歲）；60 歲代（60-69 歲），70 歲以上。
3. 職業：學生、家庭主婦、退休人員（銀髮族）、白領上班族、藍領上班族、自由業、店老闆、專技人員、軍公教人員。
4. 學歷：國中、高中、專科、大學、研究所。
5. 所得水準：個人所得／家庭所得／所得範圍（低／中／高）。
6. 家庭成員：小孩、父母親。
7. 種族（省籍）：外省人、客家人、閩南人、原住民。
8. 宗教：佛教、基督教、天主教。
9. 政黨取向。
10. 婚姻：已／未婚。

(三) 資料採礦案例說明

以電視購物業為例，經由上述資料採礦抓取出最優顧客群定量輪廓（Profile），可能是「女性、家庭主婦、有一個 10 歲內小孩、中等學歷」（專科／高中）、中等家庭所得（8 萬元、年齡在 30-40 歲之間）。再如，經由資料採礦抓取出其資訊 3C 大賣場，對資訊 3C 商品類的最優顧客群定量輪廓，可能是「男性、白領上班族、高學歷（大學、研究所）、未婚、中高所得、年齡在

23-35 歲之間。」

二、資料採礦的功能、效益及 RFM 分析法

資料採礦通常涉及套用演算法與統計分析資料，這是發現關鍵商機和洞察商務處理程序的方法。

無論是企業想嘗試決定市場區隔、進行市場研究分析，還是預測薯條促銷將賣出大量熱狗的可能性，靈活運用資料採礦的功能，可提供決策者使用，以做出最適當且最具效益的決策方案。

(一) 資料採礦功能的理解

資料採礦（Data Mining） 主要具有四大重要功能，一是區隔化，也稱區隔顧客群（Segmentation）；二是連結分析（Link Analysis）；三是差別；四是預測。我們以預測將來的優良顧客層購買行動為例，說明如下：

第一步：對優良顧客（Segmentation）。在龐大的顧客資料庫中，如何有效的將優良顧客區分出來，包括依據購入總金額高的、購買頻率高的為指標。例如區分為 A、B、C、D 等四群（Cluster）顧客群。

第二步：利用連結分析，分析這些優良顧客群，過去的購買履歷狀況，例如：

顧客 A 群：經常購入 X、Y 兩大類商品，各占多少比例。

顧客 B 群：經常購入 X、Y、Z 三類商品，各占多少比例。

第三步：對優良顧客屬性的模組化；亦即，對優良顧客的購買行動，加以預測（判別預測）。例如，可從年齡、性別、職業、年收入四面向，來判別優良顧客屬性的行為，得到的可能是「25-30 歲、男性、白領上班族、年收入在 50-70 萬之間。」

然後針對他們所需要的產品進行各種促銷活動，或新品開發，或一對一宣傳。另外，亦可針對這類屬性的顧客，爭取成為新顧客。

(二) 資料採礦的分析用途（效益發揮）有哪些？

資料採礦（Data Mining）的效益發揮，可用兩種層面來看待，一是基礎分析效益；二是促進行銷各種應用實戰效益，這兩種層面的詳細內容如圖 9-8 所示。

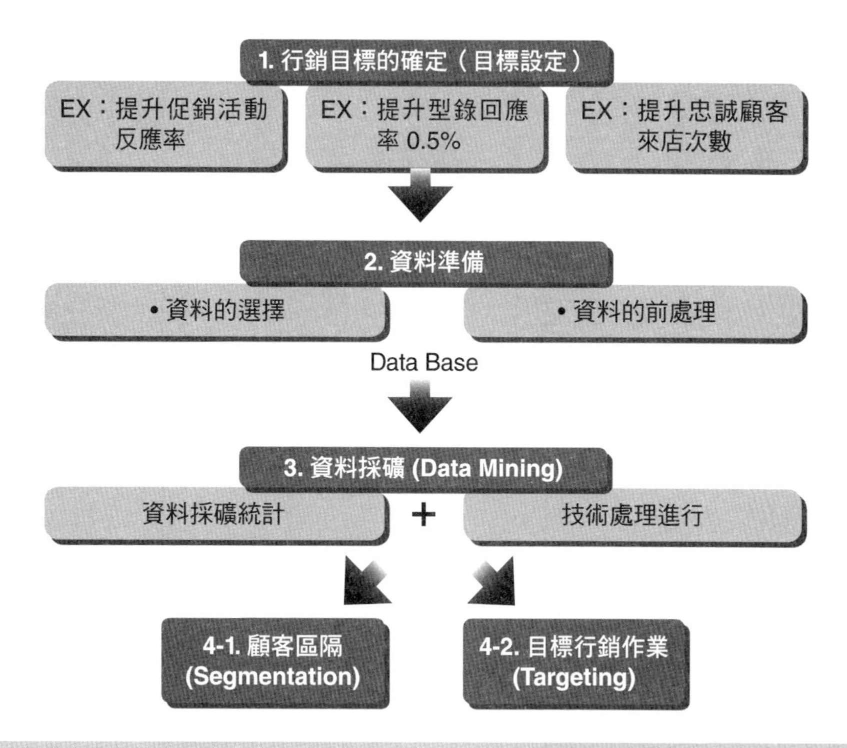

圖 9-6　資料採礦三步驟

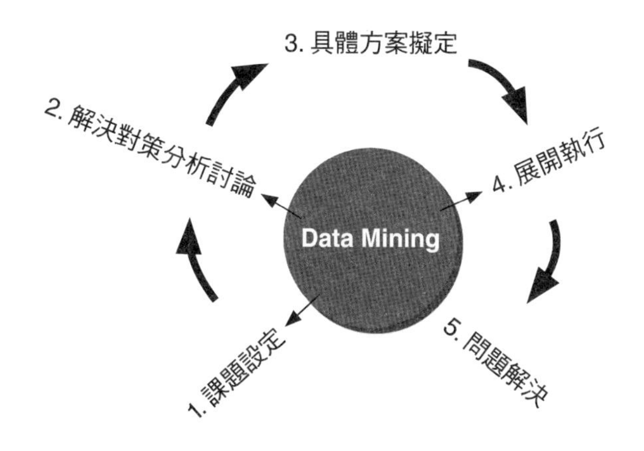

圖 9-7　資料採礦的目標

(三) 以 RFM 分析為基礎的資料庫行銷

資料庫行銷的分析基礎，就是所謂的 RFM 分析方法。何謂 RFM 分析方法的意涵呢？如下所述，並舉例說明如圖 9-9。

R：Recently，即是最近什麼期間內有購買？

F：Frequently，即是買了多少次？

1. 基礎分析效益

①RFM 分析
②顧客分級分析
③商品群 Profile 分析
④顧客群 Profile 分析
⑤顧客購買行動分類分析
⑥季節性消費行為分析
⑦顧客忠誠度行為分析

2. 促進行銷各種應用實戰

①業務銷售促進
②SP 促銷活動促進
③商品開發方向促進
④回應率促進（型錄、網路預購、預訂）
⑤通路活動促進
⑥Event 活動促進
⑦提升服務活動促進
⑧獲取新客戶促進
⑨挽回舊客戶促進
⑩提升顧客忠誠度促進
⑪提升顧客滿意度促進

圖 9-8　資料採礦效益發揮兩層面

R Recently（最近什麼期間內有購買）

F Frequently（買了多少次）

M Monetary Value（買了多少錢）

RFM 分析法例舉

R：1 個月內 / 3 個月內 / 6 個月內 / 9 個月內 / 1 年內
F：買 1 次 / 買 2 次 / 買 3 次 / 買 4 次 / 買 5 次
M：1 萬元以內 / 1-2 萬元 / 1-3 萬元 / 3-4 萬元 / 4 萬元以上

RFM 分析可以計算出 5×5×5=125 個顧客群的區隔面貌（即顧客 Group 化或 Segment 化）。

RFM 案例：

	R		F		M		合計得點
	最近購買日		過去 1 年購買次數		過去 1 年購買金額		
消費者 A	30 天前	得 3 點	5 次	得 3 點	21 萬元	得 4 點	得 10 點
消費者 B	20 天前	4 點	2 次	1 點	5 萬元	1 點	6 點
消費者 C	60 天前	1 點	5 次	3 點	4 萬元	5 點	9 點
消費者 D	10 天前	5 點	5 次	1 點	1 萬元	3 點	9 點

根據 RFM 分析，消費者 A 為最優良顧客

圖 9-9　何謂 RFM 分析法

M：Monetary Value，即是合計買了多少元？

三、CRM 應用成功企業個案分析

最近日本有一家新創業的 Dr. Ci:Labo 中小型企業的化妝品及美容機器設備銷售公司，近五年來，連續在營收及獲利均有顯著成長。2012 年營收額有 150 億日圓及獲利 30 億日圓，目前員工人數為 250 人。這家公司係以皮膚科醫生所創新研發的保養肌膚專用化妝美容保養品為主軸，並切入此領域的護膚利基新市場。

Dr. Ci:Labo 從 2004 年開始進入 CRM 系統，對顧客實施新的商品開發及促銷溝通方法後，獲利率均能維持在 20% 的高水準。該公司在皮膚科專業醫師協助下，開發出護膚的美容保養品，受到消費者的高度好評。

(一) 建立一般性及特殊性兩大資料庫

該公司導入 CRM 系統，首先有兩大資料庫系統。一是一般性的「顧客管理基礎資料庫」。這個資料庫，主要以蒐集銷售情報、顧客情報、商品情報三種資料庫為主，希望對資料倉儲（Data Warehouse）展開一元化管理。

另一個 CRM 系統是比較特殊且具特色的，即該公司建立「肌膚診斷資料庫」，目前已累積 15 萬人次的顧客肌膚診斷結果的資料庫。由於該公司導入肌膚診斷資料庫，並且適當的提出對顧客應該使用哪一種護膚保養品之後，該公司在此類產品的購買率呈現二倍成長，其效果遠勝於廣告支出的效果。

(二) CRM 的兩項用途功能

該公司在建立各種來源管道的顧客資料倉儲之後，再進行 OLAP（On Line 分析處理）系統，以及行銷部門的資料採礦（Data Mining）系統。而該公司目前成功的運用 CRM 系統，主要呈現在兩個大方向。

第一個用途是對於新商品開發及既有產品的改善，產生非常好的效果。因為在數十萬筆資料倉儲及資料採礦過程中，可以發現顧客對本公司產品使用後的效果評價、優缺點建言等，可作為既有商品的強化之用。另外，對於顧客的新問題點，亦有助於開發出新產品，以解決顧客對肌膚問題保養及治療的問題需求。另對於衍生出健康食品及保健藥品的新多角化商品專業領域的拓展，也能從這些顧客資料庫的心聲及潛在需求中，而獲得反應、假設、規劃、執行及檢證等行銷程序。

第二個用途功能，則是對於顧客會員 SP 促銷正確有效的運用。該公司依據顧客不同的年齡層、購入次數、購入商品別、生活型態、肌膚不同性質、工作方式等，將每月寄發給會員刊物，並加以區別歸納為二至四種不同的編製方式及促銷方案。此種精細區分方法，主要目的乃在於摸索出最有效果的訴求方式、想要的商品需求，以及最後購買商品回應率的有效提升之目的。

日本 Dr. Ci:Labo 醫學美容公司實例

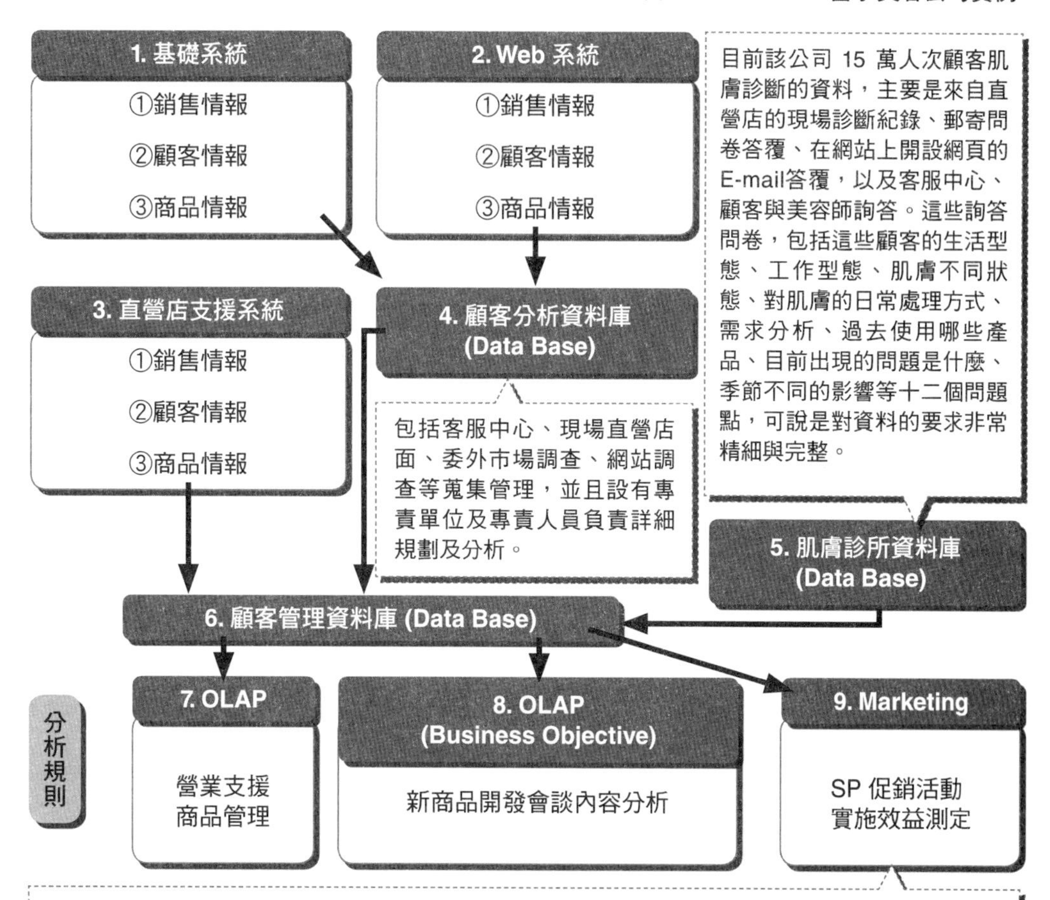

傾聽顧客需求，全員成為「行銷人」

Dr. Ci:Labo 公司要求任何新進員工，包括客服、業務及幕僚人員等，均必須具備護膚及保養的專業知識，通過測試後，才可以正式作用。該公司總經理石原智美，長久以來即要求營業人員、客服中心人員、幕僚人員及推動 CRM 部門人員，務必要盡可能親自聆聽到顧客對自身肌膚感覺的聲音，加以重視，並且有計畫、有系統、有執行作為的充分有效蒐集及運用，然後創造出在新商品的開發創意、販促活動的創意及事業版圖擴大的最好依據來源，並且要在每週主管級的「擴大經營會報」上提出反省、分析、評估、處理及應用對策。換言之，石原智美總經理希望透過這套精密資料的 CRM 系統的活用，成為公司的特殊組織文化及企業文化，深入全體員工的思路意識及行動意識。她說：「希望達成公司全員都是 Marketer（行銷人）的目標。」

發掘顧客更多「潛在性需求」

Dr. Ci:Labo 公司，五年前是以型錄販賣為主，目前會員人數已超過 190 萬人，重購率非常高，平均每位會員每年訂購額為 5-10 萬日圓。該公司最近也展開直營店的開設，希望達到虛實通路合一的互補效益，以及加速擴大 Dr. Ci:Labo 的肌膚保養品品牌知名度，加速公司營運的飛躍成長，能從中小型企業，步向中型企業的規模目標。由於這套 CRM 系統的導入，實現了有效率的新商品提案及既有商品改善提案，發掘了更多顧客的「潛在性需求」，迎合個別化與客製化的忠誠顧客對象，最終對公司營收與獲利的持續年年成長，帶來顯著的效益。這是一個 CRM 應用成功的個案分析，值得國內企業及行銷界專業人士作為借鏡參考。

圖 9-10　CRM 系統導入架構

第四篇

服務業營運管理篇

第10章

服務業營運管理概述

第 1 節 管理的定義與經營管理矩陣

一、「管理」的定義

談管理，一般以為簡單，其實能成為企業「管理者」或「經理人」，並不容易。一家成功經營的企業，必然也是一家管理成功的企業，內部一定會有一個優越的「經營團隊」或「管理團隊」；反過來說，則會是一個失敗的企業。因此，企業的成敗，關鍵就在「經營」與「管理」。但「管理」是什麼呢？

(一) 管理定義面面觀

1. 主管人員運用所屬力量完成：管理是指主管人員運用所屬力量與知識，完成目標工作的一系列活動，即：運用土地、勞力、資本及企業才能等要素，透過計畫、組織、用人、指導、控制等系列方法，達到部門或組織目標的各種手法。
2. 本身是一種程序：管理本身，可視為一種程序，企業組織得以運用資源，並有效達成既定目標。
3. 透過資源達到目標：管理是透過計畫、組織、領導及控制資源，以最高效益的方法達到公司目標。
4. 完成各種任務：彼得・杜拉克（Peter F. Drucker）曾說：「管理是企業生命的泉源。」企業成敗的重要因素，在於企業是否能夠成功完成下列任務：完成經濟行為、創造生產成績、順利擔當社會聯繫及企業責任與管理時間。企業若要經營成功，必須要求企業功能部門主管，以管理職能執行管理活動。
5. 應具備的管理職能：一個主管人員能成功從事管理工作，必須具有基本職能，包括以下四種：1. 規劃：針對未來環境變化應追求的目標和採取的行動，進行分析與選擇程序；2. 組織：建立一機構之內部結構，使得工作人員與權責之間，能發生適當分工與合作關係，以有效擔負和進行各種業務和管理工作；3. 領導：激發工作人員的努力意願，引導其努力方向，增加其所能發揮的生產力和對組織的貢獻為最大目的，以及 4. 控制：代表一種偵察、比較和改正的程序，亦即建立某種回饋系統，有規則地將實際狀況（包括外界環境及組織績效）反映給組織。
6. 有效達成目標：管理包含目標、資源、人員行動三個中心因素，泛指主管人員從事運用規劃、組織、領導、控制等程序，以期有效利用組織內所有人力、原物料、機器、金錢、方法等資源，並促進其相互密切配合，使能有效率和有效果的達成組織的最終目標。

(二) 管理定義的總結

綜上所述，茲總結管理定義如下：「管理者立基於個人的能力，包括事業能力、人際關係能力、判斷能力及經營能力，然後發揮管理機能，包括計畫、組織、領導、激勵、溝通協調、考核與再行動，以及能夠有效運用企業資源，包括人力、財力、物力、資訊情報力等，做好企業之研發、生產、銷售、物流、服務等工作，最終能達成企業與組織所設定的目標。」這就是最完整的管理定義。

二、P-D-C-A 管理循環

實務上，「管理」（Management）經常被解釋為最簡要的 P-D-C-A 四個循環機制；也就是說，身為一個專業經理人或管理者，他們最主要的工作，即是做好每天、每週的計畫→執行→考核→再行動等四項工作。

(一) P-D-C-A 管理循環之進行

問題是如何進行 P-D-C-A 的管理循環？以下步驟可供遵循（圖 10-3）：

1. 要會先「計畫」（Plan）：計畫是做好組織管理工作的首要步驟。沒有事先思考周全的計畫，做事情就會有疏失、有風險。所謂「運籌帷幄，決勝千里之外」，即是此意。
2. 然後要全力「執行」（Do）：說很多或計畫很多，但欠缺堅強的執行力，

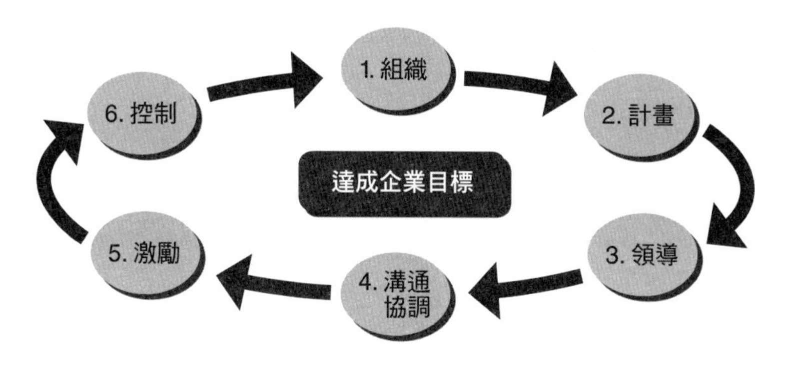

圖 10-1 管理的定義

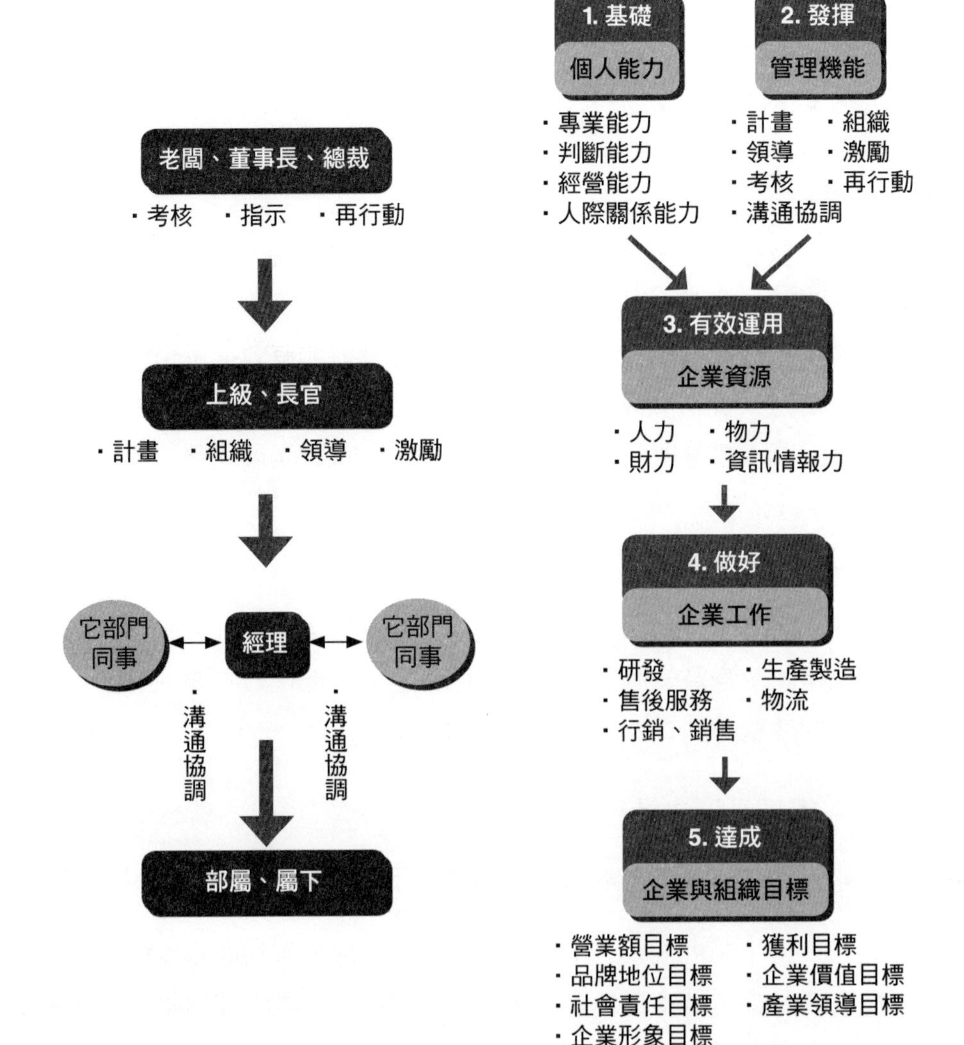

圖 10-2　管理定義在組織體系的應用

管理很容易變得膚淺，無法落實。執行力是成功的基礎，有強大執行力，才會把事情貫徹良好，達成使命。

3. 接著要「考核、追蹤」（Check）：管理者要按進度表進行考核及追蹤，才能督促各單位按時程表完成目標與任務。考核、追蹤是確保各單位是否如期、如品質的完成任務。畢竟，人是需要考核，才能免於懈怠。
4. 最後要「再行動」（Action）：根據考核與追蹤的結果，最後要機動彈性調整公司與部門的策略、方向、做法及計畫，而出發再行動，改進缺點，使工作及任務做的更好、更成功、更正確。

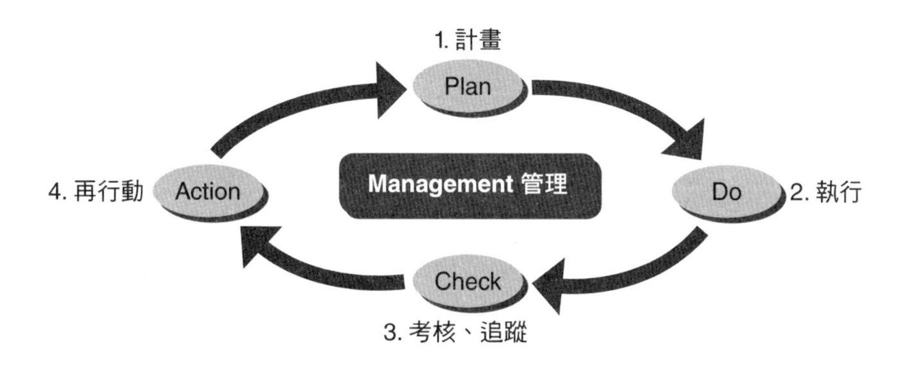

圖 10-3　P-D-C-A 管理循環

(二) O-S-P-D-C-A 步驟思維

任何計畫力的完整性，應有下列六個步驟的思維，必須牢牢記住（圖 10-4）：

1. 目標／目的（Objective）：(1) 要達成的目標是什麼？(2) 有數據及非數據的目標區分是如何？
2. 策略（Strategy）：(1) 要達成上述目標的競爭策略是什麼？以及 (2) 什麼是贏的策略？
3. 計畫（Plan）：研訂周全、完整、縝密、有效的細節執行方案或計畫。
4. 執行（Do）：前述確定後，就要展開堅強的執行力。
5. 考核（Check）：查核執行的成效如何，以及分析檢討。
6. 再行動（Action）：調整策略、計畫與人力後，再展開行動力。

另外，值得提出的是，在 O-S-P-D-C-A 之外，共同的要求是必須做好兩件事：一是應專注發揮企業的核心專長或核心能力（Core Competence）；二是要做好大環境變化的威脅或商機分析及研判。

如此一來，計畫力與執行力就會完整，這樣才能發揮管理的真正效果。

第 2 節 經營環境分析、SWOT 分析及產業環境分析

一、影響企業的環境因素

環境是企業營運系統互動的一環，所以現代企業對科技、社會、政經、國際

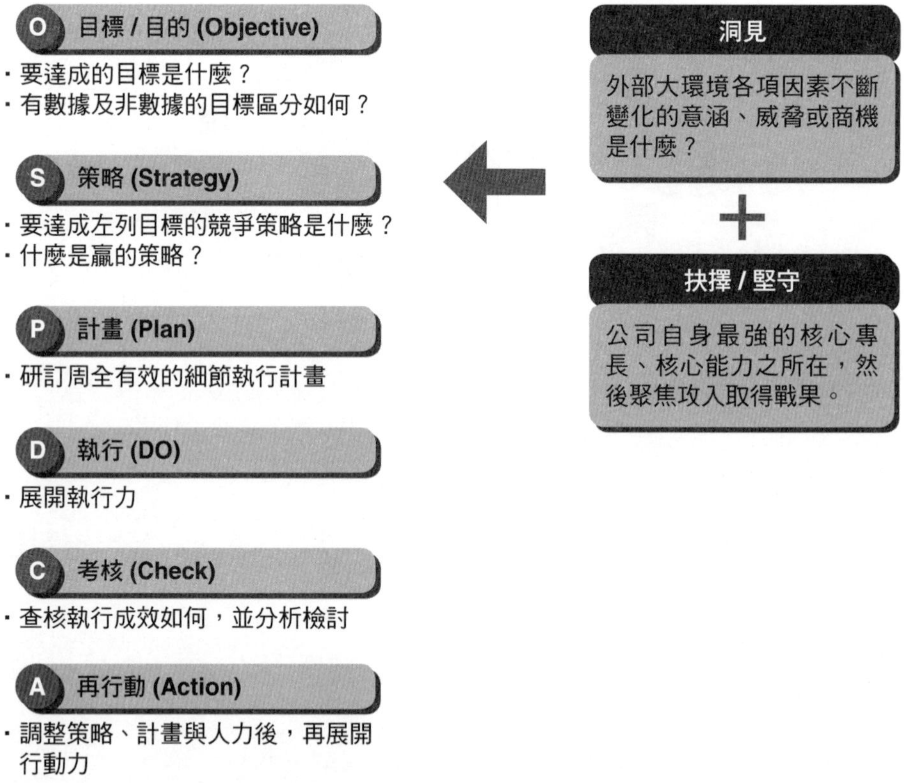

O 目標 / 目的 (Objective)

- 要達成的目標是什麼？
- 有數據及非數據的目標區分如何？

S 策略 (Strategy)

- 要達成左列目標的競爭策略是什麼？
- 什麼是贏的策略？

P 計畫 (Plan)

- 研訂周全有效的細節執行計畫

D 執行 (DO)

- 展開執行力

C 考核 (Check)

- 查核執行成效如何，並分析檢討

A 再行動 (Action)

- 調整策略、計畫與人力後，再展開行動力

洞見

外部大環境各項因素不斷變化的意涵、威脅或商機是什麼？

抉擇 / 堅守

公司自身最強的核心專長、核心能力之所在，然後聚焦攻入取得戰果。

圖 10-4　完整 O-S-P-D-C-A 六步驟思維

化等環境演變，都賦予高度關注。

(一) 企業為何要研究環境（圖 10-5）

1. 策略觀點：美國著名的策略學者錢德勒（Chandler）曾提出他頗為盛行的理論，亦即：環境→策略→結構（Environment→Strategy→Structure）的連結理論。錢德勒認為企業在不同發展階段會有不同的策略，但不同的策略改變或增加，實乃是內外部環境變化所導致；如果環境一成不變，策略也沒有改變之需要；當經營策略一改變，則組織的結構及內涵也必須相應配合，才能使策略落實踐履。因此，在錢德勒的觀點，環境是企業經營之根本基礎與變數，占有舉足輕重地位，故應深加研究。
2. 市場觀點：企業的生存靠市場，市場可以主動發掘創造，也可以隨之因應。而就市場的整合觀念來看，它乃是全部環境變化的最佳表現場所。因此，掌握了市場，正可以說控制了環境，此係一種反溯的論點。

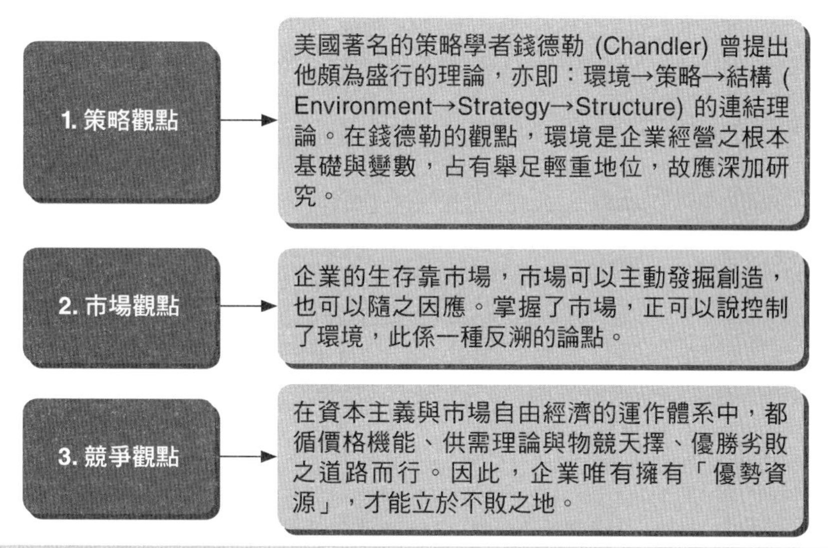

圖 10-5　企業為何要研究環境

3. 競爭觀點：在資本主義與市場自由經濟的運作體系中，都依循價格機能、供需理論與物競天擇、優勝劣敗之道路而行。企業如果沉醉於往昔成就，而不規劃未來發展，勢必面臨困境。因此，企業唯有認清環境，不斷檢討、評估與充實所擁有之「優勢資源」，才能在激烈競爭的企業環境中，立於不敗之地。而環境的變化，會引起企業過去所擁有優勢資源條件的變化，從而影響整合的競爭力。

綜上得知，從策略、市場與競爭三個觀點來看待企業與環境之關係，實足以證明環境分析、評估與因應對策，對企業整體與長期發展，具相當且關鍵之重要角色。

(二) 影響企業的直接與間接環境

除上述企業為何對環境賦予高度關注的觀點分析外，企業被環境影響的因素還可分為直接與間接兩種，茲說明如下：

1. 直接影響環境因素：是指直接的、即刻的影響到企業營運的因素，包括可能即刻影響到企業營運的收入來源、成本結構、獲利結構、市場占有率或顧客關係等重要事項。影響企業營運活動的四種主要環境因素，包括供應商環境、顧客群環境、競爭群環境、產業群環境或其他壓力等（圖 10-6）。
2. 間接影響環境因素：除直接影響環境外，企業營運活動也受到間接環境因素

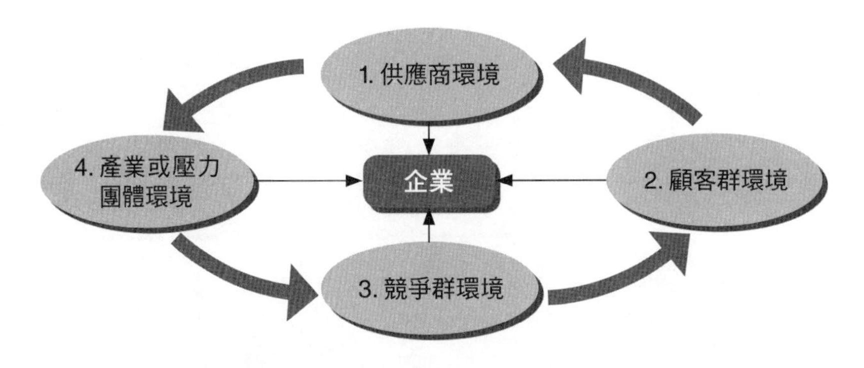

圖 10-6 企業四種直接影響環境因素

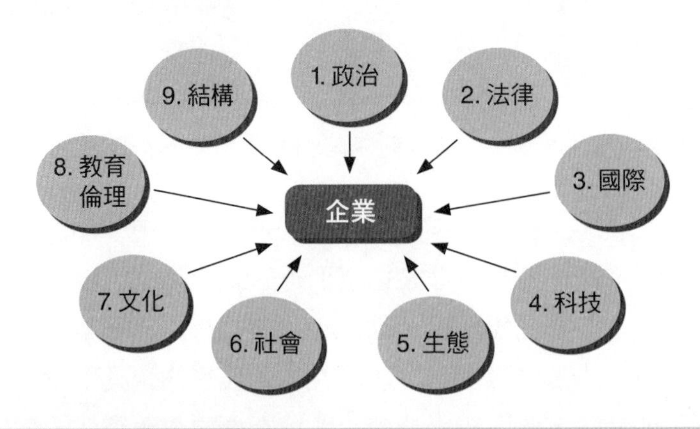

圖 10-7 企業九種間接影響環境因素

的影響，包括政治、法律、經濟、國防、科技、生態、社會、文化、教育、倫理，以及流行趨勢、人口結構等狀況改變（圖 10-7）。

可見外在環境的變化對企業影響之重大，如果企業不時時留意並掌握變動情報資訊，進而擬定因應對策，有可能會被市場潮流給淹沒而不自知。

二、監測環境的來源與步驟

由於外在的因素直接與間接影響環境，頗為複雜且多變化，因此企業必須有一套監測系統，而且要有專人負責，定期提出分析報告及其因應對策。對於緊急且重大影響，更是要快速、機動提出，以避免對企業產生不利的衝突及影響。

(一) 監測組織單位及功能

一般來說，企業內部大致有兩種監測的組織單位（圖 10-8）：

1. 專責單位：例如經營分析組、綜合企劃組、策略規劃組、市場分析組等不同的單位名稱，但做的都是類似的工作任務。
2. 兼責單位：各個部門裡，由某個小單位負責，例如：營業部、研究發展部、法務部、採購部等設有專案小組，均有其少部分人員兼責蒐集市場及競爭者訊息。

(二) 訊息情報來源管道

企業外部動態環境的訊息情報來源管道，大概可來自下列各方：1. 上游供應商；2. 國內外客戶；3. 參加展覽看到的；4. 網站上蒐集到的；5. 派駐海外的分支據點蒐集到的；6. 專業期刊、雜誌報導；7. 同業漏出的訊息情報；8. 銀行來的訊息情報；9. 政府執行單位的消息；10. 國外代理商、經銷商、進口商所傳來的訊息；11. 政府發布的資料數據；12. 赴國外企業參訪得到的，以及 13. 由國內外專業的研究顧問公司及調查公司得知等，十三種訊息情報來源管道（圖 10-9）。

(三) 監測分析步驟

有關對環境演變及訊息情報的監測分析步驟如下：1. 針對直接與間接環境變化趨勢方向及重點加以蒐集資料；2. 針對蒐集到的資料加以歸納、分析及判斷，提出有利與不利點；3. 最後提出本公司因應對策與可行方案，以及 4. 專案提報討論及裁示（圖 10-10）。

三、SWOT 分析及因應策略

企業經營管理營運過程中，最常運用的分析工具就是 SWOT 分析。所謂 SWOT 分析，就是企業內部資源優勢（Strength）與劣勢（Weakness）分析，以及所面對環境的機會（Opportunity）與威脅（Threat）分析。

專責單位	兼責單位
例如經營分析組、綜合企劃組、策略規劃組、市場分析組等不同的單位名稱，但都是類似的工作任務。	例如營業部、研究發展部、法務部、採購部等設有專案小組，均有其少部分人員兼責蒐集市場及競爭者訊息。

圖 10-8　監測組織單位及功能

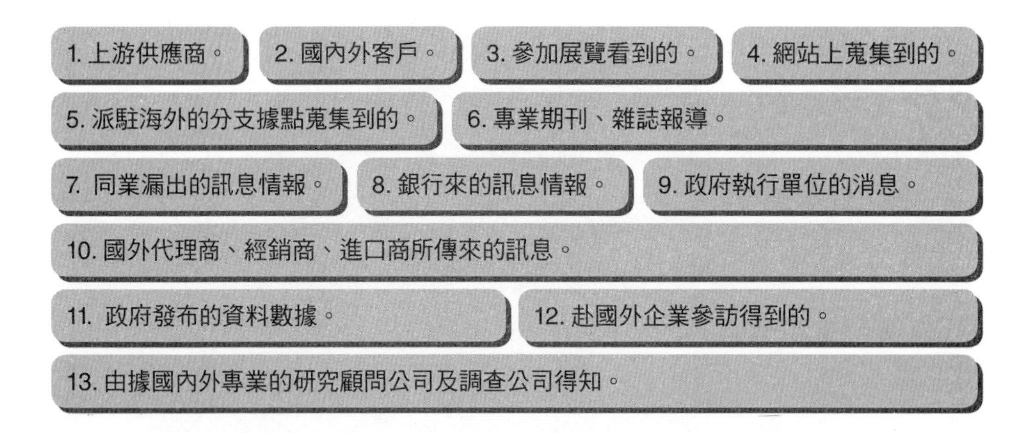

圖 10-9　訊息情報來源管道

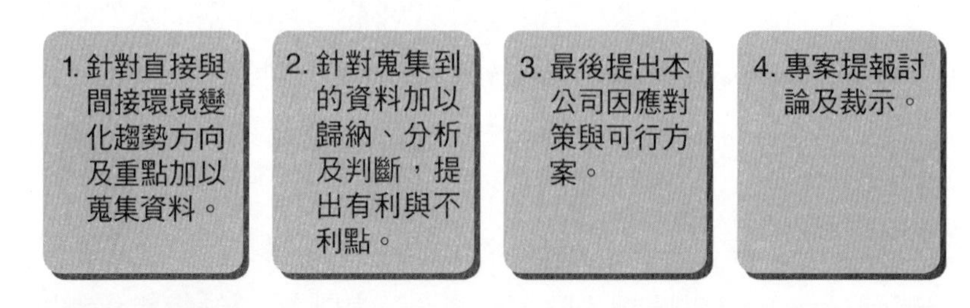

圖 10-10　監測分析步驟

針對 SWOT 分析之後，企業高階決策者，即可以研討因應的決策或是策略性決定。有關 SWOT 分析圖示如下：

(一) 攻勢策略

當外在機會多於威脅，以及企業內部資源條件優勢多於劣勢時，企業可以大膽的採取攻勢策略展開行動。

例如：統一超商在 SWOT 分析之後，認為公司連鎖經營管理經驗豐富，而咖啡連鎖商機及藥妝連鎖商機愈來愈顯著，是進入時機到了。因此，就轉投資成立統一星巴克公司及康是美公司，目前亦已營運有成。

(二) 退守策略

當外在機會少而威脅大，以及企業內部資源條件優勢漸失，而呈現劣勢時，企業就可能必須採取退守策略。例如：臺灣桌上型電腦營運條件優勢已漸失，因此必須轉向筆記型電腦的高階產品，而放棄桌上型電腦的生產。

(三) 穩定策略

當外在機會少而威脅增大，但企業仍有內部資源優勢，則企業可採取穩定策略，力求守住現有成果，並等待好時機做新的發展。例如：中華電信公司面對多家民營固網公司強力競爭之威脅，但因中華電信既有內部資源優勢仍相當充裕，遠優於三大固網公司新成立的有限資源。

(四) 防禦策略

當外在機會大於威脅，公司內部資源優勢卻少於劣勢，則企業應採取防禦性策略。

(五) OT 分析

公司在行銷整體面向，面臨哪些外部環境帶來的商機或威脅？可從下列改變進行是否帶來有利或不利的分析：1. 競爭對手面向；2. 顧客群面向；3. 上游供應商面向；4. 下游通路商面向；5. 政治與經濟面向；6. 社會化、文化、潮流面向；7. 經濟面向，以及 8. 產業結構面向。

(六) SW 分析

行銷企劃人員也要定期檢視公司內部環境及內部營運數據的改變，而從此觀察到本公司過去長期以來的強項及弱項是否也有變化？強項是否更強或衰退了？弱項是否得到改善或更弱了？包括：1. 公司整體市占率、個別品牌市占率的變化；2. 公司營收額及獲利額的變化；3. 公司研發能力的變化；4. 公司業務能力的變化；5. 公司產品能力的變化；6. 公司行銷能力的變化；7. 公司通路能力的變化；8. 公司企業形象能力的變化；9. 公司廣宣能力的變化；10. 公司人力素質能力的變化，以及 11. 公司 IT 資訊能力的變化。

第一種

	S：強項（優勢）	W：弱項（劣勢）
公司內部環境	S1：strength S2：_______	W：weakness W1：_______ W2：_______
	O：機會	T：威脅
公司外部環境	O：opportunity O1：_______ O2：_______	T：threat T1：_______ T2：_______

第二種

	強項（優勢）	弱項（劣勢）
機會	A 行動	B 行動
威脅	C 行動	D 行動

圖 10-11 SWOT 分析二種圖示法

第 3 節 企業營運管理的循環——服務業

製造業的營運管理循環與服務業最大的差異是，前者是以生產產品為主軸，後者是以「販售」及「行銷」產品為主軸。

一、服務業的涵蓋面

服務業是指利用設備、工具、場所、信息或技能等，為社會提供勞務、服務的行業。例如：統一超商、麥當勞、新光三越百貨、家樂福、佐丹奴服飾、統一星巴克、誠品書店、中國信託商業銀行、國泰人壽、長榮航空、屈臣氏、君悅大飯店、摩斯漢堡、小林眼鏡、TVBS 電視台、燦坤 3C，都是目前消費市場最被人熟知的服務業。

二、服務業的營運管理循環

服務業的營運管理循環架構如下：1. 人資管理；2. 行政總務管理；3. 法務管

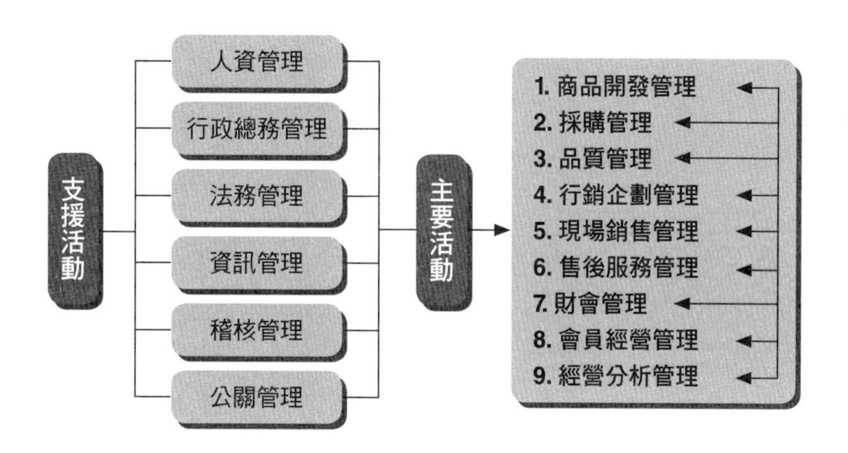

圖 10-12　服務業營運管理循環架構

理；4. 資訊管理；5. 稽核管理，以及 6. 公關管理等支援體系，在從事以下九項主要活動：商品開發、採購、品質、行銷企劃、現場銷售、售後服務、財會、會員經營及經營分析等（圖 10-12）。

三、服務業與製造業的管理差異

相較於製造業，服務業提供的是以服務性產品居多，而且也是以現場服務人員為主軸，這與工廠作業員及研發工程師居多的製造業，顯著不同。兩者差異說明如下：

1. 製造業以製造與生產產品為主軸，服務業則以「販售」及「行銷」這些產品為主軸。
2. 服務業重視「現場服務人員」的工作品質與工作態度。
3. 服務業比較重視對外公關形象的建立與宣傳。
4. 服務業比較重視「行銷企劃」活動的規劃與執行。
5. 服務業的客戶是一般消費大眾，經常有數十萬到數百萬人，與製造業少數幾個 OEM 大客戶有很大不同。因此，在顧客資訊系統的建置與顧客會員分級對待經營比較重視。

四、服務業贏的關鍵要素（圖 10-13）

1. 服務業的連鎖化經營，才能形成規模經濟效應：不管直營店或加盟店的連鎖化、規模化經營，將是首要競爭優勢的關鍵。

2. 提升人的品質經營：才能使顧客受到應有的滿意及忠誠度。
3. 不斷創新與改進：服務業的進入門檻很低，因此，唯有創新，才能領先。
4. 強化品牌形象的行銷操作：服務業會投入較多的廣告宣傳與媒體公關活動的操作，以不斷提升及鞏固服務業品牌形象的排名。
5. 形塑差異化與特色化：服務業的「差異化」與「特色化」經營，服務業若沒有差異化特色，就找不到顧客層，還會陷入價格競爭。
6. 提高現場環境氛圍：服務業也很重視「現場環境」的布置、燈光、色系、動線、裝潢、視覺等，因此有日趨高級化、高規格化的現場環境投資趨勢。
7. 擴大便利化據點：服務業也必須提供「便利化」，據點愈多愈好。

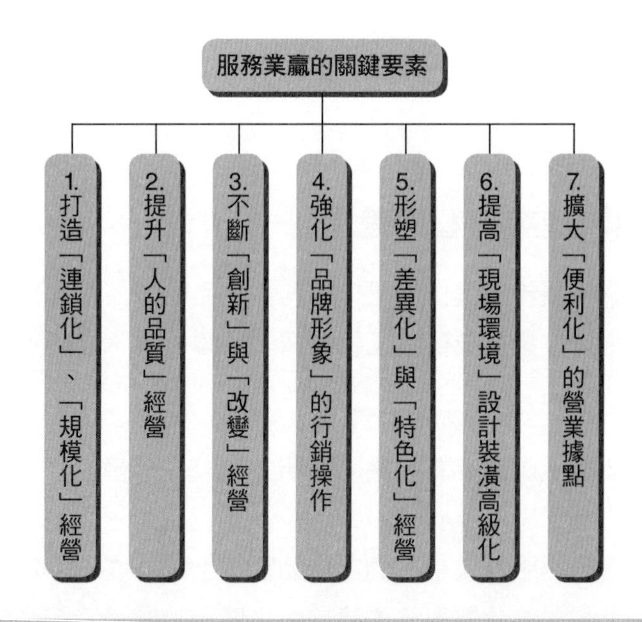

圖 10-13　服務業贏的七項關鍵要素

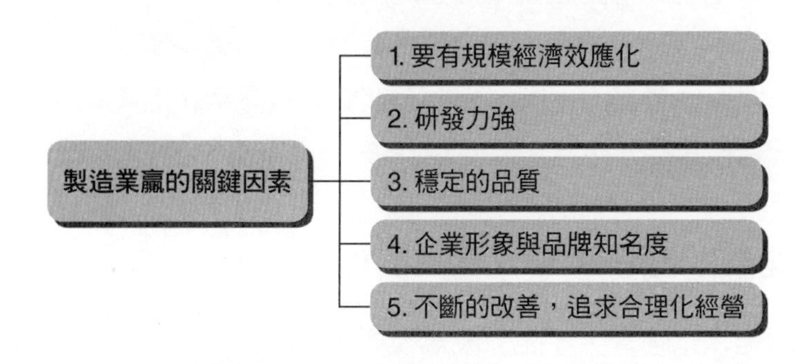

圖 10-14　製造業贏的五項關鍵因素

第 4 節 企業成功的關鍵要素及持續性競爭優勢

一、企業成功的關鍵要素

任何一種產業均有其必然的「關鍵成功因素」（圖 10-15）（Key Success Factor, KSF）。成功因素很多，面向也很多，但是其中必然有最重要與最關鍵的。

好像電視主播可區分為超級主播及一般主播，超級主播對收視率成功提升是一個關鍵因素。

值得注意的是，在不同行業及不同市場，可能會有不同的關鍵成功因素。例如：筆記型電腦大廠跟經營一家大型百貨公司的成功因素，可能是不完全一樣。

最重要的是，企業必須探索為什麼在這些關鍵因素上沒做好，而落後競爭對手呢？如果想超越對手，就必須在這些 KSF 上面，尋求突破、革新及優勢。

當然要強過競爭對手，非得具有強大的核心競爭力與策略「綜效」的能力不可，然後再由一個堅強的經營團隊貫徹執行，所謂的成功便近在眼前了。

(一) 強大的核心競爭力

核心競爭力（Core Competence）是企業競爭力理論的重要內涵，又可稱為「核心專長」或「核心能力」。公司的核心專長，將可創造出公司的核心產品，並以此核心產品與競爭者相較勁，而取得較高的市占率及獲利績效。

(二) 精準的策略「綜效」

所謂「綜效」（Synergy），即指某項資源與某項資源結合時，所創造出來的綜合性效益。

例如：金控集團是結合銀行、證券、保險等多元化資源而成立的，而且其彼此間的交叉銷售，也可產生整體銷售成長的效益出來。

再如：某公司與他公司合併後，亦可產生人力成本下降及相關資源利用結合之綜合性改善。

再如：統一 7-ELEVEN 將其零售流通多年的經營技術 Know-how，移植到統一康是美及星巴克公司，加快其經營成效，此亦屬一種綜效成果。

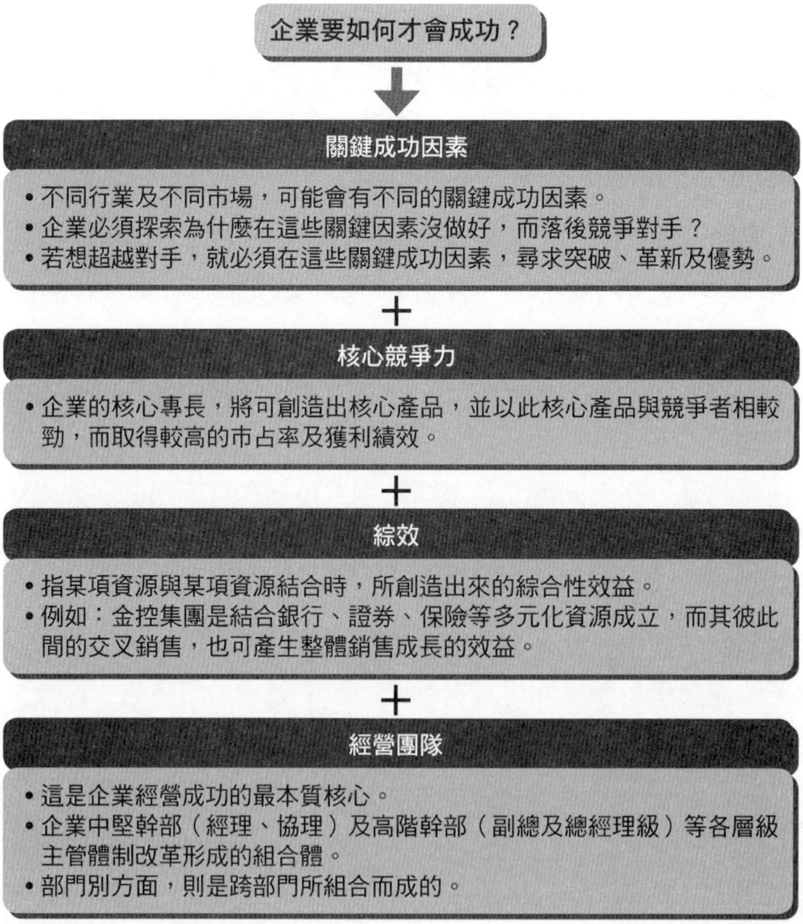

企業要如何才會成功？

關鍵成功因素

- 不同行業及不同市場，可能會有不同的關鍵成功因素。
- 企業必須探索為什麼在這些關鍵因素沒做好，而落後競爭對手？
- 若想超越對手，就必須在這些關鍵成功因素，尋求突破、革新及優勢。

＋

核心競爭力

- 企業的核心專長，將可創造出核心產品，並以此核心產品與競爭者相較勁，而取得較高的市占率及獲利績效。

綜效

- 指某項資源與某項資源結合時，所創造出來的綜合性效益。
- 例如：金控集團是結合銀行、證券、保險等多元化資源成立，而其彼此間的交叉銷售，也可產生整體銷售成長的效益。

＋

經營團隊

- 這是企業經營成功的最本質核心。
- 企業中堅幹部（經理、協理）及高階幹部（副總及總經理級）等各層級主管體制改革形成的組合體。
- 部門別方面，則是跨部門所組合而成的。

圖 10-15 企業成功的關鍵要素

(三) 完善的經營團隊

經營團隊（Management Team）是企業經營成功的最本質核心，企業是靠人及組織營運展開的。因此，公司如擁有專業的、團結的、用心的、有經驗的經營團隊，則必可為公司打下一片江山。但是團隊，不是指董事長或總經理，而是指公司中堅幹部（經理、協理）及高階幹部（副總及總經理級）等，更廣泛的各層級主管所形成的組合體。而在部門別方面，則是跨部門所組合而成的。

二、企業持續競爭優勢的訣竅

企業既然成立，正常來說，沒有不希望永續經營的道理。因此，如何常保企業競爭優勢並持續獲利，這是必須關注的課題。

(一) 持續性競爭優勢

所謂「持續性競爭優勢」是指企業對目前所擁有的各種競爭優勢，能夠在可見的未來持續下去。因為，競爭優勢是瞬息萬變的，不管在技術、規模、人力、速度、銷售、服務、研發、生產、特色、財務、成本、市場、採購等優勢，均會隨著競爭對手及產業環境的變化而改變。因此，今天的優勢，明天不見得仍然保有，因此，必須想盡各種方法與行動，以確保優勢能持續領先下去。至少領先半年，一年也可以（圖 10-16）。

(二) 事業（獲利）模式

所謂「事業模式」也可稱為「商業模式」或「獲利模式」，是指企業以何種方式，產生營收來源及獲利來源。

事業模式是企業經營當中非常重要的一件事。不管是既有事業或進入新事業領域，都必須要有可行、具成長性、有優勢條件、吸引人，以及能夠賺錢的事業模式。仔細來說，就是做任何一個事業，都必須首先考慮三點（圖 10-17）：

這是指企業對目前所擁有的各種競爭優勢，能夠在可見的未來持續下去。

- 優勢包括技術、規模、人力、速度、銷售、服務、研發、生產、特色、財務、成本、市場、採購等。
- 至少領先半年，一年也可以。

圖 10-16　持續性競爭優勢

這是指企業以何種方式產生營收來源及獲利來源

1. 你的營收模式是什麼？
   - 客戶群有哪些？
   - 憑什麼能耐進去？
   - 你的模式是否有競爭力？
   - 如果顧客願意是為了什麼？
   - 市場規模多大？想進哪一塊市場？
   - 營收來源及金額會是多少？
   - 這些顧客願意給你這些生意做嗎？
2. 你的營業成本及營業費用要花費多少？
   - 占營收多少比率？
   - 別的競爭者又是如何？
   - 要多少營收額下，才會損益平衡？
3. 最後，才會看到是否真能獲利？
   - 在第幾年可以獲利？
   - 獲利多少？

圖 10-17　事業（獲利）模式

1. 你的營收模式是什麼？客戶群有哪些？市場規模有多大？想進哪一塊市場？憑什麼能耐進去？營收來源及金額會是多少？這些都做得到嗎？實現了嗎？你的模式可不可行？你的模式是否有競爭力？你的模式如何勝過別人？這些顧客願意給你生意做嗎？如果顧客願意是為了什麼？
2. 你的營業成本及營業費用要花費多少？占營收多少比率？要多少營收額，才會損益平衡？別的競爭者又是如何？
3. 最後，才會看到是否真能獲利？在第幾年可以獲利？獲利多少？

(三) 產業生命週期

產業一如人的生命，也會歷經出生、嬰兒、兒童、青少年、壯年、中年、老年等生命階段。而產業或產品大致也會有四種階段：導入期、成長期、成熟（飽和）期及衰退期。當然有部分產業在衰退期時，若能經過技術創新或服務創新，將會有一波「再成長期」出現。例如：手機業過去是黑白手機，但現在則有彩色手機、照相手機，且是可上網的 MMS 多媒體手機。再如：過去是傳統影像管的電視機（CRT-TV），現在則有前景極看好的液晶畫面電視機（LCD-TV），這些都是再創新成長的展現（圖 10-18）。

分析「產業生命週期」的意義，除瞭解其處在產業哪個階段外，最重要的是要研擬階段的因應策略，以具體行動面對產業週期。當然，產業趨勢也有不可違逆時，此時只能順勢而為，不應勉強逆勢而上。換言之，必須走上大家共同遵循的方向，否則將是一條死胡同。

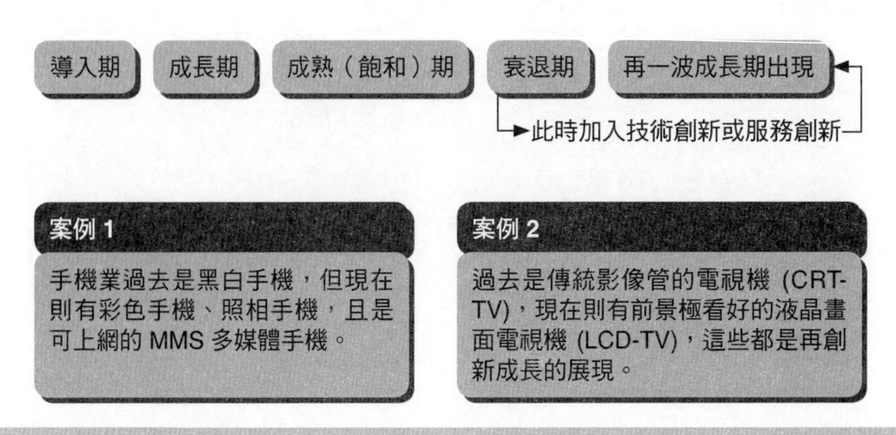

圖 10-18 產業生命週期

三、傑出服務公司組織的四項優勢特色

以下四項特色，區分傑出與平庸服務組織差別（圖 10-19）：

(一) 瞭解顧客的關鍵時刻

一如先前所說，關鍵時刻（Moment of Truth）是顧客在和公司組織任何方面接觸的任何瞬間，每一個都有可能形成服務品質印象。而能否贏得顧客的認同，則繫於每一次的關鍵時刻。

(二) 精心設計的服務策略

服務策略是傑出服務組織對於他們的工作，所開發、創造和設計的整體理念，是一家公司和競爭對手之區別所在。這樣的服務概念或服務策略，指引公司組織內部人員，將注意力放在顧客真正重視的事物上。當引導的概念傳達給組織內部每一個人時，就能為各人指引出行事的明路，像是一聲號角或是福音，也是傳達給顧客的核心訊息。

(三) 體貼顧客的系統

提供服務的系統，是一種根據服務策略及預計提供之服務內容，而分配組織資源的方法。成功的服務提供系統會變成習慣性的，進而隱而不見。支援服務人員的傳遞系統，都是為了顧客的便利而設計，而非為了公司組織的方便。實體的設備、政策、程序、方法和溝通流程，都在對顧客宣示：「這套機制是為了符合您的需要。」

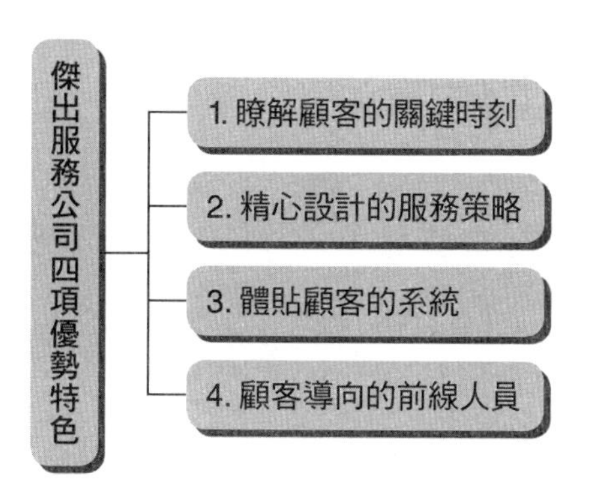

圖 10-19　傑出服務公司四項優勢特色

(四) 顧客導向的前線人員

沒有良好訓練、良好管理、充滿活力的人員，就不可能提供理想的服務。前線人員必須獲得授權，能透過知識、政策和文化，為顧客工作。提供傑出服務的公司組織，其經理人要協助那些提供服務的人，把注意力保持在顧客需求之上。有效的前線人員能保持「超然」的關注焦點，專心在顧客目前的情況、心智狀況和需求。這會形成一種負責、專注和幫忙的意願，讓顧客心中留下這項服務很優秀的印象，讓他願意「呷好道相報」，而且再次上門。

四、服務的金三角

(一) 內部三條線的互動關係

接著問題來了：要如何展開服務管理？服務企業的領導人該怎麼做，才是直接或間接地提高顧客在眾多關鍵時刻經驗的品質？傑出的服務工作在管理上，是否有什麼特定的思考架構？一如服務循環模式可以釐清顧客的觀點，公司導向的模式也有助於經理人思考該如何著手去做。

公司和顧客緊密地結合在一個三角關係裡，如圖 10-20 所示。這個服務金三角代表了服務策略、系統和人員三項元素，圍繞著顧客打轉，形成創造性的交互作用。這個金三角模式，和用來描述商業運作的標準組織圖完全不同。

服務金三角能協助瞭解 (1) 策略；(2) 組織人員；以及 (3) 讓他們完成工作的系統，其三者間的互動。圖裡的每一條直線，都代表著一個重要的影響角度。舉例來說，連接顧客和服務策略間的直線，代表著建立以顧客核心需求和動力為中心之服務策略的高度重要性。

一旦你瞭解到什麼才能刺激顧客時，就必須開發出一個可行的服務模式。這意味著必須建立一套基本的商業策略，以便在顧客經驗上和競爭對手有所區隔。設計一套真正能創造差異的重要服務哲學，確實是一項挑戰，不光是廣告口號就能做到。服務策略必須言之有物，傳達出對顧客而言具體且有價值的訊息，讓顧客願意把錢從口袋裡掏出來。

從服務策略連到顧客的直線，則代表著將策略傳達到市場上的過程。僅僅是提供服務，或者你的服務在某些方面比別人強，這還不夠，你必須讓顧客知道這一點——唯有如此才能有所助益。

連結顧客和組織人員的直線是極重要的接觸點，也是對關鍵時刻影響最大的

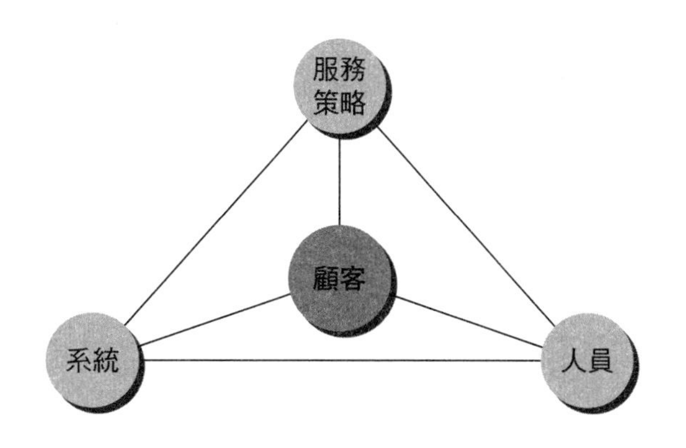

圖 10-20　服務金三角

交互作用。這些互動關係著成敗，以及創意努力的最大機會。再看看在服務金三角中，連接顧客和協助提供服務之系統間的直線。這些系統可能包括抽象的程序系統，以及實際的部分。商業世界裡許多負面關鍵時刻的發生，都是因為系統異常、功能不彰。

(二) 外部三條線互動關係

至於服務金三角外部的三條直線也各有所指。看看人員和系統間的交互作用，或許你也曾看過，受到高度激勵的人員真心想要提供服務，卻因為無理的行政程序、不合邏輯的任務指派、具壓迫性的工作規定或者不良的實體設備，而無法完成？在這樣的情形下，淪為平庸是無可避免的。前線人員通常比他們的經理更容易發現，如何改善每天使用的系統。問題在於，他們的經理是否瞭解這個事實，是否願意邀請員工貢獻所知？

連接服務策略和系統的直線指的是，行政和實際系統的設計與布署，都應該合理依循服務策略的定義。雖然這一點再明顯也不過，然而只要想想多數大型公司組織必然會有的改革助力，這似乎又是一個烏托邦似的夢想。最後，在服務策略和人員之間還有一條直線。這條線指的是，提供服務的人必須受惠於管理階層清楚定義的信念。如果沒有焦點、不夠清楚、不分輕重，他們很難把注意力維持在服務品質上，關鍵時刻就會趨於惡化，並淪為平庸。

五、對內部服務員工關心及照顧

※員工的感受，就是顧客的感受

顧客導向型第一線員工的重要性

很顯然的，一個公司要壯大，第一線人員必須維持高度關切、關心顧客的需求和期待。不論明顯與否，隨手就可以在各行各業裡找到一大堆缺乏顧客導向的例子。如果服務人員不夠友善、不幫忙、不合作，或者對顧客的需求不感興趣，顧客往往也會以同樣的態度回應整個公司，對顧客而言，你就是某某公司。

六、建立服務文化

(一) 企業文化的概念近來廣受討論，確實如此，在服務管理所有內容裡，最重要的是：除非公司的共同價值、規範、信念和意識型態，也就是公司文化，已明確、有意識地集中在服務顧客上，否則不可能提供穩定的服務品質，並且發展出一貫的服務名聲。明確的表現標準是很重要的，易懂、有效率的回饋制度是不可或缺的。一個明確定義的服務套裝、理想的傳送系統、適當的訓練、完善的管理也很重要。然而，除非公司文化能支持、獎勵對顧客需求的重視，否則長期而言，服務也只是嘴巴說說。

(二) 最強的美國服務文化之一，是美國運通企業這家位於紐約的金融服務巨擘，同時也是全球第一的旅遊公司。在 80 年代中期，當時的執行長葛斯納將以下的訊息傳達給美國運通的第一線部隊，反映出一套迄今仍主宰整個公司的信念系統：

為全球的顧客提供頂級服務，這不是一句偶爾拿出來喊一喊的簡單口號，也不是要接受象徵性膜拜的古老傳統——這是我們的使命，我們必須在全世界毫無瑕疵地執行。除此之外，因為我們客戶的公司是如此倚重無與倫比的顧客服務，我們公司的內部價值系統必須強調：客戶的事優於其他任何事。我打從心底相信我們所有顧客也是這麼想，次於美國運通的待遇，就是不可忍受的待遇。所以，完美或極近完美，是我們美國運通顧客服務每天唯一能接受的標準。

(三) 維傑・沙西（Vijay Sathe）是加州克雷蒙特研究所杜拉克商學院的管理學教授，專門研究文化對於溝通、合作、目標投入、決策，以及執行等組織流程的影響。他指出，一強勢的，即「厚重」的企業文化，也就是迪士尼、美國運通、戴爾、REI 和聯邦快遞等所追求擁有的，是一把雙刃利劍：

這是一項資產，因為共享的信念可以使溝通更為順暢、更為經濟，共享的價值會產生更高水準的合作和投入及其他可能的方面，這是非常有效率的。當共享信念和價值並不能配合公司、員工和其他相關人士的需求時，文化就變成一項負債。

(四) 每個人都在服務某個人：公司裡的每個人都有一個服務的角色，連那些從未見過顧客的人也一樣，這麼說並不為過。這也適用於那些行政人員，包括管理人員、中階經理、甚至主管。北歐航空的總裁奧里・史文文斯（Olle Stiwenius）問：「公司的目的是什麼？」他自己對這個問題的回答是：「支持。公司存在就是為了支持服務顧客的人，除此之外沒有其他意義，沒有其他目的。」

應該傳達給全公司所有的人，一個簡單訊息就是：

如果你不是在服務顧客，
那麼你最好服務某位服務顧客的人。

這個瞭解十分重要，因為這就是服務管理的真正原則。

第 5 節
服務套裝與服務藍圖

一、服務套裝（顧客價值套裝）的意義及要素——Service Value Package

(一) 服務套裝的意涵

1. 服務管理最有用的概念之一，就是服務套裝的觀念。這個名詞源自北歐，在當地普遍地用來討論服務系統和評鑑服務水準。服務套裝也稱之為顧客價值套裝，在本書裡，我們用這兩個名詞來指同一件事。服務管理專家對這個名詞的定義各異，但多數都同意以下說明：

「服務套裝（或顧客價值套裝）是提供給顧客的產品、服務和經驗之總合。」

2. 從以下的關聯性來探討服務策略、服務套裝和服務系統，可能會比較有幫助：

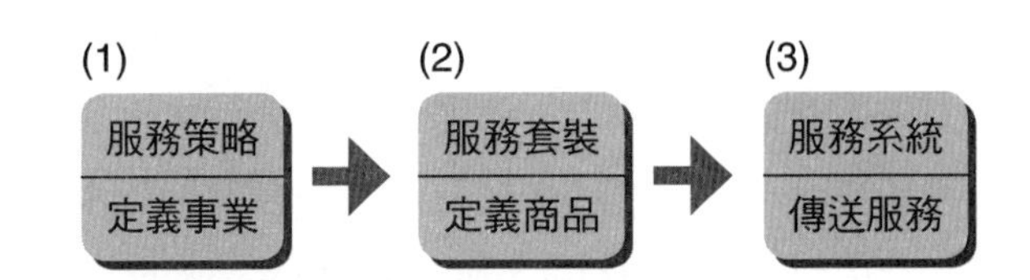

3. 服務套裝的概念，提供一個系統化思考傳送系統的架構。服務套裝是依循著服務策略的邏輯進行，其中包含所提供的基本價值。服務系統從設計到評量，都是依循這一套服務或顧客價值套裝的定義。

   服務套裝的觀念並沒有什麼神祕之處，大多數的公司早就有一套產品、服務和經驗。除了極少數之外，服務套裝都是從小規模開始，然後逐年演進。當服務套裝需要再造時，回頭檢視最初的原則，在原有的服務策略下思考整個設計，這樣做會很有幫助。

4. 因為每家企業都有自己獨一無二的顧客價值套裝（也就是企業提供給顧客整套具體或抽象的商品），所以是有可能找出顧客價值的某一類型，作為設計、建立、分析和修正服務傳送系統的共同架構與共同語言。

(二) 主要與次要的服務價值套裝

1. 主要價值套裝（Primary Value Package）：主要價值套裝就是企業服務商品的核心，是企業在這一行的基本理由。沒有主要價值套裝，企業就沒有存在意義。主要價值套裝必須反映出主宰服務策略的邏輯，還要提供一套自然、相容的產品、服務與經驗，全部融入顧客的心中，形成高價值的印象。
2. 次要價值套裝（Secondary Value Package）：次要價值套裝必須支援、支持，並增加主要價值套裝的價值，不該是未經考慮、隨便硬湊的「額外」大雜燴。這些次要服務的特色應該要提供「槓桿作用」，也就是協助建立顧客眼中整體套裝價值。瞭解主要和次要價值套裝之間潛在的配合作用關係，將能引導出一些有創意、有效果的服務設計方法。
3. 舉例：在以照護為主的醫院裡，對病人的主要服務包括醫療、照護、藥劑、資訊和住宿等。次要服務，或者說周邊服務則包括一些舒適和便利的因素，例如電話、方便探病的規定、禮品店、藥局等（圖 10-21）。飯店的核心價值套裝，則包括了乾淨、設備齊全的房間。次要價值套裝則包含叫醒服務、早上自動送上咖啡和報紙、洗衣或擦鞋服務、機場接駁等額外的服務。
4. 二者均重要：主、次要服務各要素間的區別經常是必要的，當兩、三家公司在幾乎相同的市場上爭取同一批顧客，而且提供的基本服務都差不多，那麼

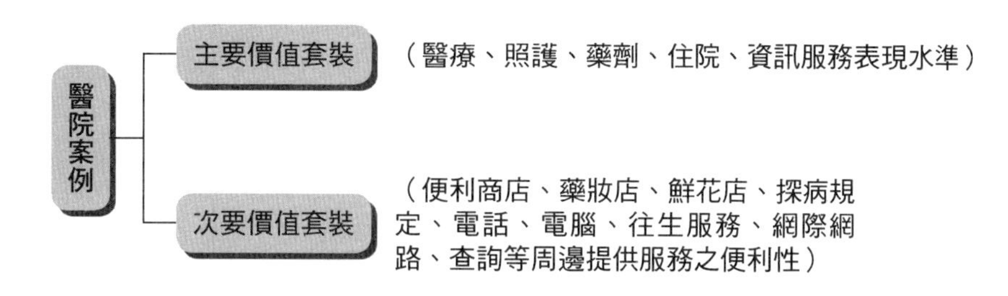

圖 10-21　醫院的主要及次要價值套裝

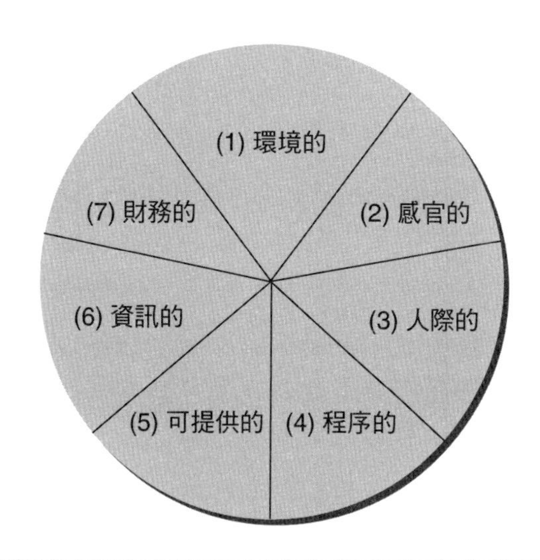

圖 10-22　影響顧客價值套裝的七個要素

他們爭取競爭優勢的唯一方法，就是提供具有區隔效果的附加價值。

一旦核心服務完成任務之後（滿足了主要的需求），周邊的服務套裝通常就會轉為顧客決策中的重要因素。在許多情況下，競爭者之間唯一可能的區別，就在於周邊的服務。

(三) 顧客價值套裝的七個要素

1. 七個要素（圖 10-22）

(1) 環境因素：即顧客體驗產品的硬體環境，也許是一間病房、銀行大廳、飛機座位、理髮椅、百貨公司、自動櫃員機旁的走道、健身中心，以及其他各式各樣的可能。以遠距離的服務為例，環境可能是顧客自己設定的，會因為顧客藉著連結公司的電話、網路而擴大。

(2) 感官因素：指顧客可能會有的感官經驗，包括視覺、聽覺、氣味、觸覺、疼痛不適感、情緒反應、對商品的審美觀，以及顧客環境的氣氛。

(3) 人際因素：顧客和員工，或在某些情形下與其他顧客間的互動，都是整體經驗的一部分，這個面向包括友善、禮貌、幫助、外表以及處理重要任務時顯現的能力。

(4) 程序因素：就是企業要求顧客在生意過程中和你一起跑完的程序，可能包括等候、說明需求、填表、提供資訊、前往不同地點，以及遭遇實際的處理和對待。

(5) 可提供的因素：指顧客在服務經驗中所收受的任何東西，即使只是暫時性的。其中自然包括所購買的商品，但也可能包括飛機或醫院提供餐飲時的餐盤。不見得一定是傳統商業定義下的產品，只要是顧客收受的都算。其他的例子包括存摺、租用錄影帶、菜單、旅行文件和救生衣等。

(6) 資訊因素：在顧客經驗中某些部分，是關於身為顧客所必須取得的資訊。這包括一些簡單的事，例如設施裡的標示是否能讓顧客瞭解該往哪裡走。發票或帳目是否清楚明瞭、能否瞭解保險政策等。也可能包含一些重要因素，例如是否有人適當地說明某些設備的使用方法，或顧客知不知道在某一重要治療後會有什麼結果。

(7) 財務因素：即顧客為整體經驗所付的代價，在大多數的情況下就是價格。但有些情況就比較不明顯，比方說，保險公司可能會給付醫療帳單，但顧客仍然會被告知這個價格。

每一家企業都應該持續、認真地審查其顧客價值套裝，不斷地加以改進。利用以上七項要素，公司領導人就能針對顧客層面進行「價值督察」，看看運用成效。讓顧客直接參與這樣的督察也很重要，如此才能發掘領導人自己未能一眼看穿的缺點或機會。

2. 舉例

以汽車經銷商為例，在每一個價值傳送要素中，有哪些特點應加以注意：

(1) 環境因素：陳列區、展示廳、銷售樓層、接待區，這些地方傳達了什麼？這是不是一個乾淨的、有吸引力、有專業形象、歡迎參觀的地方？能不能讓可能的顧客覺得自己受到歡迎、覺得舒服自在？

(2) 感官因素：這裡像不像做生意的地方？可能的顧客有沒有正面的感官經驗？坐在車裡的感覺如何？開起來的感覺如何？在路上跑起來的聲音如何？能否吸引他人目光？

(3) 人際因素：這裡的人是不是很友善、禮貌和體貼？他們會不會批評只看不買的人，還是會重視客人的尊嚴？在銷售的對話裡，他們會不會為客人建立起信任與自信，或者以高壓策略讓客人覺得不舒服？

(4) 程序因素：和這家公司做生意容不容易？員工們是不是具有足夠的彈性，或者堅持顧客一定要遵守他們的程序？他們會不會將顧客要完成的書面作業減到最少？

(5) 可提供的因素：汽車本身是不是顧客訂的那一輛？沒有任何問題嗎？很乾淨嗎？所有的財務文件都齊全嗎？油箱加滿了嗎？會不會多給一套鑰匙？

(6) 資訊因素：汽車的文件都備妥了嗎？顧客是不是完全瞭解購買的手續？保證呢？更換瑕疵程序呢？保養的時間表？有沒有人陪同顧客試駕一趟，確定客人瞭解所有的控制開關？

(7) 財務因素：顧客認為價錢公道嗎？顧客充分瞭解財務方面的協商，包括額外的收費、保險和財務費用嗎？顧客是否覺得物超所值呢？

二、服務藍圖（服務傳送系統）的意義及優點

(一) 服務藍圖的意義

在實務上，如果能有幾種基本的系統工具和圖示方法，在設計服務流程、評估運作的效能時，是很有幫助的。在這裡的討論中，我們要提供幾種具代表性的系統工具，都相當容易運用，而且管理團隊或服務品質任務小組的所有人都容易瞭解。

最有用的工具之一就是服務藍圖（Service Map），這是用來描繪服務流程中各種不同的參與者，如何合作創造預期的價值。

圖 10-23 這份簡化版的服務藍圖，是一個流程圖示，描繪出顧客在服務循環中的經驗，每一步驟都伴隨著參與提供服務之各部門相關活動。這張圖顯示出顧客、出力的部門在進行不同活動的時間順序，以及他們如何彼此串聯。當處理的品質議題涉及到數個部門時，這項工具是最好用的，因為所有部門的人都必須成功合作才能達成品質結果。服務藍圖的價值，在於讓所有幕後的過程以顧客為中心，也明確顯示出這些過程應如何交織，才能讓服務循環產生預期的成果。

圖 10-23 就顯示出飯店客房服務的典型服務藍圖。請注意在「顧客」欄下方的方框，都是顧客經驗到的關鍵時刻，這些方框將組成完整的服務循環。

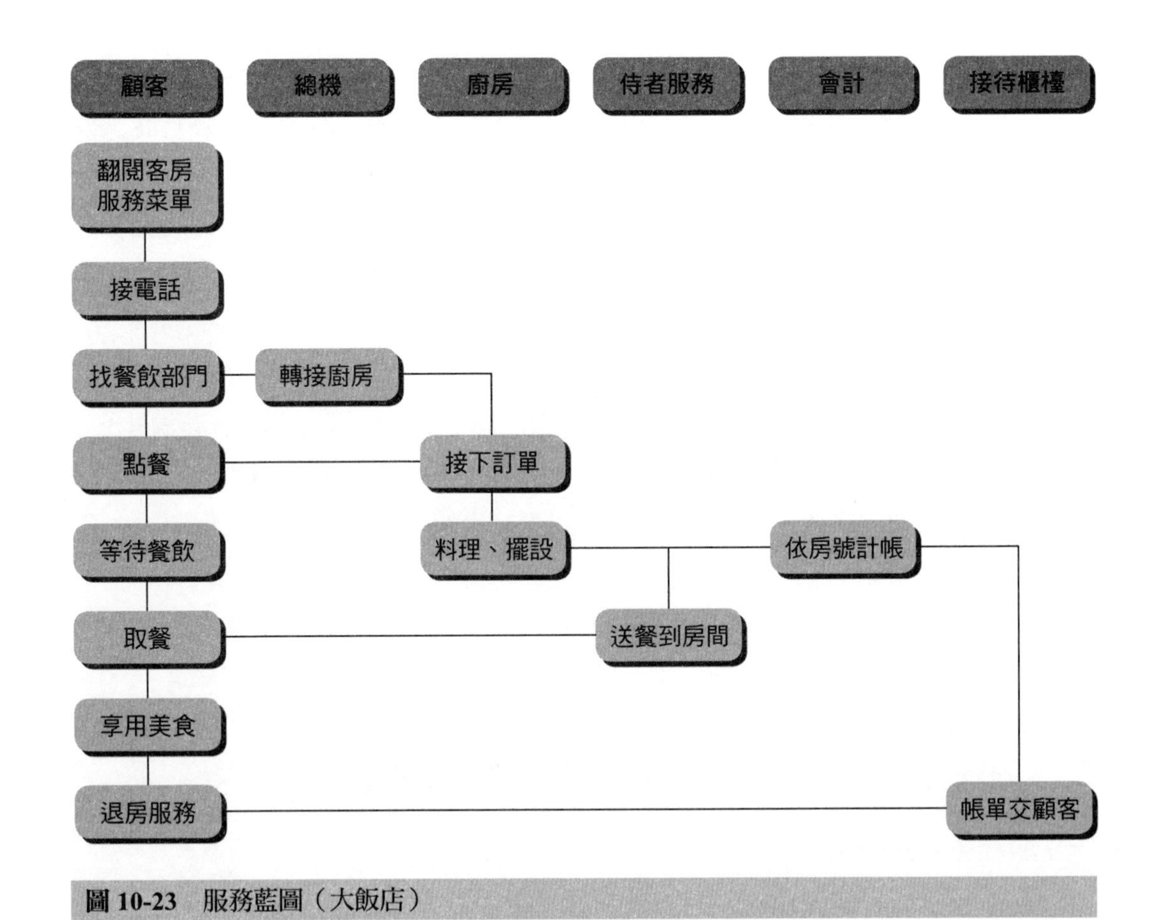

圖 10-23 服務藍圖（大飯店）

(二) 服務藍圖的優點

圖解服務傳送系統的流程，還有下列優點：

1. 當你非常清楚，在操作和管理服務系統時需要什麼樣的人、需要多少人時，有關員工招募、配置和培養的決策，將變得更為清楚。
2. 針對自動化要用在哪些地方才能省錢、人性化的人員接觸在哪些地方是必要的，這些考量可以利用藍圖作為討論焦點，從而找出答案。
3. 藉由圖解和比對藍圖，可以針對競爭服務進行研究與分析。
4. 服務藍圖作為生產力提升的討論焦點，將可讓員工更願意參與。在將複雜的服務策略分權化，以及設計一套方法避免新服務推出必然會有的設計性問題時，員工參與都是非常重要的議題。

(三) 服務藍圖應植基於「顧客觀點」

瞭解顧客需求和希望、決定服務套裝的本質、審查現在策略等的能力，都可以含括在簡單的一句話裡：「永續學習」。最好的服務策略，就是能不斷被質疑、挑戰、修正和改善的策略。

創造能滿足顧客需求的服務、設計出協助而非堅持的系統和程序、策劃能讓員工支持而非對抗顧客利益的顧客接觸工作，這些才是服務系統中真正的管理挑戰。

第 11 章 服務品質概論

- 第 1 節　服務的「關鍵時刻」（MOT）
- 第 2 節　服務品質的定義、特性、分類及形成過程
- 第 3 節　Parasuraman、Zeithaml 與 Berry 的服務品質模型（P-Z-B 模式）

第 1 節 服務的「關鍵時刻」（MOT）

一、服務的循環：每一個「關鍵時刻」都是重要的

要評斷一家公司的服務品質，最明顯的著手處就是列出感受關鍵點，即該筆生意的每一次關鍵時刻（Moment of Truth, MOT）。想想自己的事業，哪些是顧客用來評斷你的企業的各種不同接觸點？你有多少機會得分？

想像你的公司是在服務循環中與顧客接觸，這是一個重複的連續事件，不同的人在其中努力達成顧客在每一個點上的需求和期待。服務循環是顧客在一個組織內各個接觸點的分布圖，從某方面來說，這是透過顧客的眼睛來看你的公司。這個循環始於顧客與貴公司之間的第一個接觸點，可能是顧客看到你的廣告的第一眼、接到業務人員的第一通電話、撥第一通電話或上網站查詢等，或者是任何一項開啟生意流程的事件。只有在顧客認為服務完成了，這個循環才算結束。但這也是暫時的，一旦顧客決定要回來接受更多的服務時，循環又開始了。

為了幫助你發掘面對顧客時的重要關鍵時刻，你要畫一個特別服務循環的圖示。將這個循環盡可能細分為具有意義的部分片段，然後找出發生在循環中的各個關鍵時刻，試著將特別的關鍵時刻，與顧客經驗的特定階段或步驟結合在一起（圖 11-1）。

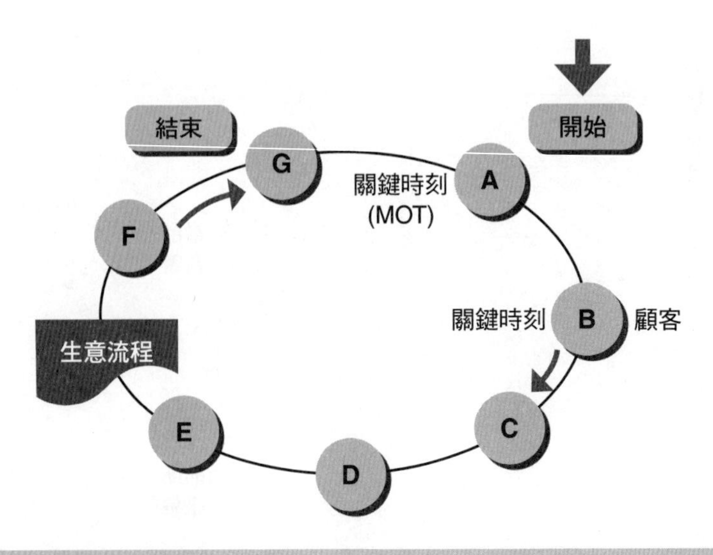

圖 11-1 服務的關鍵時刻循環

二、關鍵時刻（MOT）的規劃模式

關鍵時刻重點在於，學習如何從發掘顧客（外顯與潛在的）期望（Explore）、提出一個適當的提議（Offer）、接續的行動（Action）和確認（Confirm）。這是一種持續不斷的練習流程（圖 11-2）。

第 2 節 服務品質的定義、特性、分類及形成過程

一、「服務品質」的定義

(一) Garvin 學者的定義

Garvin 的服務品質理論，係從五個方面討論有關服務品質（Garvin, 1984）。

1. 凌駕的觀點（Transcendent Approach）

此觀點說明服務品質沒有一定的標準定義，是比較單純但不容易分析的理論，且是經過經驗才可以認知的。品質可以標準化的規範與較高的成就感來表達，意思就是人們用不斷的經驗來認知品質。

2. 基於產品觀點（Product-based Approach）

這理論是在品質是正確且可以測量的變數前提下成立的，品質差異是產品擁有的屬性與構成成本上的差別，這是非常客觀的觀點，所以有不能夠說明主觀的興趣、欲望、偏好度等的缺點。

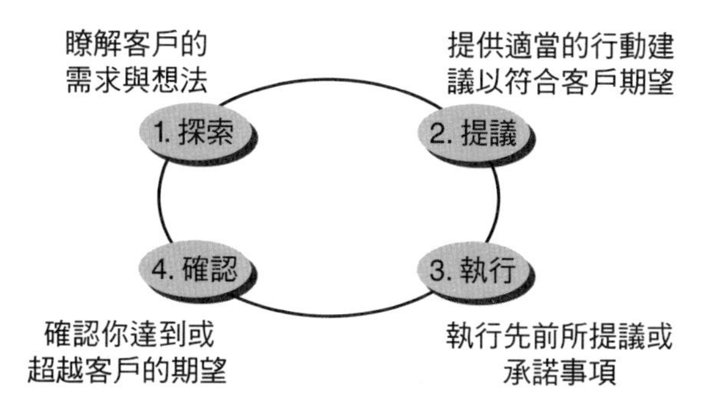

圖 11-2　關鍵時刻規劃模式

3. 基於使用者觀點（User-based Approach）

品質是由顧客主觀認定的，顧客是否滿足決定了品質的好壞。這樣主觀而需求導向的定義，又包含顧客所有不同的欲望和需求的事實，以期提供給顧客滿意的效率為主。品質是有關滿足顧客需求的能力，同時是滿足產品和服務特性的總合體。而產品為了滿足多樣化的顧客需求，在產品設計上一定要有獨特的品質差異，稱為「設計品質（Quality of Design）」，即指在產品設計上品質的差異程度。所以產品可以有性能、大小等很多品質上的不同差異，而且此差異在產品設計前一定要先做周密的考慮和規劃。

4. 基於製造觀點（Manufacturing-based Approach）

這是和生產或工程有關的主張，而重視「需求事項上的一致性」。品質的優勢相同於「從頭開始就做好的產品」的說法。在服務業上說的「一致性」，代表正確性、即時性等。比如飛機的準時起飛、銀行正確的交易內容等。這種觀點就是生產導向，而這個觀點說的品質是以工程與製造作為決定，所以隨著生產目標與減少原料的標準來規劃產品的明細，是決定產品品質的主要觀點。產品設計也是隨著設計明細表來做，而這些明細表包含了產品追求的品質特性。所以對生產者來說，品質只是這些明細表上的一致性而已。

此定義於「對要求事項上的一致性（Conformance to Requirement）」或是「對明細表上的一致性（Conformance to Specs）」，而且這在基準與標準上偏差最少的時候才有意義；還可稱為「一致品質（Quality of Conformance」，這種結果來自於人力、設備、材料等過程中，很多構成因素所決定。

5. 基於價值觀點（Valued-based Approach）

這是以價值與價格的關係為決定品質的考量。根據最近的調查，這個理論愈來愈有吸引力，而且品質慢慢可以價格作為討論。這個方法反應出優越性與價值，不過「可以負擔的優越性」的概念，也是非常主觀的且不容易判斷，因為品質變成相對的觀念。

Garvin 整理的品質概念不是限制於本來的使用者與生產者，而是強調長期間對整體社會影響的效用與社會損失，就是使用時間、Energy 等，所有型態的資源使用與客觀、主觀的效用來判斷。

Garvin 主張上述的建議不是互相排斥，而是互相輔助。有時候這種理論會分為客觀的建議（產品為主的建議）與主觀的建議（消費者為主的建議）。可是客觀的東西也常常會有變化，如果只偏向一種方向容易失去均衡點，所以隨著每個不同的情況採用適合的方法比較好。

(二) Zeithaml 學者的定義

Zeithaml（1988）對服務品質的定義，是「對服務的整體優越性或是優秀性的消費者評價」，各自特性內容如下：

1. 服務品質不同於客觀、實在的品質。
2. 服務品質不是具體概念，而是非常抽象的概念。
3. 服務品質和態度類似的概念，就是整體性的評價。
4. 品質評價大部分是以比較概念來說明，就是隨著顧客個別的服務比較相對的優越性或是優秀性，可以評價高或是低。

(三) 其他學者的定義

此外，Sasser、Olsen 與 Wyckoff（1978）從材料（Material）、設備（Facility）和人員（Personnel）三個構面來定義服務品質，這樣的分類指出服務品質不只包括服務的結果，也包含服務提供的方式。此外，他們也認為，服務水準（Service Level）和服務品質有相似的概念。服務水準就是企業所提供的服務為顧客帶來利益的程度，包含外在及隱含的利益，並將服務水準分為期望服務水準（Expected Service Level）與認知服務水準（Perceived Service Level）。

Parasuraman、Zeithaml 與 Berry（1985）在文章中引述到，Grönroos 在 1982 年發展出一套模型，主張消費者在評估服務品質時，會拿預期的服務和實際認知的服務做比較。此外，亦提及 Lewis 與 Booms 在 1983 年提出，服務品質是衡量服務遞送是否滿足顧客期望的一種衡量指標。因此，Parasuraman、Zeithaml 與 Berry 綜合各學者說法，認為服務品質為顧客對服務的期望與顧客接觸後實際知覺到服務間之差距，即服務品質=認知的服務－期望的服務，現在一般亦皆以此作為服務品質的定義。

二、「知覺品質」的定義（Zeithaml 學者)

許多研究者強調客觀品質及知覺品質（Perceived Quality）是不同的，在文獻上客觀品質被用來描述產品在實際技術上的優越性，而知覺品質則被定義為顧客對於產品整體優越程度的判斷。知覺品質的特性包含了不同於實體或真實的品質，且較特定產品的屬性而言具有較高的抽象性、在某些案例中應作整體性的評價（與態度相似），以及顧客的判斷通常來自於其內在的喚起組合等。

Zeithaml（1988）將知覺品質的成分，整合成如圖 11-3 以推測其關聯性，並提出以下觀點：

1. 顧客會以較低階的屬性為線索推測品質。
2. 內在產品屬性是針對特定產品的，但品質的層面可以依產品的種類及分類來一般化。
3. 外在屬性如價格、品牌等，可作為一般品質的指標。
4. 在消費當時、購買前，內在屬性為可搜尋的，及內在屬性具有高預期價值時，顧客會依賴內在屬性高於外在屬性。
5. 初次購買而內在線索無法獲得時，或獲得內在線索所需要的時間和努力超過消費者的意願及品質難以評估時，顧客依賴外在屬性高於內在屬性。

事實上，消費者的知覺品質會隨著資訊的增多、產品類別中競爭者的增加，以及消費者預期改變等因素而轉變，故應隨時調整產品及促銷策略作為因應。

三、「認知服務品質」的特性

品質係取決於使用者主觀意識的認定，因此服務品質是一主觀性的品質，亦是消費者認知的品質，故服務品質一般皆視為「認知服務品質（Perceived

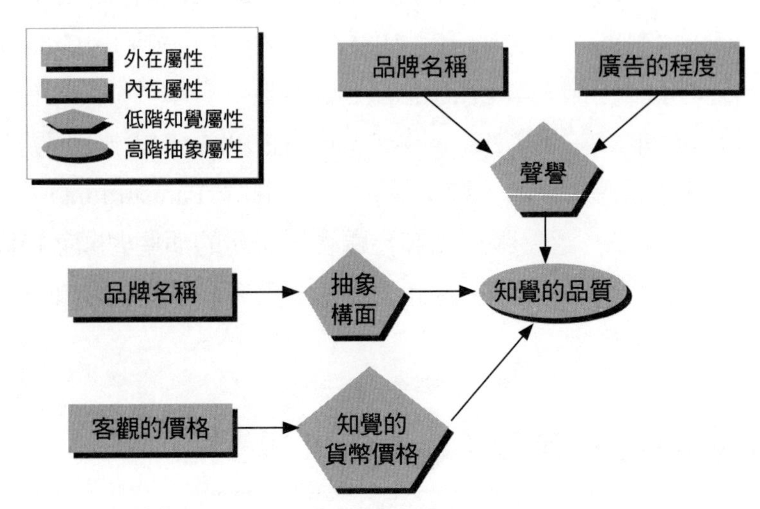

資料來源：Zeithaml, Valarie A. (1988), "Consumer Perceptions of Price, Quality, and Value: A Means-End Model and Synthesis of Evidence," *Journal of Marketing*, Vol. 52, July, pp. 2-22.

圖 11-3 知覺品質成分圖

Service Quality）」，或僅稱之為「認知品質（Perceived Quality）」（如：PZB, 1985; 1988; Zeithaml, 1988；富山芳雄，1987; 1988; 1992; Collier, 1990; 1991 等）。此亦與 Garvin 所提的，以「使用者為主」來加以界定品質是相同的，因皆是出於顧客的觀點，故本書將採此方法來界定服務品質。

認知品質通常是指消費者對產品或服務所認知的品質，表示認知品質於服務或產品中皆存在。前述曾提及「服務」存在於各行各業中，這是由廣義的角度來加以解釋，即產品中包含有服務，而服務中亦包含有產品，亦即在廣義的解釋中，產品與服務二者實際是一體的兩面。本書的「服務」係採用廣義解釋的服務，故服務品質、認知品質與認知服務品質皆可視為同義。至於認知品質的特性，則可歸納如下：

1. 認知品質是不同於客觀的或真實的品質（Zeithaml, 1988; PZB, 1988; Holbrook & Corfman, 1985; Jacoby & Olson, 1985; Dodds and Monroe, 1985; Garvin, 1983）。客觀的或真實的品質是完全相關於其他利用產品技術優良性來敘述的觀念，而認知品質則係由消費者、管理者或任何個人主觀意識上的認知而得。
2. 認知品質較產品或服務的某一特定屬性（Attribute），有較高層次抽象（Higher Level Abstraction）（Zeitbaml, 1988; Olson & Reynolds, 1983; Myers & Shocker, 1981; Cohen, 1979; Young & Feigen, 1975）。產品或服務屬性是最簡單的層次，而最複雜的層次是消費者對產品或服務的收益或價值（Zeithaml, 1988）。
3. 認知品質是類似於態度的整體評估（Zeithaml, 1988; Olshavsky, 1985; Holbrook & Corfman, 1985）。
4. 認知品質是喚起消費者記憶組合的判斷（Zeithaml, 1988; Maynes, 1976）。品質評估通常是發生於比較上，是相對的，即消費者評估產品或服務品質是依據其相關的所有產品或服務，以及消費者心目中的替代性產品或服務比較而得的相對優異程度（Zeithaml, 1988）。

綜上所述，可以概括地將品質定義為某一產品或服務的優良或卓越程度，而認知服務即可定義為消費者主觀評斷一產品或服務的整體優良程度或傑出程度。

四、服務品質的分類

(一) Juran (1974) 認為可將服務品質分成五大類（杉本，1991, p. 178）

1. 內部品質（Internal Qualities）：使用者看不到的內部品質。
2. 硬體品質（Hardware Qualities）：使用者看得見的實體品質。
3. 軟體品質（Software Qualities）：使用者看得見的軟體品質。
4. 即時反應（Time Promptness）：服務時間與迅速性。
5. 心理品質（Psychological Qualities）：有禮貌的應對，款待親切。

(二) Rosander (1980) 認為，由於服務的一些特性，服務業需要一個比製造業更廣的服務品質

1. 人員績效的品質（Quality of Human Perfomance）；
2. 設備績效的品質（Quality of Equipment Performance）；
3. 資料的品質（Quality of Data）；
4. 決策的品質（Quality of Decisions）。

(三) 若由服務過程觀之，則服務品質是由

1. 過程品質（Process Quality）：服務進行過程中，顧客對服務水準的判斷。
2. 產出品質（Output Quality）：服務完成後，顧客對服務品質的評斷。

二者共同組成（Lehtinen, 1983）。

服務的完整過程可分為 (1) 消費前；(2) 消費時；與 (3) 消費後三個階段，亦即消費前的服務期望、消費時的服務傳遞與消費後的服務產出完成。前段所述服務品質，是包含服務傳遞過程的品質及服務產出完成的品質。

五、服務品質的「形成過程」

服務品質是一種消費者認知的形成，由認知形成的過程，可將消費者認知品質的形成過程分成三個層次，分別為：(1) 產品或服務的屬性（Attributes）；(2) 低層次屬性的認知（Perceptions of Lower-level Attributes）；(3) 高層次的抽象性（Higher-level Abstractions）（Zeithaml, 1988）。茲根據這三個層次，進一步加以探討（圖 11-4）。

(一) 產品或服務的屬性

產品或服務的屬性是一種低層次的屬性，其可分為內部屬性（Intrinsic Attributes）與外部屬性（Extrinsic Attributes），此二種屬性常被用來當作推論品質的信號（Signal Quality）。

1. 內部屬性包括產品的實體成分，會隨產品的不同而改變，如：味道、食物咬起來的感覺、大小、顏色、耐用度等。
2. 外部屬性是與產品外部（Outside）相關的，但不是實體產品本身的部分，如：品牌（Brand Name）、廣告水準（Level of Advertising）與價格（Price）三者，是最常被採用的外部屬性（Olson, 1977; Olson & Jacoby, 1972）。
3. 在實證研究上，業已證明消費者常利用這低層次屬性來推論品質，如：用新鮮度（Freshness）來推論超級市場的品質（Bonner & Nelson, 1985）；用產品泡沫程度（Suds Level）來推論清潔劑的品質；用大小（Size）來推論立體喇叭音箱的品質（Olshavsky, 1985）；或利用價格來推論產品之品質等（Olson, 1977; OSlson, & Jacoby, 1972）。

(二) 低層次屬性的認知

內外部屬性所產生的屬性認知是不同的，由內部屬性所產生的屬性認知是抽象構面（Abstract Dimensions），而外部屬性所產生的屬性認知有二種：(1) 由品牌和廣告水準所產生的屬性認知是商譽（Reputation）；(2) 由客觀價格（Objective Price） 所產生的屬性認知是貨幣性價格（Perceived Monetary Price）。

品質信號的內部屬性是產品特性（Product-specific），明確具體的內部屬性在各產品中是不同的，較高抽象層次的品質構面能用來綜合歸納產品的種類（Zeithaml, 1988）。即消費者面對不同的產品或服務時，將採用不同的內部屬性來推論品質，但由內部屬性產生之較高抽象層次的認知（抽象構面），則將存在跨產品別的共同性。捕捉種種明確屬性的抽象構面已漸受討論（Johnson, 1983; Achrol, Reve & Stem, 1983），如：PZB（1985）進行橫跨銀行業、維修業、證券經紀商和信用卡公司等四種不同服務業之認知品質的研究，發現可以歸納出十個共同的抽象構面；在 1988 年 PZB 三位學者更進一步提升抽象的層次，而提出五個共同的抽象構面，以便捕捉解釋橫跨更廣泛服務業的認知品質。

外部屬性係屬橫跨產品別或服務業別的共同屬性，並不會隨產品或服務的不同而改變。在實證研究中發現，當其他資訊不適當時，價格是非常重要的認知品質指標（Ryan, 1991; Zeithaml, 1981; Olson, 1977）。而品牌可提供消費者作為速記的品質（Jacoby et al., 1978），且於研究上發現品牌是影響認知品質的主要屬性（Ryan, 1991; Mazursky & Jacoby, 1985; Gardner, 1970, 1971）。此外，廣告水準已被經濟學家（如：Milgrom & Roberts, 1986; Schmalensee, 1978）用來作為與產品品質有關的屬性，在實證研究亦發現，廣告花費水準與品質推薦間存有密切的關係（Kirmani & Wright, 1987a; 1987b）。

(三) 高層次的抽象

消費者在形成認知品質時，首先利用低層次的產品或服務屬性，來推論獲得低層次屬性的認知，進而達到高層次的抽象（認知品質）。

茲將 PZB、富山芳雄等學者及 Zeithaml 所提之認知服務品質的形成過程，作綜合性的研究探討於後。

Zeithaml 所提之形成認知品質的三個層次，使我們能夠更詳盡瞭解認知的整個形成過程，此三個層次為：(1) 產品或服務的內外部屬性；(2) 低層次屬性的認知；(3) 高層次的抽象認知，又可將此三層次分別稱為低階屬性、中階屬性及高階屬性。而 PZB、富山芳雄等所提之認知品質，係賴「期望服務」與「認知服務」間之關係來形成。若將 PZB、富山芳雄等學者及 Zeithaml 所提的形成過程合而為一，則如圖 11-4 所示，即可將認知品質的形成，視為由消費者利用低階的產品或服務之內外部屬性，來推論獲得中階的期望服務與認知服務，進而達到高階的認知品質。

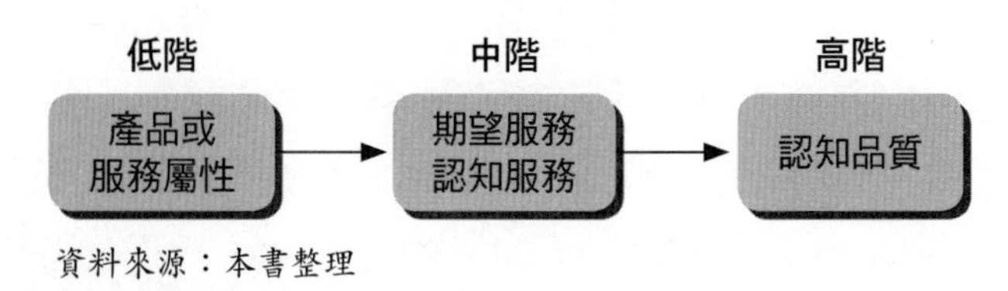

資料來源：本書整理

圖 11-4 認知品質之形成過程

第 3 節
Parasuraman、Zeithaml 與 Berry 的服務品質模型（P-Z-B 模式）

服務可以定義在顧客重視的服務與其明細表上的一致性，服務品質是以顧客為認知的，所以為了在服務的品質做改善，應該減少顧客的需求、期待和企業能力上的差異，但是實際上很難做到這種一致性。

Parasuraman 等根據上述的理論，研究出「品質缺口模型（Quality Gap Model」）。由圖 11-5 可知，此模型和 Grönroos 模型差不多，用期待的服務與知覺的服務之差異，來決定以消費者為評價的服務品質。可是這個模型和 Grönroos 模型最明顯的差別，在於服務品質的評價上，顧客與企業兩方都有考慮。服務品質的結果是以缺口 5（期待的服務與認知的服務之差異）來決定，可

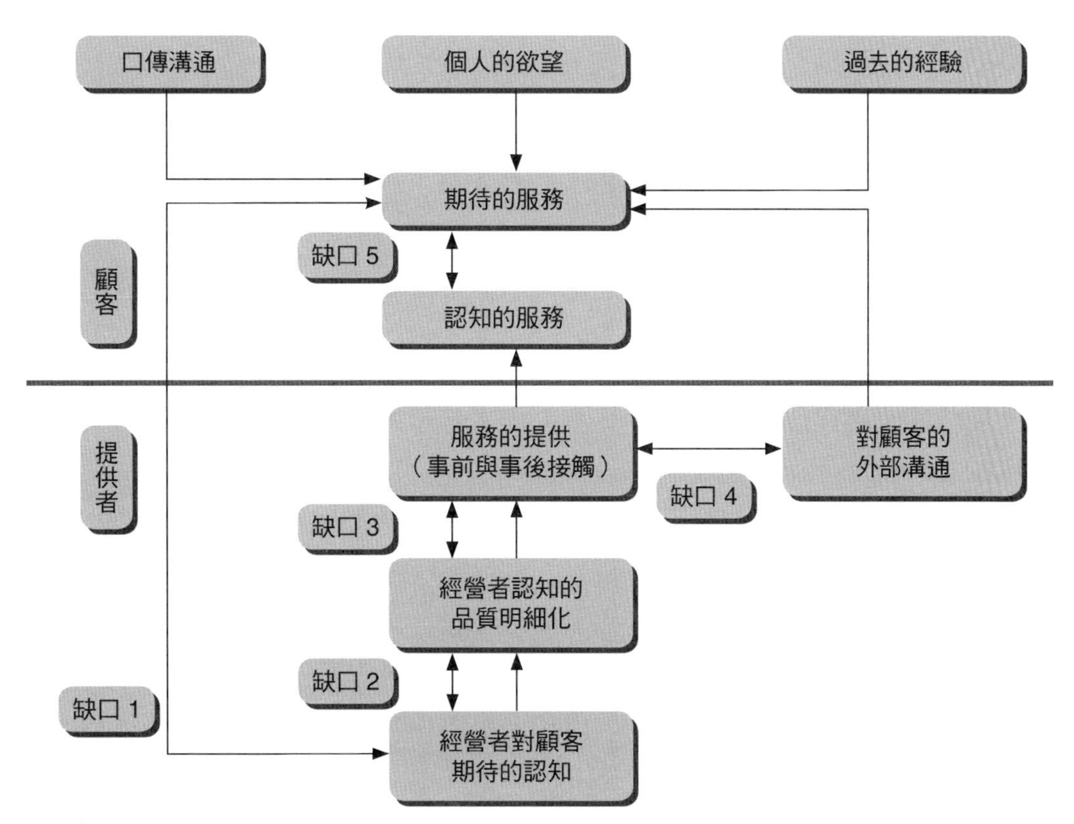

資料來源：A Parasuraman, Valarie A. Zeithaml, & Leonard L. Berry. "A Conceptual Model of Service Quality and It's Implication for Future Research".（P-Z-B 模型）

圖 11-5　Parasuraman、Zeithaml 與 Berry 的服務品質模型

是這缺口 5 是跟缺口 1、缺口 4有關聯的，所以缺口 1、缺口 4 的大小與方向，會影響缺口 5。下列是四個品質缺口的具體說明：

一、服務品質缺口 1

在經營者誤解對顧客服務品質的認知時，企業的管理者不知道公司哪些服務是顧客覺得高貴的服務，或是怎麼做服務才能滿足顧客。管理者對顧客瞭解不足是發生缺口 1 的原因，而這是因為市場調查的不足、雙方溝通不足及複雜的管理階層等因素所造成。

(一) 市場調查的不足

市場調查的不足，造成調查結果的不當運用、經營階層與顧客之間相互溝通的不足。

(二) 雙方溝通不足

顧客的欲望不能傳達到最高層經營者的時候所發生，溝通有兩種方法，一種是從最下層傳達到最高經營層的向上溝通，另一種方法是從最上層傳達到最下層員工的向下溝通。為了減少缺口 1 的差異，需要重視向上溝通（Upward Communication）。高層經營者須常常蒞臨員工與消費者溝通的現場，或是常常跟現場的員工接觸而瞭解顧客確實的欲望。高層管理者若妥善運用這些情報的時候，缺口 1 才會減少。

(三) 複雜的管理階層

管理階層會打擾決定實際標準的經營者與實行這種標準的員工之間的溝通與相互瞭解，造成情報不足、變質，且顧客的期待不能正確的傳達。如果與經營階層直接的互相作用來擴大自由性的話，開發組織的創造性與問題解決方面比較有利。即走動式管理（Management by Walking Around, MBWA）或是 Visible Management 等的管理方法，是直接傾聽現場的聲音。

二、服務品質缺口 2

服務品質標準有錯誤的時候，會產生品質缺口。原因是對顧客期待一致的成果標準，於開發上因為有限制而不能做到的時候發生。而經營者的企圖心不夠、業務標準化的不足、沒有設定明確標準等原因，也是不能做出標準服務明細的緣故。

(一) 經營者對服務品質的承諾不足

比較重視減少費用或短期利益等容易測量出來的結果，而經營者沒有達成服務品質（不容易知道結果）的時候會發生。經營者對服務品質的關心提高時，才可以減少。

(二) 目標設定上不存在

沒有明確目標的時候會發生，為了提供正確服務需要正確的目標設定。

(三) 作業標準化不足

標準化是把效率最大化的最好方法。重複服務也可以具體的程序與法律來標準化，需要顧客化的專業服務也可做到標準化的要求。

(四) 可行性的認知不足

「不可能的要求」可用服務革新來克服，不可能的預感之原因有財務、技術上的困難或顧客需求上的強硬性，最主要的原因是不夠長遠的視野，需要替代不可能的想法，創造出可能性的想法。

三、服務品質缺口 3

明細表上的服務與實際上提供的服務發生差異的原因，在於執行的員工不能完整的做到明細表上記錄的服務時所發生。這些原因有解釋不清楚、角色衝突、員工與業務不適合、技術與業務不適合、不適當的管制系統、角色認知的缺乏。

(一) 角色模糊

工作目標與期望的清晰程度。

(二) 角色衝突

員工不能滿足內部與外部顧客的需求；或是要求員工做很多業務處理與顧客服務的時候，因為員工自己有很多壓力，所以對發生的事情不夠敏感。克服這種現象的方法，是讓員工參與做設定服務的標準、決定教育的優先順序、訓練時間管理等，用這種方法來考慮員工的休息時間。

(三) 員工與工作性質的配合性很低

在員工技術與工作不一致的時候會發生。大部分低薪的低階員工扮演與顧客接觸的角色，所以經營者不太重視員工的業務適合性。因此經營者除了要考慮員工的能力外，還要對員工持續的教育，透過訓練把員工在角色上做清楚的定位，減少錯誤的發生。

(四) 專業技術與工作的配合不適合

業務實行時，使用的工具或技術採用不對的時候發生。所以在教育服務業務上，給予需要的技術與知識，能幫助業務人員在實行上有更好的效果。

(五) 不適當的監視控制系統

企業內評價與補償制度的使用問題，以服務量的結果來測量服務品質。可是大部分應由服務員工的行為檢視系統來檢視較為正確，就是觀察員工的業務能力或透過員工的報告方式來瞭解。

(六) 缺乏認知上的控制

員工面對問題的時候不該是機器式的反應，而應該以顧客化的反應來面對顧客，就是認知的統制（Perceived Control）。

(七) 團體精神的缺乏

服務品質上最重要的角色是內部支援服務品質。員工與經營者為了共同目標一起合作，對組織的發展也是經營者關心的時候才表現積極。所以對員工的努力，適當的支援與認知是非常重要的。應具備對不同部門或是不同業務、業者，合作上需要的知識。

四、服務品質缺口 4

企業的約定與產品本身不符的時候，就是在服務上提供的約定沒有完整的遵守，原因是不適當的水平溝通與過度承諾約定。

(一) 不適合的水平溝通

主要原因是人事、行銷、營運部門之間的溝通，以及部門之間程序與規範的差異。有的時候員工不知道的服務，透過廣告已經使顧客接觸到的事實。所以營運部門事先確認廣告約定，廣告實行可能性是非常重要的。顧客與營運部門接觸的機會，讓營運部門瞭解顧客期待的服務與欲望，這樣營運部門才瞭解行銷部門的立場。

(二) 過度承諾的傾向

顧客期待，企業用廣告與促銷的方式來滿足對顧客所做的約定。所以如果企業用誇大的廣告來誘惑顧客購買產品，當品質不好時，顧客很容易感覺不滿意；但如果實行可能的約定來吸引顧客購買產品，卻能提供給顧客期待值以上的品質。企業對顧客做一定可以實現的約定，努力把表現行為做到期待值以上的效果。Parasuraman 等的服務品質缺口模型和 Grönroos 的模型不同，比較重視考慮顧客與經營者兩個層面，也比較具體提出測量服務品質的方法。

本章習題

1. 試簡述服務的「關鍵時刻」（MOT）為何？
2. 試圖示 P-Z-B 的服務品質模式為何？

第 12 章 服務業營運管理實戰案例

第 1 節 服務業教育訓練案例

《案例 1》服務業人力資源管理——統一超商的「老總訓練班」

(一) 三十三家子公司，給員工成長更大舞臺

在統一超商管理制度達到一個穩定水準後，徐重仁開始積極展店，也水平開拓流通事業。十年間，統一超商從九百四十二家店，大步成長到現在近四千八百家。並且，也開展出統一星巴克咖啡、康是美藥妝店……到近期開幕的甜甜圈店、汽車零件連鎖店等三十三個不同領域的子公司，成為全方位、營收 1,000 億元的臺灣最大流通集團。這一切，是為了給員工更大的舞臺。

(二) 教導型組織與老總訓練班

為什麼統一超商能十年穩坐龍頭？人力資源部經理林盟欽想也不想就答：「因為我們團隊超強！」

這就是統一超商的核心利器——一群成熟、可以獨當一面、又年輕有衝勁的中堅幹部，並且九成以上是一起打拼十幾年的夥伴。「我們都從小被老總（徐重仁）教大。」林盟欽形容，「很多事情眼神掃一下就知道了，話都不必說。」

「創一個公司，不是只有多一個總經理位子，也給更多中低階主管新的歷練空間。」徐重仁解釋。另一方面，也藉此讓長期處於順境的超商幹部，體驗創業的艱辛，同時學習「當成自己的事業經營」。

徐重仁的布局還在後面。新事業先峰部隊將基礎建立後，徐重仁每每抽回部分人馬，又派新人去接。抽回的人可不是被撤回舞臺，而是不斷有新舞臺等在前方。「就是一個拉一個，大哥帶小弟，這裡就是練兵場、練將場。」「我是用空間換取時間。」家裡有六個兄弟姐妹，從小也是這樣被兄姐拉拔起來的徐重仁笑著說。

參照美國現在熱門的管理學「教導型組織」，徐重仁絕對是「第一流的教練」。第一流教練，第一個條件就是有感召力，能讓經營理念深植人心，組織充滿活力。（資料來源：經濟日報）

《案例 2》人力資源策略——玉山銀行人才培訓成效佳

奇異公司前任總裁傑克威爾許在自傳中提到，他在奇異工作時，把 70% 的精力花在人才培訓。玉山金董事長黃永仁抱持同樣的態度，在玉山發展的三大支柱「建立制度、培育人才、發展資訊」中，視人才培訓為最重要工作。

(一) 新進人員訓練

至於剛報到的新進人員，都要住進中山北路三段附近的員工訓練所，接受為期六個月、四段階的訓練。董事長黃永仁還會親自上第一堂課，談玉山的企業文化和經營理念。

之前黃永仁就曾收過六、七年級員工爸爸寄來的電子郵件，說小孩受訓練後，回到家變得很有禮貌，會向替他做事的父母說聲謝謝，客人到家裡拜訪時不會像以前只躲在房裡，會大方出來打招呼。

(二) 中階幹部訓練

玉山金人力資源部協理王志成說，不論是新進員工、中階或高階主管，行內都有完整訓練計畫。以玉山視為增強競爭力最重要推手的中階幹部為例，就有一套增進管理技能、專業知識和加強行銷能力的計畫，即「希望工程培育班」。

接受訓練的主管，除了一般上課、組讀書會、經驗交流或結訓後派至海外加強訓練外，為了避免「當了爸爸才來學做爸爸」，還必須做個案研究，把其他主管的表現拿來討論，甚至做角色扮演，如服務客戶時，端茶要從哪個角度切入，拜訪客戶時又要掌握哪些技巧。

(三) 高階主管訓練

至於行內高階經理人，每年都有一至兩梯次的「經營管理研究班」，除了找重量級專家授課，也會派人到國外知名大學做研究。玉山金策略長黃男洲前年就到哈佛大學參加「高階管理研究班，他也是當年度課程中唯一來自臺灣金融機構的高階主管」。

(四) 人事流動率低

「玉山每年流動率約 5-7%，在業界算很低了。」王志成說，管理學上公司流動率低於 10%，都在可接受的範圍，若超過 10%，則表示組織必須提高管理成本。

職員認同公司文化，還可從另一指標發現，即現在於公司任職經理職位者，有 28% 是十三年前就進玉山銀行工作了，這也同時凸顯不帶家族色彩，以專業經理人經營績效掛帥的公司文化。

王志成認為，玉山的人才培訓計畫，加上特有的文化傳承制度，讓玉山金各項績效都有不錯表現，如去年消費金融業務成長逾 40%，幾乎是所有金融機構之冠。

《案例 3》信義房屋關鍵時刻的教育訓練

(一) 2004 年度稅前獲利佳，達 9.8 億元

六月是股東會旺季，信義房屋的股東會上，一片歡欣氣息；原來，信義房屋 2004 年營收 40.48 億元，稅前盈餘 9.8 億元，均較前一年度成長約四成三，高於臺灣總體房屋市場成長二至三成成績，創下每股股利 5.3 元的最高績效表現。

(二) 口碑，是顧客滿意度的代表

這個表現，來自信義房屋的關鍵策略：「寧願犧牲短期營收，也不能輸掉口碑。」

口碑，是顧客滿意度的代表。在眾多仲介業中，信義房屋目前是房屋仲介產業的第一名。打造心占率的績效指標，也是信義房屋總經理薛建平經營的祕訣。

許多人認為服務業只曉得拼短期客戶人次，但卻忘了細水長流的口碑。

從基層房仲經紀人出身的薛建平，在「信義文化」調教下成長，一步步晉升為管理職。

這位資深「信義人」相信價值服務，「因為房仲服務業的績效指標、成本計算都不容易。」薛建平解釋著。

房仲服務業的競爭力，不能從短期的成本支出計算盈虧。應來自於如何提供給客戶最有價值的服務，以及如何讓整個服務團隊產生綜效，帶動實質績效。

薛建平認為，服務業是賺口碑的行業，口碑創造出來的心占率，才能加速營業額成長。

(三) 結合管理制度的功能

不過，要讓員工關心顧客的口碑，必須結合管理制度，信義房屋把業務部門的獎金發放標準、晉升與各種表揚制度，都跟客戶滿意度做結合。

舉例來說，如果 A、B 兩位業務表現相當，但 A 客戶滿意度較高，晉升和加薪的機會，一定落在 A 業務身上。

(四) 社會公益行銷——服務業，一定要跟大多數人的利益結合

2005 年夏天，信義房屋延續 2004 年「社區一家」贊助計畫，針對經營優異的社區，予以每件最高補助 50 萬元贊助，甚至，還擴大到尚未成形，有心打造社區的組織，予以最高補助 20 萬元的「小額補助」。

服務要做好生意，這種短期看不到生意，藉由協助社區發展，建構社區網絡的思維，一如擔任活動評審、圓神出版社社長簡志信所說，「現在的服務業，一定要跟大多數人的利益結合，大多數人就會支持這樣的事業。」

(五) LEXUS 購車的經驗——超越顧客期待的感動服務

薛建平自己也以自身觀察，作為分享案例；最近的一個經驗，來自購買 LEXUS 汽車，讓他發現，一旦售後服務做得好，就能呈現「超越顧客期待」的感動服務。

原來，有一次他的太太開車，發現輪胎比較扁，直覺胎壓有問題，便打電話詢問公司業務人員，該怎樣看，才能確認胎壓有沒有問題，原本以為在電話裡就能得到解答，但出乎意料之外的是，業務人員並不是在電話回答，而是在十多分鐘跑來他家裡。

「因為他們認為，只有親自檢視，才能確認。」談起這件從異業的服務經驗中，薛建平最大的感動，就是服務其實不只是傳遞的過程，甚至連交易完成，仍還在延續。

(六) 關鍵時刻教育訓練

如何創造主動，必須與績效指標運動。信義房屋的做法是，在業務會報上採取「關鍵時刻」教育訓練，藉以提升服務人員主動精神，並結合管理制度，訂定個人考績，用意就是培育出主動爭取顧客滿意度的服務型員工。

所謂「關鍵時刻」，是第一線人員呈現出整體作業、人員素質及流程整合的表現，最重要的是在員工身上看見結合態度、服務和形象的表現。

信義房屋透過工作中的管理訓練和教育訓練，在業務會報上採取「關鍵時刻」教育訓練，藉以提升服務人員主動精神，同時，結合管理制度，訂定個人考績，用以培育出主動爭取顧客滿意度的服務型員工。

會報中通常以案例分享方式，讓員工從中學習：(1) 如何探索客戶需求；(2) 如何提議讓顧客接受；(3) 如何執行行動；(4) 確認顧客瞭解其所能提供服務的內容。

《案例 4》國泰航空榮獲 2013 年全球最佳航空公司——真誠服務與教育訓練

(一) 獲獎實至名歸，顧客給予肯定

1. 在「實至名歸」的讚賞聲中，國泰航空摘下全球規模最大的乘客意見調查 Skytrax Research 2013 年「全球最佳航空公司」的桂冠。這已是國泰航空在三年內，二度奪魁。

   站在第一線服務客戶的地勤人員，聽到獲獎消息掩不住關心與驕傲。領導地勤人員的國泰航空機場經理胡親民說，Service Straight from the Heart，我們用發自內心的真誠服務，贏得顧客的肯定！

2. 國泰航空的服務，始終維持在頂級水準。無論空勤、地勤，都一樣高度專業，國泰「馬可孛羅會」鑽石卡級會員、夏姿設計總監王陳彩霞讚許。

   同樣是忠實顧客的臺灣留蘭香公司總經理杜文進更指出，「國泰地勤人員作業特別有效率，就是比別的航空公司迅速、準確。」

3. 事實上，國泰地勤團隊的超水準演出，來自於充分的：(1) 專業知識；(2) 流程精準；以及 (3) 發自內心真誠服務。

(二) 扎實的員工訓練

國泰航空有扎實的員工訓練，包括專業知識訓練以及人文互動課程，一切課程的目標，都在讓員工能主動預測、瞭解旅客需要，稱職做好各項服務。除了安排在臺灣、赴香港或其他國外據點的課堂教學外，國泰近幾年更力推「網上學習」。國泰的線上課程，高達四百多種，隨時不斷更新，包括顧客趨勢、飛安新知、世界各地旅遊、簽證訊息等。

「知識，是做好服務的先決條件。」胡親民說。

進入國泰十八年、笑容可掬的客運部督導劉紹慧指出，地勤人員每天早晚要開兩次會，瞭解今天的工作重點，比如哪個時段旅客會比較多，哪些地區簽證規定有改變等，「這些都是小細節，但我們都務求精準無誤。」

(三) 站在顧客的角度思考

「適合服務顧客」，關鍵在於能站在顧客的角度去思考。

譬如國泰航空是兩岸三地百萬臺商最重要的通勤橋梁，胡親民等高階主管，就親自走了一趟臺商往返中國的動線，模擬實況，以真正瞭解臺商搭機的需求。國泰的觀念是：即使乘客對搭機再熟悉，到了機場，仍有不確定的事，這時就全數交給國泰航空，讓他們用最專業的角度，從各個面向照顧乘客。

若是遇到憤怒的客人，國泰教育服務人員的觀念是：「要想想，是不是自己的問題，站在顧客的角度替他想。」

「乘客用世界級的標準來看待我們、期待我們，我們就真的要讓人覺得有更高的價值。」劉紹慧說。

(四) 提供發自內心的真誠服務

地勤人員處理的事情相當繁瑣，卻要永遠保持愉悅的態度。因為他們有一堅定的信念：「要提供發自內心的真誠服務」。

「冷冰冰、機械式服務，讓任何人都不舒服，缺乏真誠的笑容，一眼就看得出來，那是職業化的笑容。」胡親民解釋。國泰的服務人員，除了專業，總多了些親切、活潑的特質。事實上，國泰在挑選員工時，有一個重要原則：「不一定選最優秀的人員，而要選『適合服務顧客』的人員」。服務人員每天面對不同的狀況，「有好的個性非常重要。」胡親民解釋。

(五) 永遠用第一的標準要求自己

這次再度奪得「全球最佳航空公司」桂冠，國泰航空服務團隊不諱言：「壓力將更大。」

胡親民說：「從此，我們都將用第一的標準來要求自己，不斷精進，讓顧客覺得，我們的服務，不枉他們的肯定。」

《案例 5》日本 YAMADA 家電量販店：提升第一線人員接客力

日本 YAMADA 家電量販店，即使面對競爭對手不斷拋出低價競爭策略之下，仍能保持市場第一品牌的領導地位，2003 年營收達 1 兆日圓，大賣場店數已達二百三十家。該公司山田昇社長在接任後，即推出「接客日本第一」專案，全面出擊「接客至上」的服務策略。

根據該公司的調查顯示，過去顧客的抱怨，有 35% 與店員的接客服務不良有關，15% 與店員的商品知識不足有關。這二項均與第一線店員的「接客能力」有十分密切的關係。於是，山田昇社長在一年前決定推出「接客日本第一」專案活動，全面要求全國 7,700 多位現場店員、組長及店長，均須接受「商品知識」與「接客服務」二大類的嚴格測試合格制度。這種資格測試，區分為四個等級，凡是四級的員工，每個月均須測試一次，三級員工每兩個月測試一次，二級員工每四個月測試一次，一級員工則半年測試一次。測試成績將列入每個員工年度的人事考績參考指標。經過考試制度及現場模擬測試，該公司所有員工均對「商品知識」（如資訊電腦、數位家電、生活家電、健康用品、行動通訊、音響、視訊等產品）及「接客服務」的知識與要求，水準普遍提高了。

YAMADA 公司推出「接客日本第一」專案後，客訴明顯降低三分之一，而營收、獲利及用人量，則有大幅成長。此顯示，該公司全面推動此活動帶來有效的助益。

YAMADA 還全面禁止下列八大接客用語，亦即不得對來店顧客說出，這八種回答話語，包括：不知道、沒有了、不瞭解、沒聽過、不可能、怎麼會貴、還沒出來、缺貨。因為這八種答覆，都是對顧客的不尊重與不用心。

山田昇認為 3C 家電量販店的競爭武器，主要根基於三項，第一是品項多元而齊全；第二是價格因規模經濟採購而便宜；第三即是現場的接客服務。對於現場接客服務，每位成交客戶，現場營業人員都必須填寫一張在 A4 紙上列有三十個勾選項目的服務紀錄表，以示對此顧客的真心、認真與專業服務態度，這張紀錄表包括顧客入店後，到結帳付款走出店外的全部接待過程紀錄，計有三十個詳實紀錄事項。

另外，為了瞭解接客服務競爭力的表現成效究竟如何，YAMADA 公司每一季還針對已買過的會員顧客及一般社會大眾觀感，委外進行電訪民調、銷售現場問卷調查及網路調查等三種市調機制，以從不同角度去全面瞭解及掌握全國 YAMADA 家電量販店在不同地區成果表現、顧客滿意程度，及未來應改革的方向與具體做法。

YAMADA 公司的成功，就是深耕於這 7,700 多位，每天在第一線現場，不斷提升「接客力」，而深得顧客滿意與肯定的員工。

第 2 節 服務業激勵與領導案例

《案例 1》亞都麗緻的員工激勵法寶——待遇、學習、看到未來

（引言：以下是亞都麗緻大飯店總經理嚴長壽先生，接受《天下》雜誌專訪的重點摘要）

(一) 激勵同仁的三個面向：待遇、學習及看到新的未來

我覺得激勵同仁有三個面向：待遇、學習及看到新的未來。

1. 待遇是第一個激勵面向

適當的待遇是必要的，所以我跟同仁說：我沒辦法給你最好的薪水，但我 Promise（承諾），我每半年一定檢討一次薪水，找出任何職位在市場上的平均行情，如果人家 2 萬 5，我們還在 2 萬 2，那就危險了。

給最好的薪水不見得是最好的激勵。通常老飯店的員工因為年資久，所以給很高的待遇；或是某些飯店剛開幕急著要人，所以給高待遇，但這並非反映公平的行情。

我期望的員工應該是除了薪水之外，還想要走二條路：往上升遷的機會、繼續學習的環境。

2. 學習是第二個激勵面向

如果你不是向上的人，我給你最高薪，反而沒有東西可以激勵你。對一個上進的年輕人來說，待遇可能不是最重要，而是不斷學習。

所以，我給同仁的學習之一，就是不斷換職位，比如餐飲部轉調客房部，在平行換工作時，不僅消弭掉本位主義、增強謀生能力，往上升遷的機會也提高了。我後來有很多的 CEO 都是這樣培養出來的。

現在開臺中亞致旅館，我們用更多的學習來激勵同仁。臺中亞致大多數是新員工，我們就全新地塑造他，包括語言、人文素養、專業技術。比如每個星期同仁都上專業素養課程，我給他們上聽覺的藝術、味覺的藝術等五感。讓同仁從傳統你尊我卑的服務，轉換成有教養、有品味的專業同仁。

3. 看到新的未來是第三個激勵面向

比如，今年我們開了臺中亞致、蘇州亞致等新旅館，公司不斷擴張，讓同仁看得到未來。

(二) 選對員工及員工自我激勵也很重要

自我激勵很重要。

我聘用新人的時候，一直覺得我是在尋找未來的夥伴，尤其我們這行要對工作有很大的熱忱，完全要喜歡為人服務。

他本身要很能自我激勵，因為你不可能每件事都順利，有困難時，有主管在旁邊指導當然很好，假如主管不在旁邊，你自己要如何轉化，和你的個性很有關係。

怎麼樣是對的人？我們不看學歷，只看過去處事的經驗與經歷。面試的時候，我給對方幾個選擇：比如領導統馭能力、有創意頭腦、有規劃執行、善於與人接觸等，問他覺得他是怎麼樣的人，排個順序，答案就會給你一個訊息。所以，找對人最重要。

《案例 2》統一星巴克與員工搏感情——營造快樂與愉悅的工作環境

(一) 名列臺灣上班族新世代最嚮往的前十名企業

6 月 28 日，是統一星巴克總經理徐光宇最開心的日子。這一天，是統一星巴克的董事會，徐光宇當著董事成員的面，從星巴克北美國際市場總裁馬丁（Martin Coles）的手中接下了一面獎牌，表彰他在臺灣領導的星巴克，在「新世代最嚮往的企業」調查中，名列前茅。

當天，來自星巴克總部的高階主管，還包括星巴克大中華營運總裁王金龍、副總裁傑夫（Jeff）、國際市場發展部副總馬克，以及大中華副總查理等，在徐光宇接下獎牌的那刻，大家一起給了徐光宇最熱烈的掌聲。

「新世代最嚮往企業」調查中，名列排行榜上前十名的企業，除了星巴克是賣咖啡的之外，其餘都是年營業額超過千億元的大企業，讓徐光宇好生欣慰。更讓他高興的是，此一臺灣媒體進行的調查，被美國星巴克總部注意到，除做了獎牌並派要員來臺，感謝並嘉獎徐光宇與臺灣星巴克的夥伴們在臺灣市場的努力。

(二) 統一星巴克的文化

「這就是 Starbucks 的文化」，徐光宇感性地指出，星巴克六大企業使命中的第一條即開宗明義地指出：提供完善工作環境，以敬意與尊嚴對待所有員工。

臺灣的勞基法修改後，部分企業界中的勞資關係被緊繃成了一種「零和關係」，有些短視的企業主甚至將員工福利，視為增加成本而刻意漠視，或總提出一些口惠而不實的方案唬弄同仁。但是，星巴克從不如此，在深刻體悟創辦人霍華・蕭茲（Howard Schultz）的「和員工建立互信關係」，才是星巴克的成功關鍵之道，徐光宇含英咀華後設計了諸多與員工「搏感情」的方案，目的就是為了營造出一個快樂的、正向的愉悅工作環境。

(三) 設計很多與員工「搏感情」方案

例如，位在臺北市東興路上統一企業集團總部四樓的統一星巴克總部咖啡吧台區，每天中午 1 點至 1 點半都會有一場「咖啡交流」（Coffee Tasting）時間。這是徐光宇結合統一企業「朝會」精神，以及星巴克「咖啡體驗」而設計出的員工與幹部交心活動。

半小時的「咖啡交流」活動中，每次都會由不同的星巴克夥伴擔任主持人，他可以自己設計題目與發表的型式，與其他夥伴分享工作的、生活的或家庭的各種體驗。公司並沒有硬性規定大家一定得參加，但是，每天的「咖啡交流」活動中，總有數十人到場，或坐或站地聆聽夥伴心聲。

徐光宇表示，自己討厭應酬，也絕少應酬。只要在臺灣，沒有被其他公事絆住，也都一定會到場傾聽夥伴的聲音。他說，自己把夥伴當成自己的家人、孩子，關心他們，目的是讓夥伴覺得「老總和自己在一起」，如此才可以培養雙向成長的動能，推動企業向前。

(四) 與前統一 7-ELEVEN 總經理徐重仁相遇，就此改變一生

徐光宇看待員工若此，固然是霍華・蕭茲為星巴克立下了鐵律，他與前統一超商總經理徐重仁「改變一生的相逢」與受到知遇禮待，更讓他深刻體悟「員工即資產」的經營哲理。

在徐光宇最需要助力的時間，一路將徐光宇從廣告公司 AE，拔擢到專戶負責人，甚至延攬進統一企業，並將新事業交給他的徐重仁，看出了徐光宇面臨的處境。於是，「大徐總」召集了集團內的高手，協助、指導「小徐總」，同時整合資源並進行組織變革。更重要的是，2002 年的母親節，徐重仁帶著徐光宇一起到了上海，要徐光宇兼任上海星巴克總經理，要他承擔更大的責任。

徐光宇感念地說，這就是一種情感。他表示，徐重仁其實不太用「話語」感動人，而是透過「真誠的面容」與實際行動，讓人感受到那股溫暖與激勵的力量。他說，老闆如此待你，你怎能不湧泉相報呢！

《案例 3》日本 7-ELEVEN 董事長——堅持與員工直接式溝通

日本 7-ELEVEN 公司迄 2007 年 1 月止，計有一萬零八百家便利商店，營業額達 24 兆日圓，是全球最大的便利商店連鎖公司，也是一家卓越的零售公司。

該公司二十多年來，在每週二均召回全日本 1,200 名指導加盟店的區顧問，以及各地區經理，回到東京總公司進行每週一次的經營檢討大會。合計參加該會的人員達 1,500 人，把日本 7-ELEVEN 總公司的地下室一樓擠得滿滿的。日本記者曾專訪鈴木敏文董事長，下面是重點摘述：

(一) 1,500 人大會，每週一次，二十年不間斷

其中最明顯的例子是 7-ELEVEN 的 FC 大會。每個星期二一大早，1,200 名負責加盟店進行經營指導與建言的區顧問（OFC），從全國各地前來本部集合。北海道、九州、東北、中國等，距東京地區較遠的 OFC 需要前一天到東京，並在飯店住一晚。會議從上午 9 點 30 分開始舉行，結束一整天的活動後，晚上再回到各自的責任區。

除了 OFC 之外，負責開發新加盟的 RFC（Recruit Field Counselor，意即門市開發員）共 100 人，加全國十四個區域的經理，及各區域再細分為一百二十九個 DO（District Office）後的各個經理，以及本部的商品負責人等，這些相關經理階級組員共約 1,500 人，全部需要參加 FC 大會。

FC 大會自從創業以來二十年未曾間斷。各家便利商店中，只有 7-ELEVEN 實施這項政策，由於這是 7-ELEVEN 之所以過人的祕密所在，所以，到目前為止，都還對外界保密。

(二) 即使在 IT 時代，直接的溝通仍是最好的

大學生為什麼要上大學呢？如果只是單純的接收情報的話，空中大學應該也可以做得到。但是，這不只是單方面接收情報，還包含向老師問問題、與老師對話、與朋友交換情報，以及從問題的解答過程當中學習各式各樣的技巧，以提升自己的能力等。學校就是為了直接溝通而存在的。相同的，對便利商店而言，情報就是生命，所以我才堅持要直接溝通。自己前來總部參加會議，與經營者這個最大的情報源做直接面對面的接觸，自己進行情報的消化吸收。接著回到工作現場，與各位店長進行直接溝通。或許在我一個小時的談話內容當中，傳達給店長時只剩三分之一或五分之一，但是我還是寧可採用「直接溝通的方式」。

(三) 情報是活的，所以新鮮度很重要，經手的人不要太多層次

整個 IY 集團，每年 3 月與 9 月共二次，將全世界將近 9,000 名公司幹部級以上員工召集至橫濱 ARENA。由高層直接進行 1.5-2 個小時的經營方針說明，希望藉此取得共識。此外，7-ELEVEN 設有加盟諮商室，可以與加盟主直接對話，聽到他們的心聲。在這裡蒐集到的心聲，直接轉達給社長與會長。因為如果靠間接式傳遞的話，不好的情報很容易遭到中途攔截。

情報是活的，所以新鮮度很重要。情報經手的人愈多，被加工的程度就愈嚴重。即使不是刻意要這麼做，人也會選取對自己有利的情報。之所以會執著直接的溝通，仍是因為其背後包含了對人性的洞察及情報本質——此乃強調效率與合

理的理論所無法表述出來——的洞見。

《案例 4》服務業領導管理——全國電子總經理蔡振豪激勵員工士氣

蔡振豪善於激勵士氣，財務報表傳佳音時，他一定發出豪語，定出更高的攻頂目標。像 2003 年每股盈餘創下 2 元的佳績時，他便當場許諾翌年要再成長一倍。有人為他捏把冷汗，他卻一點都不在意，還大聲說：「當個總經理，連講都不敢講？！」就是這種敢衝、敢拼的草根性感動所有員工，在眾志成城的力量下，每次都能達到目標。

他認為拼業績，先要在內部和員工搏感情，才能在外部和顧客搏感情。所謂一流行銷必須先做到內部行銷，此中微妙蔡振豪最瞭解。他說：「員工有四要：名、利、舞臺、命；領軍作戰者就應該給他們四個分享：名位、錢、知識、健康。」

全國電子激勵士氣不遺餘力，蔡振豪常開玩笑地激勵業務員：「錢砸下去就有感覺！」業績好的時候，一級主管十多個月的年終獎金是常事。他也會用比較正式的口號宣導自己的理念，如「教育在先、名利在後！」他用以帶兵的不是「鞭子」和「胡蘿蔔」，而是「理想」和「胡蘿蔔」，提出遠大的願景、拿出具體的獎勵。

《案例 5》員工滿意策略——優質服務，從快樂與滿意的員工做起

(一) 臺北君悅飯店

1. 為了增加員工向心力，國內觀光飯店業的龍頭，臺北君悅飯店花了 300 多萬元及一年的時間策劃，重新打造員工餐廳。取名叫作「You & Me」的員工餐廳，今年 9 月啟用時，讓內部員工和外人大為驚艷。
2. 臺北君悅飯店總經理崔尚恩說，重新改造員工餐廳，是為了實現君悅飯店「以人為本」的宗旨。員工是君悅最重要的資產，有快樂的員工，才能提供顧客最優質的服務。
3. 君悅飯店行銷公關部協理李佳燕表示，You & Me 每天供應早、中、晚及消夜四餐。每位員工每人每天的材料成本大約 100 元，一個月至少要花 300-400 萬元。如果想在其他地方吃到這麼精緻的料理、飲料和甜點，一個人至少要花 200-300 萬元。

4. 每年 9 月 21 日，君悅飯店員工餐廳就充滿笑聲。因為這一天，飯店一級主管都要換上廚師裝，替員工打菜。臺北君悅飯店公關部協理李佳燕表示，為了拉近員工和主管的距離，每年 9 月 21 日臺北君悅飯店生日的那一天，所有飯店一級主管大約 20 人都要替員工打菜。

她指出，每到這一天，所有員工都很興奮。特別是經常碰到總經理但卻無緣近距離面對面接觸的第一線服務人員，以及平時很少看見總經理的客房部媽媽們。在這一天，大家都能夠親手接到總經理打的菜餚。特別是總經理又是很帥的外國人，更讓她們覺得很新鮮。

(二) 臺中中友百貨公司

中部的中友百貨，近期也花了 600 萬元把員工餐廳「福餐廳」變身為員工美食街，提供自助、麵食、粥品、點心、果汁、泡沫紅茶等多種選擇。以自助餐來說，每餐提供的菜色，多達六十道，用餐環境也遠勝於坊間的自助餐，並同時可容納 250 人進食。

催生「福餐廳」的廖獻凱表示，員工餐廳的好壞和專櫃小姐服務態度關係重大。他強調，專櫃小組在百貨公司的時間很長，一天用兩餐更是常事。如果用餐環境不好、菜色不佳，員工心情怎麼好得起來？

為了讓員工可以愉快進食，餐廳從家具、燈光到地板，經過整體設計，而且還安置三臺大型電漿電視，讓員工即時掌握最新的時事。

這座號稱五星級的員工餐廳，由於物美價廉，連部分神通廣大的消費者，都混進來吃。不過，中友表示，目前都改使用儲值卡，是不是「外來客」立即現形。

《案例 6》員工滿意策略——美國低價航空 Jet Blue，善待員工，分享成果，就是創造績效的祕方

「要開創成功的事業，就必須追求完美並懂得和員工分享成功的果實！」近幾年來異軍突起的 Jet Blue 執行長尼勒曼（David Neeleman）曾這麼說。

以低票價、冷門航線為營運特色的 Jet Blue，近幾年來在全球航空界聲名大噪。不僅因為 2000 年創立的 Jet Blue 在營運一年內就出現獲利，也因為該公司是少數能抵擋得住 911 這個重大衝擊的航空業者。

(一) 23 位高級主管親赴機場走動式管理，協助員工，瞭解實況，贏得尊重

Jet Blue 有 23 名主管，每年都必須負責督察一個城市的業務狀況。他們每一季都必須抽出一些時間親自到負責的城市，傾聽派駐在當地機場員工的想法。在 Jet Blue，主管要獲得員工的尊敬不是靠權威，而是靠努力。

「在我們公司，主管不會整天坐在辦公桌前，我們會捲起袖子到處走動瞭解各種狀況，我們不會將其他員工視為較次等的人。」尼勒曼說。「我們希望員工服從領導人是因為他們尊敬我們，而不是因為他們被要求要這麼做。」

近年來航空業經營困難，許多獲利不佳的公司發動裁員、減薪，但主管卻仍坐領高薪。像這類只圖己利而不體恤員工的主管，往往得不到下屬真心的敬重。在尼勒曼的經營哲學中，善待員工是相當重要的一個原則。

服務業強調的是全年無休，Jet Blue 的航站人員也不例外。但在感恩節或聖誕節假期時，尼勒曼和其他高階主管常會親自帶著食物到機場探視仍在工作的同仁，中階經理人也被派遣到機場和員工一起打拼。

(二) 利潤分享與獎勵員工機制

Jet Blue 設有許多利潤分享和獎勵員工的機制，目的是要確保員工能分享公司成功的果實。在這家成立才四年的公司裡，員工享有健全的保險和退休金制度。公司的盈餘也從不吝於和員工分享。舉例來說，2001 年該公司員工所獲得的盈餘分紅比率就高達薪資的 13.5%。其他的員工福利，還包括折價認購公司股票及員工和員工直系親屬免費機票等。

(三) 建立互信的企業文化價值觀

隨著近年來業務不斷擴張，Jet Blue 的員工人數每年都以將近一倍的比例增加。在如此快速的成長步調下，尼勒曼發現如何讓公司的企業文化長久維持，是他面臨的最大挑戰。Jet Blue 的企業文化環繞著五大價值觀：「安全、關心、誠信、趣味和熱情」。

為了建立這種互信基礎，尼勒曼透過多元化的管理和員工溝通，例如每週召開內部的溝通會議，向員工說明所有對外發布的新聞稿內容，透過內部網站傳遞訊息，並且要求主管、機組人員以及其他員工保持密切聯繫。

如今 Jet Blue 主管和員工「形同一家人」的相處模式成為業界的典範，這個例子也提醒許多企業經理人一項重要的管理觀念：員工是企業的重要資產，只要企業善待員工，員工自然會盡力為企業創造價值。

《案例 7》UNIQLO 服飾連鎖店——激勵制度提升服務

UNIQLO 是日本大型服飾連鎖店之一，擁有六百三十家店面，該公司 2003 年初開始加強推動「接客改善運動」，希望透過現場店員感動的服務，提升店效與營業額。UNIQLO 社長認為店面經營績效，取決於商品力、價格力與店員銷售服務力三合一的能力表現，因此，該公司也定有店員如何正確服務的「接客手冊」。另外，為提升接客服務的誘因，該公司針對全國 1.3 萬名店員，進行「顧客滿意獎賞制度」，把顧客滿意獎（C.S）區分為三種等級。從第一級的「準 C.S 獎」，可以隨時提出來，發給一定金額獎金，到每個月比賽的第二級「C.S 獎」，最高的則為每半年舉行一次競賽的第三級「Best C.S 獎」（最佳顧客服務獎），送員工到海外去研修與旅遊獎勵。

UNIQLO 服飾連鎖店就是透過這種對全員競賽激勵的表彰制度與事例，提供給全公司 1.3 萬名員工借鏡參考，不僅可激勵員工士氣，而且還把得獎者的心得及做法，呈現在公司網站上，讓全員分享，並且每年集結成一冊，名為「UNIQLO 顧客滿意得獎事例學習手冊」，每家分店每年都會拿到一本，然後，由店長進行教育訓練及考試測驗，不合格的將會被資遣。UNIQLO 的成長擴大，即是嚴格要求第一線店員不斷提升接客力，並在給予不斷獎勵誘因下，所得到的成果。

第 3 節 服務業 S.O.P 標準作業流程管理案例

《案例 1》服務流程策略——臺北喜來登大飯店無縫式服務，顧客百分百滿意

(一) 讓客人指導我們怎麼做

「只有平順、流暢、自然的無縫式服務，才能達到顧客 100% 滿意」，臺北喜來登飯店總經理約瑟夫・道普（Josef Dolp）表示，成功的飯店是靠良好的地段、卓越的硬體，以及優質人力與精準的流程創造出來。他說，硬體是「錢」，人與流程則是「魂」，魂比錢重要。

在行銷策略方案，則對內推動「流程再造」。約瑟夫・道普要求同仁在擬定標準作業流程時，務必「傾聽消費者的聲音」、「讓客人指導我們怎麼做」。

(二) 絕對無縫、絕對優質的服務

臺北喜來登飯店換裝變臉後，全新的硬體成為立足市場最大的競爭優勢。業界根據臺北來來時代的經驗預估，擁有六百八十五間客房與十個不同主題餐廳的喜來登飯店，年度營收不難輕易突破 21 億元，躍升為全臺前三大飯店之列。只是，約瑟夫・道普強調，時代正在改變，硬體固然影響消費者對飯店的評價，但若要立市場於不敗，則「關鍵在流程」。

「飯店產業是流程產業」，約瑟夫・道普不斷強調「流程」的重要性。他解釋，飯店販售的是住房與餐飲體驗，透過服務傳遞價值。因此，傳遞服務的過程中不得有閃失，才能創造最高的顧客滿意度。約瑟夫・道普說，過去多數業者係根據自身需要訂定作業流程，其實並未考量到消費者的感受。他認為，唯有從顧客導向思考流程，才是致勝之道。

約瑟夫・道普並強調，「絕對優質」的服務，必須達到「絕對無縫」的境界。他並舉房客到大廳櫃檯換錢為例，他指出，過去旅館基於安全或財會考量，對換錢一事設有諸多門檻條件，「但是房客並不會感激」。他表示，所謂「無縫服務」的內涵，包括方便、快速、友善，是一種「經過嚴格訓練」、「並從顧客導向出發的自然反射動作」。

《案例 2》統一佳佳——扣緊環節，服務不 NG，提供標準化服務

(一) 健康美容產業銷售的是願景，當顧客還沒享受到成果時就要先購買，服務人員和顧客互動的每 1 秒，都影響到服務的滿意度。以 SPA 來說，這是一項非常「貼心」的服務，每個服務流程的環節都必須扣緊。顧客不會給我們 NG 重來的機會，從進場的第 1 分鐘到第 90 分鐘，如果顧客對其中一個環節不滿意，整體的服務就前功盡棄。

(二) 統一佳佳幾乎每一項服務都有一套標準作業流程，舉例來說，從顧客進門開始，就要判斷他是新客或是舊客。因為新客進門後，連要往左轉或往右轉都不知道，這時櫃檯人員就要主動走到顧客面前，一邊將他領往休息座位，一邊詢問顧客要求。比方到俱樂部的需求是什麼？或今天想要瞭解什麼？接下來櫃檯人員就要趕快連線，安排顧客需要詢問的工作人員。

《案例 3》臺灣麥當勞人手一冊「手冊管理」，貫徹經營理念

(一) Q、S、C&V 為企業經營理念

全球麥當勞還有另一項重要的管理工具，有人稱之為「手冊管理」，也就是員工在麥當勞上班的第一天，都會取得一本員工手冊，這本手冊會因為工作不同而有不同版本（包括職級不同或工作性質不同），手冊內容則包括專業工作守則及內部心靈發展的書面訓練。

麥當勞總公司將企業理念和經營方針，濃縮為「Q」、「S」、「C&V」，也就是提供品質、服務、環境與物有所值的產品服務。為了保證這樣的經營理念能被所有員工貫徹，麥當勞更制定了企業行為規範，如 Q&T manul、SOC、Pocket Guide 與 MOP 等，讓每項工作都能標準化，外界稱「小到洗手有程式，大到管理有手冊」。

(二) Q&T manul、SOC、Pocket Guide 及 MOP 四大手冊

Q&T manul 是麥當勞營運手冊，手冊裡詳細說明總公司政策及門市工作程式、步驟與方法，就像一本企業法典一般，使其成為規範麥當勞有效運轉的工具。SOC（Station Observation Cheeklist）則是麥當勞崗位工作檢查表，門市內的每一個工作站都有一套 SOC，員工必須逐步學習 SOC，並通過考核才有晉升機會。Pocket Guide 則是麥當勞內部獨有的袖珍品質參考手冊，管理人員人手一冊，詳細說明各種與產品品質相關的各種數據。而 MOP 是專門為餐廳經理設計的管理發展手冊，確保麥當勞經營理念與行為規範，能滲透到每位員工的言行之中。

《案例 4》無印良品——推動「收銀服務認證」，創造顧客滿意體驗

為了提供滿意的消費經驗，今年無印良品將推動「收銀服務認證」，員工經過一連串的訓練後，通過考試、取得認證。目前結帳時已有一套標準作業流程（SOP），包括必須請問客戶有無會員卡、是否需要使用集點卡等基本權益提醒；包裝時，也要詢問客戶是否需要購買袋子或分開包裝等。

服務業是很多細節的累積，有很多狀況，要不斷地要求，達到 100%。要服務更到位，還必須不斷地加強員工的在職訓練。去年年初，無印良品更成立訓練教室，裡面的擺設和商場一模一樣，包括貨架、商品、收銀機等，讓員工受訓時有臨場感，訓練也更加扎實。

除了「收銀服務認證」，為了激勵門市人員在服務上自我要求，今年臺灣無印良品的門市店員還要走出去，到日本參加總公司行之已久的「匠之技」服務競賽。比賽內容為賣場情境模擬，包括收銀、提貨、服務的臨場反應等。

第4節 服務業 IT 案例

《案例 1》玉山證券——打造 e 化平台與手機下單

智慧型手機正當紅，金融業也搭上時尚列車，積極搶攻智慧型手機市場，近期銀行間掀起行動銀行之爭力拼市場，證券業更是從股票機下單、電腦下單，現在也搶進科技先鋒，要提供顧客最便利的服務，其中，Android、iPhone、iPad 下單更是兵家必爭之地。

玉山證券為迎接十週年的到來，以其充滿年輕活力的新思維，提升顧客的便利性，玉山證券董事長陳嘉鐘強調，玉山證券秉持「安全」、「快速」、「便利」、「自主性」、「個別化」的理念，要打造玉山證券成為「e 化」服務的前鋒。

以近期掀起的 Android、iPhone、iPad 風潮來看，玉山證券分析顧客的屬性來做分眾行銷，以各類平台的證券下單金額來看，智慧型手機下單約為電腦下單的 1.5 倍、專用於股票下單的股票機則更高達 1.8 倍，由此可知，行動下單的潛力無窮。

《案例 2》e 化行銷，國泰人壽業務員配備 iPad 2（平板電腦）

e 化世代，壽險業務員未來將配帶 iPad 2 行銷。國壽直接向美國下訂單，10 月底前可望發出一萬台 iPad 2，供業務員行銷保單；友邦人壽也宣布，資訊中心下周啟用，並開始招募業務團隊，以租賃方式為每位業務員配發 iPad 2，形成行動辦公室，免去租用通訊處等固定成本。

國壽業務體系已有 1,000 台 iPad 2 試用，公司將推出「超炫」行銷系統，只要業務員打開 iPad 就可拉出各式表格、試算表，保單成交率大幅提高，國壽將以財務補助方式協助業務員添購 iPad 2 作為行銷武器，估計 10 月底前至少發出一萬台，國壽有 2.6 萬名業務員，加上公司內部主管運用，國壽表示，後續訂購量會非常大。

友邦人壽臺灣分公司執行長朱信福也宣布，友邦人壽在亞洲區將推動全新 e 化行銷計畫，並選中臺灣為第一個開辦市場，原本在臺只有電話行銷部隊的友邦人壽，將重新建立業務員體系，但朱信福說：「不要老套的業務員！」

《案例 3》服務業 IT 策略——雄獅打造 e 旅遊

(一) 臺灣旅遊市場產值大

臺灣旅遊市場每年總產值約臺幣 2,500 億元，線上旅遊電子商務金額才 241 億元，顯示線上旅遊仍有許多發展空間。隨著消費者的接納度日益提高，裴信祐預估，今、明兩年的成長率可達 50%，2005 年可望成長到新臺幣 385 億元，而 2006 年市場規模，更將挑戰新臺幣 600 億元。

(二) 過去的缺失

以往在一項旅遊流程中，涉及的交通、住宿、餐食、導遊、證照、購物等，大盤商和經銷商是透過人工作業，逐項溝通，再透過經銷商的銷售實況，瞭解消費者的反應，因而常有生產力低、缺乏國際競爭力、上下游黏度不高、市場資訊太慢等問題。

(三) e 化旅遊，建構協同運籌平台

雄獅旅行社的 e 化起步很早，2000 年時，雄獅旅遊網已開始營運，從最早的團體旅遊館，一路發展機票館、自由行館、訂房館、國內旅遊館、企業 B2 旅遊平台、同業 B2B 協同運籌平台、國外子公司旅遊網（美國及加拿大），所有資訊皆能即時同步在整合資料庫中更新。

不論是航空公司人員、合作供應商、雄獅產品企劃人員、線控人員、業務人員、經營管理人員、經銷商及一般消費者，都可以在同一時間點，從線上得到最新的訊息，並且從原先在等候線上「停、等、排隊」的模式，變成有如大家在同一處互動對話，進而結合成一個貫穿旅遊產業成員的價值鏈。

現在透過這個協同運籌中心，大盤商和經銷商可在自動化、網路化的協同運籌平台上，進行旅遊流程中，相關設計、採購、行銷、銷售及服務等協同運作，藉此發展品牌結盟、產品結盟、網站結盟及線上結盟，以形成旅遊產業的群聚效應，雄獅的這項做法，已徹底改變了旅遊產銷體系的營運模式。

雄獅的協同運籌平台，共有四個子系統。例如協同設計子系統，是由雄獅的

全球供應商，彙整五十個城市的住宿、機票、餐食、景點、交通、簽證等資料，設計與建置的「旅遊產品元件庫」。雄獅的結盟商，可從此一資料庫中，線上為消費者進行「客製化」的旅遊行程設計。

至於協同採購子系統，則可讓結盟商將其採購需求訂單彙集，透過協同平台，完成集單量，以降低採購成本，完成線上報價。裴信祐表示，由於網站是 24 小時作業，結盟商即使是三更半夜也可以下訂單。

而協同行銷子系統部分，結盟商透過這個系統，可即時查尋產品資訊動態、產品庫存動態及促銷與清倉產品，並進行各種行銷分析，如產品需求、銷售及客戶需求分析等工作。

《案例 4》好樂迪 KTV 之 IT 運用效益大

(一) POS 系統與 Data Warehousing 連結

KTV 顧客從進入門市消費直到離開，流程有大廳等待、領檯、開立包廂、點餐、服務、結帳、客訴等作業，把握每次與顧客之接觸與互動，並輔以 IT 技術強化服務，使顧客願意再次光臨。

以目前好樂迪 KTV 為例，在好樂迪的門市 POS 系統中，每一包廂之帳單與發票連結，節省顧客買單時間，提升服務效率。門市結帳資料傳回總公司 MIS 電腦系統，做線上交易處理（OLTP），進而將資料整合到資料倉儲系統（Data Warehousing），做線上分析處理（OLAP）。

(二) 網際網路與電信的應用

拜網際網路發達之賜，一般商家可設立網站，招收網路會員，在網站上做各種行銷活動，如優惠券、桌布下載等，以吸引顧客到訪。像 KTV 業者網站也提供網路訂位服務，並讓訂位者留下要聚會朋友之姓名與手機號碼，在歡唱聚會前會代發簡訊通知訂位者及與會者。會員可以在網路上編製專屬「我的歌本」，到包廂唱歌可使用個人專屬的「我的歌本」，以節省點歌時間。這些網路會員及朋友資料當然成為顧客資料庫其中一部分。而時常更新網站（Web Site）內容，舉辦競賽與抽獎活動（Event），以吸納更多潛在顧客到訪並留下資料；電話語音訂位也是不可或缺的重要部分。

顧客經由互動式語音回應系統（Interactive Voice Response, IVR）訂下包廂，留下手機號碼，系統會給予訂位代號。KTV 業者提出「一張嘴服務」，顧客經由網路訂位或語音訂位，抑或在門市訂位，後續會有客服人員詢問用餐事宜及其他需預先準備事項。當顧客蒞臨門市時，所有應準備事項已就緒，顧客只管拿麥克風盡情歡唱。

(三) 更精確追蹤顧客消費行為

網路會員或是語音訂位資料及傳統的磁卡，都沒有直接與消費者個人身分做連結，皆無法精確追蹤記錄個別顧客的身分及消費行為，這時發行記名式 RFID 會員卡便是很重要的關鍵點。除了卡友折扣外，並可做儲值、紅利集點活動、記錄交易資料、儲存持卡人身分資料，可以清楚知道卡片的使用狀況，此種做法有利於業者做顧客資料與帳單連結。透過後端資料庫倉儲系統（Data Warehousing）報表分析，可精確瞭解顧客消費時段、點餐內容、與會朋友、平均帳單金額、消費頻率等。

RFID 會員卡也能同時應用在員工的識別、門禁及出勤，除了加強員工對公司的認同外，也鼓勵員工到公司營業據點消費，並可從員工消費經驗回饋中，預測市場對產品及服務的接受度。為擴大卡片發行量，更可以做商圈異業結盟，只要開放一部分卡片記憶體空間即可，使合作雙方在行銷廣告上具有彈性，相得益彰、互蒙其利。

第五篇

服務業經營策略與經營績效篇

第13章 服務業經營策略與經營計畫書撰寫

第1節　三種層級策略與形成

第2節　波特教授的企業價值鏈、基本競爭策略及產業獲利五力分析

第3節　服務業的成長策略

第4節　完整的年度經營計畫書撰寫

第 1 節 三種層級策略與形成

一、三種層級策略與形成

若從公司（或集團）的組織架構推演來看策略的研訂，以及從策略層級角度來看，策略可區分為三種類型，而形成策略管理的過程，則可區分為五個過程，以下說明之。

(一)策略的三種層級

從公司組織架構可以發展出以下三種策略層級（圖 13-1）：

1. 總公司或集團事業版圖策略：例如富邦金控集團策略、統一超商流通次集團策略、宏碁資訊集團策略、東森媒體集團策略、鴻海電子集團策略、台塑石化集團策略、廣達電腦集團策略、金仁寶集團策略等。
2. 事業總部營運策略：例如筆記型電腦事業部、伺服器事業部、列表機事業部、桌上型電腦事業部及顯示器事業部之營運策略，包括成本優勢、產品差異化、利基優勢的策略，以及策略聯盟合資與異業合作者。（註：SBU 係為 Strategic Business Unit 戰略事業單位，國內稱為事業總部或事業群。此係指將某產品群的研發、採購、生產及行銷等，均交由事業總部最高主管負責。）
3. 執行功能策略：從各部門實際執行面來看，大致有業務行銷、財務、製造生產、研發、人力資源、法務、採購、工程、品管、全球運籌等功能策略。

(二) 策略的形成與管理

上述公司組織層面的三種策略層級為基礎，再來就是策略的形成與管理，可區分為五個過程（圖 13-2），包括：

1. 對企業外部環境展開偵測、調查、分析、評估、推演與最後判斷：這個階段非常重要，一旦無法掌握環境快速變化的本質、方向，以及對我們的影響力道，而做出錯誤判斷或太晚下決定，則企業就會面臨困境，而使績效倒退。
2. 策略形成：策略不是一朝一夕就形成，它是不斷的發展、討論、分析及判斷形成的，甚至還要做一些測試或嘗試，然後再正式形成。當然策略一旦形

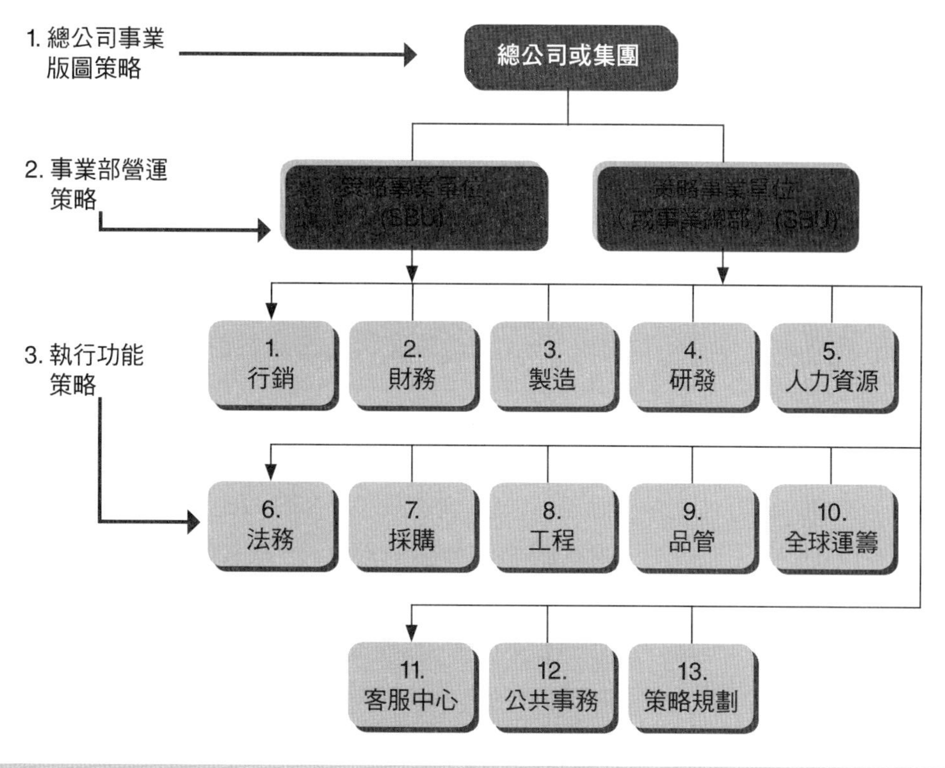

圖 13-1　策略層級三種分類

成，也不是說不可改變。事實上，策略也經常在改變，因為原先的策略如果效果不顯著或不太對，馬上就要調整策略了。

3. 策略執行：執行力是重要的，若有一個好的策略，但執行不力、不貫徹或執行偏差，都會使策略大打折扣。
4. 評估、控制：執行之後，必須觀察策略的效益如何，而且要及時調整改善，做好控制。
5. 回饋與調整：如果原先策略無法達成目標，表示策略有問題，必須調整及改變，以新的策略及方案執行，一直要到有好的效果出現才行。

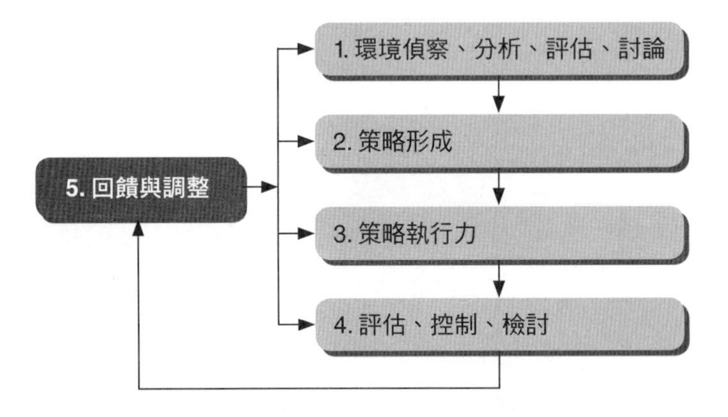

圖 13-2 策略形成過程

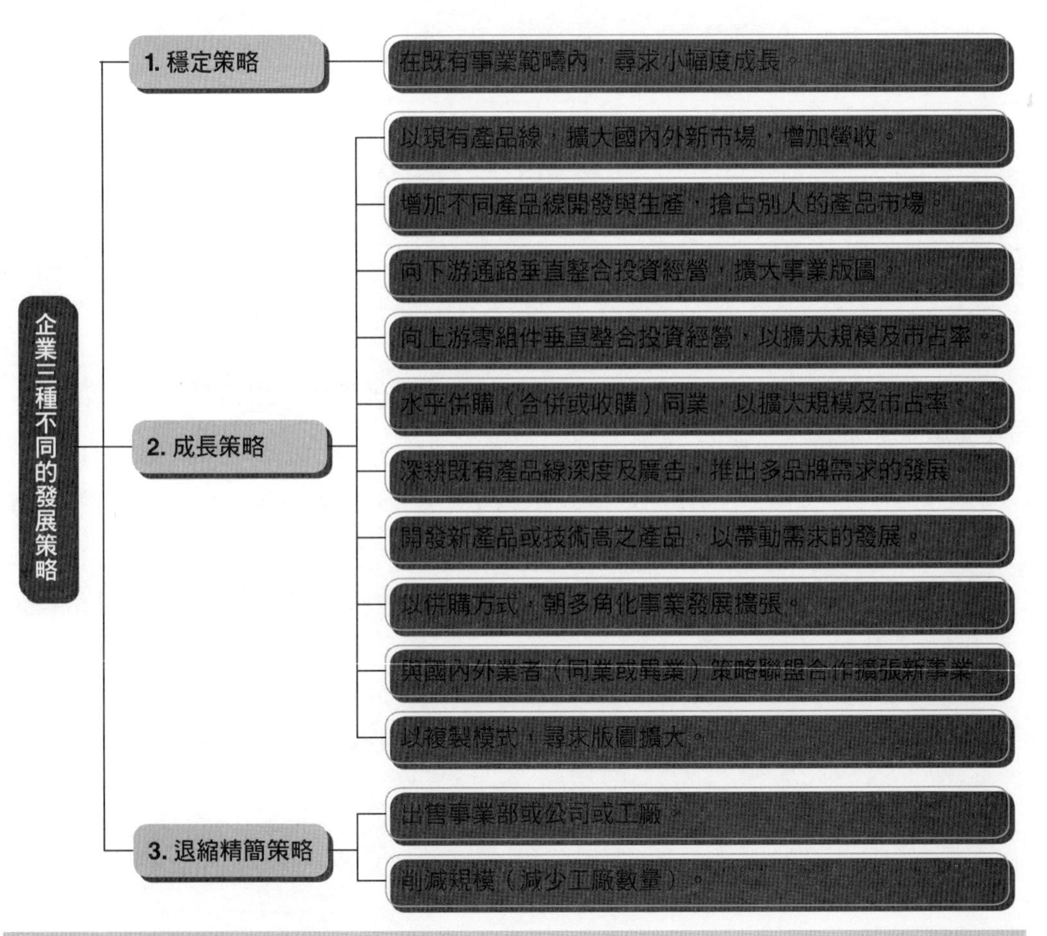

圖 13-13 企業三種不同的發展策略

第 2 節 波特教授的企業價值鏈、基本競爭策略及產業獲利五力分析

一、企業價值鏈

事實上，早在 1980 年時，策略管理大師麥可・波特教授就提出「企業價值鏈」（Corporate Value Chain）的說法。他認為企業價值鏈是由企業主要活動及支援活動所建構而成。波特教授認為，公司如果能同時做好這些日常營運活動，就可創造良好績效。

(一) Fit 概念的重要性

此外，波特教授也非常重視Fit（良好搭配）的概念，他認為這些活動彼此之間必須有良好與周全的協調及搭配，才能產生價值出來；否則各自為政及本位主義的結果，可能使活動價值下降或抵銷。因此，他認為凡是營運活動 Fit 良好的企業，大致均有較佳的營運效能（Operational Effectiveness），也因而產生相對的競爭優勢。所以，波特教授一再重視企業在價值鏈運作活動中，必須各種活動之間有良好的 Fit，然後產生營運效益。

(二) 產業價值鏈的垂直系統

另外，波特教授認為每個產業的價值體系，包括四種系統在內，從上游供應商到下游通路商及顧客等，均有其自身的價值鏈（圖 13-4）。這些系統中，每一個都在尋求生存利害以及價值的極大化所在，而這些又必須視每一種產業結構而有其不同的上、中、下游價值所在（圖 13-5）。

二、波特的產業獲利五力分析

哈佛大學著名的管理策略學者麥克・波特（Michael Porter）曾在其名著《競

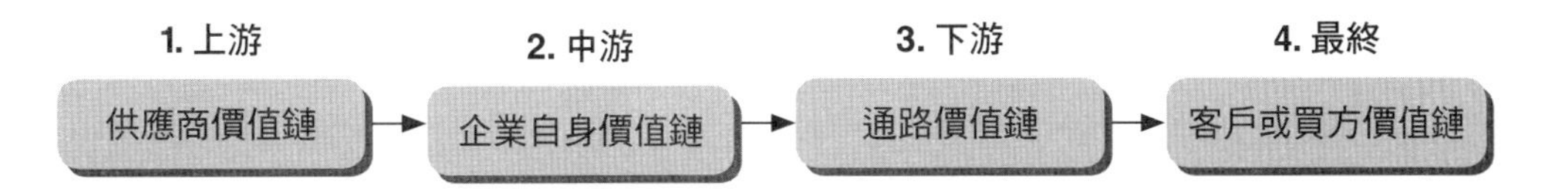

圖 13-4　產業上、中、下游價值鏈

圖 13-5 波特的企業價值鏈

爭性優勢》（*Competitive Advantage*）書中，提出影響產業（或企業）發展與利潤之五種競爭的動力。

(一) 產業獲利五力的形成

波特教授當時在研究過幾個國家不同產業之後，發現為什麼有些產業可以賺錢獲利，有些產業則不易賺錢獲利。後來，波特教授總結出五種原因，或稱為五種力量，這五種力量會影響這個產業或這個公司是否能夠獲利以及獲利程度的大小。例如，如果某一個產業，經過分析後發現（圖 13-6）：

1. 現有廠商之間的競爭壓力不大，廠商也不算太多。
2. 未來潛在進入者的競爭可能性也不大，就算有，也不是很強的競爭對手。
3. 未來也不太有替代的創新產品可以取代我們。

如果某一個產業，經過分析後發現：

1. 現有廠商之間的競爭壓力不大，廠商也不算太多。

2. 未來潛在進入者的競爭可能性也不大，就算有，也不是很強的競爭對手。

3. 未來也不太有替代的創新產品可以取代我們。

4. 我們跟上游零組件供應商的談判力量還算不錯，上游廠商也配合很好。

5. 在下游顧客方面，產品在各方面也會令顧客滿意，短期內彼此談判條件也不會大幅改變。

如果在上述五種力量狀況下，公司在此產業內，就較容易獲利，而此產業也算是比較可以賺錢的行業。

圖 13-6　產業五力的形成

4. 我們跟上游零組件供應商的談判力量還算不錯，上游廠商也配合很好。
5. 在下游顧客方面，產品在各方面也會令顧客滿意，短期內彼此談判條件也不會大幅改變。

如果在上述五種力量狀況下，公司在此產業內，就較容易獲利，而此產業也算是比較可以賺錢的行業。當然，有些傳統產業雖然這五種力量都不是很好，但如果他們公司的品牌或營收、市占率是屬於該行業內的第一品牌或第二品牌，仍然是有賺錢獲利的機會。

(二) 獲利五力的說明與分析（圖 13-7）

1. 新進入者的威脅：當產業的進入障礙很少時，將在短期內會有很多業者競相進入，爭食市場大餅，此將導致供過於求與價格競爭。因此，新進入者的威脅，端視其「進入障礙」程度為何而定。而廠商進入障礙可能有七種：(1) 規模經濟；(2) 產品差異化；(3) 資金需求；(4) 轉換成本；(5) 配銷通路；(6) 政府政策，以及 (7) 其他成本不利因素。
2. 現有廠商間的競爭狀況：即指同業爭食市場大餅，所採用手段有：(1) 價格競爭：降價；(2) 非價格競爭：廣告戰、促銷戰，以及 (3) 造謠、夾攻、中傷。
3. 替代品的壓力：替代品的產生，將使原有產品快速老化其市場生命。
4. 客戶的議價力量：如果客戶對廠商之成本來源、價格有所瞭解，而且具有採購上優勢時，則將形成對供應廠商之議價壓力，亦即要求降價。

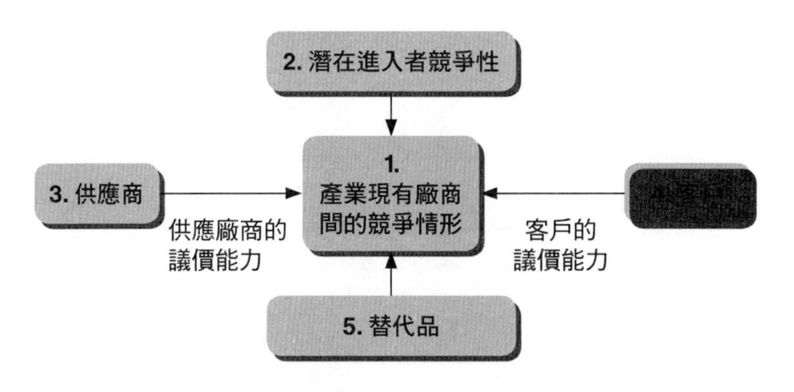

圖 13-7 產業獲利五力架構圖

5. 供應廠商的議價力量：供應廠商由於來源的多寡、替代品的競爭力、向下游整合力量等之強弱，形成對某一種產業廠商之議價力量。另外，一個行銷學者基根（Geegan）則認為，政府與總體環境的力量也應該考慮進去。

三、波特的基本競爭策略

根據前述五種競爭力，麥克・波特又提出企業可採行的三種基本競爭策略。

(一) 全面成本優勢策略

全面成本優勢策略是指根據業界累積的最大經驗值，控制成本低於競爭對手的策略。

要獲致成本優勢，具體做法通常是靠規模化經營實現。至於規模化的表現形式，則是「人有我強」。在此所指的「強」，首要追求的不是品質高，而是價格低。所以，在市場競爭激烈中，處於低成本地位的企業，將可獲得高於所處產業平均水準的收益。

換句話說，企業實施成本優勢策略時，不是要開發性能領先的高端產品，而是要開發簡易廉價的大眾產品。

不過，波特也提醒，成本優勢策略不能僅著重於擴大規模，必須連同降低單位產品的成本，才具備經濟學上分析的意義。

(二) 差異化策略

差異化策略是指利用價格以外的因素，讓顧客感覺有所不同。走差異化路線的企業，將做出差異所需的成本（改變設計、追加功能所需的費用）轉嫁到定價

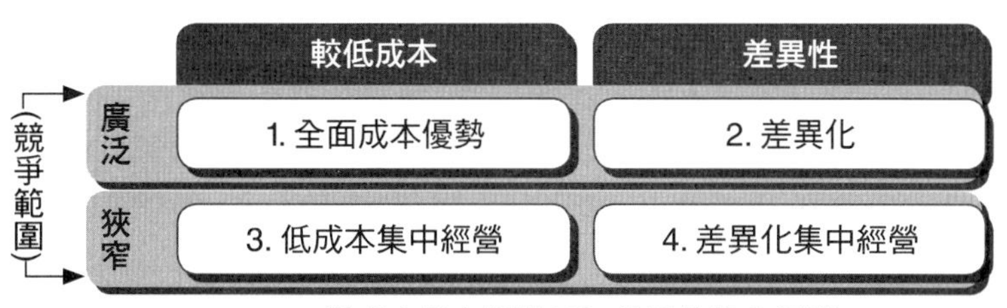

圖 13-8　集中專注利基經營策略

上，所以售價變貴，但多數顧客都願意為該項「差異」支付比競爭對手企業高的代價。

差異化的表現形式是「人無我有」；簡單說，就是與眾不同。凡是走差異化策略的企業，都是把成本和價格放在第二位考慮，首要考量則是能否設法做到標新立異。這種「標新立異」可能是獨特的設計和品牌形象，也可能是技術上的獨家創新，或是客戶高度依賴的售後服務，甚至包括獨樹一格的產品外觀。

以產品特色獲得超強收益，實現消費者滿意的最大化，將可形塑消費者對於企業品牌產生忠誠度。而這種忠誠一旦形成，消費者對於價格的敏感度就會下降，因為人們都有便宜沒好貨的刻板印象；同時也會對競爭對手造成排他性，抬高進入壁壘。

(三) 集中專注利基經營

集中專注利基經營是指將資源集中在特定買家、市場或產品種類；一般說法，就是「市場定位」。如果把競爭策略放在特定顧客群、某個產品鏈的一個特定區段或某個地區市場上，專門滿足特定對象或特定細分市場的需求，就是集中專注利基經營。

集中專注利基經營與上述兩種基本策略不同，它的表現形式是顧客導向，為特定客戶提供更有效和更滿意的服務。所以，實施集中專注利基經營的企業，或許在整個市場上並不占優勢，但卻能在某一較為狹窄的範圍內獨占鰲頭。

這類型公司所採取的做法，可能是在為特定客戶服務時，實現低成本的成效或滿足顧客差異化的需求；也有可能是在此一特定客戶範圍內，同時做到低成本和差異化（圖 13-8）。

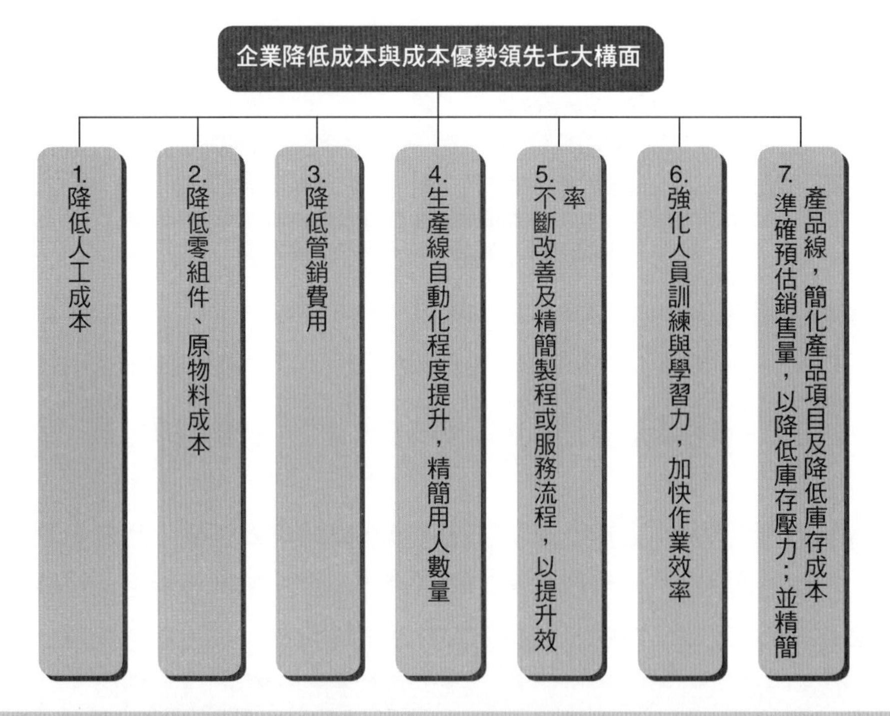

圖 13-9　企業降低成本與成本優勢領先七大構面

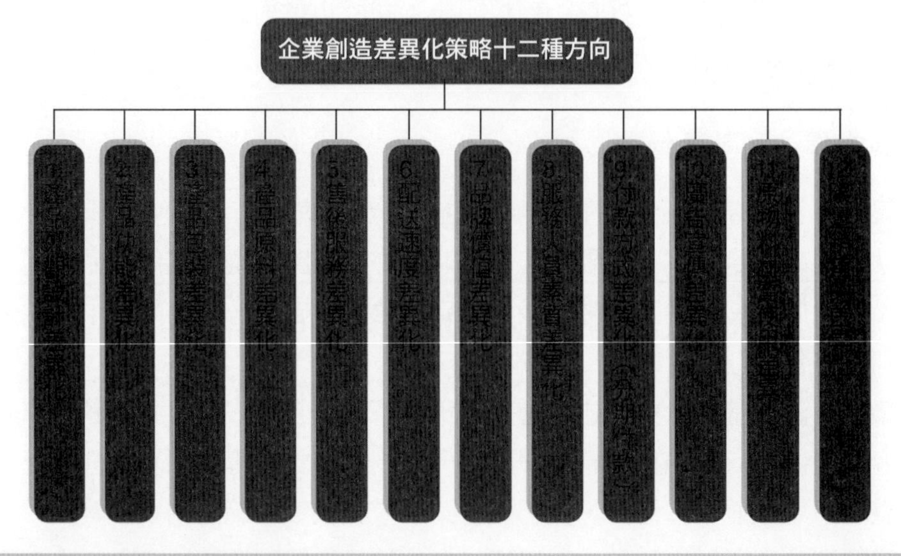

圖 13-10　企業創造差異化策略十二種方向

第 3 節 服務業的成長策略

企業的成長策略可區分為三類型（圖 13-11）：

1. 密集成長策略：指在目前事業體尋求機會以期進一步成長，也可算是在核心事業裡尋求擴張成長。
2. 整合成長策略：指在目前事業體內外，尋求與水平或垂直事業相關行業，以求得更進一步擴張。
3. 多角化成長策略：指在目前事業體外，發展無關之事業，以求得業務擴張。

以下針對上述三種企業成長策略，進行探討說明。

一、密集成長

廠商應該對目前的事業體加以檢視，以瞭解是否還有機會擴張市場。學者安索夫（Ansoff）曾提出用以檢視密集成長的機會架構，稱之為「產品與市場擴張矩陣」（Product／Market Expansion Grid），茲說明如下：

(一) 市場滲透策略

1. 說服現有市場未使用此產品的消費者購買；2. 運用行銷策略，吸引競爭者的客戶轉到本公司購買，以及 3. 使消費者增加使用量。

(二) 市場開發策略

將現有產品推展到新區隔或地區。例如：現金卡市場開發。

(三) 產品開發策略

公司開發新的產品，賣給現有的客戶。例如：統一超商新國民便當、智慧型手機、光世代寬頻上網、液晶電視、平板電腦等。

二、整合成長

整合成長之型態有三種，茲說明如下：

(一) 向後整合成長

或稱向上游整合成長。

(二) 向前整合成長

也稱向下游整合成長。例如：統一企業投資統一超商下游通路。

(三) 水平整合成長

例如宏碁集團，包括宏碁科技公司、明基電通公司及緯創公司等水平式資訊電腦公司；國內金控集團，包括銀行、壽險、證券、投顧等。

三、多角化成長

企業多角化成長的策略，通常採取以下三種方式進行：

(一) 垂直整合

此即一個公司自行生產其投入或自行處理其產出。除向前、向後整合之外，亦可以視需要做完全整合或錐形整合。

(二) 相關多角化

係指多角化所進入的新事業活動和現在的事業活動之間可以連結在一起，或者視活動之間有數個共通的活動價值鏈要素，而通常這些連結乃基於製造、行銷或技術的共通性。

(三) 不相關多角化

此即公司進入一個新的事業領域，但此事業領域與公司現存的經營領域沒有明顯的關聯。

一、密集成長	二、整合成長	三、多角化成長
1. 市場滲透	1. 向後整合	1. 集中多角化
2. 市場開發	2. 向前整合	**2. 相關多角化**
3. 產品開發	3. 水平整合	**3. 不相關多角化**

圖 13-11 企業三種成長策略類型

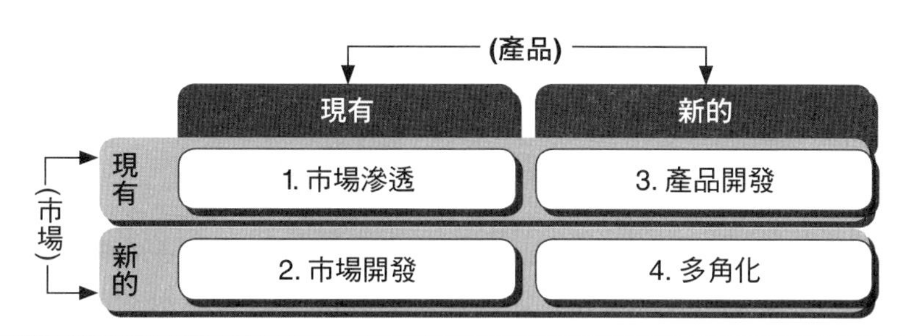

圖 13-12　從產品／市場成長策略

第 4 節 完整的年度經營計畫書撰寫

面對歲末以及新的一年來臨之際，國內外比較具規模及制度化的優良公司，通常都要撰寫未來三年的「中長期經營計畫書」或未來一年的「今年度經營計畫書」，作為未來經營方針、經營目標、經營計畫、經營執行及經營考核的全方位參考依據。古人所謂「運籌帷幄，決勝千里之外」即是此意。

若有完整周詳的事前「經營計畫書」，再加上強大的「執行力」，以及執行過程中的必要「機動、彈性調整」對策，必然可以保證獲得最佳的經營績效成果。另外，一份完整、明確、有效、可行的「經營計畫書」，也代表著該公司或是該事業部門知道「為何而戰」，並且「力求勝戰」。

然而一份完整的公司年度經營計畫書，應包括哪些內容？本節提供以下案例作為撰寫經營計畫書的參考版本。由於各公司及各事業總部的營運行業及特性均有所不同，故可視狀況酌予增刪或調整使用（圖 13-13）。

一、去年度經營績效回顧與總檢討

本部分內容包括：1. 損益表經營績效總檢討（含營收、成本、毛利、費用及損益等實績與預算相比較，以及與去年同期相比較）；2. 各組業務執行績效總檢討，以及 3. 組織與人力績效總檢討。

二、今年度經營大環境深度分析與趨勢預測

本部分內容包括：1. 產業與市場環境分析及趨勢預測；2. 競爭者環境分析及趨勢預測；3. 外部綜合環境因素分析及趨勢預測，以及 4. 消費者／客戶環境因

素分析及趨勢預測。

三、今年度本事業部／本公司經營績效目標訂定

本部分內容包括：1. 損益表預估（各月別）及工作底稿說明，以及 2. 其他經營績效目標可能包括：加盟店數、直營店數、會員人數、客單價、來客數、市占率、品牌知名度、顧客滿意度、收視率目標、新商品數等，各項數據目標及非數據目標。

四、今年度本事業部／本公司經營方針訂定

本部分內容包括：降低成本、組織改造、提高收視率、提升市占率、提升品牌知名度、追求獲利經營、策略聯盟、布局全球、拓展周邊新事業、建立通路、開發新收入來源、併購成長、深耕核心事業、建置顧客資料庫、擴大電話行銷平台、強化集團資源整合運用、擴大營收、虛實通路並進、高品質經營政策、加速展店、全速推動中堅幹部培訓、提升組織戰力、公益經營、落實顧客導向、邁向新年度新願景等各項不同的經營方針。

五、今年度本事業部／本公司贏的策略訂定

本部分內容包括：差異化策略、低成本策略、利基市場策略、行銷 4P 策略（即產品策略、通路策略、推廣策略及定價策略）、併購策略、策略聯盟策略、平台化策略、垂直整合策略、水平整合策略、新市場拓展策略、國際化策略、品牌策略、集團資源整合策略、事業分割策略、掛牌上市策略、組織與人力革新策略、轉型策略、專注核心事業策略、品牌打造策略、市場區隔策略、管理革新策略，以及各種業務創新策略等。

六、今年度本事業部／本公司具體營運計畫訂定

本部分內容包括：業務銷售計畫、商品開發計畫、委外生產／採購計畫、行銷企劃、電話行銷計畫、物流計畫、資訊化計畫、售後服務計畫、會員經營計畫、組織與人力計畫、培訓計畫、關企資源整合計畫、品管計畫、節目計畫、公關計畫、海外事業計畫、管理制度計畫，以及其他各項未列出的必要項目計畫。

七、提請集團各關企與總管理處支援協助事項

經營計畫書的邏輯架構如下：1. 去年度經營績效回顧與總檢討；2. 今年度「經營大環境」深度分析與趨勢預測；3. 今年度本事業部／本公司「經營績效目標」訂定；4. 今年度本事業部／本公司「經營方針」訂定；5. 今年度本事業部／本公司贏的「競爭策略」與「成長策略」訂定；6. 今年度本事業部／本公司「具體營運計畫」訂定；7. 提請集團「各關企」與集團「總管理處」支援協助事項，以及 8. 結語與恭請裁示。

一、去年度經營績效回顧與總檢討
1. 損益表經營績效總檢討（含營收、成本、毛利、費用及損益等實績與預算相比較，以及與去年同期相比較）。
2. 各組業務執行績效總檢討。
3. 組織與人力績效總檢討。

二、今年度經營大環境深度分析與趨勢預測
1. 產業與市場環境分析及趨勢預測。
2. 競爭者環境分析及趨勢預測。
3. 外部綜合環境因素分析及趨勢預測。
4. 消費者／客戶環境因素分析及趨勢預測。

三、今年度本事業部／本公司經營績效目標訂定
1. 損益表預估（各月別）及工作底稿說明。
2. 其他經營績效目標可能包括：加盟店數、直營店數、會員人數、客單價、來客數、市占率、品牌知名度、顧客滿意度、收視率目標、新商品數等，各項數據目標及非數據目標。

四、今年度本事業部／本公司經營方針訂定

五、今年度本事業部／本公司贏的競爭策略與成長策略訂定

六、今年度本事業部／本公司具體營運計畫訂定

七、提請集團各關企與集團總管理處支援協助事項

八、結語與恭請裁示

圖 13-13　年度經營計畫書撰寫參考架構

撰寫思維架構圖

1. 檢討截至目前的業績狀況如何

- 檢討的期間
- 檢討的數據分析
- 檢討單位別分析

2. 檢討業績達成或未達成的原因

- 國內環境原因分析
- 競爭對手原因分析
- 國際環境原因分析
- 國內消費者／客戶原因分析
- 本公司內部自身環境原因分析

3. 選出業績未來達成最關鍵及最迫切應解決的問題所在

- 從短／長期面看
- 從各種產／銷／人／發／財／資等面看
- 從損益表結構面看
- 從產業／市場結構面看
- 從人與組織能力本質面看

4. 研訂問題解決及業績造成的各種因應對策及具體方案

- 應站在戰略性制高點來看待
- 應思考贏的競爭策略及布局
- 應思考這個產業及市場競爭中的 KSP 是什麼
- 訂出具體計畫，並要思考 6W/3H/1E 的十項原則
- 是否需要外部專業機構的協助

5. 要考慮及評估「執行力」或「組織能力」的最終關鍵點

- 要建立高素質及強大執行力的企業文化與組織團隊能力
- 要區分執行前、執行中及執行後三階段管理

圖 13-14 年度經營計畫書

第 14 章

服務業經營績效分析與績效管理

第 1 節
損益表概念與分析

首先應該對公司每週及每月都必須即時檢討的「損益表」（Income Statement），應有一個基本的認識及應用。

一、損益簡表項目

基本上，損益表的要項就是營業收入（銷售量 Q×銷售價格 P）扣除營業成本（製造業稱為製造成本，服務業稱為進貨成本）後的營業毛利（毛利率＝毛利額÷營業收入），再扣除營業管銷費用後的營業損益。賺錢時，稱為營業淨利；虧損時，稱為營業淨損。然後再加減營業外收入與支出（指利息、匯兌、轉投資、資產處分等）後，就稱為稅前損益。賺錢時，稱為稅前獲利；虧損時，稱為稅前淨損。然後再扣除稅負後，即為稅後損益。稅後損益除以在外流通股數，即為每股盈餘（EPS）。

(一) 公司及各產品賺不賺錢——認識損益表

全公司損益表（每月）		
營業收入	$00000	
－營業成本	($0000)	（成本率）
營業毛利	$0000	（毛利率）
－營業費用	($0000)	（費用率）
營業淨利	$0000	
－營業外收支	($0000)	
稅前損益	$000	（稅前淨利率）

何謂營業成本

1. 即製造成本：如原料、物料、零組件、成本
   ＋製造人工成本
   ＋製造費用（包裝、電力）

   製造成本

   EX：一瓶茶裏王飲料成本包括：茶葉、水、糖、包裝瓶、工廠勞工薪水、機械折舊費、水電費、運輸成本等。
2. 或進貨成本（服務業）

何謂營業收入：銷售量×銷售價格	
EX： 王品牛排： 年營收 3.6 億元	1000 人（每天） ×1000 元（每客） 100 萬元（每 a 天） ×30 天 3000 萬元（每月） ×12 月 3.6 億元（每年）
茶裏王飲料： 年營收 10 億元	全年賣 500 萬瓶 ×售價 20 元 10 億元（每年）
索尼易利信手機： 年營收 100 億元	全年賣 200 萬支 ×平均售價 5,000 元 100 億元（每年）

(二) 損益表舉例（某年度某月分）

狀況 1（獲利）	狀況 2（損益平衡）	狀況 3（虧損）
1. 營業收入：2 億 2. 營業成本：（1.4 億） 3. 營業毛利：6,000 萬 4. 營業費用：（4,000 萬） 5. 營業淨利：2,000 萬 6. 營業外收支：100 萬 7. 稅前損益 2,100 萬	1. 營業收入：1.8 億 2. 營業成本：（1.4 億） 3. 營業毛利：4,000 萬 4. 營業費用：（4,100 萬） 5. 營業淨利：（100 萬） 6. 營業外收支：100 萬 7. 稅前損益 0 萬	1. 營業收入：1.6 億 2. 營業成本：（1.4 億） 3. 營業毛利：2,000 萬 4. 營業費用：（4,000 萬） 5. 營業淨利：（2,000 萬） 6. 營業外收支：100 萬 7. 稅前損益（1,900）萬
・毛利率： 6,000 萬÷2 億=30% ・稅前獲利率： 2,000 萬÷2 億=10% ・營業外收入 100 萬元指銀行利息收入	・毛利率： 4,000 萬÷1.8 億=22% ・稅前獲利率： 0 萬÷2 億=0%	・毛利率： 2,000 萬÷1.6 億=12.5% ・稅前獲利率： -1,900 萬÷2 億=-9%
分析：表示某公司在某月分的營業收入及營業成本均正常，故有營業毛利 6,000 萬元，平均毛利率為三成，符合一般水平，再扣除營業費用 4,000 萬元，故稅前淨利 2,000 萬元，稅前獲利為 10%，合理水準。	分析：表示營業收入有些滑落，故該月分不賺不賠，成為損益平衡狀況。	分析：表示某公司在某月分營業收入不足，從 2 億元掉到 1.6 億元，故毛利額減少 4,000 萬元，不過已支付其每月營業費用額 4,000 萬元，故虧損 2,000 萬元。

二、損益分析與應用

(一) 公司呈現虧損的原因

1. 可能是「營業收入額」不夠，而其中可能是銷售量（Q）不夠，或價格（P）偏低所致。
2. 可能是「營業成本」偏高，其中包括製造成本中的人力成本、零組件成本、原料成本或製造費用等偏高所致。如果是服務業，則是指進貨成本、進口成本、或採購成本偏高所致。
3. 可能是「營業費用」偏高，包括管理費用及銷售費用偏高所致。此即指幕僚人員、房租、銷售獎金、交際費、退休金、健保費、勞保費、加班費等是否偏高。
4. 可能是「營業外支出」偏高所致，包括利息負擔大（貸款太多）、匯兌損失大、資產處分損失、轉投資損失等。

(二) 如何掌握損益

基本上來說，公司對某商品的定價，應該是看此產品或公司毛利額，是否有超過該產品或該公司每月管銷費用及利息費用。如果有，才算是可以賺錢的商品或公司。因此廠商應該都有很豐富的經驗，預估一個適當的毛利率（Gross Margin）或毛利額。例如：某一商品的成本 1,000 元，廠商如以 30% 毛利率預估，即會將產品定價為 1,350 元上下，亦即每個商品可以賺 300 元毛利額，如果每個月賣出 10 個，表示每月可以賺 3,000 元毛利額。如果這 3,000 元毛利額，能超過公司的管銷費用及利息，就代表公司這個月可以獲利賺錢。

(三) 每天面對變化很大

不管從銷售量（Q）或價格（P）來看，這二個都是動態的與變化的。因為，公司每個月的 Q 與 P 是多少，牽涉諸多因素的影響，包括：1. 公司內部因素，例如：廣宣費用支出、產品品質、品牌、口碑、特色、業務戰力等，以及 2. 公司外部因素，例如：競爭對手的多少、是否供過於求、是否採用銷售戰或價格戰、市場景氣好不好等。

因此，總結來看，企業每天都是在機動及嚴密的注視整個內外部環境的變化，而隨時做行銷 4P 策略上的因應措施及反擊措施。

三、損益表各項分析

從損益表中，可以追蹤出很多「問題及解決方案」的做法，必須逐項剖析探索，每一項都要深入追根究柢，直到追出問題及解決答案。例如：

(一) 我們的營業成本為何比競爭對手高？高在哪裡？高多少比例？為什麼？改善做法如何？
(二) 營業費用為何比別人高？高在哪些項目？如何降低？
(三) 營業收入為何比別人成長慢？問題出在哪裡？是在產品或通路？是廣告或 SP 促銷活動？還是服務或技術力？
(四) 為什麼我們公司的股價比同業低很多？如何解決？
(五) 為什麼我們的 ROE（股東權益報酬率）不能達到國際水準？
(六) 為什麼我們利息支出水準與比率，比同業還高？

綜上所述，我們可以得知損益表內的每個科目其實都有其意涵，分別代表並記錄這家企業經營過程中所有發生的交易行為，讓管理者有跡可尋，可說是管理者非懂不可的財務報表之一。

四、毛利率概念說明

何謂毛利率（Gross Rate）？即廠商產品的出貨價格扣掉其製造成本，就是毛利率或毛利額；或是零售商的店面零售價格扣掉進貨成本，也就是該產品的毛利率或毛利額。

(一) 毛利率的計算

毛利率的計算公式如下：

出貨價格（零售價格）－製造成本（進貨價格）＝毛利額
毛利額÷出貨價格（零售價格）＝毛利率

但依業別不同，其計算成本也有不同，大致歸納以下兩種並說明之：

1. 製造業：某廠商出貨某批商品，其出貨價格每件 1,000 元，而其製造成本 700 元，故可賺到毛利額 300 元，及毛利率為 30%，即三成毛利率之意。
2. 服務業：店頭標貼零售價格 1,200 元，而進貨價格 1,000 元，故每件可賺 200 元毛利額及毛利率為 20%，即二成毛利率之意。

(二) 各行各業的毛利率

毛利率的確因各行各業之不同而有落差，例如：

1. OEM 代工外銷資訊電腦業：低毛利率

大概只有 5-10% 之間，遠低於一般行業的 30%。主要是因為代工製造業（OEM）的接單金額累計很高，一年下來，經常 1,000 億元、2,000 億元之多，因此，即使只有 5% 的毛利率，但如果營業額達到 2,000 億元，那麼算下來（2,000 億元×5%=100 億元），也有高達 100 億元的毛利額；再扣掉全年公司的各種管銷費用，假設一年為 20 億元，那還獲利 80 億元，故仍是賺錢的。這是目前臺灣很多代工外銷業（OEM）毛利率的實際狀況。

2. 一般行業：平均中等 30-40% 毛利率

一般行業的毛利率，大約在 30-40% 之間，亦即三成到四成之間，這是一個合理產業的合理毛利率。例如：傳統製造業的食品、飲料、服飾、汽車、出版品、鞋子、電腦等；或是大眾服務業，例如：速食餐飲、便利商店、大飯店、資訊 3C 連鎖店等均屬之。如果平均毛利率控制在30%，然後再扣掉 15-25% 的管銷費用，那麼在不景氣下的稅前獲利率應該在 5-15% 之間，也算合理。

3. 化妝保養品、保健食品行業：高毛利率

少數產品類別，其毛利率非常高，至少 50% 以上到 100%，例如：化妝保養品或保健食品。一瓶保養乳液，假設售價 1,000 元，那麼其成本可能只有 300 元或 400 元。不過，它們的管銷費用率比較高，因為包含大量的電視、廣告費投資及銷售人員高比例的銷售獎金在內，扣除這些高比例的管銷費用率，其合理的獲利率，大約也只在 15-30% 之內，並沒有超額的高獲利率。

(三) 什麼是營業毛利？

1. 粗的利潤額，並非淨利潤額。
2. 必須再扣除營業費用（管銷費用）。
3. 毛利額必須足夠 Cover 總公司管銷費用，才能真正賺錢。
4. 毛利率也不能過低，否則不能 Cover 管銷費用時，公司即會虧錢。
5. 一般合理的毛利率在 30-40%（三成至四成）之間。

(四) 什麼是稅前淨利？

1. 課徵營利事業所得稅之前的淨利潤。
2. 一般在 5-15% 之間。
3. 服務業及零售業較低，大約在 2-10% 之間。
4. 高科技產品較高，大約在 10-20% 之間。

五、獲利與虧損之損益表分析

企業要永續經營，當然要不斷持續的獲利。然而要如何判斷是什麼因素導致虧損，或是想提高獲利要從企業內部哪些單位著手？其實損益表上的各種數字，即能透露端倪。

(一) 提高獲利三要素

從損益表的結構項目來看，企業或各事業部門擬達到獲利或提高獲利，務必努力做到下列三點：

1. 營業收入目標要達成及衝高：主要是提高銷售量，努力把產品銷售出去。
2. 成本要控制及降低：產品製造成本、產品進貨成本或原物料、零組件成本，必須定期檢視及採取行動，加以降低或控制不上漲。
3. 費用要控制及降低：營業費用（即管銷費用）必須定期檢驗及採取行動，加以降低或控制不上漲。包括：

(1) 各級幹部薪資降低。
(2) 業務部門獎金降低。
(3) 辦公室租用房租降低。
(4) 用人數量（員工總人數）的控制及減少，例如遇缺不補。
(5) 廣告費用降低。
(6) 加班費控制。
(7) 其他雜費的控制及降低。

(二) 導致虧損四要素

有些企業在某些時候，可能也會出現虧損，其主要原因在於（圖 14-2）：

1. 營業收入（營收）偏低：營收偏低或沒有達成原訂目標，或沒有達到損益平衡點以上的營收額，將會波及公司無法有足夠的毛利額來產生獲利。故公司業績（營收）差時，即有可能產生當月分的虧損。例如：淡季、不景氣、競爭太激烈時，均使公司營收衰退無法達成目標，公司即會虧損。
2. 營業成本偏高：當公司製造成本或進貨成本比別家公司高時，即會使公司無法有足夠的毛利率來獲利賺錢。因此要比較別家公司成本，並分析為何本公司成本會比別家公司高。
3. 毛利率偏低：毛利率是獲利的基本指標，一般平常的毛利率大都在 30-50%，如果低於此一水準，即非業界水平，則會虧損。當然，資訊 3C 產品毛利率會較低，而化妝保養品的毛利率則會高些。因此要轉虧為盈，一定要使毛利率有上升空間。而毛利率的上升途徑，不外是從提高售價或降低成本率這二個方向著手規劃。
4. 營業費用偏高：也可能是公司虧損的原因之一，因此要思考從管銷費用項目著手下降。

營收
=
銷售量
×
單價（價格）
銷售量不足
價格偏低
如何提高銷售量？
如何提高售價？

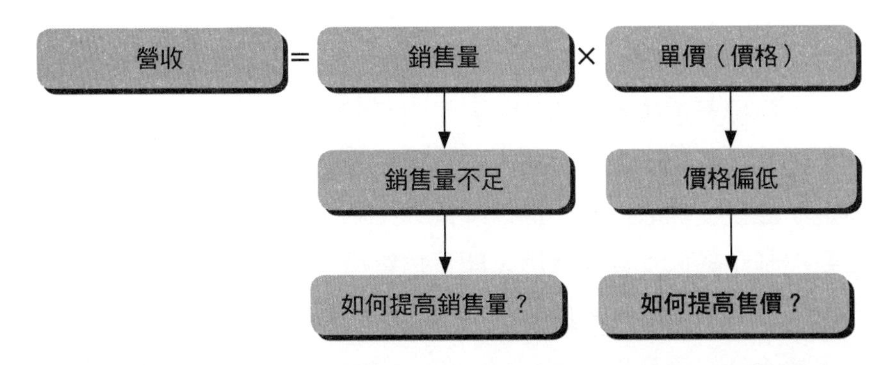

圖 14-1 影響營業收入之因素

四大原因
• 營業收入偏低（銷售量不足）
• 營業成本偏高（製造成本偏高）
• 營業毛利率偏低（毛利率偏低）
• 營業費用偏高（費用偏高）
如何解決
• 提高營收
• 降低成本
• 提高毛利率
• 降低（控制）費用

圖 14-2 企業虧損四要素

(三) 如何提高營收？

1. 開發新產品。
2. 改良既有產品上市。
3. 加碼行銷支出預算。
4. 推出代言人行銷。
5. 製拍一支新的電視廣告片（TVCF）。
6. 推出促銷活動（週年慶、年終慶等）。
7. 普及通路鋪貨上架。
8. 調整價格。
9. 打造品牌、品牌年輕化。
10. 規劃 360 度整合行銷傳播活動。
11. 加強公關發稿露出見報。
12. 其他行銷活動（定位改變、TA 改變等）。

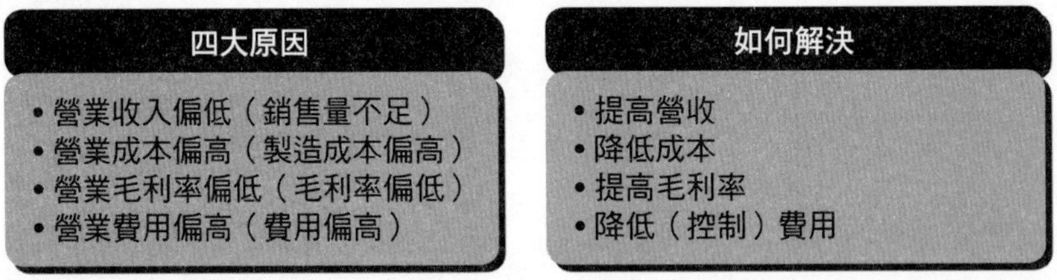

第 2 節
控制中心型態與控制項目

一、控制中心型態

就會計制度而言，為達成財務績效，對組織內部可區分為四種型態來評估其績效（圖 14-3）。

(一) 利潤中心

利潤中心是一個相當獨立的產銷營運單位，其負責人具有類似總經理的功能。實務上，大公司均已成立「事業總部」或「事業群」的架構，做好利潤中心運作的核心。營收額扣除成本及費用後，即為該事業總部的利潤。

(二) 成本中心

成本中心是事先設定數量、單價及總成本的標準，執行後比較實際成本與標準成本之差異，並分析其數量差異與價格差異，以明責任。實務上，成本中心應該會包括在利潤中心制度內。成本中心常用在製造業及工廠型態的產業。

(三) 投資中心

投資中心是以利潤額除以投資額去計算投資報酬率，來衡量績效。例如：公司內部轉投資部門，或是獨立的創投公司。

(四) 費用中心

費用中心是針對幕僚單位，包括財務、會計、企劃、法務、特別助理、行政人事、祕書、總務、顧問、董監事等幕僚人員的支出費用，加以總計，並且按等比例分攤於各事業總部。因此，費用中心的人員規模不能太多、龐大；否則各事業總部的分攤，他們會有意見的。當然，一家數億、上百億、上千億大規模的公司或企業集團，勢必會有不小規模的總部幕僚單位，這也是有必要的。

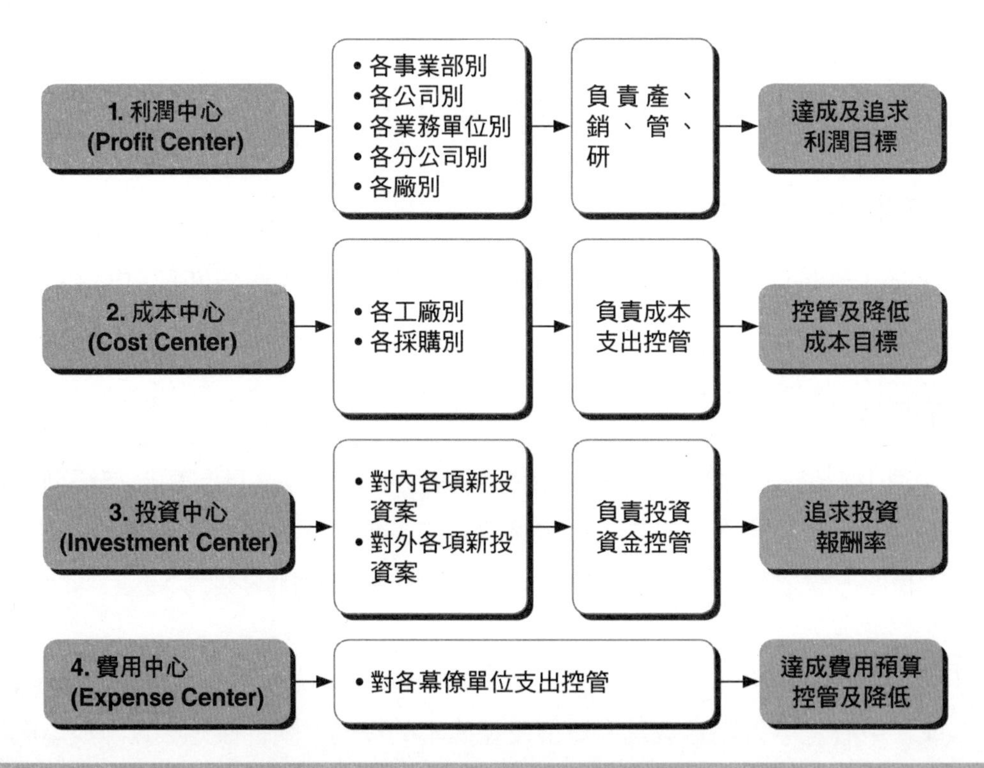

圖 14-3 控制中心四種型態及目的

二、企業營運控制與評估項目

在企業實務營運上，高階主管較重視的控制與評估項目，茲整理如下，希望透過簡明扼要的介紹，讓讀者對此管理議題能有通盤的概念。

(一) 財務會計面

市場是現實的，企業營運如果沒有獲利，如何永續經營，所以高階主管首先要瞭解的是企業的財務會計，並針對以下內容加以控制與評估，即：1. 每月、每季、每年的損益獲利預算目標與實際的達成率；2. 每週、每月、每季的現金流量是否充分或不足；3. 轉投資公司財務損益狀況之盈或虧；4. 公司股價與公司市值在證券市場上的表現；5. 與同業獲利水準、EPS（每股盈餘）水準之比較，以及 6. 重要財務專案的執行進度如何，例如：上市上櫃（IPO）、發行公司債、私募、降低聯貸銀行利率等。

(二) 營業與行銷面

再來是營業與行銷，這是企業獲利的主要來源及管道，而以下數據及市場變化，會有助於高階主管瞭解企業產品在市場上的流通狀況：1. 營業收入、營業毛利、營業淨利的預算達成率；2. 市場占有率的變化；3. 廣告投資效益；4. 新產品上市速度；5. 同業與市場競爭變化；6. 消費者變化；7. 行銷策略回應市場速度；8.OEM 大客戶掌握狀況，以及 9. 重要研發專案執行進度如何。

(三) 研究與發展面

企業不能僅靠一種產品成功就停滯不前，必須不斷研究與發展，才能有創新的突破，因此高階主管必須對以下研發相關進展有所掌握：1. 新產品研發速度與成果；2. 商標與專利權申請；3. 與同業相比，研發人員及費用占營收比例之比較，以及 4. 重要研發專案執行進度如何。

(四) 生產／製造／品管面

企業不斷研發，但生產、製造及品管產品的品質度及完成時間如何，這是攸關企業的專業與信譽，當然也是高階主管必須重視的，即：1. 準時出貨控管；2. 品質良率控管；3. 庫存品控管；4. 製程改善控管，以及 5. 重要生產專案執行進度控管。

(五) 其他面向

上述四個控制與評估項目，幾乎是高階主管必修的課題，除此之外，還有以下專案管理的項目，也必須予以特別留意並控制與評估：1. 重大新事業投資專案列管；2. 海外投資專案列管；3. 同／異業策略聯盟專案列管；4. 降低成本專案列管；5. 公司全面 e 化專案列管；6. 人力資源與組織再造專案列管；7. 品牌打造專案列管；8. 員工提案專案列管，以及 9. 其他重大專案列管。

第 3 節 經營分析比例用法與財務分析指標

一、經營分析比例用法

對於任何今年實際經營分析的數據，都必須注意五種可靠正確的比例分析原則，才能達到有效的分析效果。

(一) 應與去年同期比較

例如：本公司今年營收額、獲利額、EPS（每股盈餘）或財務結構比例，比去年第一季、上半年或全年度同期比較增減消漲幅度如何。與去年同期比較分析的意義，即在彰顯今年同期本公司各項營運績效指標，是否進步或退步，還是維持不變。

(二) 應與同業比較

與同業比較是一個重要的指標分析，因為這樣才能看出各競爭同業彼此間的市場地位與營運狀況。例如：本公司去年業績成長 20%，而同業如果也都成長 20%，甚或更高比例，則表示這整個產業環境景氣大好所帶動。

(三) 應與公司年度預算目標比較

企業實務最常見的經營分析指標，就是將目前達成的實際數字表現，與年度預算數字互做比較分析，看看達成率多少，究竟是超出預算目標，或是低於預算目標。

(四) 應與國外同業比較

在某些產業或計畫在海外上市的公司、計畫發行ADR（美國存託憑證）或發行 ECB（歐洲可轉換公司債）的公司，有時也需要拿國外知名同業的數據，作為比較分析參考，以瞭解本公司是否也符合國際間的水平。

(五) 應綜合性／全面性分析

有時在經營分析的同時，我們不能僅看一個數據比例而感到滿意，更應注意各種不同層面、角度與功能意義的各種數據比例。換言之，我們要的是一種綜合性與全面性的數據比例分析，必須同時納入考量才會周全，以避免偏頗或見樹不見林的缺失。

二、財務分析指標

近幾年，報章媒體常頻傳某些知名上市企業無預警的關廠、倒閉，雖可歸咎於全球景氣不佳或因應競爭壓力而移轉境外投資等因素。但是如果我們能事先從其財務報表看出端倪，不僅有助於降低企業本身投資之風險，也能提升企業內部經營效能（圖 14-4、表 14-1）。

(一) 損益表分析

損益表是表達某一期間、某一營利事業獲利狀況的報表，期間可以為一月／季／年等，也是多數企業經營管理者最重視的財務報表，因為這張報表宣告這家企業的盈虧金額，間接也揭露這家企業經營者的經營能力。但損益表的功能絕非只是損益計算，深入其中常可發現企業經營上的優缺點，讓企業藉此報表不斷改進。

(二) 資產負債表分析

資產負債表是反映企業在某一特定日期財務狀況的報表，又稱為靜態報表。

資產負債表主要提供有關企業財務狀況方面的訊息，透過該報表，可以提供某一日期資產的總額及其結構，說明企業擁有或控制的資源及其分布情況，也可反映所有者所擁有的權益，據以判斷資本保值、增值的情況，以及對負債的保障程度。

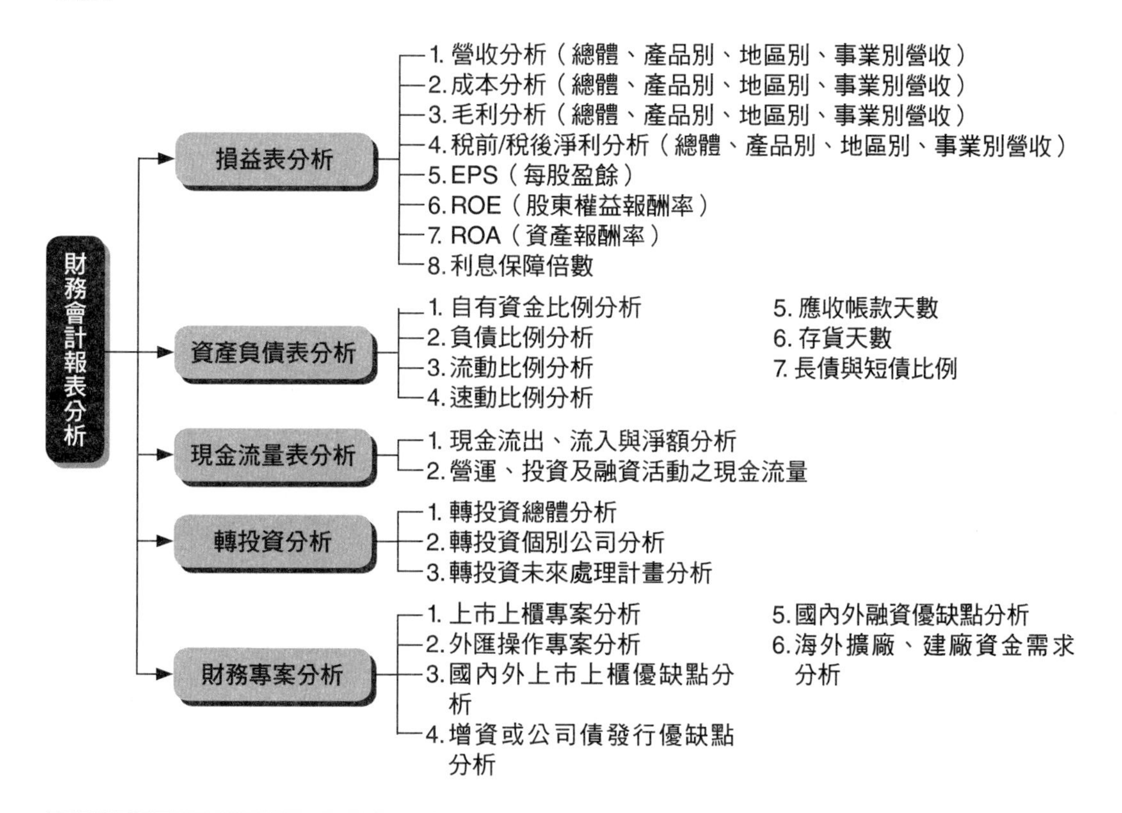

圖 14-4　財務報表與經營指標分析

(三) 現金流量表分析

現金流量表是財務報表的三個基本報表之一，所表達的是在一固定期間（每月／每季）內，一家機構現金（包含銀行存款）的增減變動情形。該報表主要在反映資產負債表中各個項目對現金流量的影響，並根據其用途劃分為經營、投資及融資三個活動分類。

(四) 轉投資分析

轉投資就是企業進行非現行營運方向或他項產業營運的投資，但是愈來愈多的臺灣上市上櫃公司，把生產重心轉移至中國大陸，在公司財務報表上就產生愈來愈龐大的業外收益，母公司報表上的數字也愈來愈沒有代表性。因此，如何判斷報表數字的正確性，正是奧妙所在，所以不論是看同業或自家企業報表，高階主管應注意下列幾點分析：1. 轉投資總體分析；2. 轉投資個別公司分析，以及 3. 轉投資未來處理計畫分析。

(五) 財務專案分析

除上述外，企業可能會有下列財務專案的進行需求，需要高階主管隨時投入心力：1. 上市上櫃專案分析；2. 外匯操作專案分析；3. 國內外上市上櫃優缺點分析；4. 增資或公司債發行優缺點分析；5. 國內外融資優缺點分析，以及 6. 海外擴廠、建廠資金需求分析。

第 4 節 BU 制度（單位責任利潤中心制度）

BU 制度是近年來常見的一種組織設計制度，它是從 SBU（Strategic Business Unit，戰略事業單位）制度，逐步簡化稱為 BU（Business Unit）；然後，因為可以有很多個 BU 存在，故也稱為 BUs。

一、何謂 BU 制度

BU 制度，即指公司可以依事業別、公司別、產品別、任務別、品牌別、分公司別、分館別、分部別、分層樓別等之不同，而將之歸納為幾個不同的 BU 單

表 14-1 各種財務經營指標分析

項目		
1. 財務結構	(1) 負債占資產+股東權益比率 (%)	
	(2) 長期資金占固定資產比率 (%)	
2. 償還能力	(1) 流動比率 (%)	
	(2) 速動比率 (%)	
	(3) 利息保障倍數 (倍)	
3. 經營能力	(1) 應收款項周轉率 (次)	
	(2) 應收款項收現日數	
	(3) 存貨周轉率 (次)	
	(4) 平均售貨日數	
	(5) 固定資產周轉率 (次)	
	(6) 總資產周轉率 (次)	
4. 獲利能力	(1) 資產報酬率 (%) (ROA)	
	(2) 股東權益報酬率 (%) (ROE)	
	(3) 占實收資本比率 (%)	營業純益
		稅前純益
	(4) 純益率 (%) / 毛利率 (%)	
	(5) 每股盈餘 (EPS)	
5. 現金流量	(1) 現金流量比率 (%)	
	(2) 現金流量允當比率 (%)	
	(3) 現金再投資比率 (%)	
6. 槓桿度	(1) 營運槓桿度	
	(2) 財務槓桿度	
7. 其他	本益比（每股市價÷每股盈餘）	

位，使權責一致，並加以授權與課予責任，最終要求每個 BU 單位要能夠獲利才行，此乃 BU 制度設計之最大宗旨。BU 制度也有人稱為「責任利潤中心制度」（Profit Center），兩者確實頗為相近。

二、BU 制度的優點

BU 制度究竟有何優點呢？大致有以下幾點：

(一) 確立每個不同組織單位的權力與責任的一致性。
(二) 可適度有助於提升企業整體的經營績效。
(三) 可引發內部組織的良性競爭，並發掘優秀潛在人才。
(四) 可有助於形成「績效管理」趨向的優良企業文化與組織文化。
(五) 可使公司績效考核與賞罰制度，有效連結一起。

三、BU 制度的盲點

BU 制度並非萬靈丹，不是每一個企業採取 BU 制度，每一個 BU 單位就能賺錢獲利，這未免也太不實際了；否則，為什麼同樣實施 BU 制度的公司，依然有不同的成效呢？其盲點有以下兩項：

(一) 當 BU 單位負責人不是一個很優秀的領導者或管理者時，該 BU 單位仍然績效不彰。
(二) BU 單位要發揮功效，仍須有配套措施配合運作，才能事竟其功。

四、BU 組織單位如何劃分

實務上，因為各行各業甚多，因此 BU 的劃分可從下列切入：公司別 BU、事業部別 BU、分公司別 BU、各店別 BU、各地區 BU、各館別 BU、各產品別 BU、各品牌別 BU、各廠別 BU、各任務別 BU、各重要客戶別 BU、各分層樓別 BU、各品類別 BU、各海外國別 BU 等。

舉例來說：甲飲料事業部劃分茶飲料 BU、果汁飲料 BU、咖啡飲料 BU，以及礦泉水飲料 BU 四種；乙公司劃分為 A 事業部 BU、B 事業部 BU，以及 C 事業部 BU 三種；丙品類劃分為 A 品牌 BU、B 品牌 BU、C 品牌 BU，以及 D 品牌 BU 四種；丁公司劃分為臺北區 BU、北區 BU、中區 BU、南區 BU，以及東區 BU 五種。

五、BU 制度如何運作

BU 制度的運作步驟流程，說明如下：

(一) 適切合理劃分各個 BU 組織。
(二) 選任合適且強有力的「BU 長」或「BU 經理」，負責帶領單位。
(三) 研擬可配套措施，包括：授權制度、預算制度、目標管理制度、賞罰制度、人事評價制度等。
(四) 定期嚴格考核各個獨立 BU 的經營績效成果如何。
(五) 若 BU 達成目標，則給予獎勵及人員晉升等。
(六) 若未能達成目標，則給予一段觀察期，若仍不行，就應考慮更換 BU 經理。

六、BU 制度成功的要因

BU 組織制度並不保證成功且令人滿意，不過仍可歸納出企業實務上成功的 BU 組織制度，其成功的要因如下：

(一) 要有一個強有力 BU Leader（領導人、經理人、負責人）。
(二) 要有一個完整的 BU「人才團隊」組織。一個 BU 就好像是一個獨立運作的單位，必須有各種優秀人才的組成。
(三) 要有一個完整的配套措施、制度及辦法。
(四) 要認真檢視自身 BU 的競爭優勢與核心能力何在？每一個 BU 必須確信超越任何競爭對手的 BU。
(五) 最高階經營者要堅定決心，貫徹 BU 組織制度。
(六) BU 經理的年齡層有日益年輕化的趨勢。因為年輕人有企圖心、上進心，對物質經濟有追求心、有體力、活力與創新；因此，BU 經理對此會有良性的進步競爭動力存在。
(七) 幕僚單位有時仍未歸屬各個 BU 內，故仍積極支援各個 BU 的工作推動。

七、BU 制度與損益表如何結合

BU 制度最終仍要看每一個 BU 單位是否為公司帶來獲利與否，若每一個 BU 單位能賺錢，全公司累計起來就會賺錢。如果將 BU 制度與損益表的效能成功結合起來使用，即能很清楚知道每個 BU 單位的盈虧狀況。其實這也是先前提到為什麼有人也將 BU 組織，稱為「責任利潤中心制度」的原因。BU 制度與損益表結合的使用方法，如表 14-2 所示。

表 14-2 BU 制度與損益表如何結合

損益表＼各UB	BU1	BU2	BU3	BU4	合計
①營業收入	$○○○○○	$○○○○	$○○○○	$○○○○	①營業收入
②營業成本	$(○○○○○)	$(　　)	$(　　)	$(　　)	$(　　)
③營業毛利	$○○○○○	$○○○○	$○○○○	$○○○○	③營業毛利
④營業費用	$(○○○○○○)	$(　　)	$(　　)	$(　　)	$(　　)
⑤營業損益	$○○○○○	$○○○○	$○○○○	$○○○○	⑤營業損益
⑥總公司幕僚費用分攤額	$(○○○○)	$(　　)	$(　　)	$(　　)	$(　　)
⑦稅前損益	$○○○○	$○○○○	$○○○○	$○○○○	$○○○○

第 5 節 預算管理

預算管理（Budget Management）對企業界相當重要，也是經常在會議上被當作討論的議題。企業如果想要常保競爭優勢，就必須事先參考過去的經驗值，擬定未來年度的可能營收與支出，才能作為經營管理的評估依據。

一、預算管理的意義

所謂「預算管理」，即指企業為各單位訂定各種預算，包括營收預算、成本預算、費用預算、損益（盈虧）預算、資本預算等，然後針對各單位每週、每月、每季、每半年、每年等，定期檢討各單位是否達成當初訂定的目標數據，並且作為高階經營者對企業經營績效的控管與評估主要工具之一。

二、預算管理的目的

預算管理的目的及目標，主要有下列幾項：

(一) 營運績效的考核依據

預算管理是作為全公司及各單位組織營運績效考核的依據指標之一，特別是在獲利或虧損的損益預算績效是否達成目標預算。

(二) 目標管理方式之一

預算管理亦可視為「目標管理」（Management by Objective, MBO）的方式之一，也是最普遍可見的有力工具。

(三) 執行力的依據

預算管理可作為各單位執行力的依據或憑據，有了預算，執行單位才可以去做某些事情。

(四) 決策的參考準則

預算管理亦應視為與企業策略管理相輔相成的參考準則，公司高階訂定發展策略方針後，各單位即訂定相隨的預算數據。

三、預算何時訂定及種類

企業實務上都在每年年底快結束時，即十二月底或十二月中旬，即需提出明年度或下年度的營運預算，然後進行討論及定案。

基本上，預算可區分為以下種類：1. 年度（含各月別）損益表預算（獲利或虧損預算）：此部分又可細分為營業收入預算、營業成本預算、營業費用預算、營業外收入與支出預算、營業損益預算、稅前及稅後損益預算；2. 年度（含各月別）資本預算（資本支出預算），以及 3. 年度（含各月別）現金流量預算。

四、要訂定預算的單位

全公司幾乎都要訂定預算，不同的是有些是事業部門的預算，有些則是幕僚單位的預算。幕僚單位的預算是純費用支出，而事業部門的預算則有收入，也有支出。

因此，預算的訂定單位，應該包括：1. 全公司預算；2. 事業部門預算，以及 3. 幕僚部門預算（財會部、行政管理部、企劃部、資訊部、法務部、人資部、總經理室、董事長室、稽核室等）。

五、預算訂定的流程

預算訂定的流程，大致如下：

(一) 經營者提出下年度的經營策略、經營方針、經營重點，以及大致損益的挑戰目標。

(二) 由財會部門主辦，並請各事業部門提出初步年度損益表預算及資金預算數據。

(三) 財會部門請各幕僚單位，提出該單位下年度的費用支出預算數據。

(四) 由財會部門彙整各事業單位及各幕僚部門的數據，然後形成全公司的損益表預算及資金支出預算。

(五) 然後由最高階經營者召集各單位主管，共同討論、修正及做最後定案。

(六) 定案後，進入新年度即正式依據新年度預算目標，展開各單位的工作任務與營運活動。

六、預算的檢討及調整

在企業實務上，預算檢討會議經常可見；就營業單位而言，預算檢討應該討論的內容如下：

(一) 每週要檢討上週達成的業績狀況如何，幾乎每個月也要檢討上個月損益狀況如何？

(二) 與原訂預算目標相比是超出或不足？超出或不足的比例、金額及原因是什麼？又有何對策？

(三) 如果連續一、二個月都無法達成預算目標，則應該進行預算數據的調整。

調整預算，即表示要「修正預算」，包括「下修」預算或「上調」預算；下修預算，即代表預算沒達成，往下減少營收預算數據或減少獲利預算數字。總之，預算關係著公司最終損益結果，因此必須時刻關注預算達成狀況而做必要調整。

七、預算制度的效果及趨勢

有預算制度，是否表示公司一定會賺錢？答案當然是否定的。預算制度雖很重要，但也只是一項績效控管的管理工具，並不代表預算控管就一定會賺錢。

公司要獲利賺錢，此事牽涉到多面向問題，包括產業結構、景氣狀況、人才團隊、老闆策略、企業文化、組織文化、核心競爭力、競爭優勢、競爭對手等太多的因素。不過，優良的企業，是一定會做好預算管理制度的。

最後要提的是，近年來企業的預算制度對象有愈來愈細的趨勢，包括已出現的有：1. 各分公司別預算；2. 各分店別預算；3. 各分館別預算；4. 各品牌別預算；5. 各產品別預算；6. 各款式別預算，以及 7. 各地域別預算。

這種趨勢，其實與目前流行的「各單位利潤中心責任制度」是有相關的。因此，組織單位劃分日益精細，權責也日益清楚，接著各細部單位的預算也跟著產生。

表 14-3 損益表預算格式

月分損益表

	1月	2月	3月	4月	5月	6月	7月	8月	9月	10月	11月	12月	合計
①營業收入													
②營業成本													
③=①－②營業毛利													
④營業損益													
⑤=③－④營業費用													
⑥營業外收入與支出													
⑦=⑤－⑥稅前淨利													
⑧營利事業所得稅													
⑨=⑦－⑧稅後淨利													

第 6 節 現金流量表、投資報酬率與損益平衡點

一、現金流量表的構面

「現金流量表」是公司財務四大報表中重要的一項，其最主要的目的，是在估算及控管公司每月、每週及每日的現金流出、現金流入與淨現金餘額等最新的變動數字，以瞭解公司現在有多少現金可動用或是不足多少。

當預估到不足時，就要緊急安排流入資金的來源，包括信用貸款、營運周轉金貸款、中長期貸款、海外公司債或股東往來等方式籌措。

而對於現金流出與流進的來源，主要也有三種：第一種是透過「日常營運活動」而來的現金流進、流出，包括銷售收入及各種支出等；第二種則是「投資活動」的現金流進與流出，是指重大的設備投資或新事業轉投資案，以及第三種則是指「財務面」的流出與流進；例如：償還銀行貸款、別的公司歸還貸款，或是轉投資的紅利分配等。

二、財務結構的指標

所謂「財務結構」是一個公司資本與負債額的比例狀況如何，這是從資產負債表計算而來的（圖 14-5）。

(一) 財務結構比例二個重要指標

第一個是「負債比例」，其計算公式：負債總額÷股東權益總額；另外，也有用這個方式計算，即：中長期負債總額÷股東權益總額。

第二個是「自有資金比例」，即上述公式的相反數據即是。

(二) 重要指標之分析

1. 就負債比例來看：正常的最高指標應是 1：1，不應超過這個比例。換言之，如果興建一個台塑石油廠，總投資額就需要 2,000 億元時；如果自有資金是 1,000 億元，那麼銀行聯貸額也不要超過 1,000 億元為佳。因為超出了，就代表「財務槓桿」操作風險會增高。尤其，在不景氣時期，一旦營收及獲利不理想，而且持續很長時，公司會面臨到期還款壓力，即使屆期可以再展延，也不是很好的財務模式。

2. 就自有資金比例來看：太高也不是很好，因為若完全用自己的錢來投資事業，一則公司面對上千億大額投資，不可能籌到這麼多資金，而且也沒有發揮財務槓桿作用，尤其在走低利率借款的現況下。當然，自有資金比例高，代表著低風險，也是值得肯定的。但是，公司在追求成長與大規模下，勢必要藉助財務槓桿運作，才能在短時間內，擴大全球化企業規模目標。

三、投資報酬率的計算

所謂「投資報酬率」（Return on Investment, ROI）係指公司對某件投資案或新業務開發案所投入的總投資額，然後再看其每年可以獲利多少，而換算得出的投資報酬率。當然在核算投資報酬率時，最正規的是用 IRR 方法（內在投資報酬率試算法）。只要一個投資報酬率高於利率水準，就算是一個值得投資的案子。這是指公司用自己的錢投資，或向銀行融資借貸的錢投資，都還能賺到超過支付給銀行的利息，當然是值得投資（圖 14-6）。

此外，還有計算「投資回收年限」，亦即這個投資總額，要花多少年的獲利累積，才能賺回當初的總投資額。例如：某項大投資案耗資 1,000 億元，若自第

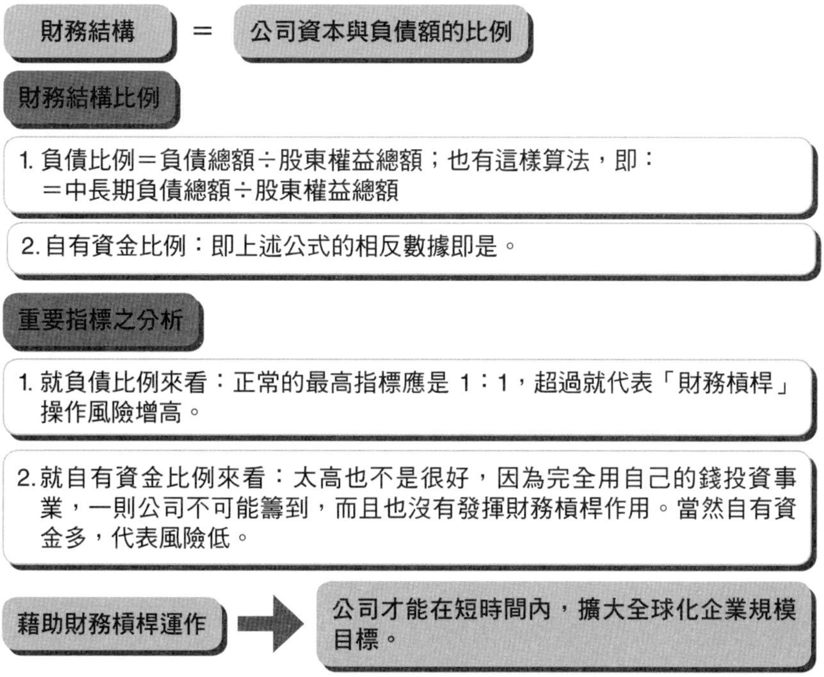

財務結構 ＝ 公司資本與負債額的比例

財務結構比例

1. 負債比例＝負債總額÷股東權益總額；也有這樣算法，即：
＝中長期負債總額÷股東權益總額

2. 自有資金比例：即上述公式的相反數據即是。

重要指標之分析

1. 就負債比例來看：正常的最高指標應是 1：1，超過就代表「財務槓桿」操作風險增高。

2. 就自有資金比例來看：太高也不是很好，因為完全用自己的錢投資事業，一則公司不可能籌到，而且也沒有發揮財務槓桿作用。當然自有資金多，代表風險低。

藉助財務槓桿運作

公司才能在短時間內，擴大全球化企業規模目標。

圖 14-5　財務結構的重要指標

三年，每年平均可賺 100 億元，則估計至少十年才能賺回 1,000 億元。此外，還要彌補前二年的虧損才行。

當然，當初試算的投資報酬率是一個參考指標，另外必須考慮其他戰略上的必要性。有時投資報酬率不算很好的案子，但公司也決定要做，很可能有其他非常重要性、策略性的考量，才迫使公司不得不投資。例如：投資上游的原物料或關鍵零組件工廠，以保障上游採購來源。

另外，投資報酬率只是假設試算而已。事實上，隨著國內外經濟、產業、技術、競爭的變化，當初計算的投資報酬率可能無法達成，或反而更高，提前回收，這都是有可能的。

四、損益平衡點的重要性

所謂「損益平衡點」（Break-even Point, BEP），即是指當公司營運一項新事業或新業務時，必須每月或每年達成多少銷售量或銷售額時，才能使該項事業損益平衡，不賺也不賠。很多新事業或部門，在剛起步時，因連鎖店數規模或公司銷售量，尚未達到一定規模量，因此呈現短期虧損，這是必然的。但是一旦跨越損益平衡點的關卡，公司營運獲利就有明顯的起色。

從會計角度來看，達到損益平衡點時，代表公司的銷售額，已可負擔固定成本及變動成本，因此才能損益平衡。

什麼是投資報酬率？

這是指公司對某件投資案或新業務開發案，所投入的總投資額，然後再看其每年可以獲利多少，而換算得出的投資報酬率。

核算投資報酬率的方法

1. 最正規的是用 IRR (Internal Return Rate)，即內部投資報酬率試算法。
2. 其他還有計算「投資回收年限」。

也有例外情形：
投資報酬率只是假設試算，事實上隨著外在環境的變化，可能無法達成或反而提前回收，這都是有可能的。

圖 14-6 投資報酬率的計算

從公司經營立場來看，當然儘量力求加速達到損益平衡點，至少在三年內，最多不能超過五年。即使不賺錢但也不要繼續虧損，因為會把資本額虧光，而被迫增資，或向銀行再貸款，甚至關門倒閉（圖 14-7）。

第 7 節 案例

《案例 1》服務業績效管理——大潤發及愛買量販店，各分店利潤中心制，自負盈虧

(一) 量販店毛利日益下降

量販店愈開愈多，毛利卻愈來愈低，為保毛利，市場老二大潤發與老三愛買，今年都提出權力下放，讓分店自行控管商品價格策略，以自負盈虧策略，力求各店穩住毛利率；家樂福則是開出更多大型店，以分租專門店來分擔店租。

全臺大型量販店約有八十幾家，大臺北地區就有三十幾家，訴求低價量販店競爭已異常激烈，再加上全聯福利中心、超市、藥妝店等「品類殺手店」，用螞蟻雄兵方式不斷擠壓，量販店今年毛利率恐再下滑。

(二) 大潤發注重每家店獲利

大潤發總經理魏正元表示，現在量販店最重要的，就是要每家店都注重獲利，已將毛利控管重責大任，下放權力給各分店店長，讓各分店進行價格管理，未來各店將自負盈虧。

魏正元提到，例如針對一些市場熱銷、高敏感度商品毛利率 25% 往下調，看看銷量會不會因此而提高，若沒有，將透過 POS 系統，分店隨時調整售價。

大潤發行銷經理林韋彤表示，總經理每次巡店時，就會問各分店「你的堡壘

什麼是損益平衡點？	從會計角度來看	從公司經營來看
這是指當公司營運一項新事業或新業務時，必須每月/每年達成多少銷售量/銷售額時，才能使該項事業損益平衡，不賺不賠。	達到損益平衡點時，代表公司的銷售額，已可負擔固定成本及變動成本，因此才能損益平衡。	當然力求加速達到損益平衡點，至少在三年內，最多不能超過五年。

圖 14-7　損益平衡點的重要性

是什麼？」其實就是別人無法攻破價格的商品，例如新竹店以齊全燈泡區取得市場區隔。

由於大潤發全臺的二十三家店背後各有不同股東結構，包括潤泰創新、潤泰全球等上市公司，採分店自負盈虧經營方式，勢必能更注重利潤管理，回饋母公司。

魏正元表示，各分店已展開省錢大作戰，甚至還有分店減少寄型錄，但業績反而提升，因為商品要真正省錢，消費者自然會去購買。從美國最大量販店WAL-MART 即可發現，它沒有宣傳單、廣告紙，但銷售的商品真的是最低價。

(三) 愛買建立價格管理系統

另外，愛買雖然店數只有十三家，但總經理畢尤重新調整組織運作，除讓各分店也開始掌握價格調整機制，並先行於平日先犧牲 3 億元利潤，長期調降 2,000 支商品價格，想建立「愛買最便宜」形象。

愛買行銷協理楊文婷表示，已全面建立價格管理系統，每家店會視附近商圈其他量販店商品價格，選出 2,000 支商品調降價格，降幅為 10-30%，達到同一商圈最低價，合計多達 5,000 項，有此改變後，業績確實成長 10% 左右。

《案例 2》改革策略——興農超市轉虧為盈

(一) 赴日本及澳洲考察觀摩

回想當初接下興農超市的經營管理重任時，開了八家分店，卻仍處於虧損狀態，總公司明知道楊總經理（以下簡稱我）對經營零售通路沒經驗，卻把超市部門交給我負責，我想，可能是因為生鮮超市需要用到空調、冷凍、冷藏等設備，而這方面正是我的專長。

當年為了熟悉零售通路的經營與管理，我專程飛到日本、澳洲等國家觀摩，考察當地的連鎖超市運作模式，學到許多有用的管理知識，而且充分運用在超市部門上。

(二) 展開一連串改革行動

回國後，我隨即進行一連串的改革動作，主要包括：節省人力及推動自動化、資訊化及建構物流配送系統，這些都是興農超市轉虧為盈的關鍵因素。

以節省人力來說，過去，我們每家分店都會配置 2 名美工人員，後來我在總部聘請了 4 名美工人員，負責所有分店的美工作業；此外，原本每家分店都得要配置 1 名電腦工程師，自從推動資訊化後，電腦人員也統一由總部聘用，經過一番人事改革，每家分店的人力，由 50 人大幅降至 30 人左右。

以往每開設一家分店，我們就得投資設立生鮮處理廠，八家店投資了八家生鮮處理廠，分店愈開愈多，投資成本只會愈來愈高。我們決定採取澳洲連鎖超市的經營模式，在大肚鄉總部籌設一座足可支援五十家連鎖分店所需的中央生鮮處理廠，搭配完整的物流配送體系，所有生鮮魚肉全由總部統一配送。

(三) 轉虧為盈

經過一連串的大改革之後，每年至少省下 5,500 萬元的費用，一年後，也就是 1992 年，超市開始轉虧為盈。

興農超市在楊總經理帶領下，由當年的八家分店、年營收 6.7 億元，一路擴展至目前的三十二家分店、年營收 34 億元，規模已不可同日而語。他還發下豪語，二年內將擴展至四十家分店，年營收挑戰 50 億元；在零售通路競爭激烈下，興農超市的獲利仍能維持 15% 的水準，楊忠信功不可沒！

《案例 3》臺北遠東大飯店——收益式處理決勝負

為能使旗下管理的各連鎖飯店營收能再上層樓，香格里拉國際酒店集團近來針對各連鎖飯店的行銷負責人，展開密集的教育訓練計畫，授課內容與要求是「收益式管理」（Revenu Management，簡稱 RM）。香格里拉總部要求各飯店行銷領導人，不僅要懂得爭取客人，更要學會「拒絕客人」，尤其是那些沒辦法為飯店創造較高產值的客人。

臺北香格里拉遠東國際飯店行銷總監徐芳表示，「收益式管理」正是國際觀光飯店「好，還要更好」的致勝關鍵。

(一) 產值管理的貫徹

為了增加營收，過去國際觀光飯店住房市場多力行「產值管理」（Yield Management，簡寫 YM）策略行銷，用不同的商品組合、定價，配合客房控管，追求產值極大化。

「YM 只有在旺季時才較有用」，徐芳表示，收益式管理與產值管理最大的不同處在於，前者是主動出擊，後者是被動因應。在市場需求大時，兩者差異其實並不明顯，但是到了淡季，有效運作收益式管理，卻可創造出驚人的績效。

徐芳用一句話形容收益式管理的精神，即「在對的時間、提供對的商品、服務與價格，給對的客人」。徐芳強調，為了「追錢」，傑出的旅館業務行銷人員未來不僅要有能力找到生意，更要有本事預測商機、管控市場，同時創造需求。在收益導向的趨勢下，飯店的行銷主管則要培養出「動態決策」的能力與自信。

(二) 依賴科學數據，提高收益率

飯店客房的總營收，是「平均房價」與「平均住房率」相乘的結果。就像航空公司或是火車、巴士的座位一樣，旅館客房具服務業共通的「不可儲存性」（Perishable）。因此，如何讓房價與住房率在翹翹板上取得最佳平衡狀態，其實是一套非常複雜的「配對遊戲」。

飯店行銷人員經常會碰到的狀況是，為了鞏固（或提升）市占，以特殊報價取得訂單後，更高產值的客源卻在同一時段出現。由於房間已經售出，行銷人員為此只有扼腕長嘆。事實上，這種房間被「賤賣」的決策，往往出自行銷人員的直覺。徐芳因此強調，有效實施收益式管理，必須依賴科學化的數據分析，以及正確的行銷觀念。

(三) 平均客房價最高

在臺灣的國際觀光飯店市場，香格里拉遠東國際大飯店的年度「平均房價」與「平均住房率」，已連續數年都是全臺的雙料冠軍。今年，該飯店預估仍將以 84.5% 的住房率，以及 5,600 元的平均房價繼續奪冠。如何繼續成長香格里拉的行銷策略，自然值得業界參考借鏡。

(四) 行銷目標：讓淡季變旺季，使旺季更旺

徐芳口中的「正確行銷觀」，包括：(1) 揚棄假設性預測，而採知識性預測；(2) 清楚地掌握館內每種商品與服務的「價值週期」；(3) 客房要有一定比例的「庫存」、待價而沽；(4) 定價的基準要由「成本導向」，轉而追求「市場導向」；(5) 分眾行銷。

徐芳表示，「旺季中有淡季」、「淡季中亦仍有旺季」，行銷人員的挑戰就是如何找出過去被忽略的商機，然後提出不同的商品對策，讓淡季變旺季，讓旺季更旺。

《案例 4》統一速達的標竿管理——創造績效

(一) 統一速達已轉虧為盈

統一速達今年業績快速成長，宅配收送地點全面升級，提供低溫宅急便服務，持續創造統一速達另一個快速成長的五年。統一速達總經理黃千里帶領統一速達去年首度轉虧為盈，透過標竿管理，要讓統一速達服務再升級，業績再成長。

(二) 送貨員頭銜不叫司機，而叫 Service Driver

統一速達負責送貨的員工頭銜不是司機，也不是送貨員，叫作 SD（Service Driver），背後的意涵很深，除了服務（Service），還暗示開創新業績（Sales）、保持親切的微笑（Smile），以及隨時保持安全（Safety），統一速達 2,600 位員工中，SD 就占了 1,700 位。

(三) 選出優秀 SD，赴日見習，標竿學習

統一速達日前就舉行精英 SD 表揚大會，從全國 2,600 位員工中，評選出 10 位傑出經理人及 10 位 SD，其中 10 位 SD 在會後就飛到日本的大和運輸去見習，統一速達總經理黃千里更是一路隨行，顯示對精英 SD 的重視。

黃千里認為，精英 SD 與統一超商的精英 100 店長類似，透過標竿管理及標竿學習，讓員工有學習的對象；以見賢思齊的方式，創造更佳的績效及服務品質，這比單純給予獎金或旅遊獎勵的方式還要有效。

(四) 重視教育訓練

事實上，光是獎勵還不夠，更重要的是落實到平日的教育訓練工作上。黃千里就將今年定位為統一速達的教育元年，並非統一速達以往都沒有在職教育訓練，黃千里希望員工能夠歸零思考，重新檢視服務品質及績效，讓未來能做得更好。低溫宅急便讓民眾宅配生鮮食品更便利，但統一速達除了要投資購買低溫設備外，宅配司機的訓練及便利商店店員的教育訓練都是關鍵，只要有一個環節沒做好，低溫宅配物件可能就會出問題。

(五) 服務優先，利潤隨之而來

黃千里認為，服務優先，利潤隨之而來，經營事業不能只是為了賺錢，更重要的是提供社會所認同的服務。宅配的商品不只是商品，可能是一件父母親的關懷或是一份年節贈禮，也讓統一速達員工願意投入更多的熱情，從事這份有意義

的工作。

(六) 宅配市場成長空間仍很大

國內宅配市場規模約 200 億元，每年成長幅度約 30%，統一速達在過去五年做最多的，還是在推廣宅配服務的觀念，希望讓民眾享受宅配的便利性，以持續擴大市場規模。目前臺灣平均每人每年只使用過一次宅配服務，相較於日本的六次，顯示臺灣宅配業還有很大的成長空間。

《案例 5》匯豐銀行——績效導向的薪酬制度

(一) 榮獲全球最佳銀行

匯豐銀行直接面對來自全球最頂尖對手的競爭，仍能夠從 2002 年起，連續三年獲選為英國《銀行家》（*The Banker*）雜誌「全球最佳銀行」，並成功由亞洲區域型銀行，轉型成為全球型金融機構。良好的薪酬制度不僅是匯豐銀行的保健因子，更是維繫國際級競爭力的利器。

(二) 發展具體的績效評量辦法，每個人都有 IOA（達成指標）

很多人以為績效導向的薪酬，就是要設計出誘人的胡蘿蔔，其實要讓績效薪酬落實，關鍵在於：

1. 考評指標十分具體，每一個關鍵職務都有明確的遊戲規則供員工遵循。
2. 根據考評結果，薪酬差異化的程度十分明顯。

臺灣許多企業發展績效衡量，多半借用西方企業的經驗。但在實務上，頂多由「平衡計分卡」（Balance Score Card, BSC）往下發展出「關鍵評量指標」（Key Performance Indicator, KPI）；但在匯豐銀行，績效評量更進一步。

匯豐發展績效評量辦法，是從企業策略出發，利用平衡計分卡在財務、顧客、流程與人力資源四個構面，定出管理的重點，並遴選出部門與個人的關鍵評量指標（匯豐銀行稱之為 MPI）。接下來就每項關鍵評量指標，進一步定出「達成指標」（Indicators of Achievement, IO），將希望員工加強的行為評量指標，進一步用關鍵指標量化。

從第一線的客服人員，到跑客戶爭取業績的業務，到支援客戶關係經營的中高階經理人，再到企業內部的祕書、人力資源部門，所有在匯豐銀行的員工，根據所在的職務職稱，都有一套衡量工作表現的 IOA。

以分行經理為例，衡量工作表現的關鍵指標若是「提高顧客的滿意度」，而依據關鍵指標定出的達成指標，則進一步規定：「我期望顧客調查的評等由 B 評等提升到 A 評等」、「神祕顧客來訪的滿意度提升到 X」。

將評量的指標，由指標性的 KPI 往下延伸到高度量化的 IOA，並且將評量員工表現的基礎，由「部門」往下延伸到以職務為基礎的「個人」。

這樣的做法有二項好處：

1. 考評的遊戲規則十分清楚，配合主管平時定期的工作督導，企業整體乃至部門、個人的表現直接連動。
2. 可以杜絕部門主管打考績時鄉愿的心態，將考評的不公平減到最低。

(三) 薪資明顯差異化

匯豐銀行的給薪方式，與績效考評百分百連動，因績效建立的薪資差異化制度，是本土企業目前還很難做到的。

舉例來說，在外衝刺的業務人員，如果工作績效超過年度目標，獎金無上限，表現好的業務員獎金超過本薪十倍是常有的事；企業內部與業務相關的職務（Revenue Generators），例如客戶關係部門主管等，因為個別的表現，年終獎金可以有零到十二個月的差距；而純粹支援企業內部行政的員工（Business Supporters），例如人力資源部門、祕書等，獎金占總薪資的比例會較低，但依據個別表現，仍有差異。

《案例 6》和泰 (TOYOTA) 汽車公司——成功推動組織改造計畫

《天下》雜誌 2003 年 4 月專訪和泰汽車公司，探索自 1998 年起所發動為期五年的「構造改革」計畫，以挽救日益下降的市占率及顧客滿意度。迄 2003 年時，紀錄奪回汽車銷售市占率第一的榮譽。

(一) 二十年企業，為何要進行變革？

二十年的企業，為何要拋掉重和諧、講資歷的傳統，進行變革？

這幾年算得上是汽車市場的寒冬。八年前，臺灣市場一年賣出約五十五萬輛汽車，2002 年，市場胃納量卻僅有四十萬輛；市場驟減的壓力，成為所有汽車銷售者的緊箍咒。

和泰的表現自 1998 年開始，市占率連續四年維持第二名，而對汽車銷售影響最巨的客戶滿意度，卻從第一跌至第三。

和泰於是在 1998 年發動為期五年的「構造改革」計畫。

(二) 改革，從 60 位高級主管開始

早在「構造改革」計畫啟動之初，和泰先從主管層級進行一年餘的「危機塑造」。人事部門設計行銷、客戶滿意、財務等六個主題，透過閱讀、研討、心得報告，讓 60 位主管瞭解改造的用意與目標。

在變革意識擴散同時，人事部門也開始邀請顧問公司進駐，並研究市場上同業的薪資結構、人才資源，作為公司制度調整的參考。

建立制度的過程中，為了避免引起員工強烈反彈，和泰以較溫和的作風進行變革。

(三) 業務員薪資結構改變：底薪與獎金之比例，從 8：2 調為 6：4

來到和泰經銷店面，牆面白板上的數字不斷跳動著，每面白板掛著業務員的銷售數字。這一年來，年輕業務員的數字明顯有起色，一位主管觀察，自從薪資制度調整後，年輕人很拼，領的錢也多了。

長久以來，和泰汽車業務員的薪資結構中，80% 是底薪，20% 是獎金。管理部經理兼人力資源室室長劉松山表示，以往制度保障員工有穩定收入，卻造成業務員「吃大鍋飯」心態。去年起，和泰汽車決定走激勵制，底薪與獎金改為六四比。

不僅如此，和泰近來更打破「年資主義」轉向「能力主義」。

劉松山指出：「以前走年資，但這個人到底有沒有能力，不知道。現在不論是徵才、晉升，要經過能力評鑑，來決定薪資、職位。」

本章習題

1. 試列示損益簡表為何？
2. 試簡述何謂毛利率？淨利率？
3. 試列示企業要提高獲利三要素為何？
4. 試列示控制中心的四種型態為何？
5. 試列示經營分析比例用法有哪五項？
6. 試簡述何謂 BU 制度？
7. 試列示 BU 組織制度的優點何在？
8. 試簡述何謂預算管理制度？其目的何在？
9. 試簡述何謂損益平衡表？

國家圖書館出版品預行編目資料

服務業行銷與管理：精華理論與最佳案例／
戴國良著. --初版.
--臺北市：五南, 2014. 06
面； 公分

ISBN 978-957-11-7620-8（平裝）

1. 服務業管理 2. 顧客關係管理 3. 個案研究

489.1 103007600

1FQX

服務業行銷與管理：精華理論與最佳案例

作　　者－戴國良
發 行 人－楊榮川
總 編 輯－王翠華
主　　編－張毓芬
責任編輯－侯家嵐
文字編輯－陳俐君
封面設計－盧盈良
排版公司－李宸葳設計工作坊
出 版 者－五南圖書出版股份有限公司
地　　址：106 台北市大安區和平東路二段 339 號 4 樓
電　　話：(02)2705-5066　傳　　真：(02)2706-6100
網　　址：http://www.wunan.com.tw
電子郵件：wunan@wunan.com.tw
劃撥帳號：01068953
戶　　名：五南圖書出版股份有限公司
法律顧問：林勝安律師事務所　林勝安律師
出版日期：2014 年 6 月初版一刷
　　　　　2016 年 3 月初版二刷
定　　價　新臺幣 500 元

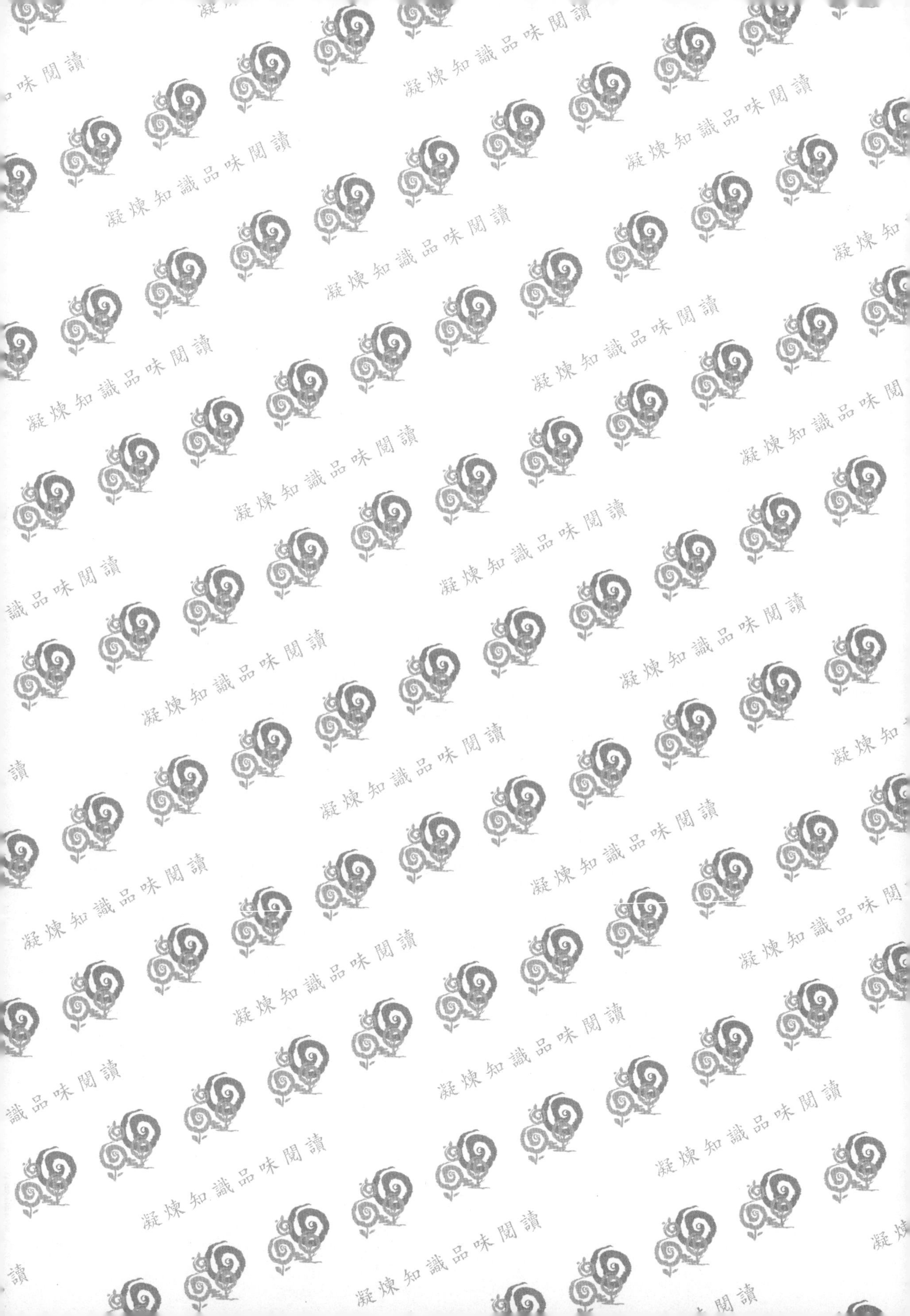
凝煉知識品味閱讀

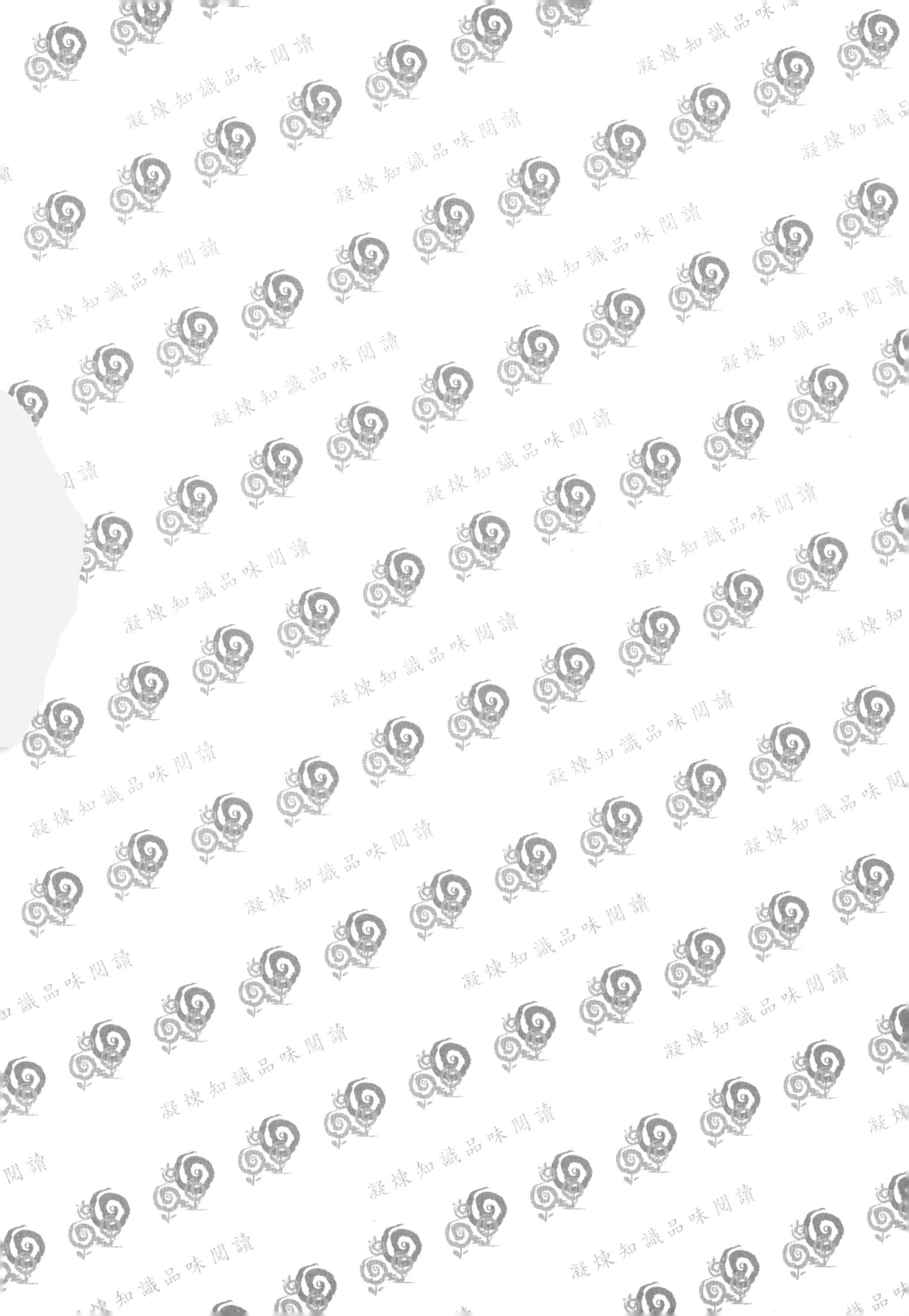